U0173432

浙江省哲学社会科学规划课题
"'大运河国家文化公园'浙江段文化遗产景观的环境美学研究"（21NDJC046YB）成果
浙江工业大学人文社会科学后期资助项目

大运河文化遗产景观审美体验设计

（浙江省杭州段、宁波段、嘉兴段、湖州段、绍兴段）

吕勤智　金阳　等著

中国建筑工业出版社

图书在版编目（CIP）数据

大运河文化遗产景观审美体验设计 / 吕勤智等著
. — 北京 : 中国建筑工业出版社, 2022.11
ISBN 978-7-112-28061-2

Ⅰ. ①大… Ⅱ. ①吕… Ⅲ. ①大运河—文化遗产—景
观设计 Ⅳ. ①TU983

中国版本图书馆CIP数据核字（2022）第200941号

《大运河文化遗产景观审美体验设计》一书是针对“中国大运河国家文化公园”文化旅游建设工程设计理论与实践的专题研究成果。该书以环境美学及其相关理论为基础，以大运河文化遗产景观审美体验设计研究为切入点，针对大运河浙江段保护现状和遗产资源，依据国家关于大运河国家文化公园建设目标与要求，本着学术、思想、理论先行的建设发展思路，探索了大运河在保护传承前提下运用美学原理与方法，对大运河国家文化公园建设进行基础理论与实践相结合的研究。对我国新时期文旅结合建设工程项目的规划设计与管理具有实践指导作用。

本书适用于文旅项目规划、文化公园设计、景观设计、环境设计等建设项目的工作指导与参考；可供文旅产业建设管理者、景观与规划设计师、相关专业高校教师、学生等作为参考书。

责任编辑：杨晓
责任校对：张辰双
装帧设计：陈格　倪圆桦　吴歆悦

微信扫一扫，
享彩色增值服务

大运河文化遗产景观审美体验设计
吕勤智　金阳　等著
*
中国建筑工业出版社出版、发行（北京海淀三里河路 9 号）
各地新华书店、建筑书店经销
北京锋尚制版有限公司制版
河北鹏润印刷有限公司印刷
*
开本：880 毫米 × 1230 毫米　1/16　印张：16¾　字数：317 千字
2022 年 11 月第一版　2022 年 11 月第一次印刷
定价：**78.00** 元
ISBN 978-7-112-28061-2
（39942）

前言

文化是一个国家、一个民族的灵魂，文化建设是新时代赋予我们的重要使命。2019年中央全面深化改革委员会第九次会议审议通过了《长城、大运河、长征国家文化公园建设方案》，要求各地区各部门结合实际认真贯彻落实，并指出建设长城、大运河、长征国家文化公园，对坚定文化自信，彰显中华优秀传统文化的持久影响力、革命文化的强大感召力具有重要意义。方案强调要对具有突出意义、影响深远、主题突出的文化遗产资源进行统一的公园化管理，从而实现保护传承利用、旅游观光、文化教育、休闲娱乐、公共服务、科学研究等功能。方案指出，要保护传承利用好长城、大运河、长征沿线文物和文化资源，充分挖掘其内涵与价值，推动重点基础工程建设，形成一批可复制推广的成果经验，为国家文化公园建设的全面推进提供良好条件。

大运河国家文化公园建设是深入贯彻习近平总书记关于“大运河是祖先留给我们的宝贵遗产，是流动的文化，要统筹保护好、传承好、利用好”重要批示的重大举措，是促进中华优秀传统文化传播与弘扬的创新与探索，对推动中华优秀传统文化创造性转化和创新性发展，彰显中华优秀传统文化的持久影响力具有重要作用。保护与传承好运河文化，有助于更完整地展现运河形象，传播运河文化，坚定文化自信，形成民族自豪感。大运河国家文化公园将依托运河文化遗产，构建集文化传播与观光休闲为一体的新型公共空间。重点建设管控保护区、主题展示区、文旅融合区、传统利用区四类主体功能区，围绕推进保护传承、研究发掘、环境配套、文旅融合、数字再现五个关键领域基础工程，生动呈现中华文化的独特创造、价值理念和鲜明特色，打造中华文化标识。大运河国家文化公园是一项重要的国家文化建设工程，如何保护好、传承好、利用好大运河文化成为新时代赋予我们的重大课题。要进一步增强责任感和紧迫感，以高度的文化自信和文化自觉，把保护传承利用的研究工作做实、做好，做出成效。

中国大运河是人类历史上最早建造和空间跨度最大的一条人工运河，已有2500多年的历史，由隋唐大运河、京杭大运河和浙东运河组成。沿途经过北京、天津、河北、山东、安徽、河南、江苏、浙江八个省级行政区，贯通了海河、黄河、淮河、长江、钱塘江五大水系。大运河促进了中国南北地区之间经济、文化的互通与交流，是中国南北经济发展、文化交流的重要廊道。这条南北贯通的大动脉是中国历史上南粮北运、商旅交通、文化融合、军资调配、水利灌溉的重要生命线，对中国历代的政治、经济、军事和文化发展都曾起到重要作用，见证了中华民族的历史发展和人类社会的进步。大运河这一祖先留给我们的宝贵和特殊的文化遗产载体，集人文景观遗产、自然景观遗产和线性文化遗产于一身，同时还是历经千年至今仍保持原始功能的活态遗产。基于大运河的历史和文化价值，2014年中国大运河入选世界文化遗产。2019年大运河国家文化公园建设方案的提出，更是对运河文化遗产保护、利用和弘扬的重大历史性举措。

《大运河文化遗产景观审美体验设计》一书是针对“中国大运河国家文化公园”文化旅游建设工程设计理论与实践的专题研究成果。该书以环境美学及其相关理论为基础，以大运河文化遗产景观审美体验设计研究为切入点，具体针对大运河浙江段运河保护现状和遗产资源，依据国家关于大运河国家文化公园建设目标与要求，本着学术、思想、理论先行的建设发展思路，探索了大运河在保护传承前提下运用美学原理与方法，对大运河文化公园建设进行基础理论与实证相结合的研究。该书以大运河浙江段为设计研究对象，分析其自然环境与人文环境的美学本质、审美机制，以环境美学理论指导运河文化公园景观环境的建设，努力实现从对运河文化遗产资源挖掘和保护到中国大运河文化精神弘扬的建设目标。开启大运河文化传承与弘扬的美学理论研究，探索环境美学理论对大运河文化遗产在保护、传承与弘扬领域的应用前景。对大运河国家文化公园建设保护规划总体思路、大运河资源及文化价值挖掘、大运河国家文化公园形象打造和文旅路线设置等方面进行了设计研究。在大运河国家文化公园建设的新任务下，针对运河遗产美学价值的挖掘和再利用的探索，对我国新时期文旅结合建设工程项目的规划设计与管理具有建设性的实践指导作用。

该书分为两部分，第一部分为大运河文化遗产景观审美体验设计理论与实践应用相结合研究，阐述了运河文化遗产审美体验与大运河国家文化公园建设的内在关联性与基本概念，对环境美学等相关理论与运河文化遗产审美体验设计应用进行了解析，结合大运河国家文化公园浙江段审美体验设计分析提出设计策略；第二部分为大运河浙江段文化遗产景观审美体验设计探索与实践，分别从基于环境美学的大运河杭州段文化遗产审美体验设计、基于现象学美学的湖州运河古镇文化遗产环境设计、基于景观美学理论的绍兴段浙东运河文化遗产环境设计、美学视角下大运河嘉兴段水利工程遗产景观长安闸遗址公园设计、沉浸理论视阈下大运河宁波段聚落文化遗产景观环境设计等五个专题，阐述了在环境美学相关理论指导下的大运河文化遗产景观审美体验设计理论与应用的实践研究，探索了审美主体对大运河文化符号、形象和精神认知与体验的方式，构建了符合审美规律与体现运河文化遗产美学价值，感受中国精神、中国文化和中国形象的大运河文化遗产保护与再利用的审美体验体系，为后续大运河国家文化公园文化遗产审美价值的呈现和游人审美鉴赏与体验的设计与建设工作，提供理论依据和方向引领。

通过对大运河国家文化公园中人的认知方式、体验方式，以及人与运河文化遗产环境的外在关系，即运河文化公园的自然环境、人文环境等因素的实地调研、实地走访、资料收集、问卷调查等方式的分析研究，探讨了大运河国家文化公园建设在环境美学理论体系下主客体之间的审美特征与规律，提出大运河文化遗产环境审美需求与运河文化遗产保护、传承与再利用的共融和有序发展的原则策略。实现人们在运河文化公园游览中听得到文化之声、看得见文化之美、领悟到文化之韵，实现悦耳悦目、悦心悦意的情感与心灵体验，为大运河国家文化公园建设提供理论指导实践的具体方法，从而在设计、管理与建设的系统中，实现运河文化遗产的保护、利用和可持续发展。

大运河浙江段作为国家文化公园建设的重要组成部分，具有江南地区独特的自然与人文属性，其审美特征与美学价值的研究对国家文化公园的建设具有重要意义。本书从环境美学的视角出发，着重对大运河浙江段沿岸文化遗产环境现状进行全方位分析，充分挖掘大运河浙江段文化遗产环境特有的审美特征及美学价值。通过对大运河文化遗产环境审美体验提升设计，积极有效地展示大运河浙江段的文化魅力，以唤起运河文化遗产的历史记忆，提炼运河精神，展示和弘扬运河文化。2020年4月《浙江省大运河文化保护传承利用实施规划》正式发布，指出以大运河浙江段世界文化遗产为核心资源依托，规划范围覆盖杭州、宁波、湖州、嘉兴、绍兴五市沿大运河的25个县（市、区），并辐射5市全域。2020年9月浙江省第十三届人民代表大会常务委员会通过《浙江省大运河世界文化遗产保护条例》，进一步明确指出要对大运河沿线历史文化名城、名镇、名村、街区进行全面的保护，维护、彰显和保持运河传统格局的完整性、历史风貌的真实性和生产生活的连续性。大运河国家文化公园建设要坚持规划引领，基础研究先行，深入挖掘本地特色文化资源，《大运河文化遗产景观审美体验设计》一书正是为高层次、高水平规划和建设大运河国家文化公园，提供理论基础、依据和支撑所做出的努力与探索。

目录

前言

第一部分
大运河文化遗产景观审美体验设计理论与实践应用 …… 001

1 运河文化遗产审美体验与大运河国家文化公园建设 …… 002

1.1 世界文化遗产——中国大运河 …… 002
1.2 关于大运河国家文化公园建设 …… 003
1.3 保护、传承与弘扬大运河文化 …… 004
1.4 以环境美学理论指导大运河国家文化公园建设 …… 005
1.5 大运河文化遗产审美体验研究的价值与意义 …… 006
1.6 环境美学理论对大运河国家文化公园建设的启示 …… 007

2 环境美学理论与运河文化遗产审美体验设计应用解析 …… 008

2.1 相关概念界定 …… 008
2.1.1 环境的概念 …… 008
2.1.2 文化遗产的概念 …… 008
2.1.3 文化遗产环境的概念 …… 009
2.2 环境美学相关理论解析 …… 009
2.2.1 美学的环境转向 …… 009
2.2.2 环境的审美特质 …… 009
2.2.3 环境的审美模式 …… 010
2.2.4 环境的审美体验 …… 011
2.3 环境美学对大运河文化遗产环境营造的指导意义 …… 012
2.3.1 大运河杭州段文化遗产环境审美特质的关注 …… 012
2.3.2 大运河文化遗产环境营造中审美模式的应用 …… 012
2.3.3 审美体验对大运河文化遗产环境营造的意义 …… 013
2.4 环境美学与大运河文化遗产景观的联系 …… 013
2.4.1 人与运河文化遗产景观关系的思考 …… 013
2.4.2 运河文化遗产景观经济价值与审美关系的思考 …… 014
2.4.3 运河文化遗产景观与乐居乐游的环境美学思想的思考 …… 014

3 现象学美学与运河文化遗产景观环境相关理论解析 …… 016
3.1 现象学美学与环境美学 …… 016
3.1.1 现象学与现象学美学 …… 016
3.1.2 现象学对伯林特环境美学理论的影响 …… 016
3.2 现象学美学相关理论概述 …… 017
3.2.1 审美价值现象学 …… 017
3.2.2 审美经验现象学 …… 017
3.2.3 审美知觉现象学 …… 018
3.3 运河文化遗产相关概念界定 …… 018
3.3.1 文化遗产景观的概念 …… 018
3.3.2 运河文化遗产景观的内涵与价值 …… 019
3.4 现象学美学与运河文化遗产景观的联系 …… 020
3.4.1 现象学美学对分析运河文化遗产美学价值的指导作用 …… 020
3.4.2 现象学方法引入运河文化遗产景观环境设计的意义 …… 020

4 景观美学理论与运河遗址公园设计应用解析 …… 021
4.1 景观美学相关理论解析 …… 021
4.1.1 景观美学的基本概念 …… 021
4.1.2 景观的表层审美结构 …… 021
4.1.3 景观的中层审美结构 …… 022
4.1.4 景观的深层审美结构 …… 022
4.2 景观美学的审美形态 …… 023
4.2.1 意象美解析 …… 023
4.2.2 意境美解析 …… 023
4.2.3 意蕴美解析 …… 024
4.3 运河遗址公园相关理论解析 …… 024
4.3.1 运河遗址公园的概念 …… 024
4.3.2 运河遗址公园的特殊性 …… 025
4.3.3 运河遗址公园面临的新需求 …… 025
4.4 景观美学的审美结构与运河遗址公园的联系 …… 026
4.4.1 景观审美结构构建运河遗址公园审美体系 …… 026
4.4.2 运河遗址公园审美形态丰富景观审美体验 …… 026

5 技术美学与运河水利工程遗产景观设计的理论解析 …… 028
5.1 技术美学相关基础理论 …… 028
5.1.1 技术美学基本概要 …… 028
5.1.2 技术美学的审美特性 …… 029
5.2 技术美学与水利工程遗产景观的联系 …… 030
5.2.1 分析遗产资源特征挖掘审美对象价值 …… 030
5.2.2 结合遗产特色资源打造景观环境空间 …… 030

6 沉浸理论与运河聚落文化遗产景观设计相关理论解析 032

6.1 沉浸理论相关研究概述 032

6.1.1 沉浸理论的相关概念 032

6.1.2 沉浸状态的九项因素 033

6.1.3 沉浸传播的形态特征 035

6.2 运河聚落文化遗产景观相关研究概述 036

6.2.1 运河聚落文化遗产景观的概念含义 036

6.2.2 运河聚落文化遗产景观的总体特征 037

6.2.3 运河聚落文化遗产景观的发展现状 037

6.3 沉浸理论与运河聚落文化遗产景观的耦合关系 038

6.3.1 由主体心理构建运河聚落文化遗产景观审美体验 038

6.3.2 由客体特性展示运河聚落文化遗产景观文化内涵 038

6.3.3 由媒介技术促进运河聚落文化遗产景观主客融合 038

7 大运河国家文化公园浙江段审美体验设计分析与策略 040

7.1 大运河浙江段文化遗产景观资源 040

7.1.1 大运河（杭州段）文化遗产景观类型体系 043

7.1.2 大运河（湖州段）文化遗产景观类型体系 045

7.1.3 大运河（绍兴段）文化遗产景观类型体系 046

7.1.4 大运河（嘉兴段）文化遗产景观类型体系 048

7.1.5 大运河（宁波段）文化遗产景观类型体系 050

7.2 大运河浙江段文化遗产景观的审美特征与文化价值分析 052

7.2.1 大运河文化遗产景观的类型与形态要素 052

7.2.2 大运河浙江段文化遗产景观审美特征分析 054

7.2.3 大运河浙江段文化遗产景观文化价值分析 056

7.3 基于环境美学的大运河文化遗产景观审美体验设计策略 057

7.3.1 大运河文化遗产景观审美体验设计原则与方法 057

7.3.2 大运河文化遗产景观审美体验分类设计策略 058

第二部分
大运河浙江段文化遗产景观审美体验设计探索与实践 061

1 基于环境美学的大运河杭州段文化遗产审美体验设计 062

1.1 大运河杭州段文化遗产环境审美价值 062

1.1.1 大运河杭州段文化遗产概述 062

1.1.2 江南运河——凤山水城门遗址片区的审美价值 068

1.1.3 浙东运河——西兴过塘行码头片区的审美价值 073

1.1.4 大运河杭州段文化遗产环境提升设计策略 …… 079
1.2 环境美学指导下的大运河杭州段审美体验提升设计 …… 080
1.2.1 大运河杭州段审美体验设计原则 …… 080
1.2.2 以知觉合作构建表层知觉感知的审美体验设计 …… 081
1.2.3 以连续性构建中层情感感触的审美体验设计 …… 087
1.2.4 以参与性构建深层体验感悟的审美体验设计 …… 093

2 基于现象学美学的湖州运河古镇文化遗产环境设计 …… 097

2.1 湖州双林古镇运河文化遗产及其审美价值分析 …… 097
2.1.1 大运河（湖州段）及文化遗产审美特征与美学价值分析 …… 097
2.1.2 双林古镇运河渊源及绫绢文化 …… 101
2.1.3 双林古镇运河文化遗产审美现状分析 …… 103
2.1.4 双林古镇运河文化遗产审美价值评析 …… 106
2.2 湖州双林古镇运河文化遗产景观环境设计策略 …… 109
2.2.1 双林古镇运河文化遗产景观环境设计原则与路径 …… 109
2.2.2 双林古镇生命精神美的感受与彰显 …… 111
2.2.3 双林古镇本质内涵美的提炼与再现 …… 115
2.2.4 双林古镇形式韵律美的优化与呈现 …… 119
2.3 湖州南浔镇历史文化街区审美体验提升设计 …… 122
2.3.1 南浔镇历史文化街区概况 …… 122
2.3.2 文脉肌理与风貌要素 …… 123
2.3.3 遗产资源与审美特征 …… 125
2.3.4 总体设计思路与框架 …… 127
2.3.5 审美体验提升设计方案 …… 128

3 基于景观美学理论的浙东运河绍兴段文化遗产景观规划设计 …… 136

3.1 浙东运河绍兴上虞遗址公园景观规划分析 …… 136
3.1.1 景观美学引导下的审美客体分析 …… 136
3.1.2 景观美学引导下的审美主体分析 …… 139
3.1.3 浙东运河上虞遗址公园审美体验分析 …… 141
3.1.4 浙东运河上虞遗址公园审美结构构建 …… 143
3.2 浙东运河绍兴上虞遗址公园景观规划设计 …… 144
3.2.1 浙东运河上虞遗址公园文化遗产景观规划设计策略 …… 144
3.2.2 以深层审美结构构建运河遗址公园的意蕴美 …… 146
3.2.3 以中层审美结构构建运河遗址公园的意境美 …… 150
3.2.4 以表层审美结构构建运河遗址公园的意象美 …… 152
3.3 浙东古运河·寻迹——大运河上虞遗址公园设计方案 …… 154
3.3.1 前期分析 …… 155
3.3.2 设计理念 …… 159
3.3.3 设计策略 …… 160

3.3.4 设计方案 …… 162
3.4 绍兴八字桥历史街区审美体验提升设计方案 …… 170
3.4.1 前期分析 …… 170
3.4.2 设计策略 …… 172
3.4.3 设计方案 …… 173

4 美学视角下大运河嘉兴段水利工程遗产景观长安闸遗址公园设计 …… 184
4.1 大运河嘉兴段水利工程遗产的美学特征与价值分析 …… 184
4.1.1 大运河嘉兴段水利工程遗产概念与类型 …… 184
4.1.2 大运河嘉兴段水利工程遗产发展历程及空间要素 …… 185
4.1.3 大运河嘉兴段水利工程遗产美学特征与价值分析 …… 187
4.1.4 长安闸遗产景观的审美特征分析 …… 189
4.1.5 长安闸遗产景观的美学价值分析 …… 193
4.1.6 长安闸遗产景观的现状问题分析 …… 196
4.2 大运河长安闸遗址公园景观的设计策略与设计实践 …… 200
4.2.1 长安闸遗址公园景观环境设计策略 …… 200
4.2.2 从水利工程遗产到景观：以审美场域营造景观表层空间氛围 …… 202
4.2.3 从知觉体验到认同体验：以审美参与把控景观中层感知体验 …… 207
4.2.4 从认同体验到反思体验：以审美批评建立景观深层场所精神 …… 212

5 沉浸理论视阈下大运河宁波段聚落文化遗产景观环境设计 …… 217
5.1 基于沉浸理论的大运河宁波段聚落文化遗产景观设计分析 …… 217
5.1.1 沉浸式运河聚落文化遗产景观设计的主体分析 …… 217
5.1.2 沉浸式运河聚落文化遗产景观设计的客体分析 …… 221
5.1.3 沉浸式运河聚落文化遗产景观空间的设计原则 …… 228
5.2 沉浸式运河聚落文化遗产景观空间的设计营造 …… 230
5.2.1 沉浸式运河聚落文化遗产景观空间的设计方法 …… 230
5.2.2 空间造境：营造氛围的表层体验建构 …… 232
5.2.3 叙事互动：制造参与的中层体验建构 …… 241
5.2.4 沉浸传播：延伸认同的深层体验建构 …… 246

参考文献 …… 248

后记 …… 253

第 一 部 分

大运河文化遗产景观
审美体验设计理论与实践应用

1 运河文化遗产审美体验与大运河国家文化公园建设

1.1 世界文化遗产——中国大运河

世界遗产分为世界文化遗产、世界文化与自然双重遗产、世界自然遗产三大类。联合国教育、科学及文化组织大会第十七届会议于1972年11月16日在巴黎通过的《保护世界文化和自然遗产公约》将世界文化遗产定义为：从历史、艺术或科学角度看具有突出的普遍价值的建筑物、碑雕和碑画、具有考古性质成分或结构、铭文、窟洞以及联合体；从历史、艺术或科学角度看在建筑式样、分布均匀或与环境景色结合方面具有突出的普遍价值的单立或连接的建筑群；从历史、审美、人种学或人类学角度看具有突出的普遍价值的人类工程或自然与人联合工程以及考古地址等地方。在联合国教育、科学及文化组织内，建立了文化遗产和自然遗产的政府间委员会，即世界遗产委员会，负责《保护世界文化和自然遗产公约》的实施，审批哪些遗产可以录入《世界遗产名录》，并对已列入名录的世界遗产的保护工作进行监督指导。

中国大运河历史悠久，蕴含着悠远绵长的文化基因，是流动的文化遗产，在2014年6月成功入选《世界文化遗产名录》。中国大运河以漕运为主要目的，依靠中央集权力量组织建造与运营，是农业文明时期最具复杂性、系统性、综合性的超大型水利工程，对中国政治、经济、社会、文化和自然环境产生长远而重大影响的工程，是中国古代工程遗产的典型代表。在中国众多的世界文化遗产中，见证了中华几千年文化的中国大运河又显得尤为重要。对照世界文化遗产入选标准，中国大运河在多方面符合入选条件（表1-1）。

世界文化遗产入选标准与中国大运河符合条件对照表　　表1-1

序号	入选标准内容	中国大运河符合条件内容
Ⅰ	能代表一种独特的艺术成就，一种人类的创造性天才杰作	中国大运河是人类历史上超大规模水利水运工程的杰作，以其世界所罕见的实践与空间尺度，证明了人类的智慧与非凡创造力
Ⅱ	能在一定时期内或世界某一文化领域内，对建筑艺术、纪念物艺术、城镇规划以及景观设计方面的发展产生过重要影响	中国大运河在沿岸乡村城镇的形成和规划发展中发挥着重要作用，对城市布局、建筑风貌等产生了极其重要的影响
Ⅲ	能为一种已消逝的文明或文化传统提供一种独特的，至少是特殊的见证	中国大运河见证了中国历史上已消逝的一个特殊的制度体系和文化传统——漕运的形成、发展、衰落的过程及由此产生的深远影响
Ⅳ	可作为一种建筑或建筑群或景观的杰出范例，展示出人类历史上一个（或几个）重要阶段	中国大运河是世界上延续使用时间最久、空间跨度最大的运河，体现了具有东方文明特点的工程技术体系，展现了农业文明时期人工运河发展的历史阶段和巨大影响力，代表了工业革命之前水利工程的杰出成就

续表

序号	入选标准内容	中国大运河符合条件内容
Ⅴ	可作为传统的人类居住地或使用地的杰出范例，代表一种（或几种）文化，尤其在不可逆转之变化的影响下，变得易于损坏	中国大运河的发展演变促进了运河沿岸城镇的兴起，产生了众多古建筑群、运河聚落、历史文化街区等，并形成了相关文化传统
Ⅵ	与具特殊普遍意义的事件或现行传统或思想或信仰或文学艺术作品有直接或实质的联系（只有在某些特殊情况下，该标准与其他标准一起作用时，此款才能成为列入《世界遗产名录》的理由）	大运河是中国自古以来的“大一统”思想与观念的印证，运河通过对沿线风俗传统、生活方式的塑造，与运河沿线广大地区的人民产生了深刻的情感关联，成为沿线人民共同认可的“母亲河”

中国大运河的开凿始于春秋时期，历经两千多年的发展与演变，至今依旧发挥着重要的交通、水利等功能。中国大运河全长2700公里，包括隋唐大运河、京杭大运河以及浙东运河三个部分，流经六省两市，沟通五大水系，包括海河、黄河、淮河、长江与钱塘江，是世界上开凿最早、规模最大的运河，在历史上形成了中国南北交融的政治带、经济带、文化带和交通带（图1-1）。大运河作为中国古代的一项伟大工程，在几千年的历史长河中具有重要地位，要保护好、传承好、利用好大运河这一流动的文化。

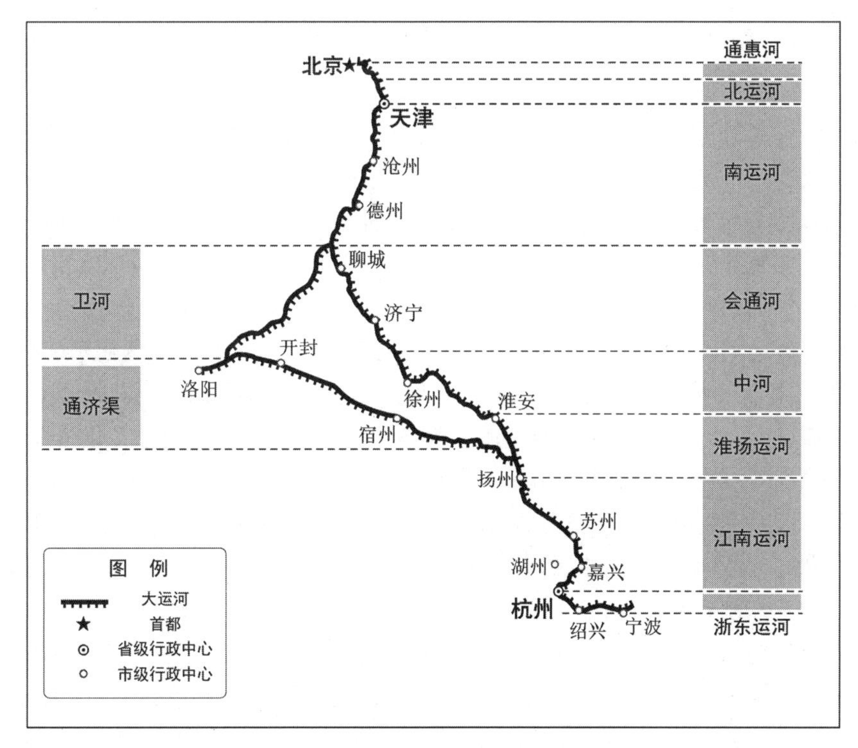

图1-1　中国大运河分段示意图

1.2 关于大运河国家文化公园建设

“国家文化公园”是国家公园引申而来的一种新的概念和新的发展形式，是我国推进国家文化治理创新而提出的一项“重大文化工程”。[1]163 “国家文化公园”这个概念源于2017年《关于实施中华优秀传统文化传承发展工程的意见》，明确提出要"规划建设一批国家文化公园，成为中华文化重要标识"。国家文化公园依托"遗址遗迹"和"建筑与设施"等人文旅游资源，是承载国家或国际意义文化资源的重要载体，能够起到传播、传承、展现文化的作用，是巩固自然生态和文化生态的重要保护墙。[2]国家文化公园的建设不是浅显简单的遗产保护和主题再现，而是要从国家历史文明角度和时代发展的维度来看待并凸显具有独特性的华夏文明，使得源远流长的中华文明和炎黄子孙团结凝聚的精神纽带在保护传承与开发利用中达到平衡，使中华文明在世界文明未来的发展过程中发挥出巨大的作用。[3]

2019年7月24日，习近平总书记主持通过《长城、大运河、长征国家文化公园建设方案》，该方案指出要构建长城、大运河、长征沿线文物和文化资源保护传承利用和协调的新局面。整合具有突出意义、重要影响、重大主题的文物和文化资源，实施公园化管理运营，形成具有特定开放空间的公共文化载体，集中打造中华文化重要标志。要形成可复制、可推广的成果经验，为整体推进国家文化公园建设提供便利。大运河国家文化公园的建设讲求生态，还文化、还园于民的理念，除了具有国家公园最重要的生态保护、科学研究、旅游功能外，大运河国家文化公园还包括遗产保护、文化传承利用、科普教育、旅游观光、休闲娱乐等功能。[4]大运河国家文化公园的建设作为一项文化建设工程，应当以历史文化、运河精神等作为建设基础，深入把握大运河的外在特征和内在价值，做到精准定位、科学施策，有效保护、传承与弘扬大运河文化。

1.3 保护、传承与弘扬大运河文化

大运河是中华民族祖先创造的一项伟大的航运工程，与此同时，大运河还是流动的、活着的世界级人类文化遗产，是规模庞大的文化遗产廊道，生动记录着国脉与文脉的世代赓续，传承着中华民族的悠久历史与文明。习近平总书记在2017年提出"大运河是祖先留给我们的宝贵遗产，是流动的文化，要统筹保护好、传承好、利用好"；2019年7月24日，中央全面深化改革委员会审议通过《长城、大运河、长征国家文化公园建设方案》，要求各地区各部门结合实际认真贯彻落实。方案明确了大运河国家文化公园的建设内容是重点建设管控保护、主题展示、文旅融合、传统利用4类主体功能区；协调推进文物和文化资源保护传承利用，系统推进保护传承、研究发掘、环境配套、文旅融合、数字再现5个重点基础工程建设；提出了大运河国家文化公园的建设原则：一是保护优先，强化传承；二是文化引领，彰显特色；三是总体设计，统筹规划；四是积极稳妥，改革创新；五是因地制宜，分类指导。建设大运河国家文化公园是时代赋予我们的新命题，保护、传承和弘扬大运河文化是新时期国家文化工程建设的重要组成部分。中国大运河在两千多年的历史长河中不断创新变化，成为中华文化发展的摇篮。大运河推动了沿运河流域的政治、经济、科技、文化的全面发展，形成了跨水系、跨领域的网带状文化集合体。生生不息的运河文化精神是活化的、不断发展的，针对活态的运河文化，在大运河国家文化公园这项国家文化工程建设中，要以新时代的使命和要求保护、传承、利用好运河文化遗产，妥善处理好三者之间的关系。

保护好运河文化。大运河沿岸形成了数量众多的物质文化遗产和非物质文化遗产，具有等级高、密度大、年代久等特点，因此要大力加强对物质与非物质文化遗产的保护。在物质文化遗产上贯彻落实文物保护法及世界遗产保护管理工作的相关要求，加强大运河物质文化遗产与周边环境风貌、文化生态的整体性保护，兼顾合理利用的需求。推动遗产普查、认定、建档等工作的开展，加强遗产的保护与修缮；在非物质文化遗产保护上以发展的眼光构建严密的非遗保护传承体系，凝聚社会各界力量，完善非遗传承的人才基础和支撑，将非遗融入和应用到广泛的日常生活中，充分展现其功用价值、激发其生机活力，让非遗保护更好地惠及大众，生动地呈现出中华文

化的独特价值和鲜明特色。

传承好运河文化。在运河文化的传承中应当加强运河文化的研究与挖掘，聚合大运河的文化基因，提取具有代表性的文化元素，发展相关的运河文化产业，满足人们的精神文化体验和消费需求。建立运河文化产业链、产业聚集区、文化产业协会等，与时代流行元素相结合，加强大运河历史文化研究，开发运河文化产业，利用教育科普活动、文化旅游、文化研究等更适合现代社会的途径来进一步完善和突出运河文化，[5]231塑造运河文化品牌。用丰富多样的文化传承方式和媒介，将大运河物质与精神文化永续传承，发扬光大。

利用好运河文化。充分利用运河文化载体弘扬运河文化遗产中的中华文化精神。我们在保护、继承运河文化的同时，需要进一步深入挖掘其背后的文化内涵，并在保护、传承的基础上对运河文化再利用，创新发展文化产业，促使运河文化焕发生机、弘扬运河文化。[5]230充分挖掘运河遗产价值，推进运河文化传播，借助大运河申遗成功这一契机，持续深入挖掘大运河内在文化价值，利用环境配套、文旅融合、数字再现等多样的文化传播手段和途径在各个有突出意义、重要影响、重大主题的遗产点推进中国大运河文化的传播与展示。让居民与游客回溯历史，了解运河背后的历史脉络，体验运河深厚的历史文化内涵。突出遗产的真实性、完整性、互动性和文化价值，使人们对中华文化形成更加深刻的理解和文化自信。

大运河国家文化公园的建设正是对优秀传统文化保护、传承和弘扬的一项历史性的文化建设工程，在新旧文化的碰撞中，推动大运河文化与现代社会文化相结合，激发运河传统文化在新时代的生机活力，更好地为运河文化的创新发展与继承弘扬提供强大的动力。正确处理好保护利用、传承、弘扬之间的关系，在保护的基础上利用新时代的创意创造，延续运河千年文化，讲好中国运河故事。[1]166

1.4 以环境美学理论指导大运河国家文化公园建设

环境美学关注人化环境的美学问题，是一种实践应用的美学理论。环境美学作为美学的分支学科，从美学的角度对环境做出新的审视和反思，在理论和实践的层面揭示出环境的美学意义和价值。[6]环境美学研究的主要对象是人类生活环境的审美需求，通过研究人与自然环境和人造环境之间的关系，确立新的环境审美理念，将人与自然相互依存的理念贯彻于环境审美的各个节点，促进人与环境间的和谐共生和审美共通。[7]环境美学强调人的审美体验与感受、审美特征与美学价值等方面的研究内容，这些对中国大运河国家文化公园的建设有着重要的借鉴价值和实践意义。探寻环境美学理论与运河文化遗产景观在大运河国家文化公园建设中有机结合的可能性，提出运用环境美学理论开展对运河文化遗产景观的审美体验研究与实践应用，作为大运河国家文化公园建设的重要内容。从审美客体角度挖掘运河文化遗产的审美特征与美学价值，从审美主体角度剖析审美需求与审美体验规律，从审美主客体相结合的角度进行大运河国家文化公园审美体验的探索与设计实践应用。运用环境美学理论与大运河文化遗产景观保护、传承与弘扬的建设目标相结合，将有助于更好地展现大运河自身的文化价值和精神内涵，实现对大运河文化遗产中蕴含的中华优秀传统文化的传承与弘扬。

本着学术、思想、理论先行的建设发展思路，运用环境美学理论指导大运河国家文化公园建设，探索大运河浙江省段在保护传承前提下合理运用环境美学原理与方法，针对高品质建设和打造大运河国家文化公园进行基础理论研究。以环境美学为切入点，以大运河浙江段文化遗产景观为研究载体，遵循大运河国家文化公园总体规划与建设目标，以浙江段运河文化公园中人与环境所发生的审美活动为主要研究对象。针对运河文化遗产的美学特征挖掘和人的审美体验，这两种环境与人的内在与外在的审美关系，来做具体研究，进而确立运河文化公园在环境美学方面的设计与营造体系，以此指导大运河国家文化公园环境的建设实践。首先，需要对大运河浙江段运河文化遗产的审美特征和美学价值进行挖掘。其次，开展对审美主体面对运河文化遗产景观的审美感受、审美需求的研究，关注运河文化遗产景观对人的心理产生的影响，以此为基础形成大运河国家文化公园审美体验设计策略，为大运河国家文化公园浙江段建设提供美学理论支撑，助力实现将浙江段大运河国家文化公园打造成为新时代中国文化传承与弘扬的精品与样板。大运河国家文化公园建设中运用环境美学理论的指导，具有理论意义和实践价值，在运河文化遗产保护与再利用的语境下作为建设指导理论进行联系实践的应用，对大运河文化传播及受众对运河文化的体验和接受，起到有效促进大运河国家文化公园建设的积极作用。同时，在实践中还能够丰富环境美学理论联系实际的应用方法，拓宽环境美学研究的视野，体现环境美学理论的实践应用价值。

1.5 大运河文化遗产审美体验研究的价值与意义

环境美学关注的是人类作为整个环境复合体的一部分，将审美体验参与到环境中，其中感官的内在体验和直接意义占据主导地位。因此，环境美学的基本研究对象就是环境审美体验，即研究环境认知维度中所包含的直接而内在的价值。[8]审美体验包括两类：审美与体验。审美体验侧重于体验一词，在汉语中以“以身体之，心以验之”来理解和使用。[9]5它是一种无功利性、依靠直觉与想象的深层次、高强度的高峰体验。马斯洛在《自我实现的人》一书中阐释道，在高峰体验中的主体精神已经超脱了现实世界，精神已不受现实法则的束缚，转而由内在的精神规律所支配。[10]审美体验一方面作为一种综合的、整体的体验，包括初始阶段、兴发阶段和延续阶段，在这三个阶段中要求感知力的持续在场，从而为审美主体提供“全方位”的审美体验；另一方面作为主客体交互的纽带，提倡主体积极参与到景观环境中，通过动态性、沉浸式的活动体验，使得主体获得多元化的审美体验。在大运河文化遗产景观审美体验中，审美客体包括遗产本体、景观空间、生活方式等审美对象，审美主体包括居民及游客。大运河文化遗产景观将其关联环境美学的审美价值与审美客体的特性体现出来，主体对它的审美产生某个领域的感悟、体味和灵感，进而产生审美体验。通过多层次、多角度地建立由表及里、由浅至深的大运河文化遗产环境审美体验体系，能更好地提升大运河的审美吸引力，协调人与环境的关系，最终形成最佳的运河文化遗产体验环境，实现大运河文化遗产资源的保护、传承与利用。

大运河文化遗产审美体验研究的价值与意义体现在以审美体验开启运河文化遗产资源再利用与文化传播的新途径，以实证研究切入运河文化遗产资源的美学特征挖掘与体系建立。基于大运河国家文化公园的建设目标，探讨在运河文化遗产保护与再利用中环境美学理论指导实践应用的问题。提出以实证研究梳理提炼运河文化遗产资源类型，挖掘基于国家公园功能的审美属性和审美价值。运用环境美学理论研究和提出运河遗产文化再利用的美学观念，引导体验者的审美意识、价值取向，提高审美品位与审美体验功效，实现大运河国家文化公园弘扬和传播中国文化与精神的作用。环境美学作为美学的前沿领域，运用环境美学实证研究的方法进行运河文化遗产资源的美学特征挖掘与体系建立，具有理论与实证研究相结合的本质属性。以运河文化遗产资源为载体进行实证研究，分析其美学本质与审美机制，做出新诠释和新判断。这将有助于环境美学理论的不断完善，并加强其把握现实关系及与现实对话的能力。环境美学的研究模式将突破中国传统哲学的理论思辨，实现多视角下的学术思想和实证分析结合、多手段下的定性分析与定量分析结合，拓展环境美学研究方法的新边界，建构中国环境美学理论与思想的基础体系，为大运河国家文化公园建设开启通过运河文化遗产景观审美体验实现中国大运河文化传播与弘扬的新途径。

1.6 环境美学理论对大运河国家文化公园建设的启示

环境美学作为一种实践应用性的美学理论，强调从科学实证的角度出发，进行审美主客体的性质、规律和内在关系研究，由此将针对运河文化遗产以科学认知为前提来探讨环境美学层面的审美认知，同时以体验者的人为体验为主体，以人的精神感悟与愉悦为最终目的，来体现环境美学所强调的审美价值。环境的审美特质包括环境美的开放性、综合性、时间性、空间性、生活性、实用性等，结合到大运河文化遗产审美体验的实践应用中，可以通过挖掘大运河文化遗产环境的审美特质，经由审美主体从表层审美结构、中层审美结构到深层审美结构的逐层生成与建构，彰显运河文化遗产审美价值的作用。如何在环境中进行审美欣赏与体验是环境美学的核心问题，审美参与模式将感知者和审美对象融为一个知觉统一体，强调审美体验是一种人与周围环境的参与式交融。将审美参与模式应用于大运河国家文化公园的建设中，使审美主体对单独的景观元素感知产生多层次的知觉体验，审美空间场景和结构的连续心理呈现，促使环境审美成为一种全感知化的审美，在审美认同的基础上达到情感的提升、文化的感悟、意蕴的创造，从而获得更为丰富和连续的沉浸式审美体验。大运河文化遗产景观由多个单元组成，通过将这些单元有机的结合、连接等处理手段将自然要素、人工要素、社会要素的信息资料进行分析整理，去捕捉运河文化遗产景观的特征，判断其传承和利用的可行性，使运河文化遗产景观在审美体验中持续散发影响力和辐射力，这将成为传承弘扬中国大运河文化的重要途径。

环境美学是着眼于研究人与自然、社会与生态之间的审美关系与规律，从美学的角度去关注环境，构建一种和谐的审美理论，通过典型的大运河文化遗产资源载体进行实证研究，分析其自然环境与人文环境的美学本质、审美机制，从而有助于以环境美学理论来指导大运河国家文化公园景观环境的建设，实现从对运河文化遗产资源的挖掘和保护到运河文化精神进行弘扬和再利用的升华。环境美学及相关理论对大运河国家文化公园建设的启示体现在以下主要方面：

（1）理论对实践的指导作用。环境美学理论对浙江段大运河国家文化公园建设保护规划总体思路、大运河资源禀赋及文化价值挖掘、大运河国家文化公园形象打造和文旅路线设置等方面的规划设计与建设提供理论支撑。

（2）开启运河美学理论研究。国内外针对运河研究目前主要从文化地理学、经济学等方面展开，基于运河美学领域的研究并不多见。在大运河国家文化公园建设的新任务下，运河遗产美学价值的探讨与研究，对大运河文化遗产保护和审美价值再利用，具有建设性指导作用。

（3）提炼运河文化符号特征。针对现存运河文化遗产和相关文献资料，运用环境美学理论进行大运河文化符号的研究，通过分析、比较、概括、提炼等方法归纳出运河遗产资源中具有典型性、代表性和地域性的运河文化审美特征与形式符号，有效继承、弘扬和传播大运河文化。

（4）有效把控运河文化风貌。探索大运河景观遗产在环境美学领域研究成果的应用前景，为浙江省段大运河国家文化公园建设营造与地域、文化、时代和谐，外在形式与内在精神有机统一，体现浙江段运河文化素质与特征的国家文化公园景观风貌。

（5）开展环境美学实践研究。环境美学具有实践与应用的属性，以环境美学理论结合运河文化遗产进行理论联系实践的研究，对拓展和丰富环境美学实践领域做出新探索，推动运河传统文化创造性转化、创新性发展，实现大运河文化遗产资源保护、利用和传承的有机统一。为全面推进大运河国家文化公园浙江段的建设创造良好条件，奠定发展基础。

2 环境美学理论与运河文化遗产审美体验设计应用解析

2.1 相关概念界定

2.1.1 环境的概念

在西方，环境（environment）一词始于19世纪，其含义是周围的事物（surroundings），正如同“environs”一样，最接近的词源为法文“environner”，意指环绕。在中国，“环境”一词则始见于《元史・余阙传》：“环境筑堡寨，选精甲外捍，而耕稼于中。”这里的环境实为两个词，“环”为动词，“境”为名词，合起来代指围绕人居住的区域。[11]11由此可见，中西传统文化中“环境”的内涵可界定为一种包围人类的客观存在，这种界定带有主客二分色彩，区分了环境与人类的边界。

现代的人类环境主要区分为自然环境和社会环境。自然环境是环境的自然属性，是环绕生物周围的各种自然因素总和的客观存在；社会环境则是在自然环境的基础上，由人类逐步创造和建立起来的社会结构和物质文明环境体系。环境总是针对某一特定主体或中心而言，因此环境在不同学科领域中概念不尽相同。在环境美学研究领域中，约・塞帕玛虽从某种意义上把环境作为人类的对立面，强调环境的客观性，但他所提出的“环境总是以某种方式与其中的观察者和它的存在场所紧密相联”[12]在一定程度上也突出了人与环境的互生关系。阿诺德・伯林特则看到了环境本身的复杂性，反对将环境客体化，在其专著《环境美学》中对环境做了最初的界定：“无论人们怎样生活，环境就是被体验的自然、人们生活其间的自然。”[13]11在《生活在景观中——走向一种环境美学》中，伯林特进一步地发展了他的观点，他指出环境的内涵很大，它包含了人类居住在世界中的一切，人类与环境是统一体。[14]8

在环境美学的视野中，我们需要重新解读人与环境的关系，环境不仅是人类周围的环绕物，人类也是环境的有机组成部分。传统的环境内涵关注点侧重于异中求同，首先突出的是人与环境的相异性，并在此基础上考察人与环境的关联性；而环境美学的关注点侧重于同中求异，首先认可并突出人与环境的同质性，并在此基础上考察两者的不同，有效地缓解了相异性思维造成的人与环境的分离性。

2.1.2 文化遗产的概念

文化遗产是历史遗留下来的一件无价之宝。就其存在形态而言，可以划分为物质与非物质文化遗产两大类。物质文化遗产是具有历史、艺术、科学价值的文物，包括历史文物、历史建筑、人类文化遗址等；非物质文化遗产是各种以非实物形态存在的、与人民生活紧密联系的、代代相传的一种传统文化表达方式。1972年联合国教科文组织便注意到文化遗产和自然遗产逐渐受到破坏的威胁，在十七次大会上正式通过了《保护世界文化和自然遗产公约》，并于1976年建立了《世界遗产名录》，为文化遗产提供关注与保护。中国于1985年加入《保护世界文化和自然遗产公约》，2014年6月22日，中国大运河被正式列入《世界遗产名录》。截至2021年9月，我国已有56处文化和自然遗产被列入《世界遗产名录》。

2.1.3 文化遗产环境的概念

目前学术界暂未对文化遗产环境有明确的概念定义，但自19世纪文化遗产保护工作开展以来，世界主流的保护观念都呈现出统一的发展倾向，即保护内容从文物建筑向历史地段、历史街区、历史城镇不断扩展。在文化遗产保护的发展过程中，遗产周围的环境逐渐受到认同。1964年，《威尼斯宪章》中就曾建议，“保护一座文物建筑，意味着要适当保护它所处的环境”。它标志着对遗产周围环境价值的认同，保护遗产周围环境与保护遗产本体同样具有重要的意义。然而，因理论与实践的局限性，《威尼斯宪章》中提到的“环境”的含义主要针对物质空间环境。其后，《内罗毕建议》和《华盛顿宪章》对历史建筑及建筑群所在的区域历史环境进行了重新定位，确认了历史地段、历史街区、历史城镇保护的重要性。2005年国际古迹遗址理事会第15届大会通过的《西安宣言》则明确了非物质文化遗产保护的重要地位，落实了遗产保护内容的空间层次问题。对“环境”的认识不断深入，标志着遗产周边环境保护理论在多年实践的基础上有了进一步发展。[15]自1949年中华人民共和国成立后，国内的文化遗产保护体系经历了形成、发展和完善三个历史阶段，这个发展过程虽与国外有不同之处，但总体趋势是相似的。文化遗产保护的发展过程结合环境的概念剖析，提示我们不仅要重视文化遗产本体的保护与传承，也要关注文化遗产周围环境历史价值的完整性，更要重新审视人与环境的关系。

2.2 环境美学相关理论解析

2.2.1 美学的环境转向

在西方对环境美的关注可以追溯到古希腊时期，古希腊美学理论曾指出了形式的节奏、对称和平衡之美；古罗马时期，人们逐渐开始描绘自然风光之美，但自然在美学中的地位依旧不显；到了18世纪，自然美在西方得到了空前的关注，“审美无利害性”受到大众的广泛认同；19世纪，黑格尔提出，“艺术是‘绝对精神’的最高体现，是哲学美学关注的对象”，美学研究围绕艺术美展开，自然美逐渐被淡化。在我国，环境的审美价值很早已为人所知，中国古代典籍和艺术作品中都大量地记载了人们对环境美的赞叹与关注；国内20世纪50～60年代的美学大辩论，虽然探讨的是如何解决美的本质问题，但都涉及自然美的讨论。

20世纪60年代开始，有关环境美学的研究在美国和欧洲迅速展开，其产生的直接诱因来自人们对环境问题的关注。在环境运动的影响下，人们开始全面地探讨研究环境问题，美学也逐步介入。赫伯恩在发表的《当代美学及自然美的忽视》中提出：“将美学本质上简化为艺术哲学之后，分析美学实际上就忽视了自然世界。”[16]由此，环境逐渐成为除艺术之外的另一个重要的美学研究领域，自然和建筑作为环境的核心要素而具有重要的美学价值。从艺术美学走向自然美学再走向环境美学，反映出现实生活中人们审美对象的扩大化，也反映出美学学科性质的本质性变化。环境逐渐成为美学的主要研究对象之一。

2.2.2 环境的审美特质

环境美学是从美学角度重新审视和思考环境，在理论与实践的层面揭示出环境的美学意义和价值。[6]69赫伯恩提出：“经过比较，就审美而言，自然客体与艺术客体之间存在一些重要的区别，这些区别不应视为自然客体所必需但无关紧要的审美特质；相反，其中的几个区别为独特而有价值的自然审美体验类型奠定了基础。”[17]环境美学向以艺术为中心的美学发起挑战，从审美特质上区分艺术客体和环境客体，并高度重视环境迥异于艺术的审美特质。

第一，环境美的开放性与综合性。

作为审美客体的环境具有不同于艺术品的开放性。环境没有框架和封闭空间，因此作为审美对象的环境不可能像艺术品一样提供一种完整的明确性和稳定性，但这并不会减弱环境的审美品质，相反，它使我们的审美体验获得富有挑战的开放性。环境的开放性一方面体现在物理形态的无边界性，当环境成为审美对象时，审美注意范围之外的声音、气味或其他事物会不自觉地融入审美主体从而有效地拓展环境的审美边界，形成一种持续性的审美体验；另一方面则表现为审美体验形成要素的拓展，即审美主体通过联想、想象丰富审美体验。环境的开放性也造就了环境美的综合性。环境美的综合性表现在其构成的多元性，它融合了艺术美、技术美、社会生活美等多种因素，这些多元因素相互发生作用从而产生环境美。环境美丰富的内涵也要求审美主体拥有更高的审美理解能力、投入更多的精力，从而充分感受环境深层次的美。

第二，环境美的空间性与时间性。

环境美的空间性是指环境的三维存在，它极大地满足了人们的求知欲和探索欲，因此，环境尤其是优美的环境，更是充满无穷的魅力。[18]空间的真正力量在于其容纳场所概念的能力，海德格尔指出"场所"既揭示了人的存在的外部关联，又揭示了人的自由和现实的深层表现。[19]因此，作为人们参与空间活动的场所营造就显得更为重要。环境的时间性是四维的存在，时间变换、季节更替显著地影响着环境的审美体验，同时环境也因人类活动因时而变，从而在时间的流变中凸显其人文内涵。环境的空间性和时间性一方面通过环境的不断变化刺激着我们的想象力，从而不断产生新的审美意象；另一方面它的非永恒性也赋予审美主体一种独特的易逝性体验。

第三，环境美的生活性与实用性。

康德提出的审美无利害原则迫使艺术与美不得不成为自足的个体，从而切断它们与日常生活世界的联系。但当我们将审美视线转向环境时，关注作为审美对象的环境的生活性与实用性能极大地拓展和深化我们的审美体验。环境作为我们的生存之所，无论是作为居民还是旅游者，生活是第一位的。一座城市的生活状况、交通状况甚至包括天气状况，都直接地影响着主体的审美感受。同样，在环境审美中，忽视或弱化环境的实用性会限制审美体验的丰富性与深度。环境的体验不仅需要全方位、多角度地综合感知，更要关注环境的生活性与实用性，通过环境的功能有效地促进和加强与日常生活的联系，从而形成具有生命力的审美体验。

第四，环境美的特性：家园感。

人与环境是和平相处的，环境给人家园感，这是环境的特性，"环境是家园"可以理解成人类生存的基础离不开环境。环境的变化使得人类积极地生存，持续不断地发展，在发展中生存。环境美的意义首先来自于活动资源，其次环境与人类生活息息相关，基于这些内容，我们认为环境是家园是无可厚非的。

2.2.3 环境的审美模式

如何在环境中进行审美欣赏是环境美学的核心问题之一，正确而有效的环境审美模式便显得尤为重要。传统美学以丰富的艺术审美经验为基础，力图将艺术审美模式嫁接到对环境的审美上去，由此形成了环境审美的两种传统模式：对象模式和景观模式。[20]对象模式要求将环境当作艺术对象来欣赏，对环境整体进行分割；景观模式则强调与环境的距离感，将其视为一幅风景画。

当代环境美学家面对传统环境美学模式的明显缺陷，致力于为环境审美寻求既不同于传统艺术审美模式又不同于传统环境审美模式的全新模式。他们从不同角度对当代环境审美模式进行了多元而卓有成效的理论建构，包括环境模式、参与模式、激发模式、后现代模式、多元模式、综合模式等。本课题以阿诺德·伯林特提出的参与模式（the engagement model）为核心，将感知者和审美对象融为一个知觉统一体，强调审美体验是一种人与周围环境的参与式交融，展示知觉合作（perceptual integration）、连续性（continuity）与参与性（participation）三种特征。

第一，知觉合作。

人体的感官系统被区分为远感受器与近感受器，远感受器包含视觉与听觉，近感受器则包含味觉、触觉与嗅觉。在传统的美学中，审美主体总是有选择性地对艺术作品使用远感受器，从而形成有距离的审美体验。阿诺德·伯林特的参与模式重视审美主体在环境中出现的各种审美体验，他提出："对于环境的体验，我们追求的是与环境的交相感应，不能分离环境特有的气味、温度、雨水与风拂过皮肤的感受。"[21]17此外，同样需要关注到对环境的体验是一种联觉，即感觉诸形态的融合。在这样的审美体验中，主体与环境互相渗透，我们与周围的环境融为一体，成为知觉的持续生成与一体化，形成丰富而鲜活的审美体验。

第二，连续性。

阿诺德·伯林特认为感觉的强弱不是审美体验的唯一标准，完整的审美体验应该有一定的广度与复杂性，连续性的特征则反映了这一点。环境的时间与空间承载着审美体验者身体的进入与活动。伯林特提出环境的空间不再是传统审美无利害观念下被动和静止的，人影响环境的同时，环境也在影响着人，二者的相互影响推动着环境与环境审美体验的动态变化，这就是人与环境的连续性。在审美欣赏中，作为审美对象的"环境"是"潜在的"，即"环境"的生成和确立取决于审美主体的沉浸与移动，"环境"作为审美客体，则会随着审美主体的活动而不断地变化又不断地形成。而这种沉浸、移动以及环境因人而随时变化形成的特点，正体现了人与环境的连续性。[22]

第三，参与性。

环境作为人与地的连续体，是一个动态的且由各种元素组成的场（field）。[23]参与性作为伯林特环境美学的核心特征，强调了审美体验本质的积极性和主客体之间交融互动的持续在场。审美的知觉合作和连续性是参与的前提条件。伯林特指出审美参与是"欣赏者和艺术品之间建立起来的一种积极的感知结合，这种参与不仅是视觉的，而是一种完全的精神投入，将身体的感知与具有记忆意义的想象和联想结合起来，从而在欣赏者和艺术品之间产生一种感知联系，总而言之，它需要人全心全意地投入"[21]119。

2.2.4 环境的审美体验

审美体验即审美中主体心力、情感投入、体悟、拥抱对象的心理活动和审美经验。[24]100环境的审美体验作为一个完整的过程，包括初始阶段、兴发阶段和延续阶段。初始阶段以知觉感知为主，即审美的第一层次；兴发阶段是审美体验的高潮，它在感官愉悦的基础上唤起心灵的激动，深入心灵的交融；延续阶段则是心理状态的持续抒发，在独特的审美心境中进行体验感悟。

第一，环境知觉感知——"应目"。

环境知觉感知是环境审美体验的初始阶段。由美的形式引起的以视觉和听觉为主的感官愉悦，就是"应目"。它通常是由主体对事物的声音、色彩、线条、现状等审美信息的接纳而唤起的。[9]108感觉先于知觉，指的是大脑对直接感知的客观事物的个别反应，知觉通过器官将外界的环境反应转变为事件、声音、味道等方面的经验，从而体现出客观事物的本质特征和相互联系。环境审美体验是一种综合而整体的体验，作为一个包含各种感官体验的认知系统，审美知觉首先具有完整性特征，是在感觉的基础上形成的一种完整的心理组织过程；其次具有主动性特征，在审美知觉的过程中，审美主体是积极主动且有所选择地去交互感知；最后具有情感性特征，情感伴随着审美知觉的发生。

第二，环境情感感触——"会心"。

环境情感感触是环境审美体验的兴发阶段。环境审美体验从主体的知觉感受开始，随后知觉引发心灵的愉悦，情感、思想、理想、想象被唤起，就是"会心"。刘勰在《文心雕龙》中提出："原夫登高之旨，盖睹物兴情。情以物兴，故义必明雅；物以情观，故词必巧丽。"[25]这段话可有助于说明和理解环境体验中情景交融的关系。审美情感由知觉引发，因此，在感知的初始阶段就是带有情感地去体验，审美的整个过程始终都是情感产生的过程。情感在审美体验的过程中具有多方面的功能，首先在审美过程中情感作为生成性动力，能够进一步激发主体的体验活动展现其基础调节功能；其次因为审美体验的全部过程都是在情感场域中展开的，所以无论是主体的知觉还是想象活动，都明显地受到情感的性质和强度的制约，展现其定向和创造功能；最后为评价功能，审美情感同时影响着主体的审美判断。

第三，环境体验感悟——“畅神”。

环境体验感悟是环境审美体验的延续阶段。审美感悟是审美知觉、感知与颖悟的融合。在审美感知与感触后，主体通过体悟对象的意蕴、生命的根蒂和人生的哲理，构成了对宇宙万象与心之本原的相互观照，浑融为一，感知对象又超越对象，最终达到审美感悟。[24]99所谓“意蕴”，便是在感受意象和意境的基础上，超越具体的、有限的事物，进入无尽的时间和空间，获得如“胸罗宇宙，思接千古”的领悟。[26]这种渗透出来理性内涵的意蕴和带有哲理性的人生感悟、文化感悟意趣深长，给审美主体以无限的遐思，具有无穷的魅力。

2.3 环境美学对大运河文化遗产环境营造的指导意义

2.3.1 大运河杭州段文化遗产环境审美特质的关注

基于环境的审美特质，首先要关注审美客体——大运河杭州段文化遗产环境的审美价值。环境美自身的开放性和综合性决定了大运河杭州段文化遗产环境美的多元性，构成环境美的多元因素相互发生作用会产生正负面两种情况。在环境设计中需要注重将各元素的相互作用向正面引导，使其相互作用的审美效应大于它们的综合，注重环境整体的协调性。环境美的空间性与时间性要求关注大运河的昼夜晨昏时间变换、春夏秋冬季节更替等独特的时相美。环境本身在片刻不停地变化，同时社会制度、生活方式伴随着改变，因此我们需要积极考虑环境美的动态性。作为文明的积淀，大运河同样需要展现其历史感。环境美的生活性与实用性是大运河文化遗产环境营造中最为基础的考虑，大运河周围良好的社会秩序、人际关系和社会氛围使人获得情感上的愉悦。同时环境的生活美往往表现为精神氛围、文化氛围和审美氛围的融合，每一个时代都有其独特的社会生活美。因此，我们需要挖掘大运河沿岸老百姓的生活变迁和本真状态，创造具有审美意义的生活体验。

2.3.2 大运河文化遗产环境营造中审美模式的应用

基于阿诺德·伯林特的审美参与模式的三种特征，结合大运河浙江段的审美体验应用，首先，在知觉合作方面，从宏观、中观和微观多个维度，集合视觉、触觉、味觉、温度、光照、颜色等形成综合感官体验，使审美主体对单独的景观元素感知产生多层次的知觉体验，创造大运河浙江段古今交融、河清岸美、古朴文雅、传承创新的第一印象；其次，在连续性方面，关注审美空间的连续性，大运河浙江段文化遗产环境历经两千余年，形成其独有的序列性与节奏感，可利用不同的空间节奏将水体、植物、材质等环境元素通过造型、色彩的变化使审美主体的感受层层叠加在一起，形成一种对审美空间场景和结构的心理呈现，从而达到对主题故事的阶段体验；最后，在参与性方面，通过参与模式的运用，构建独特的运河情境，融入创意感、趣味感和自主性的场景和场所，帮助参与者沿着空间意象和事件线索去寻找超乎想象的结局。

2.3.3 审美体验对大运河文化遗产环境营造的意义

阿诺德·伯林特提出：“人类环境，说到底是一个感知系统，即由一系列体验构成的体验链。”[13]20环境审美体验作为一种综合的、整体的体验，要求感知力的持续在场，从而为审美主体提供“全方位”的审美体验。在大运河文化遗产环境审美体验中，审美主体主要包括居民及游客，主体的审美能力在很大程度上受制于其历史、哲学和文学修养记忆和对于环境的熟悉程度，但主体会根据自身的审美经验和外在因素唤起对审美客体的注意和期待。因此，在大运河文化遗产环境审美体验中，要多层次、多角度地创造审美活动，提升大运河的审美吸引力。

大运河浙江段文化遗产环境作为审美客体，包括遗产本体、景观空间、生活方式等审美对象。基于审美体验的三阶段，运河文化遗产环境审美体验中，首先，以创造感官交互与联觉体验为基础，而后延续到身体化的感知体验，创造审美主体“情”与“景”“意”与“象”的初步融合，获得表层知觉感知；其次，通过审美情感的伴随弥漫，结合场所记忆和大运河线性空间的优势，激活主体连续性的回忆意象，获得中层情感感触；最后，通过历史文化要素的表达，在审美认同的基础上达到情感的提升、文化的感悟、意蕴的创造，获得深层体验感悟（图2-1）。

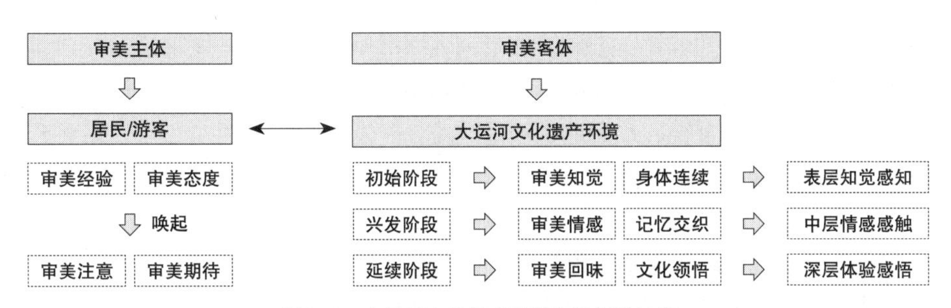

图2-1　大运河文化遗产环境审美体验过程

2.4 环境美学与大运河文化遗产景观的联系

2.4.1 人与运河文化遗产景观关系的思考

第一，哲学层面：人与运河文化遗产的关系。

哲学意义上的主体是指能够进行社会认知和社会实践的人，客体是指人在从事社会认识和社会实践的具体对象。人与运河遗产的关系在哲学层面上，人被看作主体，运河遗产被看作客体。主体具有意识性和能动性，体现在具有对外界或内部的作用或影响做出积极的、选择性的反应或回答的能力，主体包括运河文化的创造者、体验者、传承者等。客体具有对象性和客观性，它是指除主体之外存在的客观世界，主要包括大运河在两千多年的历史发展进程中为运河航运建造的水利工程设施等，它们是主体认知和活动的实践对象。随着哲学思想的演进与发展，针对主客体关系的认识日益复杂与多元。人与运河文化遗产的关系表现在客体的存在与价值，主体与客体相互影响、相互协调的互动过程，需要主体能动地反映和创造。人对运河文化遗产的认识，具有实现人类文化传承与发展的作用与意义。

第二，环境美学层面：人与运河文化遗产的关系。

环境美学是从传统美学中发展形成的当代美学，注重人与环境的审美关系研究。环境美学关注和研究主客体之间的审美活动，审美体验活动是产生美感认知和感悟的重要途径。环境美学体系下的主体是指审美体验的承担者、需求者、追求者和创造者。审美体验的客体是审美主体在体验中追求和实现审美目的，认识、追求、需要和创造的客观对象，主要包括运河河道、闸、堤、坝、桥、纤道和建筑等与运河航运相关的水利航运设施。在环境美学层面通过主客体之间的审美体验活动，开展人与运河文化遗产审美关系的探讨，营造人与运河文化遗产审美体验的环境场所，创造主客体审美体验模式，开展运河文化遗产审美体验活动，能够有效实现人对大运河文化精神的感悟和意蕴的升华。环境美学理论指导下的运河文化遗产景观审美体验，是新时期传播和弘扬大运河文化的重要方式与手法。

2.4.2 运河文化遗产景观经济价值与审美关系的思考

第一，追求经济价值是运河开凿与延续的主要目的。

大运河是人工开凿的航运渠道，目的是发展水运交通，自古形成了沟通中国南北交通的大动脉，促进了沿岸地区城镇和工商业的发展。历史上大运河是连接亚洲内陆“丝绸之路”和海上“丝绸之路”的枢纽。两千多年来大运河的漕运功能对国家政治、经济和文化发展起到了重要的推动作用，经济价值是大运河航运的重要体现。随着时代的发展与进步，运河航运受到现代运输业发展的影响，被汽车、火车和航空运输所取代，运河航运逐渐萎缩、没落。大运河的航运功能逐渐从兴盛走向衰败，航运带来的经济效益逐渐减退。在相当一个时期里大运河被遗弃，一些河段的水利设施荒废，甚至遭到破坏。进入21世纪，运河沿岸开发建设一度带来运河两岸发展的新活力，房地产经济和旅游经济在给运河沿岸城乡带来市场效益和新经济价值的同时，由于对大运河遗产保护意识的淡漠和不重视，片面追求经济效益，开发建设对运河遗产带来诸多建设性破坏的问题。我们需要思考和探寻运河文化遗产在新时代发展的进程中如何发挥它具有的新价值和新功能。

第二，审美体验是大运河文化弘扬和传承的时代体现。

大运河文化遗产申遗成功和国家文化战略建设工程的实施，为大运河文化遗产的保护、传承与利用提出新的发展建设要求。文旅融合开发大运河遗产资源，以大运河国家文化公园建设为契机，弘扬和传承大运河文化遗产蕴含的中华民族精神与文化价值，以及推动运河沿岸城乡建设可持续发展，成为时代赋予我们思考和解决的重要课题和任务。随着体验经济时代的来临，体验所强调的是受众主体的感受性满足，重视行为发生时人的心理体验。文化产品的审美体验可以满足和实现当代人对精神文化的追求与向往。大运河国家文化公园建设，可以探寻通过“运河文化主题体验设计”的方法，实现审美主体在体验的进程中以一种休闲的状态、自由的感受、艺术的想象、审美的情趣，实现感悟大运河文化遗产、呈现中华文化精神的目的。对大运河文化遗产审美特征的提炼与概括，以及对大运河文化遗产审美价值的挖掘，正是大运河国家文化公园发展运河文化主题旅游业的基本任务与建设工作。

2.4.3 运河文化遗产景观与乐居乐游的环境美学思想的思考

第一，将乐居与乐游作为大运河国家文化公园建设理论的切入点。

建议运用中国当代美学理论家陈望衡先生在《环境美学》中阐述的“乐居”与“乐游”理论，思考、梳理和构建大运河文化遗产保护利用和国家文化公园建设的基础理论体系。乐居与乐游是中国当代环境美学理论体系的核心内容，体现出具有中国文化特色的审美观念和哲学立场。乐居环境既可让人居住，也可以让人愉快，突出强调带给人精神上的美感享受和家园感，满足人的情感需求和文化需求。表现在环境对人的亲和性和生活性，人对环境的依恋性和归属感。乐游将环境作为审美的对象，强调人的一种积极活跃的精神状态，反映出审美体验活动的主动性、动态性的特征。通过努力实现审美主客体的统一和融合，体现中国文化“天人合一”的哲学思想。乐居与乐游在审美意义上是中国环境美学思想的概括与表达，也是环境审美追求的最高层次。在大运河国家文化公园建设中以陈望衡先生倡导的乐居与乐游环境美学思想为切入点，进行运河文化遗产景观的审美体验理论体系构建，宜于创造出自然景观优美、文化底蕴深厚、个性特色鲜明、满足情感需求的乐居与乐游的运河文化主题场所。

第二，乐居与乐游思想对运河文化遗产景观审美体验具有指导作用。

陈望衡结合当代国外学者的环境美学理论和中国传统哲学思想，形成了从“可游可居”到“乐居乐游”的环境美学思想体系，这是目前中国环境美学理论研究与探索中最系统的理论，对大运河国家文化公园建设理论的构建具有借鉴作用和指导意义。中国大运河工程是体现人类创造的实践活动，也是人类利用自然和美化自然的伟大创举。针对运河文化遗产景观的审美体验，将运河水利工程遗产打造为审美体验的对象。运河遗产景观是环境美的存在形式，更是具有丰厚的历史文化底蕴和精神内涵的审美载体。乐居与乐游的环境美学思想可以梳理和转化为指导运河文化遗产景观审美体验的理论体系。乐居理论通过宜居、安居、利居、和居和乐居的审美认知“五居”体系，强调主体感受，创造优美环境，满足人的审美需求。乐游理论将“游”定义为“居”的第二功能，“乐游”是“游”的最高形式，即审美主客体达到融合统一的境地，能够感悟到一种精神与文化的存在。这种环境审美体验模式，为大运河国家文化公园建设，实现有效传播和弘扬中国大运河文化精神，通过审美感悟营造“可居可游”的环境具有指导性作用。

3 现象学美学与运河文化遗产景观环境相关理论解析

3.1 现象学美学与环境美学

3.1.1 现象学与现象学美学

自美学成为独立的学科以来，一共出现了四种系统性的哲学美学，即德国古典美学、马克思主义美学、分析美学、现象学美学。[27]3要了解现象学美学，首先就要了解什么是现象学。现象学是20世纪西方哲学大潮之一，旁及人类学、心理学、社会学、历史学、文学、美学等。

现象学由胡塞尔开创，它成立的标志是胡塞尔于1900~1901年出版的两卷本《逻辑研究》，此后胡塞尔又发表了一系列重要的著作。现象学的基本精神之一就是彻底打破了传统哲学主客截然对立的形而上学的思维方式。在现象学的视域中，没有脱离主体的客体，也没有脱离客体的主体[28]，并且主张采用描述、本质直观等方法来还原生活世界的本相。

现象学具有集体创作的性质。胡塞尔现象学只是狭义的现象学，广义的现象学是包括胡塞尔、莫里茨・盖格尔、英加登、舍勒、海德格尔、许茨、马塞尔、萨特、梅洛-庞蒂、列维纳斯、杜夫海纳、利科等人所创造的现象学。他们从胡塞尔的早期理论中，分别发展了其所关心的方面的不同现象学概念，并由此衍生了多种现象学理论，如本体论现象学、价值现象学、存在主义现象学、审美经验现象学等。这就意味着，将这些哲学家联系在一起的根本纽带不是他们共同的学术主张，而是其共同的思想风格或一致的思想方法，即“现象学方法”[29]114。

“现象学美学”指的是从现象学的视角出发的美学，具体来说，就是以现象学哲学视角为基础的美学，或者说，在研究过程中使用了现象学方法的美学。胡塞尔虽然没有对审美问题进行过专门的探讨，但是在他的现象学理论中却隐藏着通往审美的可能。胡塞尔现象学中隐含的美学意义有三：一是本质直观的现象学方法；二是意向性的概念；三是生活世界的现象学。意向性理论是英加登、萨特、杜夫海纳的现象学美学的出发点，生活世界现象学已在海德格尔的现象学中生根发芽，后来在梅洛-庞蒂的现象学中开花结果。

3.1.2 现象学对伯林特环境美学理论的影响

伯林特的现象学思想最早反映在他的环境观中，他明确地反对从“周围事物”的角度来认识“环境”，即坚决地反对使用英文中的“surroundings”来描述“环境”。从表面看来，这仅仅是语言上的问题，但是在更深的层面上，它是一个哲学立场的问题。伯林特充分地吸收了现象学的观点，确立了自己的“环境现象学”(phenomenology of environment)：“环境并非主体静观行为的客体——环境与我们是连续的，是我们生存不可或缺的条件。”[30]156伯林特根据现象学关于主体与世界之间紧密联系的理论，将“世界”的概念转换为“环境”。他提出：“环境是我们与自然过程合作的结果，考虑环境的时候不能脱离人的融入。某物被如何感知，与它被如何构建同样重要。”[30]129同时，伯林特摒弃了人与环境隔离的思路，提出了一种全新的环境观：人与环境之间的关系不是孤立的，人始终与环境紧密相连；环境也不是孤立的对象，它是人的意图；人与环境之间存在着联系。伯林特以这样一种全新的环境观，揭示了环境和美学之间的关系，为环境美学的建构奠定了基础。

此外，现象学方法也对伯林特有着较大影响，主要表现在他的环境体验描述美学上，即运用了现象学中的“描述”来描绘人类的环境体验。可以说，伯林特在借鉴现象学的理论基础上，对环境美学进行了改造，使其向“哲学美学”靠拢。

3.2 现象学美学相关理论概述

3.2.1 审美价值现象学

最早将现象学的方法具体、全面地应用于美学领域的现象学家是德国学者莫里茨·盖格尔[31]，在盖格尔看来，把美学与其他科学领域区分开来的特征就是审美价值。人的审美行为是在主体和客体之间进行的，其中存在很多的评判和判断，因此，美学作为一种特别的科学，它并不只限于与现实相关的阐释和描写，还涉及与其相关的价值评估与评判。他说：“美学是一门价值科学，是一门关于审美价值的形式和法则的科学。因此，他认为审美价值既是他注意的焦点，也是他研究的客观对象。”[32]80盖格尔也明确提出审美价值应该成为现象学美学的研究对象。

在盖格尔的现象学美学观点中，审美对象的价值可以分为不同的层次：形式价值、模仿价值和积极内容价值，[32]146这些价值在审美对象中是作为一个整体的价值模式而存在的，形式价值居于所有价值之首，模仿价值是审美价值本质的表现，积极内容价值是审美价值的核心。把握这些审美价值可使人由内而外地认识审美对象。形式价值又可以说是“节奏韵律”或者“和谐律动”，这是艺术形式的根本，处于审美价值的核心地位；模仿价值的意义有两个方面，一是“忠实于自然的意象”与“形象化”的再现，即艺术对现实的模仿，或者说是对感觉的模仿。二是在于对生命的实质的再现；[32]162审美价值并不局限于形式和模仿价值，而是在于其最深层的内在生命与灵性，即审美对象所蕴含的积极内容价值。

在现象学美学的精神内涵中，审美主体对审美客体的构成具有重要作用。盖格尔认为主体“是由深度、意味、特征都互不相同的层次构成的一种结构”[32]228，主要分为三个相互联系的层次，分别是纯粹生命的层次、经验性自我所处的层次和存在的最深层次，这三个层次就是审美价值的主观方面，并且与客观方面相互对应。其中，生命自我主要对应的是形式价值的部分，表现在审美活动的初始阶段，即审美主体对色彩、线条、结构等产生的感官快感，从而让主体体会到客体的形式价值；经验自我对应着的是模仿价值，随着审美活动的深入，主体不再仅仅关注对象的外部形式，开始进入内容和精神层面，触摸到艺术模仿的精神与实质；存在的自我对应的是审美价值中积极内容价值的部分，有助于使人进入一种超然的、超现实的境界，从而“超越自己，去庄严宏伟地、热情奔放地、品格高尚地观看、感受、体验”[29]123。

3.2.2 审美经验现象学

在现代美学中，人们关于审美经验的认识，特别是关于审美经验关键因素的认识上存在着不同的观点。但是得到普遍认可的是，审美经验与认识活动有各自不同的对象，且发生过程也不同。杜夫海纳的《审美经验现象学》被认为是在现象学领域中出现的最全面、最完善的著作。

杜夫海纳认为，知觉的目的是显现审美对象，并将审美经验的产生分为三个阶段，即呈现、再现与思考。这一区分与审美对象中区分的三个方面——感性、再现对象和表现的世界相吻合。[33]371

首先，知觉都是从呈现开始的，在呈现方面，一切都是给予的，没有任何东西是已知的。当我们停留在审美对象与肉体的这种初步接触时，作品所再现的东西已经呈现出来。为了认识审美对象，肉体无须勉强去适应它，而是审美对象预先感到肉体的要求以便满足这些要求。

审美知觉也需要理解力，再现是随着空间和时间的出现而出现的。在呈现中，先验是由肉体承担的“同在”能力；在再现中，肉体并没有不存在，因为再现继承着肉体所体验的东西。而想象为了扩大外观和给外观以活力，给知觉带来的东西实际上不是无中生有，它是以实际经验中已经构成的知识来滋养再现的，更确切地说，它调动知识，并把通过经验获得的东西转变成可见的东西。但想象不能归结为知觉，它和知觉是对立的，因为知觉瞄准的是现实，它把我们放置在时空对象的面前。

有深度就是把自己放在某一方位，使自己的整个存在都有感觉；有深度，就是变得能有一种内心生活，把自己聚集在自身，获得一种内心感情。[33]439对审美对象的结构进行的思考接近于构成活动，只有经过思考的考验之后才能真正进入感觉，对内容的思考就在忠于自己的目标、从外观走向物、从被视为外观的作品走向再现对象，正是通过深度，感觉才有别于普通的印象，感觉而非印象才是对象中表现的担保人[34]，我们的情趣才得以形成，以臻成熟。

3.2.3 审美知觉现象学

梅洛–庞蒂的知觉现象学在现象学运动以及整个西方现代思想中都占据着举足轻重的地位。根据《知觉现象学》的序言，可以看到，梅洛–庞蒂坚决反对二元论，他希望以身体的“在世存在”为基础，建立现象学的现象学——知觉现象学，从而回归现象世界，还原我们被歪曲的体验，还原我们的知觉，并确立新的认知方式。

梅洛–庞蒂致力于将“现象场转变为先验场”，具体而言，就是要通过我们的身体知觉，凭借我们的肉身体验，通过意向的解析来掌握所有的体验，从而可以重现和掌握体验的本质构造。梅洛–庞蒂指出，“如果我们不想仿造反省哲学，一上来就置身于我们以为始终呈现的先验领域，那么我们就应该涉足现象场，通过心理学描述来认识现象的主体”[35]94，从而“重新发现现象，重新发现他人和物体得以首先向我们呈现的活生生的体验层，处于初始状态的‘我—他人—物体’系统”[35]87。基于此，我们可以用意识去感知，并与这个世界进行交流，而在这里，感知的存在也导致了身体的变化。通过这种经验与先验的辩证运动，梅洛–庞蒂“把我们引向现象的现象，坚决地把现象场转变为先验场”[36]95。

另外，梅洛–庞蒂提出，“应该描述实在事物，而不是构造或构成实在事物”[35]5，这意味着我们不能把知觉与判断、行为或断言等同起来。知觉无时无刻不充斥着映象、嘈杂声、转瞬即逝的触觉印象，所以我们要把知觉放入世界，不可与幻想混淆在一起。但同时，我们也围绕知觉进行幻想，想象不同的呈现与不同的事物和人物，然而，它们不介入世界，因为实在事物是一种坚固的结构，而知觉是一切行为得以展开的基础，世界不是我们掌握其构成规律的客体，世界是自然存在的环境。

3.3 运河文化遗产相关概念界定

3.3.1 文化遗产景观的概念

文化遗产是有历史、艺术、科学等价值的文物。从存在形态上可以分为物质文化遗产和非物质文化遗产。1972年10月17日至11月21日，联合国教育、科学及文化组织大会在巴黎举行了第17

届会议，会上通过了《保护世界文化和自然遗产公约》。在这个公约中，给出了"文化遗产"和"自然遗产"的经典定义，[37]其中，"文化遗产"即从历史、艺术、科学或人类学角度看具有"突出的普遍价值"的文物、建筑群和遗址。[38]这一定义主要指向有形的物质文化遗产。2003年10月17日《保护非物质文化遗产公约》通过，"非物质文化遗产"一词指被各共同体、团体，有时或为个人当作其文化遗产一部分的各种实践、表演、表达形式、知识和技能，以及与之相关的工具、实物、工艺品和文化空间。各个共同体和团体随着其所处环境、与自然界的相互关系和历史条件的变化，不断使这种代代相传的非物质文化遗产得到更新，并使他们自己得到一种认同感和历史连续感，从而促进对文化多样性和人类创造力的尊重。

而随着人们对自然与文化、有形与无形间关系的深入探讨，遗产与景观的研究呈现出越来越密切的关系，二者之间的概念性壁垒渐渐模糊消失。[39]景观包含了视觉美的含义，即外在人眼中的景象；包含了栖居地含义，是人与人、人与自然关系在大地上的烙印，也是人在其中生活的地方；包含了作为系统的含义，蕴含着各种生态关系；包含了作为符号的含义，记载着自然和社会的历史，讲述土地的归属和故事，以及人与社会的关系。[40]遗产与景观在认识论与方法论上双方产生着相互影响：从遗产的角度去阐释景观的文化性与社会性，从景观的角度研究遗产环境的文化生态[41]，遗产景观指对社会具有遗产价值的一处景观、遗址或由其组成的网络体系。[42]

因此文化遗产景观可以指，由在历史、艺术、科学或人类学角度具有"突出的普遍价值"的物质文化遗产和非物质文化遗产共同组成的，记载了自然社会历史，反映了人与社会关系的具有视觉美和生态关系的人类栖息地。

3.3.2 运河文化遗产景观的内涵与价值

《保护世界文化和自然遗产公约》将运河的特点归结为"它们代表了人们的迁徙和流动，代表了多维度的商品、思想、知识和价值的互惠和持续不断的交流"[43]。大运河作为典型的线性文化遗产，其各个方面的遗产价值是不可估量的。根据《国际运河史迹名录》所制定的评价标准，可以将运河文化遗产分为：（1）运河水利工程遗产，包括运河河道、水利工程设施、水源设施、古代运河管理机构遗存。（2）运河航运工程遗产，包括船闸、古纤道、桥梁、运口。（3）运河聚落遗产，包括古城、古镇、古村落、历史文化街区。（4）运河其他物质文化遗产，包括古建筑、古遗址、古墓葬、石刻铸造。（5）运河沿线的非物质文化遗产，包括民间习俗、传统民间表演艺术、传统手工艺技能、相关文学作品等。

同时，《实施〈世界遗产公约〉的操作指南》指出，大运河是世界文化遗产的同时，也是重要的文化景观遗产，运河的开凿不仅仅是创造性地把自然的河流和湖泊连接成一条连通的、统一管理的大运河，而且让其在国家意志下产生了互通、交流和融合，使之成为景观上的异质和精神上的纽带，因此，运河及其周边遗产不仅蕴含着深刻的文化内涵，而且还是具有审美价值的文化景观[44]。由此看来，中国大运河是世界文化遗产，同时也具有强烈的文化景观色彩。

大运河蕴含着丰富的文化价值、政治价值、经济价值、教育价值等，而作为审美对象，运河及其相关文化遗产还具有审美价值。盖格尔认为，"每一个可以贴上审美价值标签的事物，无论是美的或者丑的、本原的或者琐屑的、崇高的或者普通的、雅致的或者粗俗的、高贵的或者卑贱的等等，都属于作为一种特殊科学的美学领域"[32]5。从这一角度看，运河及周边的文化遗产本身就具有审美价值。

因此，从现象学美学的视角看待，运河的审美价值就存在于运河文化遗产与审美主体的关系中，存在于水波荡漾的河道中，存在于长虹卧波的桥梁中，存在于雕梁画栋的宅第中，存在于质朴无华的老街民居中，存在于位位相接的灌溉农田中，同时存在于欣赏运河的人们的心中。

3.4 现象学美学与运河文化遗产景观的联系

3.4.1 现象学美学对分析运河文化遗产美学价值的指导作用

第一，针对具体遗产，挖掘其特有的审美价值。在一件艺术品中，从美学的观点来看有意义的部分，就是这件艺术作品独特的审美价值，而不是别的艺术作品的审美价值。因此，从审美角度来看卓越的东西，是一种独特的、无法被简化为普通的概念的东西。若是和谐、自然、深刻，等等，这些所指的都是与其他许多事物共同的特性，而不是审美对象所特有的美学价值。因此，对于具有审美价值的运河文化遗产来说，若要把握其审美价值，就需要去针对具体的遗产对象，探寻它特有的审美价值，而不能用一些泛泛的美学特征与价值来概括表述它。

第二，将运河文化遗产当作现象，进行观察与分析。如果说一尊雕像是一块真正的石头，那从美学上来看，这尊雕像并没有什么价值，但若是把它当作对生命再现的东西，那这尊雕像在审美的方面就是有意味的；舞台剧上，一个女巫扮演者的容貌，不管是老态还是丑陋的，从审美角度来说都无关紧要，她的青春和活力完全取决于她的衣着、化妆和灯光的作用，在这里，重要的只是外表，而不是实在。因而，审美价值并不属于审美对象的真实的一面，而是属于它的现象的一面，我们必须从这些审美对象的现象的一面出发来研究它们，且若是以这种方式研究美学，就必须把那些客体都当作现象来分析。为了使运河文化遗产的审美本质的领会能够获得成功，我们必须从它的现象看待它，这并不仅仅意味着对不同的、复杂的运河文化遗产进行观察，也意味着对这些客体进行分析。

因此，在挖掘与提升大运河文化遗产审美价值的过程中，把握与分析至关重要。从运河文化遗产这一客体出发，确定其审美价值，能得出一些普遍的结构或者普遍的美学，在这一过程中，直观是把握本质的途径，直观当中，分析又占有重要地位。现象学美学的首要任务是研究审美客体即运河文化遗产的结构，从而确定它的价值。

3.4.2 现象学方法引入运河文化遗产景观环境设计的意义

第一，通过将具体遗产的审美价值作为现象进行分析，洞察普遍的运河文化遗产的审美价值规律。现象学方法的特色之一，就是不能从某些基本原则中推导出其规律，也不能从具体事例的归纳中总结出规律，而是要从一个具体的例子中，用直观的方式，把它的性质同一般的规律结合起来，以此作为洞察它的法则。因此，通过现象学的方法，对运河文化遗产的审美本质进行直观地分析，可以归纳与总结出普遍的运河文化遗产的审美价值与规律。

第二，明确了运河文化遗产审美价值的提升要从主客体关系中寻求。现象学方法的特色之二，是它将客体与主体看作统一的侧面，而非一分为二。无论是胡塞尔，还是盖格尔、杜夫海纳，他们都把没有进入审美过程的客体的价值和在审美过程中的客体的价值区别开来，他们相信，只有通过主体的影响，事物才能成为真正的审美客体。因而，审美价值是通过主体的作用而产生的，它是主客体相互作用、相互统一的产物。在现象学美学中，审美主体是价值的决定因素，审美客体是价值的载体。主体在审美过程中受到了审美对象的刺激，从而便在主体内部产生了意味和意义，审美对象的价值才得以实现。所以基于现象学美学，美只存在于它与体验它的主体的关系之中。因此，要提升运河文化遗产的审美价值，就要改善审美主客体的关系，提升审美主体的审美体验。

综上所述，在现象学的视阈中，美学依附于现象，它的任务就是研究现象，美存在于人们对这些现象的领会过程中，存在于它们的基本特性中，在现象学美学的精神内涵中，审美主体对审美客体的构成具有重要作用，现象学美学认为审美只有在主客体统一、和谐且互相作用之时才能达到超我的境界，这就意味着需要同时从客体与主体出发，优化主客体关系，才能达到最好的审美境界。

4 景观美学理论与运河遗址公园设计应用解析

4.1 景观美学相关理论解析

4.1.1 景观美学的基本概念

何为美？从古至今对于这个美学基本问题的回答都有所不同，就像柏拉图认为美是一种理念，俄国的车尔尼雪夫斯基认为美是生活，中国古代道教思想认为“天地之美，不可言说”。而叶朗教授的《美学原理》向我们阐述美的产生既依赖于审美客体又离不开审美主体，美只能存在于审美主客体的关系中。[45]德国哲学家鲍姆加在1750年第一次提出“美学”这一概念，认为美学是研究审美关系的一门学科，是由感知活动和思维活动所引发的情感和精神层面的感受，是对人类审美与艺术实践的一种哲学总结。

目前美学界对于景观美学的研究内容和概念界定并没有一致的定论。陈望衡认为，环境美学是更加趋向形而上的哲学层面，而景观美学则更加侧重形而下的实践层面。[11]13-16刘成纪则认为，景观美学相较于环境美学更加侧重于审美对象的视觉形象和审美特征，属于美的现象学。刘成纪强调的是景观美学的审美属性，陈望衡则突出了景观美学实践应用性的特点。由此可见，对于景观美学理论的研究不仅要注重形而上层面的景观审美研究，而且不应该忽略其在形而下层面的景观实践探索。从美学理论角度对景观进行反思可以指导景观设计实践，同时景观实践的探索也可以丰富景观的美学研究，二者相辅相成。景观美学是一种具有形而上和形而下双重性质的理论，它不仅在哲学层面回答了景观审美体验的主客体关系等基础问题，而且是可以指导景观设计实践的工具和指南。

对于“景观美”内涵的解读，在当代景观审美范式的研究中是一个最基本的议题。因此，我们研究景观美时，有必要从景观究竟因何为美、为何而美、如何而美这几个角度着手，而对于这些基本问题的解答需要我们从景观的审美阶段、审美形态以及审美结构这三个层面去探讨。这不仅直接影响着人们以什么样的方式来营造具有丰富文化内涵的景观，还影响着人们如何去感受景观之美。

4.1.2 景观的表层审美结构

从审美心理学角度，景观的审美结构纵向上应该划分为表层、中层和深层三个递进层次；横向上又自成体系，分别形成意象美、意境美和意蕴美的递进关系，整体构成景观审美结构体系。[46]

景观作为一种物质性的客观存在，审美主体所在的主观世界对景观的第一印象就是景观的表层审美结构。景观设计的第一个层次，李泽厚称之为形式层，[47]576经过主体感知觉的活动，将景观表象转换为主体认知基础上的表层审美结构。这个景观层次属于物象呈现的审美阶段，从人们对事物的认知层面来理解，景观的客观存在离不开以空间为主导的物质构成。所以，在表层审美结构中，以空间构成为基础的审美物象，是景观美学在物质层面的表现形式，实质就是由审美表象为基本单位构成一个审美表象系统，从而探讨审美主体在景观体验中对具体物象空间的审美感知过程。具体来讲可以从以物质构成为基础的空间结构角度对景观的审美物象加以阐述，把景观空间构建作为物象表征的基础，具体包括景观材料、艺术形式、空间秩序等方面。例如，运用不同时代背景下的材料展现不同的历史背景，创造出来的景观环境能够带给审美主体截然不同的审美体验，给人们带来惊喜的同时，也向人们传递出不同历史故事所带来的审美乐趣。

4.1.3 景观的中层审美结构

通过景观表层审美结构的转化，形成了景观的中层审美结构，按照林兴宅的观点，他将景观的中间层次称为艺术形象层，将意境作为真正的审美对象。[48]79景观的中层审美结构是在主体的统觉、想象和情感作用下构建形成的审美幻境。从审美体系构成的角度来看，景观的中层审美结构是一个以审美意象为基本单位的审美意象系统。这个景观审美层次属于境象生成的审美阶段，以时间延伸为指引的时空体验。从本质上来看，景观并不仅仅是视觉形象的简单聚集，更是一种生活物象在景观上的再现。亚里士多德认为，时间是联结过去、现在与未来的纽带，它记录了客观物质世界的不断延伸的过程。[49]因此，把时间性这一审美要素置入景观环境中，可以使得空间环境既能呈现实体形态又能使景观的文化内涵实现时间上的流转与延续，同时也使审美主体在置身于景观环境时获得一种时空交融的审美体验。

所以在中层审美结构中，景观审美的境象生成是以时间构成为基本的审美境象，从而探讨人们在审美体验中对时间感悟的审美感知过程。具体来讲，可以从时间背后所展现的历史意义与内涵对景观的审美意境予以阐述，即以时间要素作为人、历史文化与景观环境的黏合剂，具体体现在景观时间尺度和景观时间维度两个方面。例如，运用景观叙事的方式使景观从客观存在的物质空间环境变为具有诗意性的空间场所，使其转换为可以被解读的文本，使景观背后的历史文脉可以在时间轴上得以延伸与扩张，使景观所蕴含的文化内涵可以在空间轴上得以呈现，创造出来的景观环境能够使审美主体在这个由过去、现在与将来相互交织所呈现的时间性体验中，真切地感受到空间环境背后所呈现的历史文脉与文化内涵，实现因为时间要素所延伸出的景观审美意境得以生成。

4.1.4 景观的深层审美结构

通过景观中层审美结构的转化，形成了景观的深层审美结构，除了在景观的中层审美结构所感受到的意境美之外，景观的真正价值是让审美主体感受到意境背后所带来的更深层次的心灵感悟，正如李泽厚先生所说："即使美感不能脱离形、色、声、体等感知活动、想象活动和情感欲望，但美感的高级形态完全超越了这种感知、想象和情感，而进入某种对历史、人生和宇宙体验的精神境界。"[47]503景观深层审美结构本质上是由特征为基本单位所构成的特征系统，具体来说就是在特定艺术语境指引下由多个独立的意象特征所整合构成的。[50]这个景观审美层次属于意蕴建构阶段，以意蕴探究为主旨的审美境界。在一个时空相互作用、相互重叠的审美体验过程中，景观空间环境作为审美感知的物质载体，不可避免地会反映出人们的心理需求。所以在深层审美结构中，景观审美达到了表层审美结构和内在含义相互统一的效果，将景观的表象之美从视觉形态上的多重演绎转入了深层意义的建构，这一景观体验方式的转变，一方面呈现出景观环境的特殊品质，另一方面又强调了感知作用在审美体验中的重要性，进而使主体意识在景观审美体验中得以确立与表达。

具体来讲可以从情感的表达和意义的彰显两个方面来进行阐述，例如运用场所精神延续的方式来体会审美意蕴的思想内核，在这一过程中，将景观环境转变为"场所"，正如沃尔特所说，场所是结合了客观物质世界和主观精神世界的集合体，人们可以有意识地对场所进行再现和改变。[51]也就是说在"场所"呈现出实体空间的表象形式的同时，还需要人为因素的介入，从而形成的场所精神既能满足人们对于所处环境的文化内涵的认知需求，又能满足人们对于身份认同的强烈渴求。通过对场地的地域特征和文化内涵的深入挖掘与提炼，营造出具有自身独特魅力的场所，可以吸引审美主体在时空体验进程中，将他们对于景观环境的主观感受融入场所空间的营造过程中，所形成的景观空间环境也从传统的观赏性空间转变成由审美主客体共同创造的具有文化意蕴和精神内涵的审美世界。

4.2 景观美学的审美形态

我们从三个层面来划分景观美学的审美形态：第一层审美形态是以视觉形象为基础呈现的形象美感，主要利用物质空间的景物呈现和营造出的环境形象，使人们通过感官体验到赏心悦目的视觉美感；第二层的审美形态是以审美主体的认知程度为基础所呈现出的美感，主要利用物质空间的景观形象结合审美主体的想象活动，使人们通过对某些景观符号的联想和想象体验到身临其境的意境美感；第三层次的审美形态是基于审美主体在环境中的行为规律、心理活动甚至是精神需求，利用文化内涵提升景观环境的吸引力，引导人们在精神层面获得流连忘返的审美体验，创造出意蕴之美。意象美、意境美、意蕴美三个层面的审美形态在人们对景观环境的感知中发挥的作用是共同完成的，各个层次之间相辅相成、不可分割，这正是中国古典园林所追求的物镜、意境和情境综合作用所形成的美学效果。[11]99

4.2.1 意象美解析

意象美的产生源于景观的表层审美结构，景观的表层审美结构从感知的角度考察，是审美主体的知觉感知与有一定符号特征的景观物象之间所存在的一种内在系统，这个内在系统所形成的特定的知觉样式正是林兴宅先生所说的“结构”，在完形心理学中称之为“格式塔”[48]80。这种内在系统所形成的审美形态主要表现为给人以丰富的感官体验，视觉、听觉的感受结果形成形象性的审美表象，而味觉、嗅觉、触觉带来的综合感官刺激影响着审美表象。受审美主体感官刺激影响下的审美表象形成审美表象系统的形式层，它的审美价值体现在形式美上。表层的形式美还分为两种类型，一类是传统的形式美，另一类是非传统的形式美。传统的形式美是指符合人们审美习惯的美在历史演进过程中逐渐被固定下来，这种美感形态所呈现出的主要特征为具有普遍规律性、共同性和秩序感，包括人们可以直接通过感官所感受到的事物的形、声、色等自然属性，也包括通过综合感官体验所感受到的景观物象与物象之间的对称、均衡、比例、节奏感等组织原则。而非传统的形式美是指与大众审美习惯相悖的美感形态，这种美感形态所呈现出的主要特征为混乱、无序、奇异等，变化是其组织原则。这两类形式结构所形成的美感统称为“意象美”。

4.2.2 意境美解析

意境美的产生源于景观的中层审美结构，这种在审美主体的统觉、想象和情感作用下构建形成的审美幻境就是景观的审美形象，即意境。因为景观的中层审美结构是一个以审美意象为基本单位审美意象系统，而意象是群体物象的审美表象所形成的幻象，包括景观的结构意象和事物的具象意象，所以意境是一个个意象系统所生成的审美幻境。[52]而意境的审美形态则需要通过审美主体的参与来生成意境美。景观的意境美分为两种类型，一种是因构成境，区别于现实生活中事物的具体形象，具有抽象性。在景观审美中提取出具有代表性符号特征的结构形象，通过审美主体主观意识的形象提炼最终形成景观的审美幻境。另一种是因象成境，具体可以分为象内之境和象外之境。象内之境是由多个意象通过组合、并列所构成的意境的实境部分，形成“见山是山，见水是水”的审美意境。而象外之境则是由多个意象通过剪辑、呼应、联想等作用所生成的意境的虚境部分，派生出本身所没有的东西，它是审美意象整合升华的产物。景观的意境美区别于意象美，不仅仅停留在感官上的审美愉悦，而是心居神游所带来的心灵愉悦，是审美主体在感官体验的基础上结合想象活动而生成的意境系统，既包含了客体的表象特征，又融入了审美主体加工润色的特点。

4.2.3 意蕴美解析

意蕴美的产生源于景观的深层审美结构，当审美主体置身于景观环境时，可以在景观表层审美形式背后，通过完整的审美体验感悟到更深刻的精神内涵，因为景观深层审美结构的基本单位是特征，景观的特征是通过某一具体细节、具体元素或具体的场景来体现的，所以意蕴是由多个特定意境场景的烘托中所形成的整体氛围，而意蕴的审美形态则需要通过审美主体的参与来生成意蕴美。景观的意蕴美是指审美主体在体验过程中的所感所悟，所感受到的具体内容是模糊的、不易明确的，意蕴美是对整体结构的感知结果，是在意境美之后的更深一层的审美层次，在形式美感之外，以深邃的精神内涵给人以丰富、深刻的情感激唤。[53]景观的意蕴美大致可以分为两种类型，一种是情感型的意蕴美，主要侧重于关照审美主体的感情、情绪等情感层面的体验，调动人们的喜、怒、悲、愁等情绪，如人们在长城的苍山中体会到古墙的恢宏、凝重，产生怀古追思之情，这便是审美主体情感意蕴的生发。而另一种是意念型的意蕴美，更加侧重于关照审美主体在情感意蕴背后所升华的精神层面的体验，调动人们在情感体验的同时，产生对人生的感叹、对宇宙的思索、对历史的联想等精神反思，从而形成情景交融之感。

4.3 运河遗址公园相关理论解析

4.3.1 运河遗址公园的概念

“遗址公园”从字面意思上看，是将“遗址”和“公园”结合起来，并以公园的形式进行开发建设。目前学界对于遗址公园的概念尚未统一，存在诸多解释。故宫博物院原院长单霁翔从遗址利用方式的角度将遗址公园定义为：遗址公园是在对遗址及其周围环境的保护基础上，增加了生态修复、景观展示、文化旅游、休闲娱乐等多重功能的景观空间或遗址空间，是一种对遗址保护、展示和利用的方式，对遗址公园的功能性方面有了较为明确的解释。[54]王雅男在《遗址公园规划设计方法研究》一文中认为，遗址公园与遗址博物馆相比，与自然的融合性更强，同时在不破坏遗址本体的基础上更加开放，更符合城市和社会的发展，具有明显的公共性。综上所述，可以将遗址公园的概念界定为：依托绿地景观，利用遗址本身的文化底蕴与历史要素而建设的具有特定文化氛围的公共空间，形式上是把公园的建设方式与遗址保护的内容有机地组合起来，建设的主要目的是将遗址的本体展示与遗址周边整体环境相协调，同时具备休闲娱乐、科普教育、观赏游览等多种功能。

在《大运河遗产保护管理办法》中我国文化和旅游部首次在正式文件中提到了关于遗址公园这一概念。文件在第十条中强调在保证大运河遗址原真性的前提下将大运河遗址所在的区域规划建设为观光游览区，必须在符合大运河遗址保护相关规划要求下在游览区内增设相关服务项目。强调具有显著示范意义的大运河遗址观光游览区，同时具有突出保护、展示和利用功能的，可以公布为大运河遗址公园。[55]在针对大运河和遗址公园概念研究的基础上，进一步明确了运河遗址公园的定义。运河遗址公园首先属于遗址公园的范畴，是指某一类特定的遗址公园。运河遗址公园应同时满足以下三点：第一，在空间区位上应位于运河两岸或附近，与运河关系密切，并且公园内有与运河有关的遗址遗迹，包括古运河、古码头、古驳岸、桥闸、古泉等世界文化遗产以及国家文物保护单位；第二，在主题和功能上应以运河文化展示为主题或以运河遗址保护为主要功能；第三，在设计上具有遗址公园的特征，符合相关文物、遗址保护的有关规定，充分考虑对大运河遗址的保护和利用。

4.3.2 运河遗址公园的特殊性

4.3.2.1 线性的遗产分布

整体来看，运河遗址分布在2700多公里的运河沿线的带状区域内，范围大，流经区域众多，地跨南北。遗址种类多，包括有码头、仓库、闸坝、桥梁等，是大型线性文化遗产。在运河遗址公园内，遗址多与水利工程设施有关，多分布在运河沿线，使得遗址公园的景观节点在节奏和序列排布上都与遗址分布一致。因此，运河遗址公园景观轴线呈现明显的线性分布特征，主要景观节点的设计均围绕遗址周围展开。

4.3.2.2 悠久的历史文脉

中国大运河是世界上最长的人工河，沿线遗址众多，具有丰富的文化特色和内涵。大运河的文化具有时间长、影响范围广、涉及多个领域的特点。经过两千五百多年历史积淀的大运河，代表着中华宝贵的物质文明和精神价值，流经区域涵盖各种特色鲜明的地域文化区，使得大运河文化具有明显的地域特色。[56]中国大运河是线性世界文化遗产，作为一个完整的文化带，大运河文化呈现出整体性，具有统一的文化形象和内涵。面对悠久的运河文化，在遗址公园设计中除了要突出大运河文化所在地域的特色，还要兼顾大运河文化的整体形象，做到特色性与整体性的统一。

4.3.2.3 带状的空间形态

运河遗址公园具有其他遗址公园不具备的滨水环境，特殊的运河水系使运河遗址公园具有明显的水系空间格局，沿运河呈现明显的带状结构或者围绕水系分布的形态。带状的空间形态决定了其垂直运河方向用地较窄，主要受城市用地条件、运河岸线等因素影响，也使得运河遗址公园往往具有不规则的边界，常有宽窄变化。不同的水系格局与不同的岸线形态和不同的沿岸建筑形成形式多样的带状空间形态，为置入多样的景观空间活动提供有利条件，同时也要求在遗址公园规划上注重景观连续性，把不同区域的景观联系在一起，并构成一个整体。

4.3.3 运河遗址公园面临的新需求

4.3.3.1 运河遗址公园的发展趋势引发的新要求

随着我国公众对于文化遗产保护意识的不断提高，各地政府也在不断深入推进大运河文化公园的建设，对于大运河文化遗产的保护模式正在从以往被动的短期抢救性的保护向长期主动性的规划转变。保护范围从对遗址本体的保护扩大到对整个运河遗址环境的综合保护。这就要求我们在建设遗址公园时不仅要注重遗址本身原真性的保护，更要把注意力放在遗址本身与其所在的空间环境的融合方式上。而运河遗址背后所蕴含的大运河文化具有区域的唯一性和不可替代性，是一种除了物质遗产资源外具有特殊性的文化资源，对于公园本身而言，通过挖掘大运河的历史文化，设计出更具厚重的历史感以及浓厚的运河文化氛围的公园，让历史文脉在融入大运河遗址公园的设计与建设中，得以传承和发展。

4.3.3.2 公众对遗址公园体验需求转变引发的新要求

随着时代的发展，流淌的大运河至今仍在使用中，并不断被赋予新的内涵，也为文化遗产的活态传承提供了新的发展契机，人们对于遗址公园的体验需求已经不仅仅停留在遗产本身的呈现以及历史信息的堆砌上，而是对于运河遗址公园文化魅力和审美体验有着更高的需求和期待。因此，在遗址的保护、展示和利用的过程中需要采用更专业的处理方式来展示运河遗址的独特魅力，充分挖掘和提炼运河文化遗产背后的历史记忆与文化内涵，将提取出的文化要素运用到运河遗址公园的景观环境设计中，从而增强遗址的区域特色和文化吸引力，进而提高公众对于运河遗址的审美情趣。对游人而言，可以让人们在运河遗址公园的审美体验中唤醒历史记忆，感受运河文化，不仅满足了人们对美的一般需求，同时满足了人们对空间环境的更高层次的需求。充分发挥运河遗址公园的文化教育作用，陶冶文化情操，提高人们对于运河文化遗产的文化认同感。

4.4 景观美学的审美结构与运河遗址公园的联系

景观美学作为研究景观审美的系统性理论，涉及审美的不同结构以及审美体验层次。从景观美学的三层审美结构着手，即表层审美结构、中层审美结构和深层审美结构，探讨如何从文化认知层面挖掘文化遗产的审美特征和美学价值，从审美体验层面创造多层次的运河文化遗产景观的审美体验，使运河文化得到更好的保护、传承与利用及其引导下的运河遗址公园景观空间规划研究。

4.4.1 景观审美结构构建运河遗址公园审美体系

近年来，随着遗址公园、大运河文化带建设的兴起，许多正在兴建或即将兴建的运河遗址公园，都出现了大量的盲目建设问题，一方面，由于运河的传统运输功能逐渐淡出人们的生活，其文化的传承性相对薄弱，一些地方在规划和设计中没有深入挖掘运河历史背景与文化内涵，民众对其文化认知程度也较低，因此在遗址公园设计上对于运河的历史文化内涵的表达过于简单。另一方面，过于追求视觉方面的呈现效果，通过铺设大量的硬质地面来取代自然景观，使得部分遗产被过度改造甚至破坏，这些遗产在大多数游览者眼中是破碎零散、难以解读的。[57]所以，有必要从审美角度来审视运河遗址公园，具体利用景观美学的审美结构来构建运河遗址公园的审美体系，这有利于更加系统地整合文化遗产客体资源的审美特征与美学价值，挖掘审美主体的深层次需求，从而创造多层次的运河文化遗产景观审美体验，满足人们日新月异的体验需求，由此，对运河文化遗址公园的展示与保护方式提出新的思路与方法。

4.4.2 运河遗址公园审美形态丰富景观审美体验

基于景观审美结构构建出的运河遗址公园审美体系，可以在不同审美结构中构建出意蕴美、意境美和意象美三种审美形态，而构建出的多层次的审美形态又可以丰富人们的审美体验。

构建运河文化遗产景观的意象美，有利于调动人们五感的参与，从感知觉角度加强人与文化遗产景观环境的联系，利用综合感官刺激影响着人们对于运河文化遗产景观环境的表层印象，[58]在给人们带来丰富的感官体验的同时加深人们对于探索运河文化的好奇心，从而引导人们进一步的景观审美体验。

构建运河文化遗产景观的意境美，有利于审美主体以感官的综合体验为基础，结合自身的想象活动，调动已有的知识和经验对运河文化遗产景观进行整体感知，从文化认知角度加强人与文化遗产景观环境的联系，在客观物象的刺激下，对头脑内已有的记忆表象进行加工、改造或重组，从而对运河文化遗产景观产生新的审美幻境，影响着人们对于运河文化遗产景观环境的中层印象，给人们极大的想象空间，同时加强人们对于探索深层运河精神的好奇心，从而引导人们更深一层的景观审美体验。

构建运河文化遗产景观的意蕴美，有利于审美主体把握运河文化遗产场所的整体特征及精神韵味，在感官体验和文化认知的基础上，体会运河历史更深刻的精神内涵，从精神体验的角度加强人与文化遗产景观环境的联系，利用人们与文化遗产各种形式的互动活动，激发审美主体的生命意识、历史意识，引发人们内心与运河遗产景观的共鸣，从而感受激发人们对运河文化遗产景观的文化认同感与归属感，影响着人们对于运河文化遗产景观环境的深层印象，给人们极大的反思空间，从运河景观的意蕴美中获得审美愉悦（图4-1）。

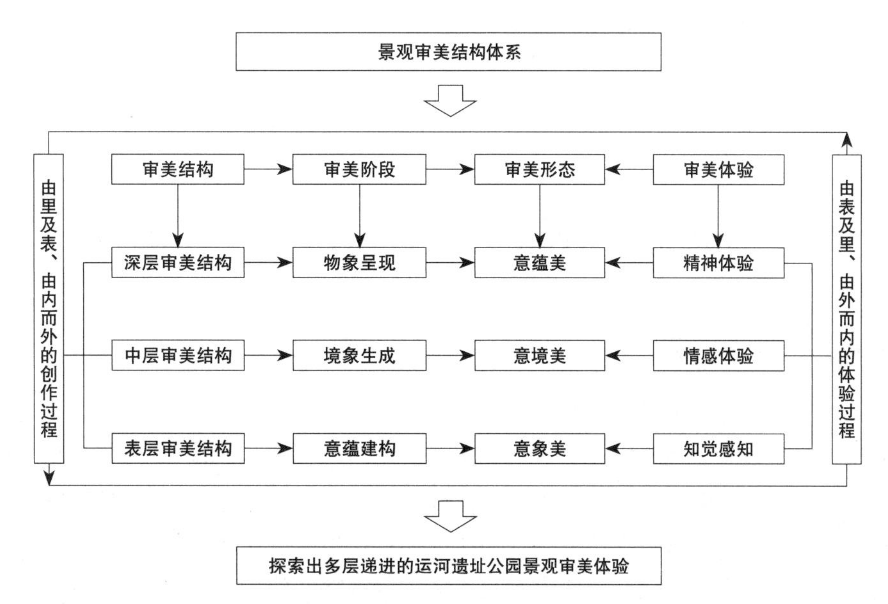

图4-1 景观美学的审美结构与运河遗址公园的联系图

5 技术美学与运河水利工程遗产景观设计的理论解析

5.1 技术美学相关基础理论

5.1.1 技术美学基本概要

5.1.1.1 技术美学的基本概念与内涵

美学研究人与现实之间的审美关系，以艺术为研究对象，实用性较低。直到20世纪末，美学界提出了“技术与艺术、科技与美学在物质生活领域的结合”的课题，倡导美学在技术领域的应用，由此产生了技术美学。技术美学作为一门研究如何在生产过程中创造美和使用美的科学，它以“人”为主体，以其独特的视角对人类社会生活进行观察、分析、总结并指导实践活动，致力于解决实际问题的同时强调对人类精神世界的尊重。因此，技术美学是社会科学与自然科学结合产生的美学的一个新的分支。随着文明生产的发展和社会对产品审美要求的日益提高，技术美学逐渐成为一门引人关注的现代独立学科，它是现代科学技术发展的必然结果，也是现代文明涉及多种需求的结晶。[59]

5.1.1.2 技术美学的研究对象与方法

技术美学是由心理学、工程学、艺术学等学科相互交融而产生的综合性学科，因此它的研究范围较为广阔，着重从技术领域的角度来研究物质生产和物质文化中的美学问题。具体可分为两个方面：一是关于劳动生产过程及其产品的美学问题，如何按照美的规律构造合目的性、合规律性、舒适优美的生产条件和环境；[60]二是现代艺术设计问题，从日常生活中的各类物品到人类社会生态环境都与技术美学有不同程度的联系，认为艺术的审美应服务于现代社会的生产生活，主张美学研究和生产面向普通大众的日常生活，其所面临的除了对工业产品的设计之外，还有对人类生存的环境空间进行设计。技术美学所涉及的领域多，具有较强的实用性。

由于研究对象的特殊性和综合性，技术美学在研究方法上不能仅停留在抽象的哲学上，也不能仅用于对研究对象的描述和说明。必须以审美经验为中心，从抽象上升到具体，从不同程度探索物质生活中审美的规律，从而推动审美和设计观念的发展创新。因此，技术美学不仅将抽象的美学理论具体到物质生产生活中，还是美学中高度浓缩概括的哲学设计观念。[61]

5.1.1.3 技术美学的学科性质

技术美学研究内容和方法的多样性决定了它多学科综合和跨学科的学科性质。综合性的研究对象由多种因素构成，对这些因素的分析涉及多学科的内容，对美学问题的深化和展开涉及不同学科的方法和观点，往往需要借助哲学的思辨分析方式和心理学、社会学、符号学等理论和观念进行综合性研究。因此技术美学作为一门综合性的学科，涉及和运用的领域更加广阔，技术美学具有当代性，对指导技术产品审美价值的挖掘与创造将会发挥重要作用。

5.1.2 技术美学的审美特性

5.1.2.1 技术美的整体构成

技术美是各种美的因素相互结合、相互协调所构成的综合统一体，包括材料结构、功能结构、有机结构、形式结构、环境结构，每一种结构都对技术美发挥着自身的价值作用（图5-1）。首先，材料作为物质的载体，是实现技术美的基础性要素。不同材质具有不同物质属性和审美属性，组合运用不同性质的材料能实现审美对象功能和美的统一，而产品存在的本质在于它合目的性与合规律性的基础功能，因此确保技术产品的功能结构是实现技术美的首要任务。其次，技术产品由多个部分组合形成，是整体和谐的有机结构。但过分强调功能结构就会忽略人对于审美形态的追求，而形式结构通过节奏韵律、尺度比例等形式美的法则，可以通过直观可感的形式对技术产品进行审美欣赏和审美把握，与产品的审美价值实现有直接关系，可以补充和完善功能结构、有机结构过于注重功能美的弊端。除此之外还要注重技术产品的环境结构，将产品融入整体和谐的环境之中，只有在技术产品与周围环境和谐统一的情况下，才能更好地显示出技术美。以上五种结构各不相同又交映成辉，以功能结构为基础，相互交融、相互依存、相互补充，形成了一个高层次、多元化的系统结构，呈现整体性、有机性的审美特征，构成技术美的完美整体。

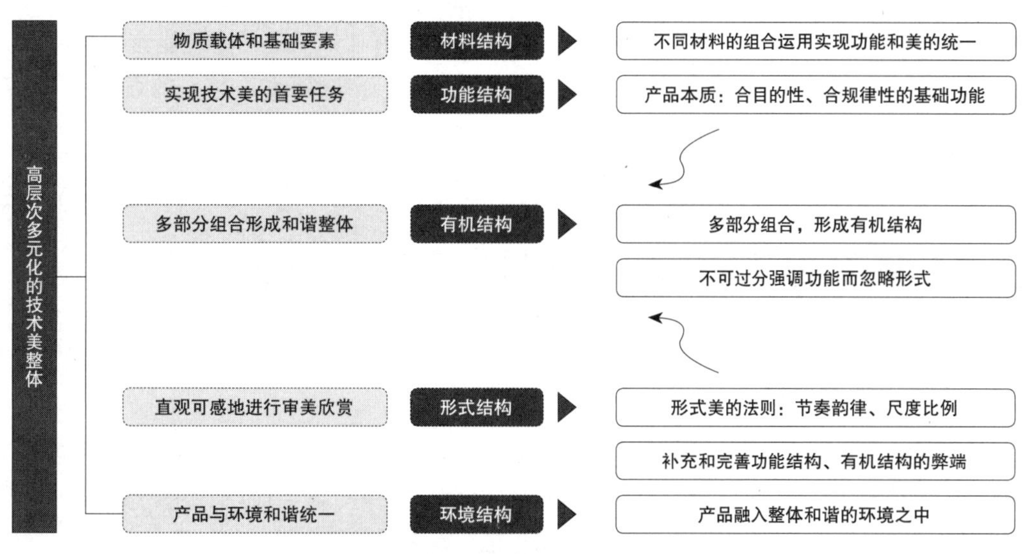

图5-1　技术美的五大构成因素

5.1.2.2 技术美的实用功能

技术产品的实用功能是指产品能直接满足人在物质层面的需求，是产品的基本功能。技术产品的美以实用功能为前提条件，产品美的形式取决于产品的功能。人们生产和制造各种各样的产品以满足社会发展的需求，当产品除了基础的实用功能之外还有优美的形态造型时，这些特殊的形状就会演变成具有表现力的美的形态。产品美的形态随着时代和技术的发展而不断产生变化，最终形成新的设计风格。产品美的形态演变能够体现人类对物质世界的审美意识和审美观念的变迁，这个演变的过程由人的心理状态积淀为普遍规律，成为典型化的过程特征。人们在过程中充分感受到产品的功能美，这也更加说明了产品的美首先来自于实用功能。产品的实用功能不是简单的元素组合所形成的功能，而是产品作为一个系统的整体结构所具备的全方位的功能。

5.1.2.3 技术美的认知功能

认知功能是通过产品表层的造型样式拓展提升所到达的一种深层的心理活动过程。技术产品在具有基本实用功能和各种构成因素之外，还具有表明产品性质、意义等认知信息和效能。认知的实现是通过视觉、听觉、触觉等感觉器官的刺激作用对产品的外在形式形成知觉意识，从而与对应的表象和概念产生联系，是一种心理层面的内心活动。现代工业出现以前，产品的结构和功能都由外在的形式直接表现，然而在现代工业出现后，产品的材料、结构、形式与功能具有丰富多元的特点，审美主体很难靠直接经验把握各要素间的内在联系，因此认知功能应突出指示、象征和联想的功能。产品的认知功能除了表达产品自身的性质意义之外，还能够传递个性化的地方特征和时代精神，使得产品在实用和认知的基础上兼具表达其精神内核和文化意蕴的作用。

5.1.2.4 技术美的审美功能

当技术产品通过外在的造型触发人的审美感受、满足人的审美需求时便产生了审美功能。审美功能具有普遍性、直觉性与超功利性，审美主体可以对任何一件技术产品进行审美观照，依靠知觉唤起审美感受，通过审美使人产生情感上的愉悦。当审美主体以审美的态度看待产品的外观等表象形式，产品的审美功能就显现出来。审美功能的实现依靠感性知觉，借助符号，传达出功能美、形式美和艺术美。三种不同形态的美融合在一起，使审美主体对产品产生统一的审美感受，通过理解和情感，对技术产品功能和形式背后所蕴藏的内在意义进行观赏和品评，此时的认知对象才真正具有审美功能，真正成为有审美价值和意义的审美对象。

综上所述，技术美的各因素构成了有机整体的技术产品，实用功能、认知功能与审美功能这三者在同一技术产品上相互渗透、密切联系，实用功能作为最基本的功能产生出认知功能，审美功能又建立在实用功能和认知功能之上。正如技术产品的造型既满足了在物质结构和材料形式上所要求的实用功能，又作为一种符号传达出认知信息，具有认知功能，同时能够满足审美对象的需求，呈现出审美功能。[62]达到实用功能、认知功能与审美功能三位一体，做到善、真、美的统一。

5.2 技术美学与水利工程遗产景观的联系

5.2.1 分析遗产资源特征挖掘审美对象价值

具有两千多年发展史的中国大运河是中华文明的代表，它见证着中华历史的繁荣与发展，所涵盖的遗产资源种类多、数量广、等级高，其中包括技术水平高超、覆盖面广、历史悠久的水利工程遗产，如平津堰、长安三闸、南旺引水工程、清口枢纽等水利工程典范。大运河上不论是形式类型众多的水利工程建筑型式，还是具有生态和区域发展价值的工程结构、水工构建，抑或是关于治水的文献、水利附属设施、节日等，都具有不可替代的价值。[63]我国现阶段对遗产资源的研究较为宽泛，缺乏系统、科学的理论研究，审美主体对遗产资源的身份认同与文化价值关注度低。在可持续发展方面存在开发粗放、文物环境损毁、主客体互动链缺乏、历史文化体验不佳等问题。

针对技术美的材料结构、功能结构、有机结构、形式结构、环境结构各要素，对遗产资源的审美特征展开全方位、多角度的系统性分析，从实用功能、认知功能和审美功能等角度深入探究遗产资源的审美特征及其内在价值，关注其内在文化意蕴，提高审美对象的认可度。加强对古代水利科学技艺、文化内涵的重视与研究，深入挖掘遗产资源的内涵文化，以此唤起公众对水利工程遗产的保护与利用意识，弘扬中国大运河文化，将大运河国家文化公园打造成中华文化的重要标志。

5.2.2 结合遗产特色资源打造景观环境空间

《长城、大运河、长征国家文化公园建设方案》指出，要用科学的方法保护、传承利用好沿线文物和资源，重点建设管控保护区、主题展示区、文旅融合区、传统利用区4类主体功能区，推进保护传承、研究发掘、环境配套、文旅融合和数字再现等工程。方案提出的建设目标和主要任务等为水利工程遗产景观的保护与景观环境设计指明了方向。在深入挖掘水利工程遗产的审美特征和价值内涵后，要针对当地实际保护经验、保护现状、周边人居环境以及主体的审美需求等情况，正确处理好保护与发展的良好关系。了解遗产资源形成和发展过程中的审美特征与价值，以及与主体间的关系变化，以保护作为第一要义，兼顾好可持续发展，在保证场地真实性的基础上，梳理规划空间序列，提取特色元素与重要节点，把控功能空间布局，打造特色景观空间环境，实现文旅融合的目的。努力将水利工程遗产建设成既体现运河水利工程与航运基础功能又有审美价值的景观，实现功能和审美相统一，更好地助力大运河国家文化公园建设。

技术美学与水利工程遗产景观的联系具体体现在理论对实践的指导，能够为大运河国家文化公园审美体验设计提供理论依据。技术美学具有极强的实践应用性，在研究对象上侧重技术工程产品与人和环境之间的关系研究，强调将技术产品的美学价值运用到审美体验的实践中。技术美学的基础理论以及审美体验的研究与探讨，包括技术美学的研究对象、整体构成要素、功能作用，以及审美特性、审美模式、审美体验过程与目标结果。探寻理论与研究对象之间的联系，从而明确水利工程遗产价值的挖掘角度和设计再利用的途径。以技术美学作为运河遗产景观设计实践分析的理论基础，依据技术美学理论的构成因素和功能性质对大运河水利工程遗产资源进行审美特征与美学价值分析和提炼概括。依据场地现状和地域性特色资源，梳理运河文化遗产景观空间序列，激活运河遗产场地活力。以技术美学体系作为指导运河遗产景观审美体验设计实践的途径，分析主体的审美需求，探究人与运河遗产之间的对象性结构。以审美体验构建有机融合的主客体关系，促进运河遗产内涵和意蕴的挖掘与呈现。以“化工程为景观”作为核心设计理念，探讨能够有效认知和感悟运河文化精神的设计实践路径，完成由知觉到认同再到反思的审美体验，激发主体对运河文化遗产价值的关注与升华。

6 沉浸理论与运河聚落文化遗产景观设计相关理论解析

6.1 沉浸理论相关研究概述

6.1.1 沉浸理论的相关概念

（1）沉浸

美国心理学家米哈里·契克森米哈是最早提出“沉浸”概念的学者，他将沉浸定义为“心流”：受众的感知和经验被限定在一个固有框架内，只能对特定的事物产生反馈行为，从中获取对环境的掌握感，并伴随着高度的兴奋以及满足感，到达最佳的体验状态。吉尔伯特将沉浸定义为多感官体验，认为我们对外界感知的视觉、听觉、触觉等各种感官知觉作为不同的感知方式在现实中是紧密合作的，使大脑对周围的环境进行感知以及产生一系列心理反馈活动。这种感官互动可导致个人失去时间感，进入情感以及精神的深度参与体验。威特默和辛格认为沉浸是一种心理状态，具体表现为人们能够感受到自己被一个存在连续刺激与经验的环境包裹其中，并与其产生互动。奥利弗·格劳认为沉浸是大脑被刺激的活动过程，在此过程中，受众拉近了观察环境的距离，加强了对环境的情感投入。可以见得，“沉浸”多数在受众与环境的交互中被定义，并且由受众的主观能动性激发开始，且与受众的感官密切相关。

所以，沉浸是主体内在的、有意识的过程，它能够将体验从普通提升到最佳状态，当人们参与到所发生的活动中时，他们会感到兴奋，但并非所有的最佳体验都是简单的，而是通过掌控和个体经历后的存在感来获得快乐。由此沉浸的主要特征是一种自发的愉悦感，这种愉悦感能让个体专注于自己的任务，它在个体的行动能力和感知的行动机会之间保持相对的微妙平衡。为了保持沉浸状态，个人必须将注意力集中在活动的有效刺激领域，这种有序的意识状态包括对个体情感和认知领域的满足，使得沉浸状态成为一种复杂的现象。

（2）沉浸传播

随着数字媒体的发展和移动终端的普及，交互媒介逐步成为一种新兴的传播形式，进入了大众的日常生活。“沉浸性”是交互媒介最核心的特征，受众虽处于虚拟网络空间，但交互媒介却可以让受众产生真实的代入感，并让受众的行为模式与其身处的现实世界保持一致，进而与虚拟互联环境中的各种对象进行一系列交互行为。由此“沉浸”一词随着交互媒介技术的发展被赋予了更多新的内涵，“沉浸传播”正是在此背景下诞生的一种新型的信息传播方式。

在沉浸传播的相关研究中，“沉浸”一词更加强调沉浸不仅仅能在真实世界与活动中发生，也能够在虚拟世界、虚拟现实融合世界中形成。随着新媒体的应用，沉浸传播集成了所有媒介的形态，既有虚拟网络媒介的内容，也囊括了现实环境媒介的内容。同时，在沉浸传播的环境下，人不再仅仅是传播的主体，也是传播的内容，更成为传播媒介的本身。区别于传统自上而下的单向度传播模式，沉浸传播更加凸显泛众化、体验化、共享化和共创化的特征，它是一个将受众、媒介、环境融为一体的开放系统，在这个系统中人们没有边界的限制，每个人在无时无刻不“无意识”地吸纳各种信息的同时，也在不断向外传播信息。[64]此时的“沉浸”，是通过媒介的设计，刺激人们由心而发进行情感反馈，主动通过媒介进行再传播，从而使自身与媒介环境融为一体的“定位—传播—反馈—再传播”的螺旋式信息动态传播过程，人们由此在信息的获取与传播中获得更深度与持久的沉浸体验。

（3）沉浸体验

①物理空间中的沉浸体验

物理空间指的是以物质的地理环境建造而成的空间体系，物理空间中的沉浸体验是指人们在限定环境中对于某项限定活动的专注过程，强调空间的客观性与物质性。限定环境可总结为两类，一类是自然环境，比如在地球两极之中感受极光之美、在秀石林立中感受大自然的神功巧匠等。这类真实空间中的沉浸需要通过环境的特定条件限制来引起人们的注意力以及激发其专注力。另一类是人工环境，例如好莱坞环球影城将虚拟情境构建到真实世界中，形成了使人们可以忘却现实的主题公园。此时沉浸的关键是设计者提供了一系列印象深刻的故事线，创造了统一的意象空间，形成了令人身临其境的体验过程。

②虚拟空间中的沉浸体验

虚拟空间指的是抽象虚拟的空间，其关键在于话语的构建以及人类的想象和个人化特征。沉浸体验最初为人机交互等虚拟现实领域的专业术语，所以虚拟空间中的沉浸体验为人们通过感官知觉，对于某种情境或者思想的专注体验，是一种对于虚拟状态的投入。虚拟空间沉浸体验主要表现在感官的互动性、呈现形式的丰富性以及传播的实时性上。虚拟空间沉浸体验的沉浸感能让人沉溺其中，但同时也会逐渐抽离现实世界，主要应用在游戏、网页界面、娱乐活动上，这更加强调了虚拟空间的沉浸中人们因游戏机制而全身心投入的状态。

③本书中的沉浸体验

运河文化遗产景观体验与其他物质实践活动不同，其本身就对人们的感官体验与心灵感悟有着更高的关注度。空间是运河文化遗产景观体验形成的必备要素，此时的空间既包括了物理空间与虚拟空间，也包括了物理与虚拟空间的结合，是融合了物理与虚拟两者的、主客体一体化社会背景下的空间环境，属于智能空间中的沉浸体验。因此，书中所讨论的运河文化遗产景观中的沉浸体验，指的是以运河文化体验者为体验主体、运河文化遗产景观为体验客体、数字传播手段为主客融合媒介技术的在虚拟与现实相融合的空间环境中产生的感官交互体验。

6.1.2 沉浸状态的九项因素

根据米哈里・契克森米哈的研究，沉浸状态产生的阶段需要由以下九项维度的因素构成，分别是目标明晰、反馈即时、挑战与技巧平衡三项前置因素，从而可以经过可控制感、全神贯注、知行合一三个经验因素到达自我意识丧失、时间感丧失、体验的自成目标形成的沉浸结果因素。

（1）前置因素

①目标明晰

不同于纠结和漫无目的地活动，当主体参与的活动有明晰的目标来维持意识秩序时，才能产生沉浸状态。目标明晰的价值在于通过引导注意力而不是将活动本身作为目的来构建体验。当主体知道自己需要做到什么地步或者达到何种结果时，沉浸状态会更容易发生。

②反馈即时

即时的反馈作为一种资讯，其主要价值体现在它的象征意义：成功达成了目标。这样的认知可以帮助主体创造有秩序的意识，从而激发更大的内驱力，强化自身的认识结构。让主体能够了解活动的进展和程度，也可以帮助主体评估活动目标实现的程度并在过程中进行实时调整，保证活动顺利进行的同时，确保最终能够达成活动的目标。

③挑战与技巧平衡

任何活动都存在需要采取行动的机会或者需要适当的技巧才能完成挑战。如果挑战难度超过主体具备的技能，主体通常会产生挫败感与焦虑感；当挑战难度低于人们具备的技能，人就会开始放松，进而感觉无聊。沉浸状态会在活动中某个特定点出现，也就是行动的时机跟体验者的能力恰好相当的时刻。

（2）经验因素

①可控制感

可控制感指的是控制的“可能性”，不是控制的“实况”，有些人把这种感觉描述为“一切都在掌握之中”，但并不是实际上的掌控，更无暇顾及成功与否，因为主体已把注意力完全集中在了当下的活动之中。另外，在艰难情况下行使控制权的情境往往能真正给人带来沉浸感受。

②全神贯注

处于沉浸状态时不会受到外界的干扰，心灵无法容纳其他无关资讯。时间变得紧凑，只集中于一点，进入知觉的资讯受到严格控制，只会关注眼前的活动，不会想着除了当下正在做的以外的事。例如，跨栏运动员比赛时不会想着对手到达了哪里，画家作画时也不会想着自己会不会超负荷工作。

③知行合一

在沉浸状态中主体的行为与意识会相互融合，达到知觉泯灭、知行合一的状态。不同于心不在焉，主体的注意力能够完全投入，没有额外的精力处理不相干的信息，所有注意力都放在了相关信息的刺激上。没有反省和开小差的意识空间，仿佛有一股力量带着向前继续当下的体验活动。

（3）结果因素

①自我意识丧失

平时状态之下的我们也许会很容易受别人的行为意识的影响，这是一种自我意识的保护机制，但当主体完全投入于体验活动中，会没有多余的注意力顾及过去、未来以及现在。心灵凝聚于一点，与周遭世界的隔离感消失，与环境结合，与大我合一。沉浸状态结束之后，自我意识加强，能够逐步实现自我超越，产生自我境界延伸的感受。

②时间感丧失

当主体处于沉浸状态中时，外在客观时间标准已无用，时间感遵从于体验活动所要求的节奏。主体感受不到时间的流逝，时间开始过得飞快，可能主体感受只过了几分钟的时间，而事实上已过去了几个小时。

③体验的自成目标

生活中大多数事情存在着外在目的，之所以要做这些事情是为了要达成某一目标，比如说学习一门不感兴趣的专业只为了有利于就业。但体验的自成目标是指不追逐既定的未来利益，而是做当下这件事本身就已让人满足。纯粹为了体验活动本身去行事，产生发自内心的参与感，比如学习了自己感兴趣的专业并且拥有良好的就业前景，此时学习这门专业本身便是目的（图6-1）。

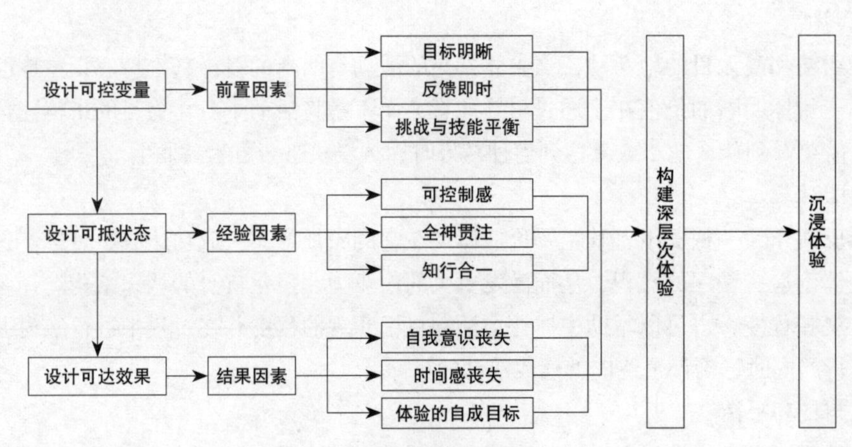

图6-1　沉浸体验的九项要素关系

6.1.3 沉浸传播的形态特征

麦克卢汉曾提出“媒介是人的延伸”，沉浸传播技术使媒介延伸了人的运动、感觉和神经三大器官功能系统。[65]120手机是听说功能的延伸，相机是人的视觉功能的延伸，车辆是运动功能的延伸，人工智能也逐渐成了人的意识的延伸。沉浸传播正在成为人们必不可少的工具，沉浸媒介不再仅仅局限于延伸人的感官功能，也开始使人的中枢神经得以延伸，它既包括了以往所有的传统媒介，也形成了自己独有的形态特征（图6-2）。

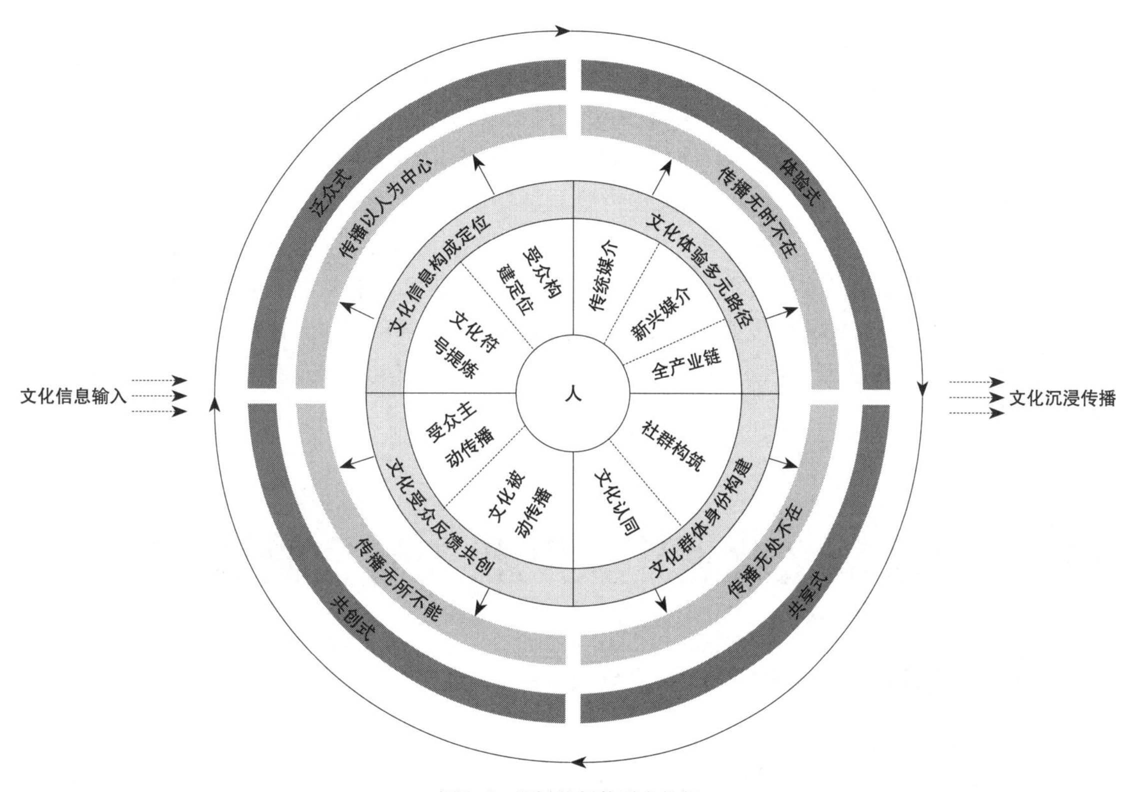

图6-2　沉浸传播的形态特征

（1）传播以人为中心

沉浸传播涵盖了一切新的、旧的、有形的以及无形的媒体，也包含了环境与人类本身。在万物皆为媒介的时代，人不再只是信息的接受者与传播者，更是成了信息的传播中心，走向媒介的核心。围绕在人身边的一切事物可以是人，也可以是能够与他人进行沟通互动的移动终端。“以人为中心”的特征使其成为一种动态的、全面个性化定制的传播。因此，需要以受众构建定位为考量，结合文化符号的提炼进行文化信息构成的定位。

（2）传播无时不在

沉浸传播把所有类型的媒介联结在一起，使得文化信息不再局限于虚拟与现实的界限之内，可以让人在虚拟与现实两个世界里自由切换。传播也可以穿越时空，不限定于现在、过去与未来，使虚拟与现实相融，瞬间与永恒同在。结合传统媒介、新兴媒介以及健全产业链能够有效结合沉浸传播过去与现在、现实与虚拟四种形态，建立文化体验的多元路径。

（3）传播无处不在

在沉浸传播之中，信息“遥在”与“泛在”的状态是相融合的，“固定”与“移动”是共存的。沉浸传播的空间是没有边界的，它是一个开放的空间，环境中的一切信息都能被它囊括，同时也能向环境传播一切信息，可以说环境及媒介，媒介及环境。由此彻底打破了传统大众传播“中心权力”的特征，使沉浸传播成为一种全新的、动态的、多极的、无所不包的信息传播形式。[66]116在此特征下，加强社群构筑、增强人们在精神沉浸下的文化认同，有助于文化群体身份的构建。

（4）传播无所不能

随着泛在时代的到来，人们与手机等可移动媒介的联系日益紧密，娱乐、工作、生活的界限逐渐模糊，人们在沉浸所带来的新体验感中，日渐倾向于跨时空的在场交流，信息开始融合游戏与娱乐的形式，不知不觉中渗透进人们的日常生活，传播开始变得无所不能。人在此时不仅是媒介的利用者，更是网状传播中的一个节点，成为媒介本体。由此人们在自觉地以个人为中心，主动地获取和传播文化信息的同时，也使文化信息被动地进行了传播，形成了以文化受众的反馈行为形成的文化共创。

基于此，在文化信息输入之后，其呈现形式不再是简单地在一个或多个环境之中进行信息的传播，而是把整个人类的大环境都看成是文化信息活动的空间，因此沉浸体验之下的文化信息传播以人为中心，实现点对点、点对面、面对点、面对面的循环传播，形成动态、多元、无所不包的呈现方式，[66]116最终实现文化的沉浸传播。媒介与人的关系也随之在沉浸传播中出现四大方式。

①泛众式：全体信息连接之上，以每一个个人为中心；②体验式：文化信息传播的过程也就是体验的过程，只有体验的发生才能形成完整的传播；③共享式：大众共同拥有媒介的内容与形式，媒介呈现共享形态；④共创式：媒介形式以及文化信息的传播内容，都由泛众共同创造。[65]122

6.2 运河聚落文化遗产景观相关研究概述

6.2.1 运河聚落文化遗产景观的概念含义

（1）文化遗产景观

文化遗产景观是指在特定时期的社会阶段，受历史文化、经济发展等影响，在地域、生态、气候等不同的自然条件与人文背景差异的共同作用下，所造就的人类历史文明产物。文化遗产景观是介于有形价值与无形价值、自然与文化的边界之上的，是人与自然环境之间联系的纽带。1992年，《保护世界自然和文化遗产公约》将文化遗产景观作为一个分支类别纳入世界文化遗产之中，并分为人类设计与建筑的景观、有机进化的景观以及联想性文化景观三类。

（2）运河文化遗产景观

中国大运河是世界历史中规模最大、空间跨度最长的一条人工河道，于2014年被列入世界文化遗产名录。运河文化遗产景观相较于其他文化遗产景观的特殊之处，在于运河文化遗产景观的复合性更强。运河本质是水利工程遗产，但是其所涵盖的码头、建筑等物质文化遗产中同时留存着不同的生活环境与民俗差异等人文特性。基于此，在对运河文化遗产景观的概念阐释中，运河文化遗产景观的时空演化、时间叙述、空间记忆传承以及文化与时间的序列性等方面的特点更加突出。

（3）运河聚落文化遗产景观

运河聚落文化遗产景观是指建成、发展或变迁与运河的建设、交通、商业、生产活动密切相关的沿运河的城镇与村落等聚落。运河聚落是运河遗产中的一个重要组成部分，其与运河具有伴生性。运河聚落多数位于运河的过坝、候潮或转运等节点位置，因运河之兴而生。运河聚落的主要所用在于为过往船舶提供休憩、补给、货物储存与运输等。运河聚落文化遗产景观囊括了大运河的各种物质、非物质文化遗产，是运河文化的集中载体。

6.2.2 运河聚落文化遗产景观的总体特征

（1）历史遗存特征

运河聚落中留有丰富的与运河紧密相关的各类历史遗存，包括河道、闸坝、纤道、码头、管理设施、重要史迹及代表建筑物等，是运河聚落物质构成的重要组成内容，同时也是运河聚落独特风貌的直接表现。[67]这些与运河密切相关的历史遗存一旦消亡，运河聚落也就不复存在。这些遗存蕴含并不断反映着运河的文化，同时将这种弥足珍贵的运河文化继续不断传承发展下去。

（2）历史风貌特征

历史风貌是指城镇、乡村景观和自然环境的总体面貌，其具有一定的历史和文化特征。浙江段运河衍生的众多聚落，其景观环境的本底均以秀丽的江南水乡格局为基础。它们风貌古朴、风格鲜明。这种天然、优美的自然环境是形成良好风貌的先决条件。自古以来人们不懈地对江南地区水系、土地进行疏浚、改良，运河的开凿进一步加速城镇、村落的建设，构筑了绝美的人工环境。自然与人工环境的完美结合，形成了运河聚落所特有的城市景观风貌，这也是长江以北的运河聚落无法企及、其他传统历史聚落无法比拟的特征之一。

（3）历史文化特征

运河属于文化线路这一遗产类型，其在大空间尺度上持续的流通所带来的区域文化交融现象，正是文化线路的价值体现。运河聚落的文化、风俗是以运河为媒介，不断地形成发展着，并且带有鲜明的经济背景和地理色彩。在交通发达和经济繁荣时，运河聚落文化昌盛，人才辈出，同时也是文人荟萃之处。例如，宁波月湖自宋朝起就成为学者讲学、民众休闲的场所，天一阁也是浙东地区重要的文化重地，承载着众多文化史迹。

6.2.3 运河聚落文化遗产景观的发展现状

近年来，由于大运河流经区域均为我国城市化发展迅速的城市，同时受交通方式转变等因素影响，许多运河聚落就此衰落，运河信息保存完整的运河聚落已越来越少，大运河历史环境的真实性和完整性面临严峻的考验。现阶段运河聚落所面临的具体问题主要有以下几个方面：

（1）原始运河功能没落

运河聚落的历史变迁是复杂多变的，随着陆路交通的逐步兴起和发展，运河原始运输功能衰退，人们的生产与生活方式转变巨大。与此相对应的是，城镇与乡村的聚落规模、格局、景观风貌等都发生了很大的变化。运河聚落中一些原本与运河有着紧密关联的功能区域逐渐消失或者有了较大变动。

（2）历史风貌保存不佳

在针对经济开发较发达的城镇、乡村的建设中，由于缺乏对运河的保护意识和遗产资料把控，致使对运河风貌缺乏实时关注，导致相关的运河城镇、乡村和历史街区的历史风貌受到了严重的破坏。沿河两岸的传统建筑界面保存完好的较少，乱搭乱建现象普遍，其风格与历史环境风貌协调性差。

（3）历史遗存遭到破坏

由于运河的总体运输功能的衰退，沿运河城镇的水利设施也随之衰落，部分已不复存在，部分存在较大改动。运河水利设施遗存作为运河聚落形成与演进的重要历史见证，其总体保护现状欠佳，多处文物保护单位、文物保护点以及历史遗存保护不当。

（4）历史文化特性缺失

当前众多运河城镇、乡村以及历史街区已经或者即将进行商业化开发，但常因过分注重商业利益，对运河聚落的保护意识薄弱，运用手法缺乏科学性，致使运河聚落的真实性与完整性没有得以完整与切实的呈现，甚至导致运河聚落文化遗产的保护性破坏，或是已开发的运河聚落文化特性缺失，有的与其他类似历史街区开发同质化严重。

6.3 沉浸理论与运河聚落文化遗产景观的耦合关系

6.3.1 由主体心理构建运河聚落文化遗产景观审美体验

卡尔·荣格提出，“审美体验是一个由先验知识支持、由个体特性和动机驱动的活动过程”。对于文化遗产和活动的审美体验不是自发的，也不是个体固有的，米哈里·契克森米哈将审美体验与心流的特征进行了比较，认为“审美体验是最佳体验的一种，受众对于对象有一种审美体验，是完全地、整体地沉浸在对象中，并且引发不自觉思考的感觉”。

通过扩展米哈里·契克森米哈对审美体验的描述表明，受众对文化遗产景观审美体验类型不同于在其他情境下的审美体验，人们对自然风光的观赏不同于蕴含和隐喻文化内容的历史遗存的欣赏和认同，我们可以把运河文化遗产景观看作一种展示体验形式，基于体验主体角度，沉浸理论的应用能够从心理学出发，深度把握主体心理沉浸要素，以此构建运河文化遗产景观的审美体验，利用沉浸体验的三阶段特征因素，更准确地把握打造使人产生沉浸感的运河文化景观空间的受众心理，建立相应的审美体验过程，引导深层的个人意义创造，从而激发主体转化自身美学潜力。比如画面的视觉设置和文字的介绍都侧重于将信息内容与文化特色有机地结合起来，尊重地区历史和文化的体验内容，反映出文化遗产的设计理念，以达到文化传播的目的，使更多的人能够通过参观文化遗产空间来获得更好的审美体验。

6.3.2 由客体特性展示运河聚落文化遗产景观文化内涵

基于体验客体角度，能够从主体心理诉求出发，针对性挖掘客体审美特性与文化价值，有效展示运河聚落文化遗产景观文化内涵。在科学开发与利用的手段下，恢复原始运河部分功能，还原历史运河聚落风貌，加强历史遗存保护的同时，能够增强客体环境邀请性，开启人们的体验和感知，促进主客体共同经验的连接，使主客联结成为行为统一体，触发人们对运河文化的记忆与理解，加深对运河意象的感悟，进而大力展示运河聚落文化遗产景观的文化内涵，促进主体对于客体的解读与深度理解。

6.3.3 由媒介技术促进运河聚落文化遗产景观主客融合

基于体验主客体融合角度，沉浸理论能够指导从传播学切入，通过新型传播技术的运用与文化数字空间的建构，使运河文化遗产景观为人们提供多感官、多角度的个性化、即时化与泛在化的文化体验感受。技术的发展为创造“体验社会”开辟了新纪元，带动着文化体验空间营造步入了新的阶段。新型媒介技术的运用不仅可以让沉睡的运河历史重新活泛起来，也可以让人们在运河面前由静态的观赏者变为动态的体验者，与运河走向平等与跨时空的对话，改变受众获取运河文化遗产文化信息的传统方式，加强主客对话与主客融合，极大地提升人们对于运河文化的认知效率。

因此，将沉浸理论应用于运河文化遗产景观的环境设计中，不但可以推动运河文化遗产景观中的实体沉浸环境的提升，也能够促进运河文化沉浸传播虚体环境的形成，从而通过全方位的沉浸式运河文化体验环境布局，形成没有边界的运河文化传播空间，引导人们对于运河文化的解读与认知，强化人们对于运河意象的感悟，促进在运河文化遗产景观活动中的心流状态的到达，使人与人、人与运河的物理空间的连接延伸至人们的精神空间中。由此，体验者个人的不同情感反馈被展开，使文化与身份的归属感根植到自身意识之中，公众对于运河文化的认同感与自豪感被激发，以此建立以沉浸状态营造为载体的传统文化传播新路径。这不仅仅可以提高运河文旅的经济效益，也可以体现地域与国家文化的建构价值，实现大运河传统文化的可持续传承与弘扬（图6–3）。

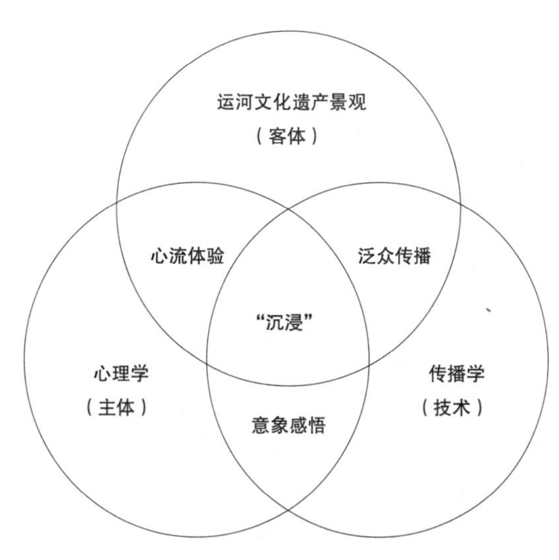

图6–3　运河文化遗产景观的“沉浸”关系图

7 大运河国家文化公园浙江段审美体验设计分析与策略

7.1 大运河浙江段文化遗产景观资源

大运河作为一种线型文化遗产，跨越诸多地理区域，有极强的流动性，其历史边界模糊、文化信息叠加程度高。大运河浙江段历经风风雨雨，是中国大运河形成时间较早、自然条件最优越、延续使用时间最长的河段之一。其在各个时代产生的遗产数量大、品种全、等级高，包含了历史、科技、文化等各方面的价值（图7-1～图7-5）。因此本书根据相关遗产的概念与分类对大运河浙江段中的运河遗产及相关物质文化遗产进行分类界定，以《世界遗产名录》、全国重点文物保护单位、浙江省文物保护单位、省级名镇与历史文化街区，进行不同级别的遗产分类。在每个层级中对运河文化遗产景观资源再进行细化分类，分为三大类：（1）运河水利工程遗址，包括河道、水源、航运工程设施、水利工程设计；（2）运河聚落，包括运河城镇、历史文化街区、运河村落；（3）其他运河物质文化遗产，包括古遗址、古建筑、古墓葬、石刻、石碑、近现代重要史迹及代表性建筑、典型地方产业遗存。以此形成大运河浙江各段的文化遗产景观类型体系列表。

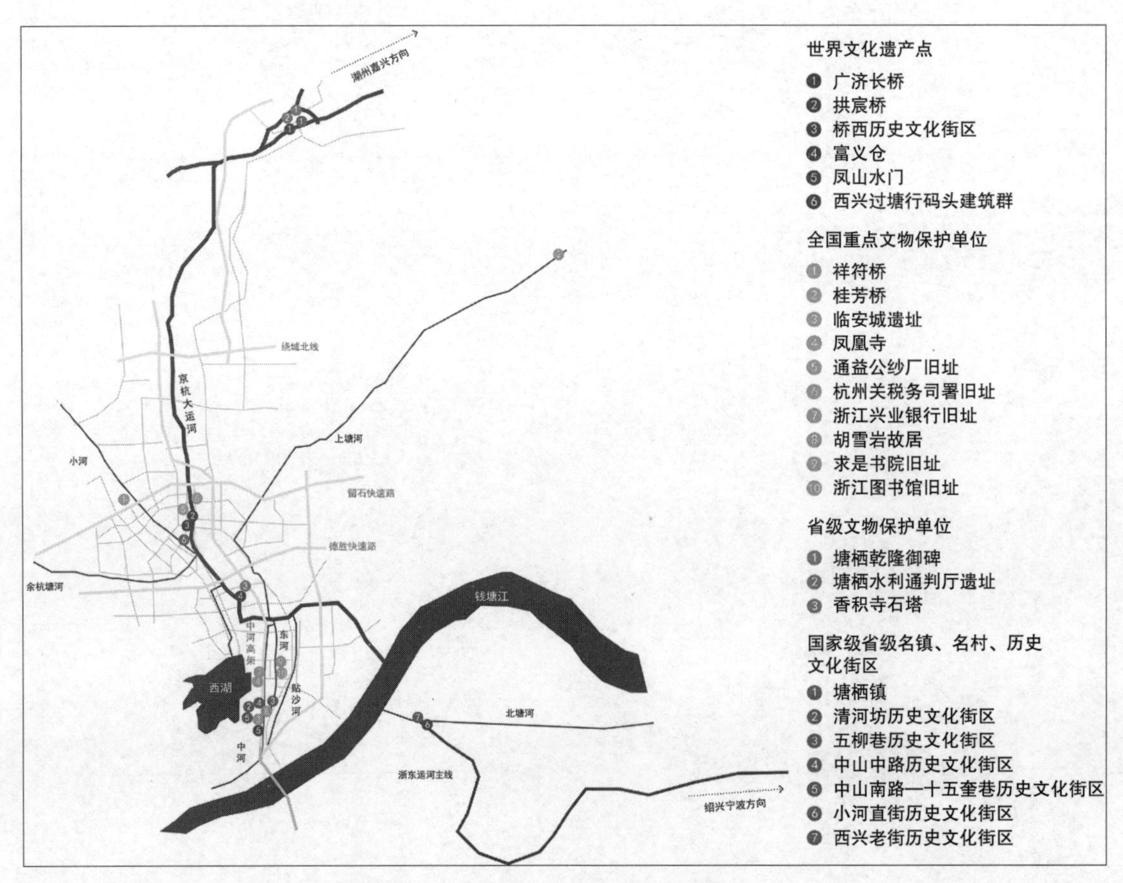

图7-1 大运河（杭州段）遗产分布示意图

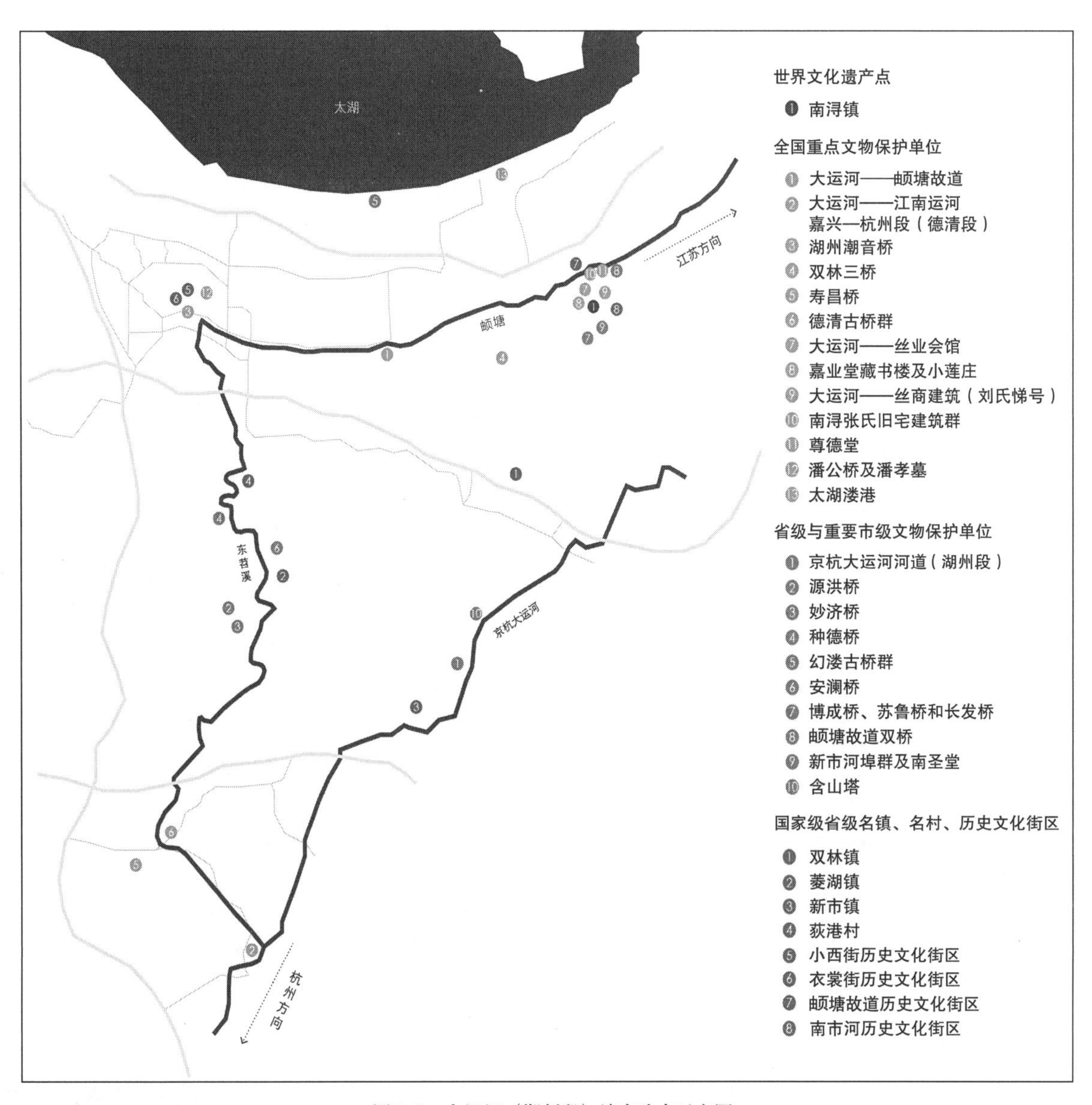

图7-2　大运河（湖州段）遗产分布示意图

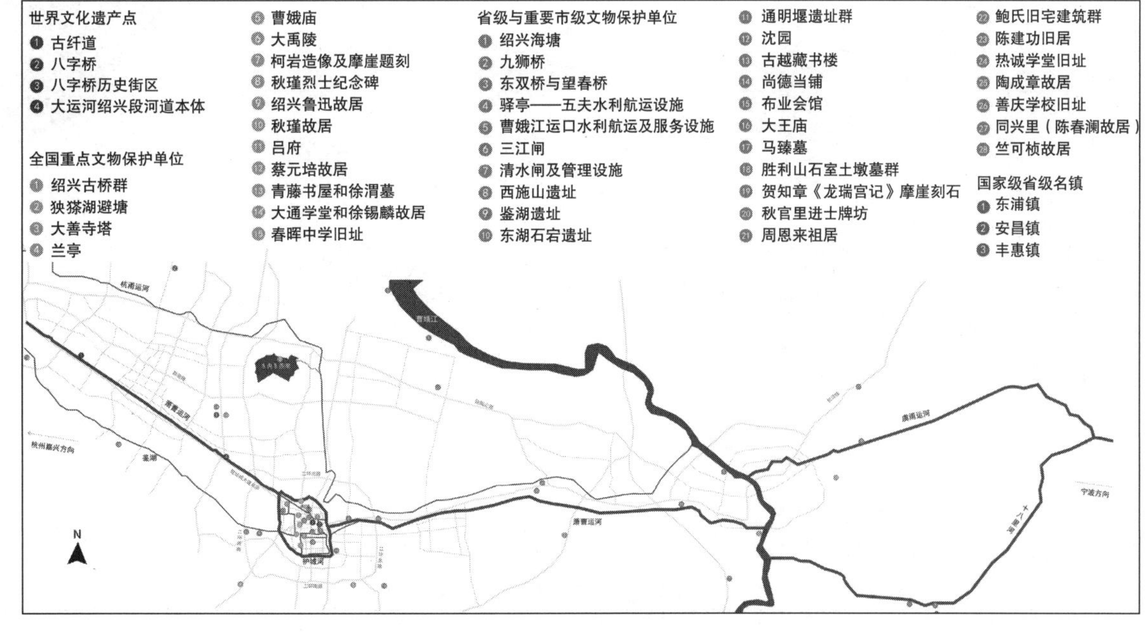

图7-3　大运河（绍兴段）遗产分布示意图

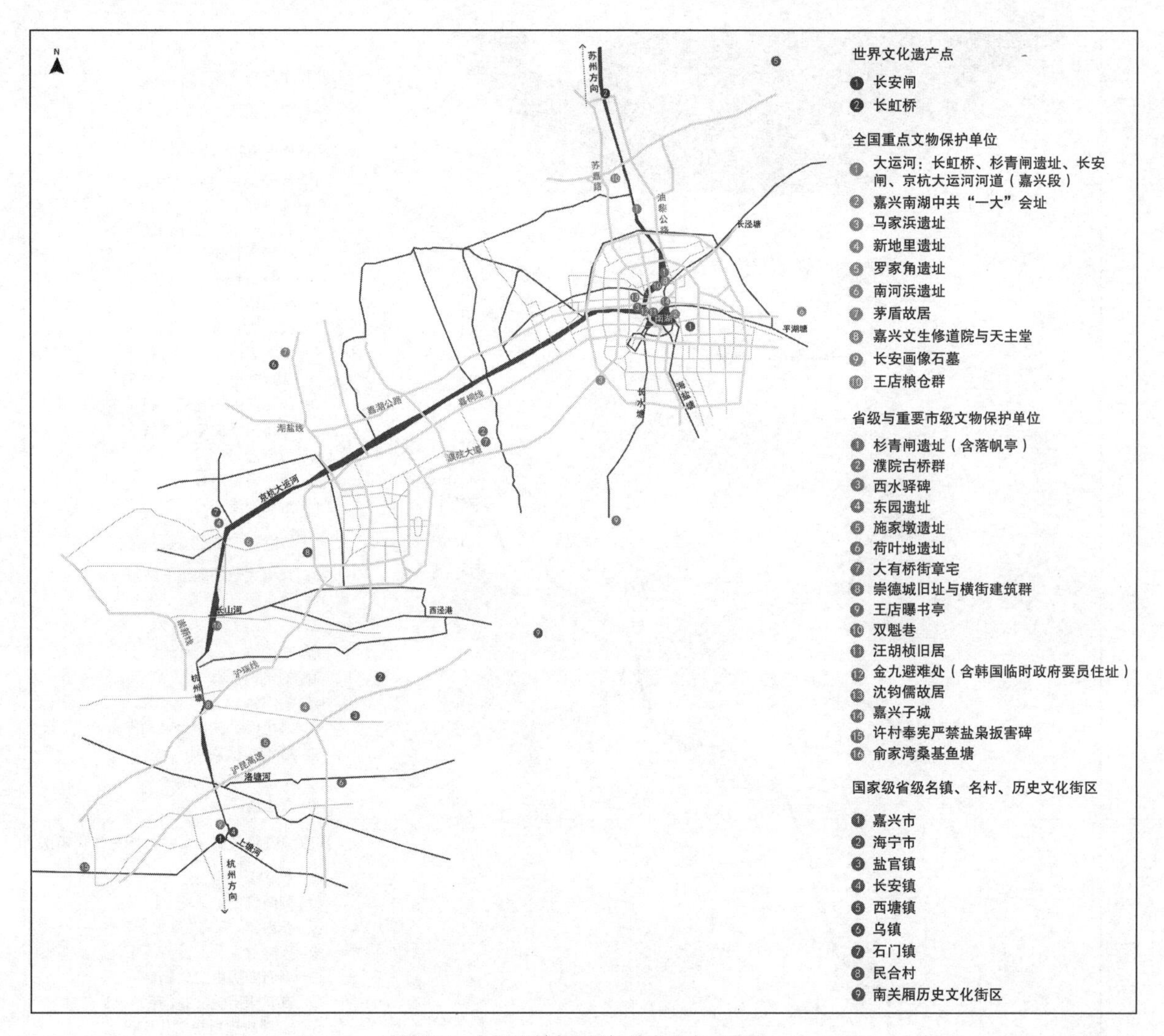

图7-4 大运河（嘉兴段）遗产分布示意图

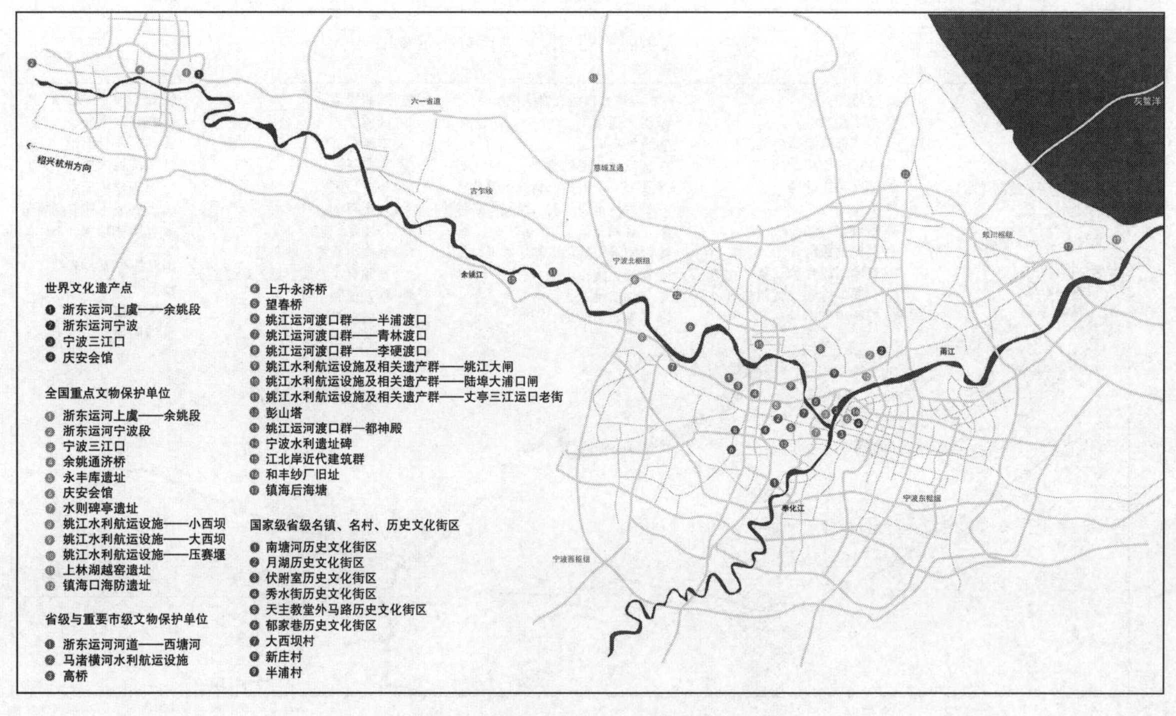

图7-5 大运河（宁波段）遗产分布示意图

7.1.1 大运河（杭州段）文化遗产景观类型体系（表7-1～表7-4）

世界遗产名录（杭州段）　　表7-1

序号	遗产类别		景观类型	景观要素	遗产名称	位置
1	运河水利工程遗址	河道	自然景观	运河河道	余杭塘栖—杭州坝子桥段	起于余杭塘栖，止于杭州坝子桥
2					江浙省界—杭州坝子桥段的杭州塘段	起于江浙省界，止于杭州坝子桥
3					上塘河段	起于施家桥，经海宁盐官镇进入钱塘江
4					杭州中河—龙山河段	上城区中河—龙山河
5					浙东运河主线	起于西兴过塘行码头
6		航运工程设施	人文景观	古桥梁	拱宸桥	拱墅区桥弄街
7					广济桥	余杭区塘栖镇
8	运河聚落		人文景观	历史文化街区	桥西历史文化街区	拱墅区拱宸桥街道
9	其他运河物质文化遗产		人文景观	古建筑	凤山水城门遗址	上城区紫阳街道
10			人文景观		西兴过塘行码头	滨江区西兴街道
11			人文景观	近现代重要史迹及代表性建筑	富义仓	拱墅区大兜路

全国重点文物保护单位（杭州段）　　表7-2

序号	遗产类别		景观类型	景观要素	遗产名称	位置
1	运河水利工程遗址	河道	自然景观	运河河道	余杭塘栖—杭州坝子桥段	起于余杭塘栖，止于杭州坝子桥
2					江浙省界—杭州坝子桥段的杭州塘段	起于江浙省界，止于杭州坝子桥
3					上塘河段	起于施家桥，经海宁盐官镇进入钱塘江
4					杭州中河—龙山河段	上城区中河—龙山河
5					浙东运河主线	起于西兴过塘行码头
6		航运工程设施	人文景观	古桥梁	大运河——拱宸桥	拱墅区桥弄街
7					大运河——广济桥	余杭区塘栖镇
8					大运河——祥符桥	拱墅区祥符镇
9					大运河——桂芳桥	余杭区临平街道

续表

序号	遗产类别	景观类型	景观要素	遗产名称	位置
10	其他运河物质文化遗产	人文景观	古遗址	临安城遗址	上城区紫阳街道
11		人文景观	古建筑	凤凰寺	上城区中山中路
12				胡雪岩旧居	上城区元宝街
13				大运河——凤山水门	上城区紫阳街道
14				大运河——西兴码头与过塘行建筑群	滨江区西兴街道
15		人文景观	近现代重要史迹及代表性建筑	大运河——富义仓	拱墅区大兜路
16				大运河——通益公纱厂旧址	拱墅区拱宸桥西
17				大运河——杭州关税务司署旧址	拱墅区拱宸桥街道
18				浙江兴业银行旧址	上城区中山中路
19				求是书院旧址	上城区大学路
20				浙江图书馆旧址	上城区大学路

浙江省文物保护单位（杭州段） 表7-3

序号	遗产类别		景观类型	景观要素		遗产名称	位置
1	运河水利工程遗址	航运工程设施	人文景观	纤道		浙东运河纤道	萧山段、绍兴渔后桥段、绍兴皋埠段、上虞段
2			人文景观	古代运河设施和管理机构遗存	水利管理设施	塘栖水利通判厅遗址	余杭区塘栖镇
3	其他运河物质文化遗产		人文景观	古建筑		香积寺石塔	拱墅区香积寺巷
4			人文景观	石碑		塘栖乾隆御碑	余杭区塘栖镇

省级历史文化名镇、历史文化街区（杭州段） 表7-4

序号	遗产类别	景观类型	景观要素	遗产名称	位置
1	运河聚落	人文景观	运河城镇	塘栖镇（省级历史文化名镇）	余杭区塘栖镇
2		人文景观	历史文化街区	清河坊历史文化街区（省级历史文化街区）	上城区河坊街
3				五柳巷历史文化街区（省级历史文化街区）	上城区城头巷
4				中山中路历史文化街区（省级历史文化街区）	上城区南宋御街
5				中山南路—十五奎巷历史文化街区（省级历史文化街区）	上城区中山南路
6				拱宸桥桥西历史文化街区（省级历史文化街区）	拱墅区小河路
7				小河直街历史文化街区（省级历史文化街区）	拱墅区小河直街
8				西兴老街历史文化街区（省级历史文化街区）	滨江区西兴街道

7.1.2 大运河（湖州段）文化遗产景观类型体系（表7-5～表7-8）

世界遗产名录（湖州段）　　表7-5

序号	遗产类别	景观类型	景观要素	遗产名称	位置
1	运河聚落	人文景观	运河城镇	南浔镇历史文化街区	南浔区
2	运河水利工程遗址河道	自然景观	运河河道	南浔段（頔塘故道）	西北起自吴兴区南郊东苕溪下游右岸，东南至南浔区南浔古镇

全国重点文物保护单位（湖州段）　　表7-6

序号	遗产类别		景观类型	景观要素		遗产名称	位置
1	运河水利工程遗址	河道	自然景观	运河河道		大运河——頔塘故道	西北起自吴兴区南郊东苕溪下游右岸，东南至南浔区南浔古镇
2						大运河——江南运河嘉兴—杭州段（德清段）	德清县雷甸镇塘北村
3		航运工程设施	人文景观	古桥梁		湖州潮音桥	吴兴区南街
4						双林三桥	南浔区双林镇
5						寿昌桥	德清县二都村
6						德清古桥群（含寿昌桥、永安桥、兼济桥、社桥、普济桥、青云桥、万善桥7处）	德清县
7						潘公桥（及潘孝墓）	吴兴区龙泉街道
8			人文景观	古代运河设施和管理机构遗存	水利灌溉工程	太湖溇港	吴兴区乔溇村
9	其他运河物质文化遗产		人文景观	古建筑		大运河——丝业会馆	南浔区南浔古镇
10						嘉业堂藏书楼及小莲庄	南浔区南浔古镇南栅
11			人文景观	古墓葬		潘孝墓（及潘公桥）	吴兴区滨湖街道
12			人文景观	近现代重要史迹及代表性建筑		大运河——丝商建筑（刘氏悌号）	南浔区南浔古镇
13						南浔张氏旧宅建筑群	南浔区南浔古镇南西街
14						尊德堂	南浔区南浔古镇东大街

浙江省文物保护单位（湖州段）　　表7-7

序号	遗产类别		景观类型	景观要素	遗产名称	位置
1	运河水利工程遗址	河道	自然景观	运河河道	京杭大运河河道（湖州段）	流经南浔区练市镇、善琏镇
2		航运工程设施	人文景观	古桥梁	源洪桥	吴兴区东林镇
3					妙济桥	吴兴区东林镇
4					种德桥	南浔区菱湖镇
5					幻溇古桥群（含明溪塘桥、埭溪塘桥、永安桥）	南浔区双林镇
6					安澜桥	南浔区菱湖镇

续表

序号	遗产类别		景观类型	景观要素	遗产名称	位置
7	运河水利工程遗址	航运工程设施	人文景观	古桥梁	博成桥、苏鲁桥和长发桥	南浔区南浔镇沈庄漾村、辑里村、百间楼社区
8					頔塘故道双桥	南浔区南浔古镇跨东市河
9	其他运河物质文化遗产		人文景观	古建筑	新市河埠群及南圣堂	德清县新市镇
10					含山塔	善琏镇含山村

国家和省级名镇、名村、历史文化街区（湖州段） 表7-8

序号	遗产类别	景观类型	景观要素	遗产名称	位置
1	运河聚落	人文景观	运河城镇	双林镇（国家级历史文化名镇）	南浔区
2				菱湖镇（国家级历史文化名镇）	南浔区
3				新市镇（国家级历史文化名镇）	德清县
4		人文景观	历史文化名村	荻港村（国家级历史文化名村）	南浔区和孚镇
5		人文景观	历史文化街区	小西街历史文化街区（省级历史文化街区）	吴兴区
6				衣裳街历史文化街区（省级历史文化街区）	吴兴区
7				頔塘故道历史文化街区（省级历史文化街区）	南浔区
8				南市河历史文化街区（省级历史文化街区）	南浔区

7.1.3 大运河（绍兴段）文化遗产景观类型体系（表7-9～表7-12）

世界遗产名录（绍兴段） 表7-9

序号	遗产类别		景观类型	景观要素	遗产名称	位置
1	运河水利工程遗址	河道	自然景观	运河河道	大运河绍兴段河道本体	萧山至绍兴段、上虞至余姚段
2		航运工程设施	人文景观	古桥梁	八字桥	越城区八字桥直街
3				纤道	绍兴古纤道	柯桥街道上谢桥至湖塘街道板桥
4	运河聚落		人文景观	历史文化街区	八字桥历史街区	绍兴市越城区

全国重点文物保护单位（绍兴段） 表7-10

序号	遗产类别		景观类型	景观要素	遗产名称	位置
1	运河水利工程遗址	河道	自然景观	运河河道	大运河（绍兴段）	萧山至绍兴段、上虞至余姚段
2		航运工程设施	人文景观	古桥梁	绍兴古桥群：八字桥、光相桥、广宁桥、泗龙桥、太平桥、谢公桥、题扇桥、迎恩桥、拜王桥、接渡桥、融光桥、泾口大桥	绍兴市越城区、柯桥区、镜湖新区
3			人文景观	纤道	古纤道	柯桥街道上谢桥至湖塘街道板桥
4			人文景观	堤防	狭猕湖避塘	绍兴市镜湖新区灵芝镇

续表

序号	遗产类别	景观类型	景观要素	遗产名称	位置
5	其他运河物质文化遗产	人文景观	古建筑	大善寺塔	绍兴市越城区子余路
6				兰亭	绍兴市越城区兰亭镇
7				曹娥庙	绍兴市上虞区曹娥街道
8		人文景观	古墓葬	大禹陵	绍兴市越城区会稽山
9				徐渭墓（及青藤书屋）	绍兴市柯桥区兰亭街道
10		人文景观	石刻	柯岩造像及摩崖题刻	绍兴市柯桥区柯桥镇
11		人文景观	石碑	秋瑾烈士纪念碑	绍兴市越城区府山横街
12		人文景观	近现代重要史迹及代表性建筑	绍兴鲁迅故居	绍兴市越城区东昌坊口
13				秋瑾故居	绍兴市越城区和畅堂
14				吕府	绍兴市越城区新河弄
15				蔡元培故居	绍兴市越城区萧山街
16				青藤书屋（及徐渭墓）	绍兴市越城区大乘弄
17				大通学堂和徐锡麟故居	绍兴市区胜利西路
18				春晖中学旧址	绍兴市上虞区上虞驿亭镇

浙江省文物保护单位（绍兴段） 表7-11

序号	遗产类别		景观类型	景观要素		遗产名称	位置
1	运河水利工程遗址	水源	人文景观	水库		绍兴海塘	绍兴市越城区孙端镇、马山镇、斗门镇、马鞍镇和安昌镇一带
2		航运工程设施	人文景观	古桥梁		九狮桥	绍兴市上虞区丰惠镇东明街
3						东双桥与望春桥（市级）	绍兴市越城区蕺山街道八字桥社区东街
4			人文景观	古代运河设施和管理机构遗存	航运管理机构	驿亭——五夫水利航运设施	绍兴市上虞区驿亭镇
5					水利管理设施	曹娥江运口 水利航运及服务设施	绍兴市上虞区曹娥街道
6		水利工程设施	人文景观	闸		三江闸	绍兴市越城区斗门镇
7						清水闸及管理设施	绍兴市上虞区蒿坝镇
8	其他运河物质文化遗产		人文景观	古遗址		西施山遗址	绍兴市区五云门
9						鉴湖遗址	绍兴城西南
10						东湖石宕遗址	绍兴市越城区东湖镇
11						通明堰遗址群	绍兴市上虞区丰惠镇
12			人文景观	古建筑		沈园	绍兴市越城区洋河弄
13						古越藏书楼	绍兴市越城区胜利西路
14						尚德当铺	绍兴市越城区蕺山街道
15						布业会馆	绍兴市区解放路
16						大王庙	绍兴市柯桥区钱清镇

续表

序号	遗产类别	景观类型	景观要素	遗产名称	位置
17	其他运河物质文化遗产	人文景观	古墓葬	马臻墓	绍兴市越城区亭山乡
18				胜利山石室土墩墓群	绍兴市越城区大二房村
19		人文景观	石刻	贺知章《龙瑞宫记》摩崖刻石	绍兴市越城区禹陵乡
20		人文景观	石牌坊	秋官里进士牌坊	绍兴市绍兴县陶堰镇
21		人文景观	近现代重要史迹及代表性建筑	周恩来祖居	绍兴市区保佑桥河沿
22				鲍氏旧宅建筑群	绍兴市越城区马山镇
23				陈建功旧居	绍兴市区人民路
24				热诚学堂旧址	绍兴市镜湖新区东浦镇
25				陶成章故居	绍兴市柯桥区绍兴县
26				善庆学校旧址	绍兴市绍兴县柯岩街道
27				同兴里（陈春澜故居）	绍兴市上虞区小越镇
28				竺可桢故居	绍兴市上虞区东关镇

省级历史文化名镇（绍兴段） 表7-12

序号	遗产类别	景观类型	景观要素	遗产名称	位置
1	运河聚落	人文景观	运河城镇	东浦镇（省级名镇）	越城区东浦镇
2				安昌镇（省级名镇）	柯桥区安昌镇
3				丰惠镇（省级名镇）	上虞区丰惠镇

7.1.4 大运河（嘉兴段）文化遗产景观类型体系（表7-13~表7-16）

世界遗产名录（嘉兴段） 表7-13

序号	遗产类别		景观类型	景观要素	遗产名称	位置
1	运河水利工程遗址	河道	自然景观	运河河道	江南运河嘉兴段	苏州塘、嘉兴环城河、杭州塘、崇长港、上塘河
2		航运工程设施	人文景观	船闸	长安闸	海宁市长安镇公庆街
3			人文景观	古桥梁	长虹桥	王江泾镇一里街东南

全国重点文物保护单位（嘉兴段） 表7-14

序号	遗产类别		景观类型	景观要素	遗产名称	位置
1	运河水利工程遗址	河道	自然景观	运河河道	大运河：长虹桥、杉青闸遗址、长安闸、京杭大运河河道（嘉兴段）	嘉兴市秀洲区、桐乡市崇福镇
2			自然景观	城河、内河	嘉兴南湖中共“一大”会址	嘉兴城南南湖
3	其他运河物质文化遗产		人文景观	古遗址	马家浜遗址	嘉兴经济开发区西南新区三河交叉的平原地带
4					新地里遗址	崇福镇（原留良乡）湾里村
5					罗家角遗址	桐乡市石门镇颜井桥村
6					南河浜遗址	南湖区大桥镇云西村

续表

序号	遗产类别	景观类型	景观要素	遗产名称	位置
7	其他运河物质文化遗产	人文景观	古建筑	嘉兴文生修道院与天主堂	嘉兴市区光明街
8		人文景观	古墓葬	长安画像石墓	海宁市长安镇青年路
9		人文景观	近现代重要史迹及代表性建筑	王店粮仓群	王江泾镇双桥村蓝荷湾
10				茅盾故居	乌镇镇观前街

浙江省文物保护单位（嘉兴段）　　表7-15

序号	遗产类别		景观类型	景观要素		遗产名称	位置
1	运河水利工程遗址	航运工程设施	人文景观	船闸		杉青闸遗址（含落帆亭）	南湖区杉青闸路
2			人文景观	古桥梁		濮院古桥群	濮院镇老镇区
3			人文景观	古代运河设施和管理机构遗存	航运管理机构	西水驿碑	嘉兴市区斜西街
4	其他运河物质文化遗产		人文景观	古遗址		东园遗址	桐乡石门镇石门中学
5						施家墩遗址	海宁长安镇兴福村
6						荷叶地遗址	海宁周王庙镇星火村
7			人文景观	古建筑		大有桥街章宅	桐乡市濮院镇鸣凤社区大有桥街
8						崇德城旧址与横街建筑群	桐乡古镇崇福
9						王店曝书亭	秀洲区王店镇广平路
10						嘉兴子城	嘉兴市区府前街
11						双魁巷	嘉兴市区光明街中段
12			人文景观	石碑		许村奉宪严禁盐枭扳害碑	海宁许村镇沿塘街
13			人文景观	典型地方产业遗存		俞家湾桑基鱼塘	桐乡市河山镇五泾村俞家湾
14			人文景观	近现代重要史迹及代表性建筑		金九避难处（含韩国临时政府要员址）	嘉兴城南梅湾街
15						沈钧儒故居	嘉兴市区环城南路

省级历史文化名镇、历史文化街区（嘉兴段）　　表7-16

序号	遗产类别	景观类型	景观要素	遗产名称	位置
1	运河聚落	人文景观	运河城镇	嘉兴市（国家级名城）	浙江省嘉兴市
2				海宁市（省级名城）	浙江省海宁市
3				盐官镇（国家级名镇）	嘉兴市海宁市
4				西塘镇（国家级名镇）	嘉兴市嘉善县
5				乌镇（国家级名镇）	嘉兴市桐乡市
6				长安镇（省级名镇）	嘉兴市海宁市
7				石门镇（省级名镇）	嘉兴市桐乡市
8		人文景观	运河村落	民合村（省级名村）	嘉兴市桐乡市
9		人文景观	历史文化街区	南关厢历史文化街区（省级历史文化街区）	海宁市硖石镇

7.1.5 大运河（宁波段）文化遗产景观类型体系（表7–17～表7–20）

世界遗产名录（宁波段） 表7–17

序号	遗产类别		景观类型	景观要素		遗产名称	位置
1	运河水利工程遗址	河道	人文景观	运河河道		浙东运河上虞—余姚段	起于上虞百官街道，止于余姚斗门
2						浙东运河宁波段	起于丈亭沿慈江，至小西坝入姚江
3						宁波三江口	余姚江、奉化江、甬江交汇处
4		航运工程设施	人文景观	古代运河设施和管理机构遗存	航运管理机构	庆安会馆	鄞州区江东北路156号

全国重点文物保护单位（宁波段） 表7–18

序号	遗产类别		景观类型	景观要素		遗产名称	位置
1	运河水利工程遗址	河道	人文景观	运河河道		浙东运河上虞—余姚段	起于上虞百官街道，止于余姚斗门
2						浙东运河宁波段	起于丈亭沿慈江，至小西坝入姚江
3						宁波三江口	余姚江、奉化江、甬江交汇处
4		航运工程设施	人文景观	古桥梁		余姚通济桥	余姚市凤山街道
5			人文景观	古代运河设施和管理机构遗存	仓库	永丰库遗址	海曙区府桥街37–1号
6			人文景观		航运管理机构	庆安会馆	鄞州区江东北路156号
7			人文景观		水利管理设施	水则碑亭遗址	海曙区镇明路
8		水利工程设施	人文景观	坝		姚江水利航运设施——小西坝旧址	江北区慈城镇
9						姚江水利航运设施——大西坝旧址	海曙区高桥镇
10			人文景观	堰		姚江水利航运设施——压赛堰遗址	江北区孔浦街道
11	其他运河物质文化遗产		人文景观	古遗址		上林湖越窑遗址	慈溪市鸣鹤镇西栲栳山麓上林湖一带
12			人文景观			镇海口海防遗址：威远城、明清碑刻、月城、安远炮台、梓荫山的吴公纪功碑亭、俞大猷生祠碑记、泮池、吴杰故居、戚家山营垒、金鸡山瞭台、靖远炮台、平远炮台、宏远炮台、镇远炮台	以招宝山为轴心的2平方公里范围内

浙江省文物保护单位（宁波段） 表7-19

序号	遗产类别		景观类型	景观要素	遗产名称	位置
1	运河水利工程遗址	河道	人文景观	运河河道	浙东运河河道—西塘河	起于高桥，至宁波市区，止于西门口
2		航运工程设施	人文景观	船闸	马渚横河水利航运设施：斗门老闸、斗门新闸和升船机、西横河闸和升船机	余姚市马渚镇
3			人文景观	古桥梁	高桥（海曙区文物保护单位）	海曙区高桥镇
4					上升永济桥（海曙区文物保护单位）	海曙区高桥镇
5					望春桥（海曙区文物保护单位）	海曙区望春桥街
6			人文景观	码头	姚江运河渡口群——半浦渡口	江北区慈城镇
7					姚江运河渡口群——青林渡口	江北区庄桥街道
8					姚江运河渡口群——李碶渡口	江北区庄桥街道
9		水利工程设施	人文景观	闸	姚江水利航运设施及相关遗产群——姚江大闸	江北区北郊路与环城北路交叉口
10					姚江水利航运设施及相关遗产群——陆埠大浦口闸	陆埠大溪与姚江交汇处
11			人文景观	堤防	镇海后海塘	镇海区招宝山街道
12	运河聚落		人文景观	运河村落	姚江水利航运设施及相关遗产群——丈亭三江运口老街	余姚市丈亭镇
13	其他运河物质文化遗产		人文景观	古建筑	彭山塔	江北区慈城镇
14					姚江运河渡口群——都神殿	江北区甬江街道
15			人文景观	石碑	宁波水利航运遗址碑： 1.清代甬东天后宫碑铭 2.庆元绍兴海运达鲁花赤千户所记碑 3.移建海道都漕运万户府记碑 4.清代澥浦水运管理碑——奉宪勒石	1.庆安会馆 2.天一阁东园 3.天一阁东园 4.镇海区澥浦镇
16			人文景观	近现代重要史迹及代表性建筑	江北岸近代建筑群： 1.宁波邮政局旧址 2.谢氏旧宅 3.英国领事馆旧址 4.浙海关旧址	1.江北区中马街道中马路172号 2.江北区白沙街道白沙路96号 3.江北区白沙街道白沙路56号甬江西北岸 4.江北区中马路198号
17			人文景观		和丰纱厂旧址	江东区江东北路317号

国家和省级名镇、名村、历史文化街区（宁波段） 表7-20

序号	遗产类别	景观类型	景观要素	遗产名称	位置
1	运河聚落	人文景观	名镇	慈城镇（中国历史文化名镇）	江北区慈城镇
2		人文景观	名村	大西坝村（省级历史文化名村）	海曙区高桥镇
3				新庄村（省级历史文化名村）	海曙区高桥镇
4				半浦村（省级历史文化名村）	江北区慈城镇
5		人文景观	历史文化街区	南塘河历史文化街区（省级历史文化街区）	海曙区南郊路
6				月湖历史文化街区（省级历史文化街区）	海曙区镇明路
7				伏跗室历史文化街区（省级历史文化街区）	海曙区鼓楼街道
8				秀水街历史文化街区（省级历史文化街区）	海曙区秀水街
9				天主教堂外马路历史文化街区（省级历史文化街区）	江北区中马路
10				郁家巷历史文化街区（省级历史文化街区）	海曙区镇明路

7.2 大运河浙江段文化遗产景观的审美特征与文化价值分析

7.2.1 大运河文化遗产景观的类型与形态要素

7.2.1.1 大运河文化遗产景观认知与类型

中国大运河目前已成为世界文化遗产并且是不可再生的文化遗产景观。按照《实施〈世界遗产公约〉操作指南》对文化遗产景观标准的阐释，让我们有充分的想象空间来挖掘和理解中国大运河文化遗产景观的审美价值，可以对中国大运河文化遗产景观形成基本的注释和理解，它是“具有超凡创造水平的”“将已不能复原的文明或文化一直传承至今或者是独具特色的文化传统或者人类历史文化的见证”“属于建筑群体或者某个技术领域，或景观的代表作，反映出人类进化史的重要历程”“能够表现出特殊事件上，特殊观点和超凡艺术品及文学作品之间存在的联系”[68]。基于这样的注释和理解形成对中国大运河文化遗产景观的基本认知，也形成对大运河文化遗产景观价值的想象空间。由自然形成的江河湖泊与人工开凿河道融汇在一起形成的大运河本身就是人类具有创造力的杰作，在国家意志下实施的大运河“漕运”和“盐运”留下的故事、传说和遗迹，见证了大运河的文化和历史。大运河水工和运河设施，以及伴随运河的发展在沿岸形成和建造的城镇、建筑和景观，具有典型的运河文化的特殊性和代表作用，使其形成中国大运河的精神文化与物质文化。这些都是带动大运河沿岸经济和旅游业发展，以及建设大运河国家文化公园中不可多得的素材。大运河遗产具有文化遗产景观的基本属性与载体内容，具备从美学理论体系的视角，在审美认知方面进行挖掘和探讨的可能性。大运河浙江段文化遗产景观作为中国大运河的有机组成部分，在具有运河文化遗产共性的内涵和特征的同时，受江南地区自然与人文因素的影响，同时也具有地域性和个性化的内涵与特征。

历经两千多年的开凿和运行而形成的大运河，在不同区域复杂的水文条件下，产生了中国特有的运河工程体系，它们包括世界上最早的水库和完善的坝工建筑等水运设施，通过沿线的水源工程，河道上的闸、坝，沿岸的漕仓等，有效地支撑了世界上最长距离的连续水运。[69]2大运河沿线的遗产类型可以概括分为四大类：①水利工程设施及遗址；②历史建筑；③历史街区；④运河河道。另有学者将运河类型进一步具体细分为七类：①运河水利工程遗址，与之相关的遗产涉及闸坝和桥梁等；②古建筑，包括运河沿线的传统民居、寺庙、教堂、古塔、城楼等；③古墓葬，与之相关的名人墓葬和古代墓群等；④古遗址，与之相关的城池遗址、炮台遗址、码头遗址、寺庙遗址等；⑤古石刻，沿运河两岸保存下来的各类碑刻，包括墓碑、摩崖石刻、纪念碑、石牌坊、砖刻等；⑥近现代重要史迹，与之相关的有文化旧址、革命纪念碑、近现代工业遗产等；⑦其他。[70]这些构成了大运河文化遗产景观的重要内容。在历史发展的进程中这些类型遗产元素和格局相互间的有机融合形成大运河文化遗产景观的主线，构成大运河文化遗产景观要素的体系。大运河文化遗产景观中的码头、桥、坝、闸等水利设施作为运河文化遗产景观的主要组成部分，是大运河历史发展过程中的主要见证，具备其在历史价值、文化价值、审美价值上的独特性，能够形成对运河沿岸地区社会、历史独有的审美认识功能，具备了自然科学和社会科学相结合的运河文化审美认知作用。

7.2.1.2 大运河浙江段的发展历程及形态要素

（1）大运河浙江段发展历程

大运河始建于公元前486年，全长2700公里，包括隋唐大运河、京杭大运河以及浙东运河三个部分，流经6省2市，沟通五大水系包括海河、黄河、淮河与钱塘江等，是世界上开凿最早、规模最大的运河，在历史上形成了中国南北交融的经济带、政治带、文化带和交通带。[71]大运河在浙江境内是流经江苏和浙江的江南运河和地处浙江东部的浙东运河。2500多年前的春秋时期在绍兴开通的山阴故水道是中国大运河河段中修建年代最早的河段之一，也是浙东运河的重要组成部分。2200多年前秦始皇开凿的人工河“陵水道”，是江南运河浙江境内最早的运河雏形，这条水路从苏州南，经过嘉兴，直通杭州，奠定了之后江南运河的走向。公元前3世纪，当时由于长江和钱塘江之间的地势较为低洼，而且河流和湖泊密集，沟通河流湖泊的运河就已经出现。后来经过历朝历代开凿和疏通，江南运河才初具规模。公元610年，隋朝重新疏通拓宽长江以南运河古老的河道，动用大批劳力进行修整，使运河各段一脉相通，畅行南北，形成现今的江南运河。公元1276年，元朝军队侵占临安，发布命令整修运河河道，并在两岸种植树木，使运河航道两侧绿荫成片，生机盎然。从浙江段的江南运河和浙东运河的历史发展看，大运河对当地经济和社会的发展产生重要的影响作用，形成和产生了具有江南地域特色的大运河浙江地区的物质与精神文化，并留下一大批大运河文化遗产。

（2）运河遗产形态构成要素

浙江地区有关古运河的空间形态是通过水利设施、建筑、街区、河道等要素构成，具体分析与阐述如下：

①水利设施。大运河是具有独立工程体系的河道，由堰埭、斗门、水柜、水闸、堤坝、码头、桥、纤道等水利设施构成连续的水运交通干道。中国是世界上最早发明船闸和建造多级船闸的国家。船闸雏形是斗门，斗门出现之前靠堰埭助运。这些水运和水工工程技术体现出古代劳动人民的智慧，运河的水利设施是认识大运河文化遗产景观价值的重要切入点。

②建筑。运河两岸的建筑都是依河而建，小巷多且长，每个小巷子都是石板路，将江南民居的建筑特色进行沿袭，黑、白、灰基调显示出江南建筑独特的韵味。建筑与运河交相辉映，融为一体。遗留到现代的建筑除了民居建筑外，最能体现运河特色的建筑包括粮仓、会馆、宗庙、商铺等，大运河浙江段的富义仓、庆安会馆和众多江南民居建筑均保留古时的矩形空间形式与砖木结构构造。

③街区。随着运河的发展，沿岸两边商业市集兴旺发达，民居街巷狭窄深邃，街道大多都用石板来铺设地面。运河沿岸许多店铺离河边很近，店铺同时发挥着商用贸易和住宅两种功能，因而形成了“前店后宅”或“下店上宅”的独特街区建筑样式。为了防止被水淹没，运河两岸的房屋设有水堤，这成了江南运河最具有特色的景观之一。运河两岸的商业市集沿河设立，为了便捷客货的运输，许多商业街都设有雨廊或是步行道，面向河流，形成市集长廊，丰富了街景的空间变化。

④河道。河道遗产是大运河文化遗产的重要组成部分，也是运河文化遗产景观最为重要的载体。大运河建造的人工河道通过航运带来极高的经济价值，河道建造中需要满足水位调节功能的作用，其建造技术也蕴含着一定的科技价值。河道联系着众多的水利枢纽、运河城镇等，是大运河物质文化的集中体现。

7.2.2 大运河浙江段文化遗产景观审美特征分析

7.2.2.1 历史性和传承性的审美文化特征

基于历史的角度看文化的发展规律，一方面，文化具有历史的连续性，这种连续性包含着不同历史时期社会对文化的接受、传承、创新与发展。运河文化的历史性在于对文化的继承，两千多年以来传统的运河文化如果不为社会发展所接受，将无法延续至今，体现出文化所具有的生命力和永恒力量；另一方面，在文化发展的过程中，时间是一个不可或缺的因素，也是历史性的表现内容，同时也是一个重要的审美尺度。运河文化景观遗产悠久的历史，具有历史性的审美文化特性，人们之所以喜欢运河沿线古老的建筑、桥梁、道路，其中一个重要原因就是因为它们包含着历史和时间的痕迹，反映出运河文化载体的文化价值。文化的历史性是不断流动和扩大的连续体，并在变化和创新中发展。审美体验是主观见之于客观的一种文化活动，在不同历史条件的制约和发展阶段，主客体的审美形式和内容各不相同，反映出历史性的发展规律与特性。审美体验作为推动文化发展的重要手段，通过个人的情怀来实现对文化的接受与互动，从而实现对历史性文化的传承和发展。在大运河文化景观遗产的审美体验中，主体的审美观念和情感需求，与客体蕴含的历史文化内涵相结合，从纵向角度促成历史性审美文化特性的生成。运河文化注重前后联系的历史性的社会结构关系，具有承上启下的连续性规律。大运河水利工程技术影响下的沿岸社会经济发展，正是从过去走向现代的历史性演进。历史性贯穿于运河文化发展的始终，经历不同时代无数人的不懈努力，传承了遗产中的历史文化信息和文化价值。由此看来，历史性审美文化特性反映出运河遗产的连续性和传承性的特征，对审美体验认知具有重要的导向作用。

文化传承是传授、继承、弘扬和发展优秀的传统文化，审美体验是文化传承的重要手段。运河文化能够延续至今，体现了传承的作用与特性。建设大运河国家文化公园就是新时代一项伟大的文化传承工程，其目的是对运河文化遗产中优秀中华传统文化的独特创造、价值理念和鲜明特色进行传承与发扬光大。从审美体验角度探讨运河文化传承的生成机制，可以厘清运河深层文化本质，通过审美体验的方式，由表及里地实现从感知到感悟的逻辑关系。传承性审美文化特性的生成机制，主要体现在以下两个方面：第一，当审美主体在情怀的驱动下，对运河文化景观遗产进行审美体验时，具有传承性的运河文化在主客体的审美关系中，产生由表层形式感知，到深层内容感悟的作用。处于文化景观遗产深层的运河历史文化价值与意蕴，基于表层的引发而实现对深层文化感悟的目的；第二，保护是运河文化传承的基础。具有传承性的运河文化通过对遗产资源的原真性保护，呈现与恢复具有重要科技文化和生活文化价值的遗产功能，形成活态传承的可能性。保护性利用水工设施与河道遗产资源，以此作为延续和传承运河文化景观遗产的重要载体与方法。大运河浙江段遗产点中的嘉兴长安闸、杭州西兴过塘码头、广济桥、拱宸桥、绍兴古纤道、宁波大西坝、水则碑等文化景观遗产，作为运河水运交通载体或地域文化的重要节点，具备其所处地区的独特建造方式，代表了地区文化的特色风格，其本身所蕴含的历史风韵及审美特征需要完好地保护。由此，主体的审美情怀和客体的原真性遗产保护，构成大运河文化景观遗产传承性审美文化特性的两个重要方面。

7.2.2.2 可变性和实用性的审美空间特征

从可变性的角度看待自然界任何事物都永远处于变化之中，作为审美对象的自然环境，与传统艺术相比较，最大的区别在于随着自然进程变化、生长和发展，而这种变化、生长和发展，造就了自然环境独有的审美特质。[72]运河文化景观遗产审美空间结构的生成源于自然界独特的形、色、质、势、韵相统一的审美属性，并在大小、曲直、虚实、动静等方面呈现出一种有机的结合。具有两千多年发展历史的运河遗产，从起初发挥水运功能性作用的各类型设施，发展为延续至今的历史遗存，并已转化为体现人类文明的载体。在空间属性上从功能空间转向文化空间，这种载体属性的转化体现了可变性审美空间的特性。在审美关系上，审美主体是通过对运河遗产从意象到意境的审美体验过程，再到产生审美空间的意蕴美，实现受众主体对运河文化的审美体验。运河文化景观遗产的可变性审美空间特性，是作为主体的人在其审美体验中所赋予的。没有人在文化景观遗产空间中的审美参与，就不会有可变性审美空间和特性的生成，客体的审美价值也就无从体现。因此，运河文化景观遗产在审美活动中可变性的审美空间特性具有重要意义。

基于实用性的角度，运河景观元素和空间格局是审美主体在文化景观遗产审美体验过程中的两个方面，二者既相互支撑又各自独立，是构成审美意象、意境和意蕴美产生的重要组成部分。运河文化景观遗产建立在自然空间环境基础上，由此形成了具有自然属性内容的空间与形式。江南运河与浙东运河段的地形地貌造就了大运河浙江段的景观轮廓；杭嘉湖平原多水的自然状况造就了河道纵横交错的水乡景观面貌。河道与大面积平原绿地、丘陵等构成运河景观的空间基底；运河沿岸的历史建筑、古遗址、水利设施遗址等构成景观节点；沿途河流、渠道、道路等组成了景观廊道，形成点、线、面相互交融的景观空间体系。对于运河文化景观遗产而言，江南运河与浙东运河段的景观空间体系通过其本身具备的实用性空间审美特性，在保证了空间环境功用的基础上，同时也给人们带来美的感受和体验。古遗址和历史建筑结合运河文化传播和游客体验，作为遗产展示和服务接待功能使用；水利工程遗址如桥、闸、坝、码头兼具科普展示和历史文化审美体验的景观载体，这些在延续运河文化景观遗产历史文化风貌的同时，发挥着审美空间实用性的重要作用。

7.2.2.3 普适性和精神性的审美心理特征

普适性指具有普遍适用的共同观念、理念、理想和共同追求的目标，源于事物的共性和规律。运河文化景观遗产的普适性体现在普适文化和普适价值两方面。普适文化指经过两千多年的发展形成具有共同适应性的运河生活与习俗文化；普适价值指运河传统文化中共同的观念和价值观。运河文化景观遗产的普适性审美特性，通过从载体的表层到深层的审美体验，实现对蕴含在文化符号背后深层的文化核心意义的认知。中国现代美学家宗白华先生认为，境界层深的创构是艺术意境的特色，可分为直观感相的模写、活跃生命的传达及最高灵境的启示三个层次。[73]也有学者在此基础上将意境分为表层意境、深层意境和境外之境三层。[74]基于运河文化景观遗产审美心理特性的生成，审美体验可划分为意象、意境、意蕴三个方面。表现为审美主体对客体从感知意象、体验意境，到感悟意蕴的审美心理发展过程。当审美客体对主体的视觉、听觉、触觉、嗅觉和味觉产生刺激，审美主体结合自身的知识与经验进行选择、组织与解释等思维处理后，形成对客体从外部到内部联系的动态性判断。在这种审美心理过程中普适性的特性，对审美体验的生成，起到连接主客体产生审美关系的重要作用。

运河文化景观遗产的精神性是指蕴藏在物质形态中的实质内容和文化内涵，承载和揭示物质背后蕴含的历史文化和科技信息。这些具有生命力的内涵，凝聚着前人的智慧，需要通过受众对物质性的运河文化景观遗产的审美体验，才能感受到其中的文化精神。针对运河文化精神的审美体验经过意象审美到意境审美，再到意蕴审美三个层级得以实现。审美体验中的意象层是建立审美主客体间的初步认知；意境层促成主客体融为一体，形成情景交融的艺术境界；意蕴层实现主体对客体蕴含的文化意义和精神的感悟与升华。主体通过对自然、生命、历史等方面的感怀，从而形成审美体验的驱动力，经过意象、意境和意蕴三个层级，完成精神愉悦的终极审美体验。运河文化遗产的精神性是经过两千多年长期生活和社会实践，形成的物质遗产内在的文化意蕴，体现出伟大的创造精神和奋斗精神。这种具有感召力和凝聚力的运河文化是“中国精神”的有机组成部分，具有中华民族广泛认同的价值取向。运河文化景观遗产反映出的文化精神是中国传统文化长期发展的思想基础和中国文化软实力的体现，更是凝心聚力的兴国和强国之魂。运河文化景观遗产精神性审美心理特性，通过对具有审美空间与文化特性的运河文化景观遗产体验，实现对深层运河文化精神与价值的感悟与传承。

7.2.3 大运河浙江段文化遗产景观文化价值分析

大运河文化是体现运河沿岸人民在两千多年的社会实践中创造的物质和精神财富的集合。关于大运河整体的文化价值，在国家文物局向世界遗产委员会提交的中国大运河申遗文本中，做了如下表述：中国大运河是世界上唯一一个为确保粮食运输（“漕运”）安全，以达到稳定政权、维持帝国统一的目的，由国家投资开凿和管理的巨大工程体系。它是解决中国南北社会和自然资源不平衡的重要措施，以世所罕见的时间与空间尺度，展现了农业文明时期人工运河发展的悠久历史阶段，代表了工业革命前水利水运工程的杰出成就。大运河实现了在广大国土范围内南北资源和物产的大跨度调配，沟通了国家的政治中心与经济中心，促进了不同地域间的经济、文化交流，在国家统一、政权稳定、经济繁荣、文化交流和科技发展等方面发挥了不可替代的作用。中国大运河由于其广阔的时空跨度、巨大的成就、深远的影响而成为文明的摇篮，对中国乃至世界历史都产生了巨大和深远的影响。[75]大运河作为地域文化形成和发展的载体，是育城益民的生存根本、利农富商的生存根基，也是从古至今中国经济社会和文化富庶的根基与源泉。大运河浙江段，由于地理位置、资源特色、文化渊源和历史发展的独特性，使这里的运河文化与价值具有独特的地域性和代表性，主要体现在历史、社会、科学和艺术等方面。[76]

7.2.3.1 历史价值方面

大运河文化为中华文明和文化传统提供自春秋战国至清朝两千五百多年来的政治、社会、文化形态等方面重要和独特的历史性见证，体现出不同历史时期国家意志下，政治中心与经济中心通过大运河在支撑国家经济中的交通命脉作用。大运河文化是长期积淀、传承和创造的产物，钱塘江流域悠久的文明成果，对区域内的江南运河与浙东运河疏浚、修筑、运营和管理等方面给予了物质和精神的营养，大运河的开凿与运行为钱塘江流域的繁荣提供了创造性发展的条件，见证历史发展变迁中大运河浙江段文化多元一体的创造精神，体现出江南地区文明的历史延续与传承。

7.2.3.2 社会价值方面

大运河体现了南北区域人类文化价值的交流，为区域间经济和文化交流提供了通道。钱塘江流域发达的农耕文明具有悠久的历史，通过大运河南粮北运的漕运功能扩展，引发南北文化融合与城镇发展，形成地区经济、政治和生产生活的中心；钱塘江在江南运河与浙东运河之间的联通，形成通江达海的通道，建立起海上丝绸之路，实现与世界的沟通交流；大运河浙江段沿线密集的城镇网极大地促进商品集聚地商业城市的兴起，形成运河沿线丰富的社会生活。江南农业、丝织业、工商业发达，商贸活动对沿岸城镇带来经济的繁荣，推动了社会发展。大运河赋予江南大地珍贵的物质和非物质文化遗产，这些作为文化基因成为影响和推动浙江地区社会发展的动力。

7.2.3.3 科学价值方面

中国大运河文化中的科学价值主要体现在水工工程与建筑方面的成就。为满足航运的要求，在运河沿线建造无数的闸坝堰渠、盘门水门、桥梁纤道、码头枢纽等水工设施工程，凝结着先辈们的智慧和劳动，展现出中华民族伟大的创造力，代表了17世纪工业革命前水工程和建筑所达到的最高水平。列入《世界遗产名录》的中国大运河水工遗存中，江南运河浙江段的长安闸、广济桥、长虹桥和拱宸桥，浙东运河的西兴过塘行码头、八字桥、绍兴古纤道，以及中国古代规模最大、历史最早的水源控制工程，多孔石拦河闸—三江闸，它们是现存遗产中最具有重要科学价值的代表，是大运河上代表人类创造精神的杰作。[69]263其中水工设施长安闸和三江闸，建筑工程长虹桥、广济桥在中国工程科技历史中具有重要的科技价值。

7.2.3.4 艺术价值方面

大运河作为人类的创造，其艺术价值在于它自身丰富的内涵给予整个人类社会巨大的精神启迪。大运河文化中的艺术价值依托运河遗产中体现人类创造性的闸坝、古桥、历史建筑、历史街区，以及运河为表现主题内容的文学诗歌、音乐戏曲、绘画书法等具有美感形式和内容的运河物质和非物质文化遗产，这些载体中的美学观念和意识形态具有典型的民族性、地域性和非功利性，其艺术价值能够直接作用于时代和未来的维度，成为触发人类最深切情感的动力之源。大运河浙江段中的长虹桥、长安闸、拱宸桥、广济桥、凤山水门、富义仓、绍兴古纤道、八字桥、三江闸等重要运河遗产的艺术个性、风格和魅力通过人们感性和理性的集合，给人心灵带来慰藉，影响着人们的审美认知和价值观，成为构建精神文化的载体，实现对人类精神世界的启迪。浙江地区文明体系中大运河文化内涵和特质的艺术价值取向，对推进中华文化融合与发展起到重要作用。

7.3 基于环境美学的大运河文化遗产景观审美体验设计策略

7.3.1 大运河文化遗产景观审美体验设计原则与方法

7.3.1.1 审美体验设计原则

2019年中共中央办公厅、国务院办公厅印发的《大运河文化保护传承利用规划纲要》，要求各地区各部门结合实际认真贯彻落实。《纲要》是为使大运河历史资源得到世人的瞩目和传承，保护好、利用好大运河，努力打造大运河文化带品牌，是大运河总体规划和建设工作遵循的基本文件。为充分展现大运河丰富的历史文化资源，保护好、传承好和利用好大运河这一中国悠久历史中流传下来的宝贵遗产，在大运河国家文化公园建设中可以从审美体验的角度实现对运河文化的传承与弘扬。将大运河作为宣传中国形象、展示中华文明、彰显文化自信的重要载体与窗口。

大运河文化景观遗产的审美体验设计原则可分为三个方面。第一，强调通过运河遗产打造大运河特色文化体验品牌。大运河文化遗产中，运河水利设施遗产、运河沿岸城乡聚落等具有运河文化信息属性的重要文化遗产将成为大运河景观遗产审美体验的重要载体。第二，强调对大运河文化遗产景观的整体审美体验。人的审美认知具有通过一个事物或形象的整体效应来获得的审美规律，对事物的认知是从整体到局部，然后再返回到整体的循环过程。打造具备地方特色与大运河精神的整体景观，借此达到对于大运河文化审美认知的整体性需求。第三，强调参与性体验在大运河文化景观审美体验中的感知作用。审美感知是审美活动的重要内容，也是审美需求得以实现的必要手段，通过审美体验的参与性方式，将会有效实现审美主体的审美感知目的。

7.3.1.2 审美体验设计方法

大运河国家文化公园文化遗产景观的审美体验方法可分为从表层建构的客体审美特征联动；从中层建构的主体主动投入审美体验；从深层建构的主体精神上融入审美客体的三种体验方法。第一，表层审美结构的构建，存在三个层次的不同要求，分别是从深层审美结构贯彻下来的特征要求，强调表层审美结构要充分表现深层审美结构确立的特征，这是审美体验表征设计的核心目的；根据中观审美结构所体现的意境要求，强调表层审美结构应充分表达中观审美结构所建立的意境；从表层审美结构自身的形式美要求，强调表层审美结构要创造良好的视觉意象。第二，中层审美结构的建构不仅是形式化的深层审美结构的外化，也是表面的目的和范式的审美结构，是景观设计的重要内容。第三，深层审美建构作为最重要的环节，从中层审美建构中衍生出意境美，其功能是创造意蕴美，意蕴是作品整体结构的特征所隐喻和暗示的抽象精神。具体到设计上，就是确立整个场所的意蕴美，找出场所最主要的特征以及最具有审美表现力的特征，将意蕴美与具体的景观形象相融合，使主客体在审美体验中，实现对深层审美结构特征的感知确立，最终实现对意蕴美的审美体验。[77]74

7.3.2 大运河文化遗产景观审美体验分类设计策略

大运河浙江段沿线文化遗产景观涵盖类型众多，浙江段的江南运河和浙东运河以水利工程设施作为运河文化遗产景观的本体组成部分。其中，列入《世界遗产名录》和全国重点文物保护单位的闸坝类遗产5处，桥类遗产28处，全国和省级历史文化街区21条。这些遗产作为沿河最具代表性的审美体验客体，具备环境美学的形式美、技术美、环境美等审美体验设计条件，是体现大运河历史发展过程的重要见证，适宜作为大运河浙江段文化遗产景观审美体验研究的对象。中国大运河是中华漫长历史中的宝贵文化遗产，要以高度的文化自信和文化自觉，把保护传承利用工作做好。基于环境美学视角对大运河文化景观遗产的审美体验设计策略研究，从审美主体出发，结合对运河文化审美客体美学价值和特征的挖掘，探讨审美体验中主客体的辩证关系与影响因素，以期为大运河国家文化公园在文化景观遗产的审美体验设计策略方面提供一种理论联系实践的设计思路与方法。

7.3.2.1 闸坝类遗产审美体验

大运河浙江段闸坝遗产点主要集中于嘉兴段和宁波段区域，著名的闸坝遗产有长安闸、三江闸、大西坝和小西坝等。现存闸坝遗址多处于废弃状态，可以作为反映运河水利设施发展和运河河道变迁的实物例证。大运河浙江段中列入《世界遗产》名录的长安闸为大运河重要的水工设施，它是唐宋时期建造的世界最早的节制闸群中的复闸船闸，也是大运河上唯一保留下来的复闸遗存。长安闸具有唐宋时期大运河的地标性功能，见证了唐宋大运河的技术成就。[69]173长安闸位于浙江嘉兴的长安镇，始建于1068年，是世界水运史上最早的复式船闸之一，包括上中下三闸和两水澳。现存有长安堰旧址（老坝）、上中下三闸遗址、闸河等相关设施。长安闸是闸坝遗产的典型代表。

闸坝遗产的审美体验主体主要为不同年龄段的游客，针对长安闸遗产的审美体验设计策略主要包括以下方面：第一，确立建设目标导向。充分尊重和维护当地的场地特征，在原有场地上恢复其空间功能或注入与审美体验相关的使用功能，采用修旧如旧的柔性介入方式，提升客体表层审美对象的整体环境水平，增强对主体审美体验的吸引力。第二，实现主客体交互交融。规划多元一体的主题游览路线，增加系统性审美体验引导标识的设置，营造主客体一体化相互交融的体验场所，以完整的审美体验要求表现环境的形式美。第三，强调整体性与原真性保护。协调长安水闸和两澳水道运河遗产环境整体保护的规划、设计、施工、更新和改造，以及多种材料、技术和方法的真实应用。保护原有闸墙、闸门柱和翼墙结构、条石叠砌、燕尾榫、灰浆注缝等传统建造工艺手法的体现。利用文化场域所形成的场景情境，形成长安闸遗产审美体验环境，实现审美主体全身心感受和体验长安闸遗产景观深层的意蕴美。

长安闸为大运河浙江段闸坝类的重要文化景观遗产，审美构成包含科技美、材料美、形式美、功能美、环境美、人文美等方面，特殊的结构形式呈现出闸门独特的文化内涵，体现了更深层次的审美价值。总之，闸坝类遗产的审美体验设计，要运用遗产区系统整合、环境肌理重构、保护遗产原真性、场所修旧如旧、节点品质提升等设计策略和营造手法，指导闸坝审美体验场所的设计与建设工作。

7.3.2.2 桥类遗产的审美体验

大运河桥类遗产主要以拱桥、梁桥、纤道桥、拱梁结合桥为主要类型。列入《世界遗产名录》的桥类遗产在浙江段有长虹桥、八字桥、拱宸桥、广济桥以及绍兴古纤道。全国重点文物保护单位的桥类遗产主要有德清古桥群、绍兴古桥群和湖州双林三桥等。浙江段运河上多为石拱桥，起到沟通两岸交通的作用。石拱桥的最大特点是薄拱薄墩，具有独特的地方色彩，杭州的拱宸桥、嘉兴的长虹桥均为薄拱薄墩。现存的运河桥梁多为明清时期建造，与街道相融合，与周围环境连续性较强，桥在大运河和支流中一直发挥着沟通沿河两岸交通的作用。桥类遗产的审美主体主要由原住民及游客组成，要注重不同年龄结构、文化层次等审美体验人群的需求特点打造桥主题的体验环境。

针对桥类遗产的审美体验设计策略主要包括以下方面：第一，以古桥为中心整合周边环境，营造运河古桥审美体验核心区。运河沿线的古桥经过千百年的历史沧桑，伴随着城镇发展与更新大多数的古桥已被新桥替代，失去了原有的交通功能，成为展示运河文化的载体和城乡历史发展的见证。古桥作为宝贵的文化遗产对运河文化的传承与弘扬，以及周边环境的文化氛围提升将会发挥重要的作用，成为城镇大运河文化审美体验的核心区域。要对桥类遗产资源进行梳理，明确遗产区范围、遗产点的位置和辐射范围，进行保护和利用的统筹规划。第二，对桥类遗产的意象特征进行塑造，充分展现运河历史文化的审美价值。对古桥要素进行可视化文化符号提取，挖掘古桥元素与周边环境的关联性，将古桥上的石雕、装饰纹样、题字和砌筑材料、营造技艺，以及与古桥密切联系的船只、植物等元素进行提取与整合，提炼古桥所承载的历史与文化信息，塑造古桥文化意象，为审美主体提供审美体验的主题和环境。第三，注重大运河桥文化的意境营造，有效实现意蕴审美体验。古桥承载着的运河历史文化，通过建构桥文化审美结构，为审美主体参与体验和主客体互动，创造具有场所感的环境，包括桥头空间、桥上空间、桥下空间、河岸空间等体验场所，创造驻足停留空间，提供多个观桥观水视点，形成人看景和人看人的观景体验效果。在保护运河和古运河桥遗产的同时，一方面加入体现桥梁文化的文化旅游和娱乐体验活动；另一方面尊重和保留沿河原住民的生活习俗，打造与市井生活完美结合的桥类遗产点和体验区，努力实现运河桥类文化景观遗产保护传承与延续利用的目标。

7.3.2.3 历史街区的审美体验

沿运河两岸的历史街区是伴随大运河的开凿、运行而孕育和发展的，浙江段重要的历史街区主要包括列入《世界遗产名录》的杭州市桥西历史街区、绍兴市八字桥历史街区、湖州市南浔镇，以及国家和浙江省级历史文化街区21条。这些历史街区大都保留着街巷里弄的肌理、传统合院，以及长期居住的原住民。然而，目前一些街区或多或少失去了历史真实性的审美特征，其风貌的完整性受到了影响。还有的历史街区虽保留了较完好的整体格局，但在历史氛围感上，缺乏运河历史文化性的体验感。运河沿岸历史街区的审美体验主体包含三类人群，分别为原住民、游客以及经营者。历史街区审美体验活动的主体之间是互相影响的，原住民所保留的生活原貌可以让游客更加直观地感受与体验到街区的生活习俗，游客或经营者能够为当地带来商业经济以及外来文化，这种关系提升了相互之间的文化融合与自信，加强了原住民、游客以及经营者作为审美主体的社会联系。

针对历史街区的审美体验设计策略主要包括以下方面：第一，挖掘历史街区文化资源，营造具有运河特点的文化体验环境。运河沿岸的历史街区是大运河文化展现和传播的重要载体，历史街区文化既体现在街区的建筑和街道上，更体现在街区居民的日常生活中。街区风貌所承载的文化信息直观地反映出运河文化的历史感，历史街区生活体现出运河社会文化的方方面面。第二，强化历史街区空间特征，营造宜人的审美体验场所。运河历史文化街区作为审美客体，具备街区的形态美、尺度美、功能美、形式美特征。街区空间中沿河的步道D/H比值大于或接近2，呈现出开阔的视野；商业街道D/H比值接近1，构成适宜的购物环境，人们在审美规律中更倾向于在具备宜人尺度的街区空间中交流、漫步、休憩和购物。第三，历史街区发展与延续的根本是生活，应倡导回归街区日常生活的设计。历史街区的审美体验由具有场所精神的街道环境、有生命活力的街区生活形成的体验场所，才能够使体验者感受到街区中运河文化的意蕴美。历史街区的审美体验设计根据由里及表、由内而外的审美体验设计方法，坚持回归生活，对运河的历史街区场景进行复原与再现，融入运河的历史、文化、风俗、生活方式。通过富有特色的街区生活体现街道空间的意义，促进审美主体的审美参与，将历史街区的意蕴美融汇到街区生活的体验之中。总之，通过整治街区文化遗产风貌，增强运河街区的场所感、归属感和认同感，营造出有益于运河历史街区审美体验的空间场所与氛围。[77]75

第 二 部 分

大运河浙江段文化遗产景观审美体验设计探索与实践

1 基于环境美学的大运河杭州段文化遗产审美体验设计

1.1 大运河杭州段文化遗产环境审美价值

1.1.1 大运河杭州段文化遗产概述

1.1.1.1 大运河杭州段发展历程

大运河始建于公元前486年，自吴王夫差开凿邗沟始，至今已逾2500年。大运河包括隋唐大运河、京杭大运河和浙东大运河三部分，地跨8个省、直辖市，纵贯中国华北大平原，是世界上长度最长、开凿历史最久的人工运河。[78]杭州位于秦始皇时期形成的江南运河的南端，也是隋朝南北大运河和元以后大运河的南端，沟通了江南运河、钱塘江和浙东运河。在这数千年的历史长河中，大运河杭州段在维护国家统一、保证南北漕粮运输、促进南北经济文化发展等方面起着至关重要的作用。

公元前221年秦始皇统一六国，杭州之城便始于秦置钱塘县。因东南地区反秦暴政、眷恋故国，秦始皇遂在春秋开凿的运河及太湖流域原有自然河道的基础上，兴工开凿“通陵江”，这便是江南运河的前身，现上塘河。六朝时期，杭州运河系统逐渐成熟，钱塘江南岸浙东运河正式形成。隋代南北大运河的开通形成了由京口（今江苏镇江）通往余杭（今浙江杭州）的江南运河，在连通杭州之后，又在城东、城南开河（今杭州中河、龙山河）。唐宋时期，商贸繁盛，水网密集，人烟生聚，运河沿岸无不呈现出“灯火家家市，笙歌处处楼”的繁荣景象。元代当政者面对城内运河年久失浚、垃圾淤塞的情况，对其进行了彻底的疏浚，大大便利了杭城的水上交通运输，在商业上运河不仅促进了城内商业的发达，也使城外的市镇呈现一片繁荣。明清市民经营的风气愈加浓厚，有着“杭民半多商贾”“杭俗之务，十农五商”之说。但在民国时期，随着中国数千年传统漕运的停滞和近代海运、铁路运输业的崛起，大运河的交通运输功能日渐衰退。中华人民共和国成立后至今，大运河综合整治与保护开发工作有条不紊地进行，运河航运功能逐渐向文化旅游功能转化，运河景观也由自然景观发展为商业人文景观，运河沿岸环境也变得愈加宜居、宜文、宜业、宜游。

1.1.1.2 大运河杭州段文化遗产资源

大运河杭州段文化遗产涵盖2个遗产区，包括江南运河和浙东运河，保护面积约32.2平方公里，其中遗产区面积约为7.7平方公里，缓冲区面积约为24.5平方公里（表1-1）。江南运河嘉兴—杭州段作为延续使用时间最长的河段之一，是江南网状运道的历史物证，反映了城市与运河相伴相生的特点，是大运河沟通钱塘江水系的重要段落。浙东运河杭州萧山—绍兴段则是运河沟通钱塘江和曹娥江的重要交通枢纽，是大运河沿用时间最长的段落之一。[80]

杭州列入“中国大运河”世界文化遗产的河道总长约110公里，包括杭州塘（南段）、上塘河、杭州中河和龙山河、西兴运河5个遗产河段和广济桥、拱宸桥、桥西历史文化街区、富义仓、凤山水城门遗址、西兴过塘行码头6个遗产点，共11个遗产要素（表1-2、图1-1）。

大运河杭州段文化遗产区、缓冲区范围与面积构成　　表1-1

区域	范围	遗产名称	面积构成
遗产区	大运河（杭州段）遗产区为河道岸线外扩5米，附属遗存、相关遗产的遗产区与文物保护范围一致，遗产区面积约773万平方米	江南运河（杭州段）	杭州塘536万平方米 上塘河120万平方米 杭州中河16万平方米 龙山河7万平方米
		浙东运河（杭州段）	西兴运河（萧绍运河） 94万平方米
缓冲区	大运河（杭州段）缓冲区边界为遗产区外扩40～240米不等，总面积约2447万平方米	江南运河（杭州段）	杭州塘1295万平方米 上塘河634万平方米 杭州中河50万平方米 龙山河51万平方米
		浙东运河（杭州段）	西兴运河（萧绍运河） 417万平方米

大运河杭州段遗产要素　　表1-2

组成部分名称	遗产要素	遗产要素类型	
		大类	小类
江南运河 嘉兴—杭州段	江南运河嘉兴—杭州段	运河水工遗存	河道
	凤山水城门遗址	运河水工遗存	水工设施
	富义仓	运河附属遗存	配套设施
	拱宸桥	运河水工遗存	水工设施
	广济桥	运河水工遗存	水工设施
	桥西历史文化街区	运河相关遗产	历史文化街区
浙东运河 杭州萧山—绍兴段	浙东运河杭州萧山—绍兴段	运河水工遗存	河道
	西兴过塘行码头	运河水工遗存	水工设施

大运河自隋贯通后长达1400余年里，人们针对不同的自然和社会条件变化，做出了有效的应对，开创了许多运河工程技术的先河。大运河的漕运文化传统彰显了水路运输对国家和区域发展的强大影响力。大运河也推动了地区和民族间的文化交流，促进了沿线城镇聚落的形成与繁荣，塑造了沿岸人民独特的生活方式，形成众多物质与非物质文化遗产。[80]大运河杭州段代表性物质文化遗产主要包括运河水利工程遗址、运河聚落和其他物质文化遗产，主要彰显在运河河道、古桥梁、古纤道、运河城镇、历史文化街区、古遗址、古建筑、近现代重要史迹及代表性建筑、石窟寺及石刻等景观要素上（表1-3）。大运河杭州段代表性非物质文化遗产主要包括传统技艺、传统曲艺、传统医药、民俗文化、诗词歌赋等（表1-4）。大运河丰富且各具特色的物质文化遗产与非物质文化遗产共同构成了大运河杭州段文化遗产环境体系。

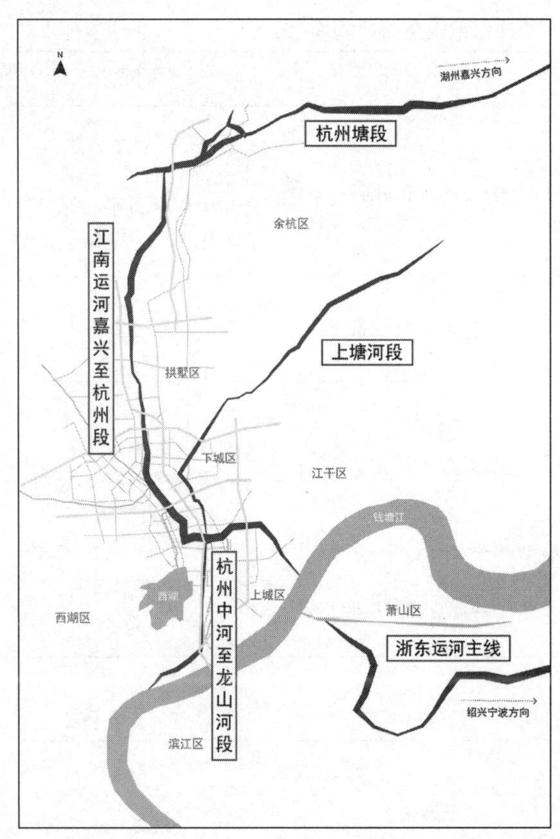

图1-1　大运河杭州段主要遗产河段及遗产点

大运河杭州段代表性物质文化遗产　　表1-3

遗产类别		景观类型	景观要素	遗产名称	位置
运河水利工程遗址	河道	自然景观	运河河道	江南运河嘉兴—杭州段（上塘河）	起于施家桥，入钱塘江
				浙东运河河道（萧山段）	起于西兴过塘行码头
	航运工程设施	人文景观	古桥梁	大运河——拱宸桥	拱墅区桥弄街
				大运河——祥符桥	拱墅区祥符镇
				大运河——欢喜永宁桥	拱墅区上塘河
				大运河——广济桥	余杭区塘栖镇
				大运河——桂芳桥	余杭区临平街道
		人文景观	古纤道	浙东运河纤道（萧山段）	浙东运河萧山段
运河聚落		人文景观	运河城镇	塘栖镇	余杭区塘栖镇
			历史文化街区	桥西历史文化街区	拱墅区拱宸桥
				小河直街历史文化街区	拱墅区小河直街
				大兜路历史文化街区	拱墅区大兜路
其他运河物质文化遗产		人文景观	古遗址	临安城遗址	上城区紫阳街道
				跨湖桥遗址	萧山区城厢街道

续表

遗产类别	景观类型	景观要素	遗产名称	位置
其他运河物质文化遗产	人文景观	古遗址	茅湾里窑址	萧山区进化镇
	人文景观	古建筑	大运河——凤山水城门	上城区紫阳街道
			大运河——西兴码头及过塘行建筑群	滨江区西兴街道
			章太炎故居	余杭区仓前老街
	人文景观	近现代重要史迹及代表性建筑	大运河——富义仓	拱墅区大兜路
			大运河——通益公纱厂旧址	拱墅区拱宸桥西
			大运河——杭州关税务司署旧址	拱墅区拱宸桥街道
			大运河——高家花园	拱墅区风景街
			仁爱医院旧址	拱墅区刀茅巷
			笕桥中央航校旧址	上城区笕桥镇
			仓前粮仓	余杭区仓前街道
	人文景观	石窟寺及石刻	闸口白塔	上城区老复兴街
			龙兴寺经幢	拱墅区延安北路
			南山造像	余杭区瓶窑镇
			塘栖乾隆御碑	余杭区塘栖镇

大运河杭州段代表性非物质文化遗产　表1-4

遗产类别	遗产名称
传统技艺	张小泉剪刀锻制技艺、竹纸制作技艺、木版水印技艺、雕版印刷技艺、王星记制扇技艺、余杭清水丝绵技艺、杭罗织造技艺、蚕丝织造技艺、铜雕技艺等
传统曲艺	杭州摊簧、小热昏、杭州评词、杭州评话、武林调、运河号子等
传统医药	朱养心传统膏药制作技艺、方回春堂传统膏方制作技艺、胡庆余堂中药文化等
民俗文化	端午节（五常龙舟胜会、蒋村龙舟胜会）、元宵节（和尚龙灯胜会）、孝子祭、径山茶宴、水上婚礼等
诗词歌赋	春日西兴道中、旱龙船、桥联、拱宸桥竹枝词、东郊土物诗等

1.1.1.3 大运河杭州段文化遗产审美特征与美学价值

大运河杭州段文化遗产审美特征主要展现在四个方面：（1）古今河道纵横交错，彰显城市历史沧桑。大运河在杭州从北向南贯穿了多个区，同时贯通了市区的众多河道。纵横交错的河道不仅串起了杭州的历史文脉，也倒映出江南水乡的动人面容。（2）石拱桥梁错落有致，繁华的码头万商云集。大运河杭州段桥梁在空间组合上，错落有致、变化有度、结构巧妙。曾经的桥梁是运河民间商运的重要途径之一，现在的桥梁则是作为沟通桥东西两岸经济、旅游，不可取代的交通节点。码头景观则是一种历史的沉淀，承载着普通市民的集体记忆。（3）建筑风格独特多样，见证历史百年变迁。大运河杭州段的建筑是稀缺且不可再生的人文资源，具有深厚的历史内涵和文化底蕴，呈现出异彩纷呈的独特风格，为杭州城市环境的多样性做出了巨大贡献。（4）运河街区密不可分，记录往昔市井百态。大运河杭州段历史文化街区格局集中，沿河线性伸展，形成独特的沿河街市商业空间。曾经的沿河街市作为水上交通的要道，连接城镇与农村，现在的历史文化街区则展现曾经岁月遗存、市井百态。

大运河杭州段文化遗产美学价值主要表现为自然景观要素的美学价值和人文景观要素的美学价值。在古代，运河的主要作用在于航运，随着现代运输手段的发展，运河的水运功能大为减弱，但是运河的生态功能美却越显突出。大运河杭州段与城区其他河流构成的庞大水网，在调节杭州气候、保护生物多样性和维持城市生态环境等方面具有举足轻重的作用。人文景观要素的美学价值包括由运河产生的艺术作品的美，如诗文、小说、音乐、戏曲等，真实地再现了往昔杭州人民的生活状态，是现代人们维系和传承地方文化生命力的桥梁，具有很高的艺术美价值。

通过大运河杭州段发展历程及文化遗产资源整理归纳，提炼大运河杭州段文化遗产的核心景观要素，即运河河道、桥梁、建筑、街区。核心景观要素在审美特征上多展现为形式美、结构美、空间美，在美学价值上则展现为技术美、功能美、文化美。

（1）河道

大运河杭州段遗产河道包括杭州塘（南段）、上塘河、杭州中河、龙山河和西兴运河，展现出以水为主体的城市风韵与美的形态。河道两旁自然物象在水中的倒影，使河道呈现出特殊的外相美；河道景观在不同时间和季节都展现出其独特的时相美；河道处于不同的位置，甚至在不同的观赏点，都会形成不同的环境感受，从而产生位相美；运河景观同时赋予城市境相美，杭州因运河而兴，获得了闻名于世的“山水城市”之美称，构成了生机勃勃的美丽环境（图1–2）。

大运河杭州段外相美

大运河杭州段时相美

大运河杭州段境相美

图1–2　大运河杭州段河道景观（图片来源：杭州市京杭运河保护中心官网）

（2）桥梁

大运河杭州段古桥梁类型多为石拱桥，间或有廊桥，但数量较少，追求江南精巧雅致的韵味。在装饰处理上呈现实用质朴、自然温和的形式美，构成典型南方桥梁建造风格和体系。拱桥会根据桥面的长度，出现多孔石桥，常用水修法或干修法砌筑，展现技术美。漕运、盐运、商运在官方运输中占据重要地位，桥梁沟通桥东西两岸的经济、旅游，具有不可取代的功能美。同时桥文化有着悠久的历史，它反映着各时代的思想文化成果和科技文化成果，历史人物和事件赋予其特殊的文化美（图1–3）。

拱宸桥

广济桥

图1–3　大运河杭州段代表性桥梁

（3）建筑

大运河杭州段建筑时间跨度大，类型十分丰富，包括住宅类建筑、商业会馆建筑、工业建筑及古建筑群落等，彰显杭州古建筑异彩纷呈的独特风格（图1-4）。运河沿岸建筑多为白墙黑瓦的典型水乡民居，在平面上分为一字形和合院式，一字形常见于街市和山地民居，在街市上通常是上宅下店、前店后宅的排屋，以前宅后天井的格局形成合院式建筑。近现代重要史迹及代表性建筑多砖木结构，硬山造，也有中西合璧的两层歇山顶英式洋楼。这些建筑作为大运河杭州段文化遗存的重要组成部分与城市一同经历着兴衰沉浮，有着丰富的历史文化美。

桥西历史文化街区民居

通益公纱厂旧址

杭州关税务司署旧址

图1-4 大运河杭州段代表性建筑

（4）历史文化街区

大运河杭州段沿岸的传统街区大多表现出与运河密不可分的形态特征，即以运河为主干，沿河街道为主干街道，沿街分布商店、旅舍、作坊等公共性的和生产性的建筑，形成独特的沿河街市商业空间，并集中沿河线性伸展（图1-5）。运河河道作为整个空间系统的骨架，街区一般整体呈鱼骨状分布。沿河街市不仅是水陆交通的重要通道，更是城与城、城与村联系的纽带，呈现街区空间形态美。杭州各时期的历史街区呈现出不同的历史风貌和文化沉淀，集中体现了当时的历史文化特色。如西兴老街代表着明清时期傍水而居的繁荣水乡风貌，桥西历史文化街区和小河直街代表着清末民初人们在运河边的生活特色。

桥西历史文化街区

小河直街历史文化街区

图1-5 大运河杭州段代表性历史文化街区

现大运河杭州段发展主要以拱宸桥片区为核心建设区域，而凤山水城门遗址与西兴过塘行码头作为优秀的世界文化遗产要素却鲜为人知。基于大运河杭州段丰富多样的文化遗产，提出以大运河杭州段文化遗产为核心点向外辐射形成“运河·古镇塘栖”“运河·繁盛拱墅”“运河·通津钱塘”三个核心区（图1-6），突出表达大运河杭州段在各历史时期内涵丰富性和遗产多样化特色，展现其独特的历史、艺术、科学和社会价值。为突出“运河·通津钱塘”区域江南浙东运河交汇，钱塘两岸文化交融的独特价值，由此以江南运河——凤山水城门遗址片区与浙东运河——西兴过塘行码头片区为例，深入挖掘其审美价值，展现其深厚的历史文化内涵。

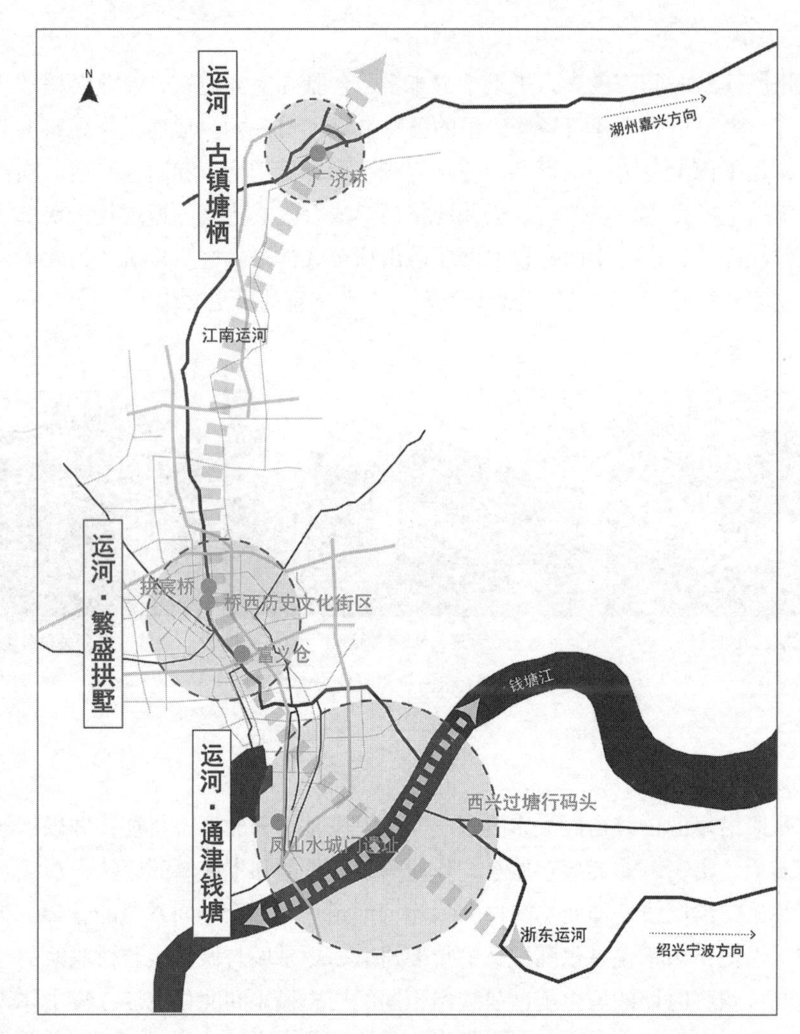

图1-6　大运河杭州段分区规划

1.1.2 江南运河——凤山水城门遗址片区的审美价值

1.1.2.1 凤山水城门遗址片区的审美资源

凤山水城门遗址片区位于钱塘江北侧，西湖东侧，片区内核心文化遗产——凤山水城门作为杭州古代五座水门中唯一现存的一座水上古城门，横跨江南运河支流中河。杭州中河为古时龙山河、盐桥河、新横河三河段总称，现以凤山水城门为界，分中河、龙山河。据《淳祐临安志》记载，中河、东河和原浣纱河共有桥梁207座，可见城市河道对古代杭州发展的重要性，而中河正是这众多阡陌河道中极其重要的一条[81]。同时中河两侧多片状、带状、点状各类文化遗产，审美资源十分丰富（图1-7）。本节则针对凤山水城门遗址片区环境审美资源阐释其美学价值。

（1）河流

《史记·五帝本纪》曾记载："葬于江南九嶷……"[82]江南一词自春秋时期便开始使用。江南运河源于秦开凿"通陵江"，而后隋炀帝大业六年重新疏凿和拓宽长江以南运河古道，形成今江南运河。为了沟通大运河与钱塘江，又在城东、城南开河，经柳浦而至白塔岭附近，即今杭州中河—龙山河。中河开凿于唐代，宋时凤山水门以南称龙山河，以北称盐桥河，清时北端又开新横河与东河沟通。中河南接钱塘江，北接大运河，不仅承担着排水泄洪的功能，还是商运的主要河道之一。近代工商业兴起，中河边作坊工厂林立，一直保留至20世纪80、90年代。但因社会经济快速发展，中河两岸居民日益增多，中河成为生活与工业污水的排水沟。面对旅游业蓬勃发展，杭州市政府提出"赋予河道景观历史文化内涵，创造人与自然可持续发展的融合关系"[83]的目标。

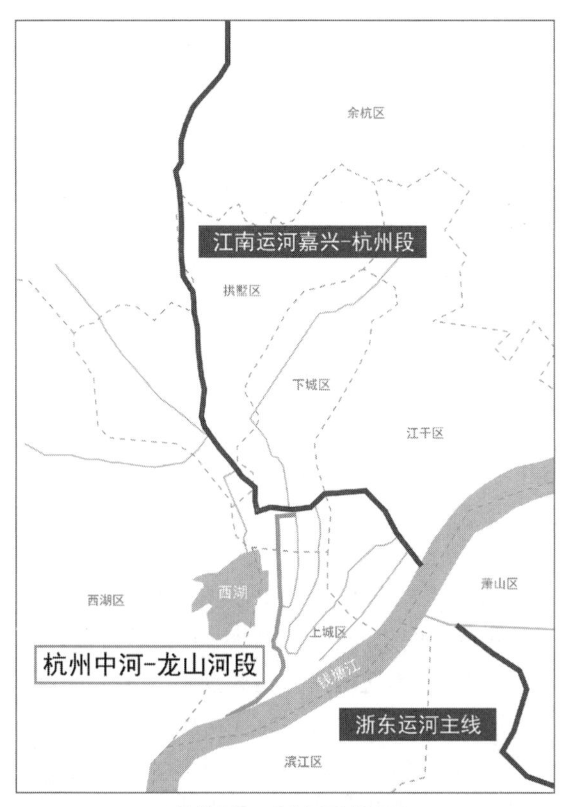

杭州中河—龙山河区域位置

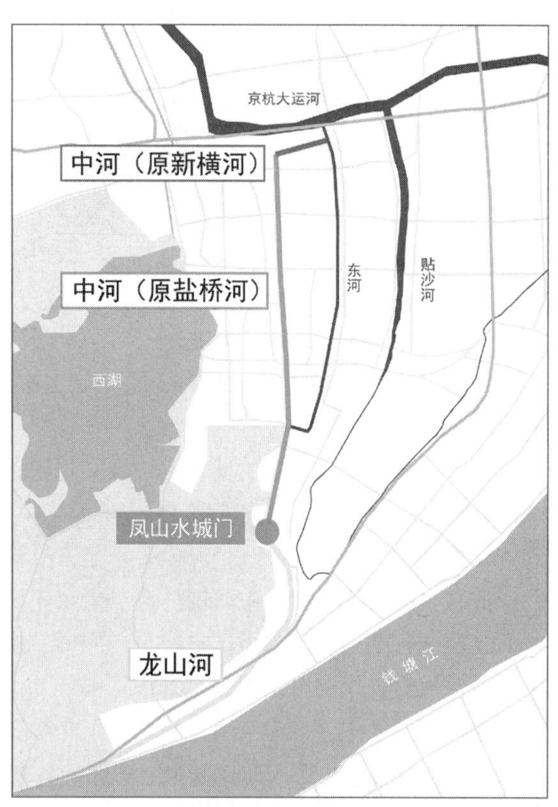

杭州中河—龙山河分段情况

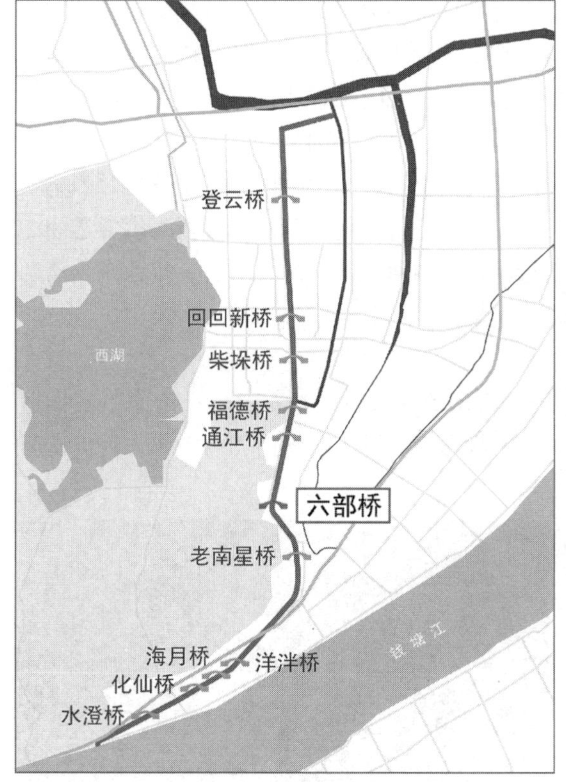

杭州中河—龙山河古桥梁位置

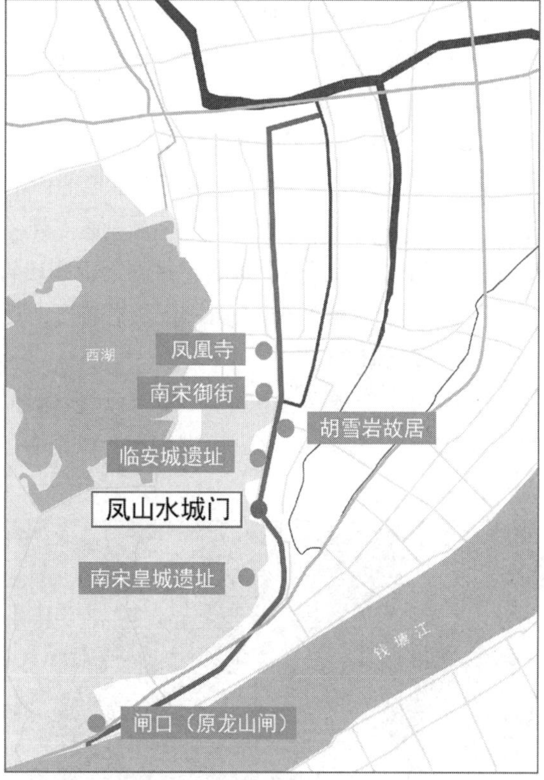

杭州中河—龙山河周边文化遗产

图1–7　凤山水城门遗址片区周围环境关系

20世纪70年代中河一景

中河旧景

图1-8 杭州中河旧景（图片来源：《杭州河道文明探寻》，杭州出版社）

中河作为杭州历史发展的见证，是杭城文化底蕴最深厚、居民最密集、历史沧桑感最浓的河流之一，具有深厚的功能和文化价值（图1-8）。

（2）桥梁

古时中河桥梁众多，中河现尚有二十余座桥梁遗存，有些位置的桥与桥之间相距不过百米。包括始建于宋朝的老南星桥、六部桥、回回新桥、柴垛桥；明代始建的化仙桥、海月桥；清代时建的新横河桥；民国时出现的复兴桥；中华人民共和国成立后新建的一些钢筋混凝土桥等，这些桥梁连接和沟通中河两岸空间。它们不仅是重要的历史文物，还反映着各时代的思想文化成果与建筑水平，具有不可磨灭的技术美、功能美、文化美。

凤山水城门遗址片区的六部桥始建于南宋，横跨中河，因南宋时朝廷六部（吏、户、兵、礼、刑、工）位于桥西而得名。南宋时期中河沿岸不仅是坊巷围聚，也是政府机构的集中地。北侧曾设有粮仓、草料场以及驻防军营；南侧为南宋皇城；东侧设有“都亭驿”，接待北使之所，故此桥又名“都亭驿桥”。六部桥不仅具有往来通行之功能，也记录着“长河流月去无声，一桥风凉透古今”的韩侂胄政变事件发生，承载着千百年来的历史风霜（图1-9）。

现六部桥为清代重建，而后于20世纪80年代整修而成，单孔石拱桥。拱券采用分节并列砌筑法。金刚墙由条石错缝叠砌而成，施两根长细石，下设明柱。桥体南北两侧中栏板与拱券之间的青条石上刻有“六部桥”桥名。桥顶部由多块青石板铺就，中间为素面的顶盘石。桥面东、西两坡为人行台阶，两边设有素面栏板及抱鼓石，具有江南典型石拱桥形式美的价值（图1-10）。

（3）文化遗产

中河两岸历史文化积淀深厚，有众多遗址、历史文化街区及建筑遗存，包括南宋临安城遗址、河坊街历史文化街区、南宋御街、凤凰寺、胡雪岩故居等。凤山水城门作为杭州古代五水门

图1-9 始建于南宋时期的六部桥

图1-10 六部桥现状

中唯一现存的一座水上古城门，具有重要的研究意义。

元末张士诚于至正十九年（1359年）筑杭州城，设旱门十，水门五，凤山水城门即五水门之一，曾有钱塘江水“自龙山涌入凤山水门”之说。凤山水城门由三个不同跨径的石砌拱券并联而成，纵联分节并列法砌筑，南北面之间为石砌方形闸档，闸档后部有石雕门臼，可以启闭闸门。雕有蟠龙的锁石位于拱券顶部中央，用以锁住闸门。原城上建有一楼，既可防御敌兵偷袭，又可开闭闸门调节河水，具有功能美，可惜水城门因年久失修，城楼坍圮，城墙破损，闸门今已难觅。现凤山水城门北面，藏青色的石砖古朴、有年代感。凤山水城门不仅具有历史地标作用，也是研究杭州城池变迁的坐标，蕴含历史文化美（图1-11）。

图1-11　凤山水城门现存情况

1.1.2.2 凤山水城门遗址片区的客体审美特质分析

（1）综合性与整体性

环境美的综合性决定了其构成元素的多元性。在多元、复杂的环境中，环境美的创造更要注重其整体性。首先，环境美的整体性体现在建筑与周围环境的和谐性，凤山水城门遗址片区北侧为六部桥、临安城遗址、南宋太庙遗址、南宋御街，南侧为南宋皇城遗址，沿中河而下是南宋文化的连续呈现，构成一个相对独立的整体。在现代化居民建筑群中始终保留南宋传统文化的街区风貌与建筑风格。其次，整体性不仅表现在周围环境因素的相互作用上，还体现在人的活动与环境的统一上。[11]99凤山水城门遗址片区南北侧多居民住宅，见证着凤山水城门的时代变迁，曾有一位客居杭州的外地人说：“每次走近凤山门，就有一股遥远的味道扑向你，虽然来自四季的交替，但我依旧能感受到遥远岁月的信息。”通过原住民活动、言语的引导增强文化美的传递是深化审美体验的途径之一。最后，环境美的整体性不仅体现在可感的现实环境中，还体现在这一环境的历史中。中河沿岸以南宋古籍、神话故事、民间传说为内涵，以皇家、舞蹈、书院、宗教、瓷器、医药、书画等多种文化形态为载体，拼缀深长的历史文化碎片，再现悠久的南宋文化脉络。这些艺术美、技术美、文化美，跨越时间，整合空间而形成了整体性的审美特质。

（2）空间性与时间性

在环境的审美体验中，场所感时常被人们所忽略，而场所的审美维度更是不易被人发觉。[84]空间和环境共同构成了人类的生活背景，空间尺度、空间的物质特点及改变空间的历史基因都是影响场所感的因素之一，而具有生命力的空间环境则会带来深层次的场所感和审美体验。凤山水城门遗址片区周围包含遗产空间、景观空间、生活空间和商业空间，遗产空间作为承载历史的记忆载体，具有强化历史意义的重要功能；景观空间通过植物搭配、艺术作品的置入，使审美主体置身空间之中产生新的意义；生活空间则注重场所尺度关系，把握公共与私密的关系形成归属感；商业空间则激发主体好奇与探索丰富审美体验过程。时间性则使得环境美是流动而暂时的，四时的气候和晨昏的变化都在显著地影响环境的审美体验。凤山水城门片区通过环境时间的不断变化刺激审美主体的想象力，从而产生新的审美意象，如康德在《判断力批判》中提到："如果让一个人一整天停留在秩序井然的胡椒园，他不久就会感到无趣，但那充满了多样性的大自然，却能给他的鉴赏力不断地提供食粮。"[85]通过特定的季节、特定的天气、特定的时刻形成独一无二的审美环境，形成难忘的审美体验。

（3）历史性与宜人性

凤山水城门作为历史的产物，必然具有历史性，它不仅反映着当时的政治、经济、科技、军事等状况，同时包含着特有而丰富的文化信息。凤山水城门遗址本体所具有浓厚的历史价值，其遗址片区同样饱含南宋历史文化传承。环境作为人类的生存之所，其宜人性必然是环境的审美特质之一。宜人性最基本的便是实用要求，凤山水城门片区不仅面对来往游客，更是要为当代居民提供休憩活动场所，同时在实用的基础上突出更高的宜人性。环境的宜人性主要体现为四个方面。第一，生理的宜人性，首先便是悦耳悦目，整洁有序的凤山水城门片区是必要的审美内容之一，其次是宜居性，既适合居住又具有观赏性的环境便是理想的环境；第二，心理的宜人性，即情感上的愉悦，满足审美主体的情感与文化需求；第三，文化的宜人性，在凤山水城门片区则体现为展现文化遗产的独特价值，具有鲜明的场地特色；第四，活动的宜人性，要求环境的便捷度和社会氛围的打造，综合产生环境美。

1.1.2.3 凤山水城门遗址片区的主体审美需求分析

审美主体作为审美关系的核心构成要素，与审美客体相对，即为认识、欣赏、评判审美对象和创造美的社会的人。不同类型的审美主体有着不同的审美需求和审美能力。凤山水城门遗址片区的主体主要由外来游客、周边居民、学生、从业者构成。在这个区域内，游客的主要需求是希望通过审美体验感受历史文化，追忆凤山水城门遗址的历史文脉；周边居民的主要需求首先是功能性的休憩放松，其次也希望通过活动性的参与获得全新可持续的审美体验；学生主体则希望通过舒缓的体验调节心情，同时获得一定的文化积累；从业者则是站在表演者的角度上通过创造丰富的审美体验而获得成就感与文化自信（图1-12）。审美主体的心理结构大致可分为需要、注意、感知、联想、想象、情感、理解七大部分。这七部分相互联系、相互渗透、层次分明，共同构成了审美主体的心理结构。[86]因此，在凤山水城门遗址片区的审美活动中积极考虑激发审美主体心理结构的层层递进，从而获得表层至深层的审美体验。同时主体各不相同的审美能力，一方面要求创造者全方位地考虑不同个体的审美接受能力，创造普适性的设计，另一方面也要求审美主体全身心投入到审美体验中，感受层次丰富的环境美。

1.1.2.4 凤山水城门遗址片区的现存问题

传统美学坚持主客二分论，以一种孤立分离的态度欣赏美。伯林特的审美交融理论则坚持在环境场域中，有机体与环境之间没有明确的界限，它们彼此影响并维持着相互作用。审美场域由四个主要要素构成，创造性因素生成了审美体验的各种条件，对象性因素为审美欣赏提供了一个审美对象或焦点，欣赏性因素集中于体验过程本身，而表演性因素又激发了这一过程。[87]41–43设计师作为创造者形成审美交往情境，欣赏者则通过审美体验感受审美对象的深层次内涵。通过问卷

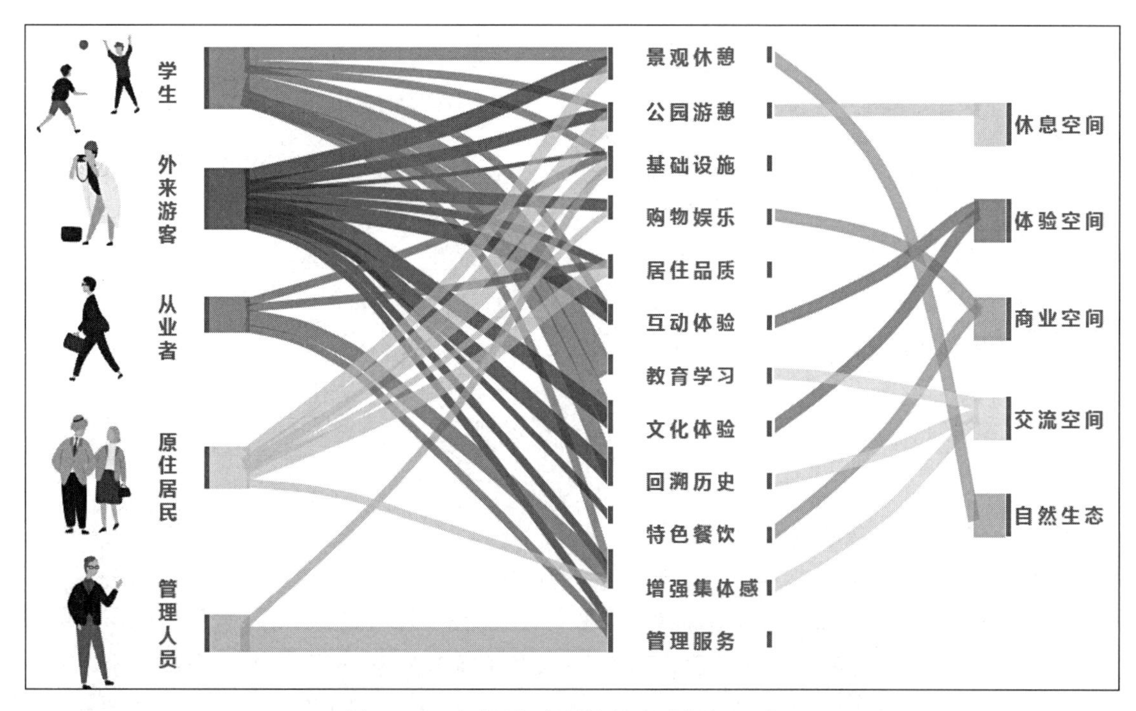

图1-12　凤山水城门遗址片区人群需求关系示意图

调查研究发现审美主体对凤山水城门遗址了解程度低，认为其吸引力差，可游性低。在凤山水城门遗址片区，审美对象为文化遗产本体及周围环境，场地周边道路多以二、三级，以及人行道路为主，公共交通站点较多，交通较为便利，周围业态较为丰富，人流量较大。但遗址内部的功能划分较为单一，不能有效地将周围的人流量吸引到遗址内部，致使场地活力程度低。河岸通过铁网进行隔断，没有有效发挥滨水绿道的职能，且忽略了运河优势，遗址片区与中河沿线环境联系不紧密，没有形成系统性，也没有很好地融入城市环境之中。同时片区内部缺乏展示性因素的支撑，遗址单一的展现方式形成无趣的审美体验，无法产生情感与记忆共鸣。因此，在设计的过程中要注重审美主体和客体的联系性，创造多维度的展示方式扩大影响力，增加具有文化特色的活动，形成丰富的审美体验场所。

1.1.3 浙东运河——西兴过塘行码头片区的审美价值

1.1.3.1 西兴过塘行码头片区的审美资源

西兴过塘行码头片区位于浙江省杭州市滨江区官河路，作为中国大运河浙东运河的起点曾是沟通钱塘江两岸的重要码头，历代南北物资的转运地，有“通南北之商，候往来之使”的美称。现留存有清末民初的建筑格局，以及永兴闸、大城隍庙遗址、铁陵关遗址、古堤岸埠头等史迹和数十家过塘行，审美资源丰富。西兴过塘行码头片区不仅见证了当地的社会经济发展，也见证了大运河的功能及其延续，具有重要的历史价值。本节针对西兴过塘行码头片区环境审美资源阐释其美学价值。

（1）浙东运河（萧山段）简介

浙东运河最早诞生于春秋战国吴越交战时期，至今已有两千多年历史。据《嘉泰会稽志》卷一《水·府城》记载：“运河，在府西一里，属山阴县，自会稽东流县界五十余里入萧山县。”在西晋永康元年前后，会稽内史贺循正式开凿了浙东运河。浙东运河西起西陵，向东经过萧山、钱清、柯桥，至会稽郡城（今浙江绍兴），可循鉴湖直东至曹娥江，过曹娥江又东可通姚江，直达海滨[88]。自浙东运河开凿之日起，始终是杭州沟通浙东的重要航道（图1-13）。

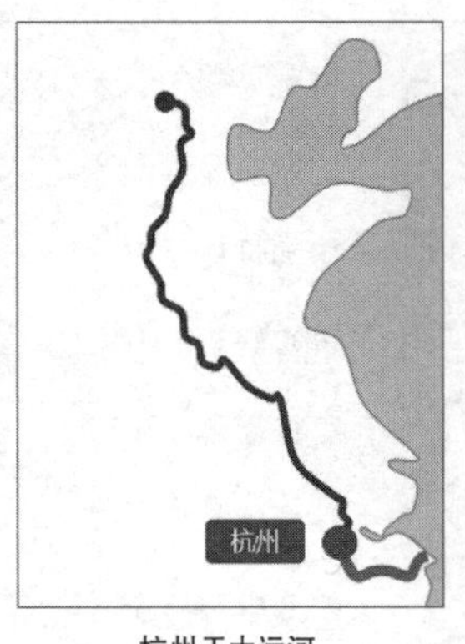

浙东运河于大运河　　杭州于大运河　　西兴于杭州　　西兴于浙东运河

图1-13　浙东运河与杭州西兴之间关系示意图

（2）西兴过塘行码头街巷结构

西兴过塘行码头片区的街巷空间序列呈现为线性状态，以浙东运河为核心形成“两街一河”格局。西兴街道保存较为完好，包含“建筑—街—河—建筑”和“建筑—街—建筑”两种空间结构类型（图1-14）。“建筑—街—河—建筑”格局主要集中在下大街（现官河路），同时在永兴闸、西兴过塘行码头、屋子桥等节点空间形成疏密变化，使得西兴街巷空间更具有活力。“建筑—街—建筑”格局则集中在上大街（现西兴老街），西兴官河两岸的建筑向南北延伸，衍生出许多弄堂，斜弄窄巷曲折多样，一直蜿蜒至视线的尽头。路两旁是高低错落的老屋，屋与屋之间的小路由大块的石板铺设。在狭窄的街道和房前屋后空间中人们能够近距离观察到建筑细部和人的表情与形态，在小尺度的空间中形成温馨和具有生活性的街巷空间美。

（3）西兴过塘行码头与埠头

《万历萧山县志》卷二的《令王世显碑记》曾这样评价西兴：“西兴，浙东首地，宁绍台之襟

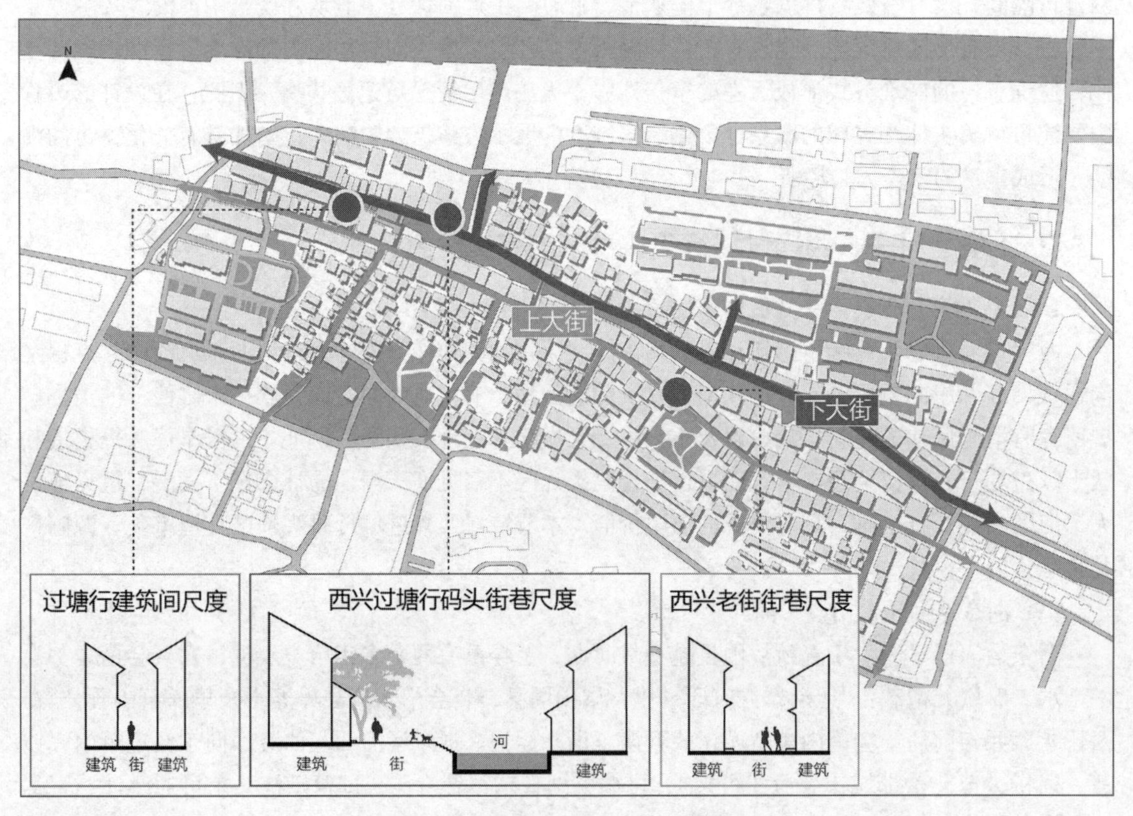

图1-14　西兴过塘行码头街巷空间结构示意图

图1-15　西兴过塘行码头现状

喉，东南一都会也。士民络绎、舟车辐辏无虚日。"[89]西兴作为联结各地的枢纽，发挥了重要的作用，其功能美不可磨灭。西兴过塘行前有码头，殷实之家前有埠头，最大的码头属西北角的大码头——古镇公共码头，明清时期万商云集，士民络绎，市容繁华。西兴过塘行大码头西侧石砌而成，中部刻有"福泽长流"象征过塘行的福气如流水一样源远流长。两侧设有嘴部一张一合的石狮，代表吐纳之意。西兴过塘行码头作为浙东运河的起源之地，石狮的设立有驮水的作用，左公右母表现传统社会男尊女卑、各司其职的特性。码头栏杆望柱为莲花头，柱身断面呈方形，柱头花饰雕以莲瓣，十分精美，象征着"出淤泥而不染，濯清涟而不妖"的品格，展现形式美（图1-15）。

西兴过塘行临河建筑埠头入户，形式多样，河埠头均为单面落水，分为公共河埠头与私家河埠头：位于北面河道的公共河埠头单面落水驳岸，较宽并有石墙作防护措施，踏级石块平整崭新。南面河道单面落水驳岸且较窄，无防护措施，踏级石块有修整痕迹。南面私家用河埠头，接入建筑内部，大部分居民建筑保持原有风貌（图1-16）。

公共河埠头　　私家河埠头

图1-16　西兴过塘行河埠头现状

（4）西兴过塘行片建筑群

《萧山县志》载："萧山载明万历年间（1473～1619年）即有过塘行。"清末至民国时期是西兴商业全盛时期，曾有七十二爿半过塘行，禽蛋、茶叶、烟叶、肉类、棉花、木器等过塘行遍地都有。运河引来了南来北往的舟车商贾，西兴过塘行片区也由此繁华，形成了夹杂着杭、萧、绍、甬四地风格的古老民宅。西兴过塘行建筑群大多为二层楼房，砖木结构，为适应江南气候特点，多为三合院与多进合院。小青瓦屋顶，空斗填充墙，木椽举架，烽火山墙，庭院幽深，粉墙黛瓦。廊檐梁枋上，不时可见精致的木雕和砖雕。其民居建筑多为居所，也有一部分商铺（图1-17、图1-18）。按其建筑所处位置可分为三类建筑：一为沿街建筑，大都为前店后宅，上寝下店，如西兴老街杨宅，是清代传统木构院落式建筑，为"前店后宅"式传统民居的典型代表；二为临河建筑，以河堪为基，埠头入户，多为前店后仓或前仓后宅的格局；三为多进宅院，前临街、后沿河，前后数进庭院，多为殷实之家，前店后仓，中为住宅（图1-19）。民国后期"浙东运河之头"逐渐衰落，过塘行建筑功能由商业转变为住宅，经修缮保护后目前仍保持着浓郁的历史风貌。

（5）其他物质文化遗产

西兴驿：西兴驿位于浙东运河南岸的西兴街，旧时是邮政、公文传递和官员中转的驿站。唐时称樟亭或庄（盛饰）亭，五代之后名西陵驿，宋朝叫日边驿。清康熙年间西兴驿为浙东入境首站。现西兴驿建筑均已损毁，码头废弃，仅存有建筑台阶、基石等遗迹。

永兴闸：位于官河铁岭关北侧，外接钱塘江，内通运河，是钱塘江与浙东运河的连接处。明万历十四年，秋潮异常猛烈，沿江的防洪长堤被冲毁，大水涌入，时任萧山县令刘会组织力量全力以赴修建石堤。新堤完成时，刘会又将大堰改修为闸，闸门有一丈四尺宽，这就是永兴闸。

屋子桥：清康熙三十二年（1693年）《萧山县志》卷十二载，"又西半里曰屋子桥，板桥，桥上建屋，康熙间重建石桥"。屋子桥是浙东运河两岸往来的重要交通设施，原为梁式桥，桥上建屋，因而得名。现桥体为清康熙年间重建马蹄形单拱石桥，总长16.7米，宽2.8米。拱券采用纵联分节并列式砌置法，拱顶刻"屋子桥"字样，桥面为石板斜坡，两侧围条石护栏，整体保存基本完整。

1.1.3.2 西兴过塘行码头片区的客体审美特质分析

（1）开放性与渗透性

西兴过塘行码头片区作为审美客体的环境具有一种审美的开放性，没有框架和基底的限制，也不将自身与地域性的环境分离开来。这里道路街巷通达，并不是作为封闭的街区呈现。在作为

图1-17　西兴过塘行码头沿街建筑风貌

图1-18　西兴过塘行码头沿河建筑风貌

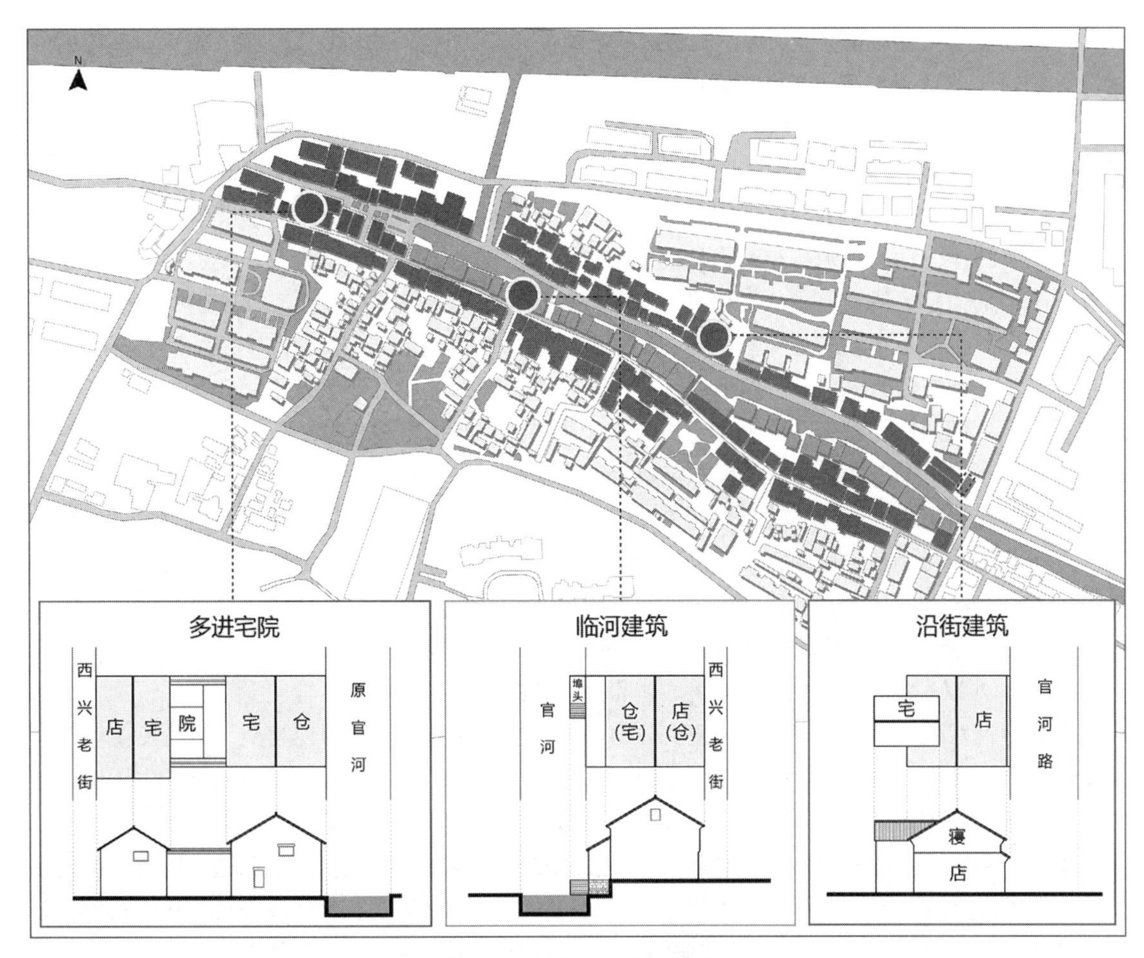

图1-19　西兴过塘行建筑类型

审美对象时，不会局限审美主体通过某一固定视角去感知，反而通过尺度不一的街巷、高低错落的建筑、形态各异的埠头提供审美主体一种个体化、随机化又持续发展的审美经验。在不同时间段和季节里，形成环境的不定性与活跃性，使主体在此可以产生新的审美体验。从环境与人物相互渗透性来看，环境美学还表现在人对环境作用的参与。阿诺德伯林特曾说："我们与我们所居住的环境之间没有明显的分界线……它成为了我们身体的一部分。"[14]9西兴过塘行码头片区作为自然与人化的产物，一方面表现为静态物质的遗存，如建筑、生产工具等；另一方面表现为一种行为，如交易活动、艺术活动、日常生活活动。人与环境相互渗透融合，在生产力发展水平、生存关系形态、社会习俗及其他各种因素的综合作用下产生深厚的历史文化内涵美。

（2）历史性与文化性

人是历史的创造者，历史记录着人类文明的发展，遗产便是人类文明的积淀。历史性是西兴过塘行码头片区环境美的核心展现，作为杭城中暂未过度商业化的场所，这里还保留着历史肌理与文化基因，是当地人文精神的集中体现。"环境作为一个物质——文化领域，它吸收了全部行为及其反应，由此才汇聚成人类生活的巨流，其中跳跃着历史、社会的浪花。"[13]20环境美中的文化性与历史性相辅相成，西兴过塘行码头文化不仅体现在可感的物质文化遗产中，也体现在其非物质文化遗产中。西兴的非物质文化主要为西兴竹编灯笼和戏台文化。自两宋年间废除宵禁令后，城中街市如昼、灯火通明，夜间灯饰便有了很大的市场需求。因西兴多竹林，是制作灯笼骨架的好材料，自南宋起宫中所用灯笼大多来自西兴。一直到新中国成立初期，西兴老街上仍存留七间灯笼铺。西兴竹编灯笼作为有着千余年历史的文化遗产，具有重要的工艺文化精神。在西兴传统水乡戏台中，"街台"为主要类别之一。街台演出成本低，且架设便捷，为贴近民众的公共空间艺术，展现了民俗文化对运河、街道空间结构的依附关系。“街台”的存在，增强了街道空间序列的活力，同时随着社会生活的变化而更新，使得街道与人群呈现出丰富的疏密关系，营造出空间的节奏美。

（3）真实性与家园性

真实性是环境美中十分重要的特性之一，强调环境的原始性和原真性，能够带给人客观和真实的感受与体验。西兴过塘行在时代日渐发达的今天，已渐渐退出历史舞台，但那些依河而建的建筑，依河而商的人则直接见证了运河的发展兴盛过程。历史发展的写照，反映出客体真实性和审美特质。苏轼在《望海楼晚景之一》中曾写道：“青山断处塔层层，隔岸人家唤欲应；江上秋风晚来急，为传钟鼓到西兴。”写的就是西兴当年的繁华。西兴过塘行码头从古至今承载着普通市民的集体记忆。调研中了解到一位土生土长的西兴居民一直坚持整理着过塘行的遗迹点，他用手绘的形式记录下了旧时各个过塘行的所在位置。这些历史记录让人感到坐在码头边好似能看到数十年前乌篷船在官河上迎来送往的景象，由此可以联系到西兴过塘行的环境凸显的家园性。西兴过塘行码头片区作为当地居民的家园，是他们的生存所托、发展所托，环境造就了人的生活，环境的发展也依赖于人的生活，正是环境与人的生活之间不可分割的关系，人对环境会产生自然依恋感。西兴过塘行码头片区的环境之美就在于它利人、亲人、乐人的家园性。

1.1.3.3 西兴过塘行码头片区的审美主体和特性分析

西兴过塘行码头片区的审美主体主要分为当地原住民和外来游客两种类型。原住民在审美关系中具有双重特性，一方面是作为主体，负有对该片区遗产保护、传承与可持续发展的主体责任，以主人身份参与挖掘西兴过塘行码头片区的历史与文化资源，营造传播和感悟运河文化精神和意蕴的审美体验场所；另一方面是作为客体，原住民融合在西兴过塘行码头片区的遗产场景中扮演着历史文化活态传承人的角色，他们的日常生活与遗产环境有机结合，构成体现当地文化的场景状态和整体面貌，被游客欣赏和成为审美体验的对象，发挥对当地运河历史文化活态展示和传播弘扬的作用。当原住民的日常生活作为审美对象时，便成为展现运河生活文化的媒介和客体。生活同样是审美体验的载体和对象，生活的内容与形式影响着审美体验的整体效果与结果；游客是西兴过塘行码头片区的主要审美主体，游客到访目的以旅游、生活体验为主，希望通过认知和感受实现感悟西兴历史文化底蕴的目的。当地运河传统文化中的物质和非物质文化遗产对于旅游者而言可观可赏可游，对于原住民则是生活的一部分。基于审美主体文化认知水平的不同，每个人对于审美客体的体验感受也不尽相同。因此，在对西兴过塘行码头片区运河沿岸的物质与非物质文化遗产保护、传承和利用的过程中，需要考虑不同类别主体审美体验的特性与需求，在审美客体的场所营造中注重保留传统文化的生活气息，完整呈现具有活力的文化体验环境（图1-20）。

捕鱼游玩活动

生活起居活动

学生教育活动

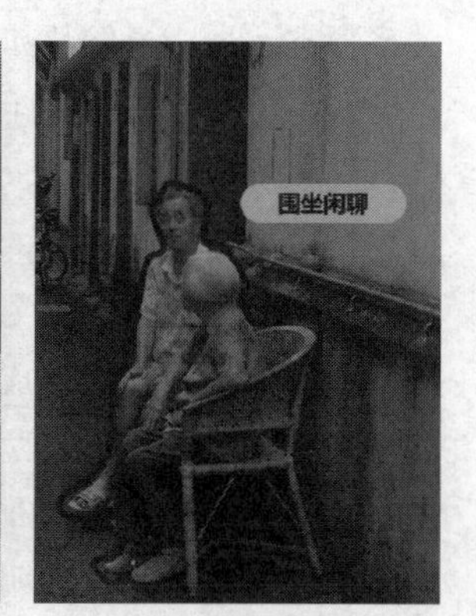

居民社交活动

图1-20 西兴过塘行人群活动现状

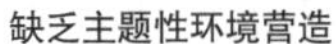
缺乏主题性环境营造

视觉导引缺乏系统设计

公共设施有待完善

老建筑缺乏有效利用

图1-21　西兴过塘行环境现状

1.1.3.4 西兴过塘行码头片区的现存问题与改造思路

由于历史原因导致西兴过塘行码头片区的运河文化遗产风貌遭到不同程度的损毁，当地居民对文化遗产的保护意识淡薄，一些物质和非物质文化遗产没有得到有效的传承与保护。近些年的房地产和低水平的旅游开发项目，缺乏整体规划和系统研究，导致建设水准低下，对留存下来的遗址和遗产风貌没有采用适宜的保护和展示方式（图1-21）。在大运河杭州段历史文化遗产的调查问卷中，西兴过塘行码头在杭州17个运河核心物质文化遗产点中，从游客的视角显示出该片区在大运河杭州段中的知名度和到访率都偏低。基于现状问题，该片区的改造思路首先需要深入研究和统筹规划，利用宣传教育提高保护意识，积极有效地制定保护措施，规划在保护基础上的文化遗产再利用方案，采用现代科技手法对遗产资源进行数字化管理与展现，通过影像等数字媒体方式重现昔日过塘行码头场景，展现运河历史风貌。建设方案尤其要注重从原住民的角度，打造与西兴过塘行码头片区生活密切相关的生活环境与场景，对原住民日常生活的街巷空间、河岸空间、院落空间等私密性与公共性空间进行保护性提升和提供便利的生活环境，满足原住民对新时代生活的向往与追求。通过交通流线的组织与再设计处理好原住民生活线与游客游览线之间的需求关系，结合游客的审美体验需求创造在遗产环境中游客与原住民的体验性交流的条件，提供便利的生活设施空间和地方性的文化活动，提高游客的参与度。一方面需要处理好原住民与游客之间的互动关系，另一方面通过文化活动提高审美主体的参与度。

1.1.4 大运河杭州段文化遗产环境提升设计策略

1.1.4.1 注重环境形态认知，获得表层知觉感知

由于环境通常是通过知觉渠道向审美主体提供信息，所以审美主体对环境形态美的感知总是发生在审美体验的初始阶段。文化遗产环境在不同时间段下的便捷性与舒适性是环境设计的首要考虑因素，格式塔心理学指出世间物质形态都是知觉进行组织和建构的结果，而审美主体的知觉感知通过多感官的知觉合作而获得。因此，首先需要关注审美主体的视觉感知，关注视觉思维下产生的心理形态及印象。通过合理的交通流线设计为原住民打造私密性空间，为游客营造体验性空间；通过文化遗产及传统生活空间的保护，展现建筑形态原真性与精神文化价值；通过增加公共设施的分布、提升导视系统的明确性、增强铺装系统的安全性形成大运河文化遗产环境安全舒适的第一印象；其次，生态心理学家发现，审美主体对于声音不太关注其信息的频率和分贝，首先关注的是声音的来源，因此从听觉出发可以利用远感受器之一的听觉去模拟运河之声、泛舟之声、年代之声唤起审美注意；最后通过近感受器——触觉、嗅觉、味觉各个点位的设置，全方位地刺激感官，使审美主体在初步融入环境的过程中，调动所有感知器官，获得表层知觉感知的审美体验。

1.1.4.2 创造环境空间连续，获得中层情感感触

在当今社会飞速发展的大背景下，在人们快节奏的都市生活与感受中，我们对环境的体验渐渐只停留在感知而无法产生记忆。因此，在弥漫着情感的审美体验过程中，通过强化人对环境天

生的依恋感——恋地情结，对大运河杭州段文化遗产环境记忆片段进行提取，利用线性空间的优势，以陆上游线、水上游线、主题游线加以串联，激活连续性的回忆意象，形成空间、时间上的完整体验。在运河沿线有秩序地通过创造文化视觉图像，设置运河船工号子、集市叫卖等声音连续，还原历史环境材质，沿线配置传统美食小吃售卖点，形成一个个情感激活点，使审美主体记忆空间场景在现实中重新展开，呈现记忆意象，从而感受社会认同、了解民族性格，形成具有归属感的审美体验过程。城市环境作为承载集体记忆、民族文化与精神交流的场所，它应该能够让人们放慢脚步，感受城市历史发展的印迹。通过寂静空间的设计，给人以放慢步伐，全身心感受文化沉淀的场所，探寻平时很少注意到的微小事物，通过时间的绵延增加环境与主体的心理互动，有效地去延伸环境审美体验的空间。

1.1.4.3 延续环境文化精神，获得深层体验感悟

环境的审美体验不仅需要知觉的合作、空间的连续，更需要审美主体的参与而形成更深层次的文化精神感悟。环境审美体验的目的不仅是对环境信息的认识和对环境空间的了解，而是要在了解的基础上实现情感的提升、文化的感悟、意蕴的创造。今天的文化是历史的传承，历史文化从深度和广度上多维地延伸和展开，形成一条文脉，一种精神，一种强烈的生命力，一种独特的生活方式，一种既可以让人感受又让人思考的意味，这就是文化遗产的意蕴。因此，我们可以通过构建独特的运河情境，预先设定关于参与活动的流线和路径，并融入创意感、趣味感和自主性的体验场所，帮助游客沿着空间意象和事件线索去寻找超乎想象的结局。通过环境场所营造呈现文化主题，有效地构建情感氛围和场所感，使审美主体在不断地感知与情感融合过程中达到审美感悟，生成最终的意蕴，从而获得更为丰富和连续的审美体验，形成游客与大运河之间独特的回忆。

1.2 环境美学指导下的大运河杭州段审美体验提升设计

1.2.1 大运河杭州段审美体验设计原则

1.2.1.1 保护优先原则

基于《杭州市大运河文化保护传承利用暨国家文化公园建设方案》建设原则，文化遗产保护即为大运河文化保护传承利用和国家文化公园建设的首要任务。因此，在大运河杭州段文化遗产环境审美体验设计中，一方面要注重物质文化遗产保护。凤山水城门遗址片区以凤山水城门为核心，西兴过塘行码头片区以过塘行建筑群、埠头、屋子桥等物质文化遗产为核心，保持大运河沿线建筑形态、传统街巷格局和历史风貌，强化其保护修缮与日常维护管理。针对永兴闸、西兴驿、城隍庙遗址类文化遗产开展文化遗存复原，落实最少干预、分类保护、活态传承等保护理念，最大程度地保持大运河文化遗产历史的真实性、风貌的完整性和生存的延续性。另一方面需要加强非物质文化遗产保护。深化挖掘杭州运河船民习俗、西兴祝福、西兴竹编灯笼、运河元宵灯会等非物质文化遗产资源，注重保护非物质文化遗产相关的文化生态空间和自然人文环境。通过提高传承人的学习能力、文化素养、审美水平和创新意识，使得审美主体获得丰富的审美体验从而扩大非物质文化遗产传承交流人群。通过数字化保存，实现非物质文化遗产资源信息集成共享的可持续性发展。

1.2.1.2 文化传承原则

大运河国家文化公园的建设要求大运河传统文化精神传承与时代精神相结合，展现大运河杭州段历史深厚、韵味独特的古都人文魅力，讲好大运河“杭州故事”，全面提升杭州文化软实力

和文化吸引力。通过对凤山水城门遗址片区和西兴过塘行码头片区数千年历史中逐步凝练、升华的优秀传统文化精神挖掘，提出应加强对运河商贸、运河内河航运、名人文化、传统技艺等认知和体验力度，提炼大运河杭州段蕴含的思想理念和精神内涵，讲好大运河历史和当代故事，深化全社会对大运河国家文化公园建设的重要性认知，切实增强文化自信。通过建设运河市集、水乡戏台等运河标志性文化景观，结合相关节庆组织运河文化艺术节、大运河诗歌大会、民俗文化节、戏剧节等主题活动，在丰富地区群众文化生活的同时，促进运河城市文化交流，从而实现更好的文化传承。

1.2.1.3 融合利用原则

在大运河保护传承的基础上，将大运河的文化属性和综合功能统筹起来，推进大运河杭州段全流域文旅融合发展。首先，完善旅游基础设施和配套服务，构建完备的公共交通系统；合理布局公共服务基础设施，搭建水上体验区、驿站节点，实现运河便民旅游。其次，以大运河文化为内核，以陆上游线、水上游线、主题游线为载体，串联凤山水城门遗址片区和西兴过塘行码头片区运河沿岸节点，打造多条运河文化体验线路，使历史文化可观可览，艺术表演可赏可玩，推动大运河杭州段航运功能向满足市民和游客休闲、运动、旅游功能转变，创造文旅融合发展新模式。最后，通过数字化技术应用，建立大运河文化遗产数字化平台，实现运河吃、住、行、游、购、娱等内容的线上信息服务，创新运河旅游营销与体验模式，推动智慧旅游审美体验。同时利用GIS、AR、VR等技术对大运河文化遗产进行数字化实时展示，建立虚拟体验平台，利用数字还原手段对典籍文字等复位呈现，以文字活态化为目标，深化受众审美体验。

1.2.2 以知觉合作构建表层知觉感知的审美体验设计

环境通过知觉渠道向审美主体提供信息，由此产生认知、情感、评价等审美反应，审美主体对环境形态美的感知是审美体验的初始阶段。环境形态包含自然、人文、社会等诸多因素，它们共同构成了审美主体对场所的初步认知，也决定了审美注意和审美期待发生的可能性。

1.2.2.1 以环境形态构建南宋皇家气韵

（1）关注环境结构特征，创造多维信息的综合再现

宋高宗定都杭州，在吴越子城、罗城的基础上修建皇城和外城。[90]南宋杭州城在发展过程中以府城为核心，以江河为主干，结合周边大小河道形成一个环城的大型水运网络，为主要脉络，与周围一系列聚居区组成一个紧凑与分散相辅相成的都城（图1-22）。[91]17凤山水城门遗址片区位于原临安城城垣内，为突出南宋杭城以河道为主干脉络的发展变化，在规划设计上定位为“一核，两带，多点”。以凤山水城门为核心，东西串联西湖与钱塘江，南北串联南宋御街、鼓楼、太庙遗址等文化遗产点，形成两条审美体验轴线。同时多个遗产点各自形成小范围辐射片区相互映衬与依托，有序表现出南宋时期丰富的历史文化内涵及遗产的多样性（图1-23）。

在凤山水城门遗址片区内部首先科学合理地组织交通路线，通过人流来源、车行路线、步行路线、步行距离等多方面的综合提升，最大限度地实现主体步行环境的舒适性与景观审美需求，改善原场地分离特性。其次通过凤山水城门遗址片区主次流线重新划分，串联各景观节点，明确审美体验核心区域，增添区域活力（图1-24）。

（2）延续南宋园林景观，营造秀丽灵动的视感空间

南宋园林从造园思想上不同于前代的“离世绝俗”，其更多地表现出追求“可游”与“可居”。位于凤山水城门西南侧的原南宋皇家园林区别于市井园，出现了前所未栽的夏菊、千叶山茶、白杨梅等植物，大部分景点以植物景观为主题特色，春夏秋冬四时花木景致各不同。例如大内后院梅花、牡丹、芍药、山茶、丹桂、橘、竹、木香、松各成一区，分别设置亭榭以供赏玩。可在钟美堂观赏春绣球、牡丹花，在庆瑞殿赏秋菊、点菊灯，在倚桂阁赏桂、赏月，在楠木楼赏梅花。[92]南宋时期，士绅阶层成为社会文化的主要承载者，他们的审美品位占主导地位。其中梅花

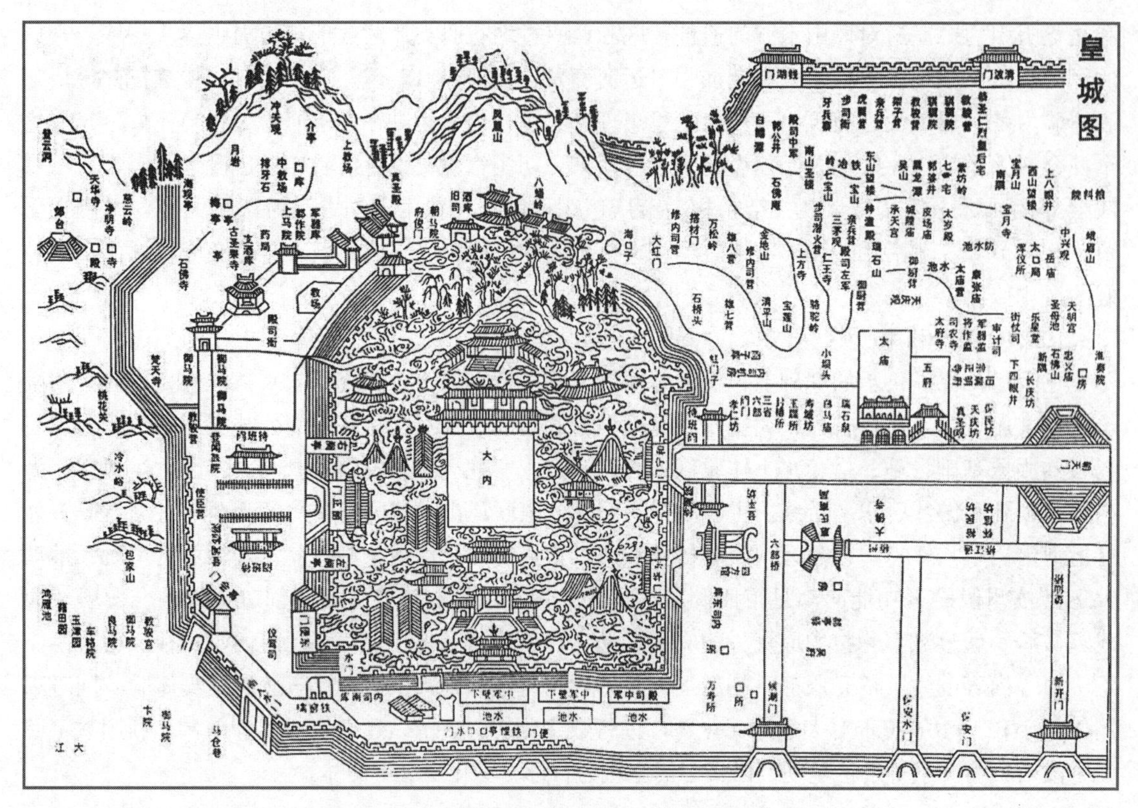

图1-22　南宋皇城图（图片来源：《咸淳临安志》）

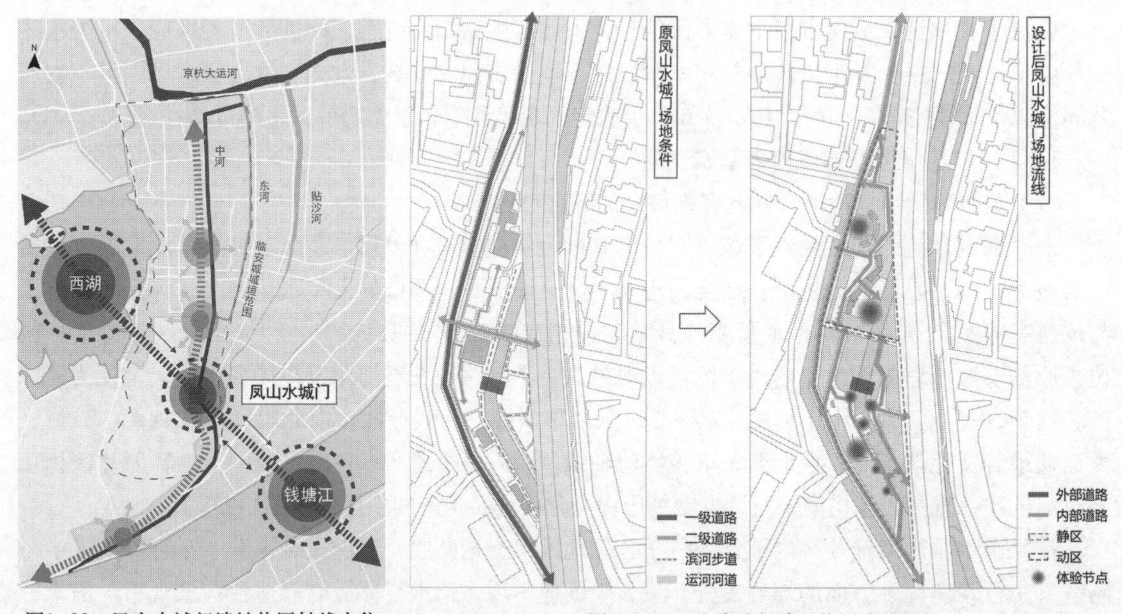

图1-23　凤山水城门遗址片区轴线定位

图1-24　凤山水城门遗址片区流线组织

具有融通贞刚拗劲与旖旎多姿的特点，兼具君子风范和平民化品格，为穷居野处者引为寄托。[93]杭州茶花在《咸淳临安志》中也有“有嫁一本，花开十色者”之美誉。因此，在凤山水城门遗址片区的植物配置中采用延续南宋皇家园林植物景观结构的设计，以梅、桂、茶为核心，伴有牡丹、芍药、山茶、木香、竹等，形成南宋特色植物组团，营造四季景观，在植物形态上营造南宋皇家氛围（图1-25）。

（3）重视感官联觉体验，形成环境感知的渗透交融

人的感官系统容易疲劳，而新的刺激便可使感知得到延长，从而使知觉专注于对象，不至于

图1-25　凤山水城门遗址片区景观环境

因习以为常而视而不见，从而唤起新鲜的感知、想象和情感。从南宋御街延伸至凤山水城门，沿途经过德寿宫、鼓楼、太庙、白马庙巷、南宋遗址博物馆和南宋三省六部遗址等物质文化节点。首先从视觉感知出发，将文化节点从市井生活、皇家风貌、宗教祭祀、制药和手工艺等多个方面对南宋的风貌进行展示，利用具有凤山水城门元素的标识系统创造视觉连续（图1-26、图1-27）。进而以多样的南宋之声为线索，从烟火味的集市中出发，以市井之声为始，亦以市井之声为终，

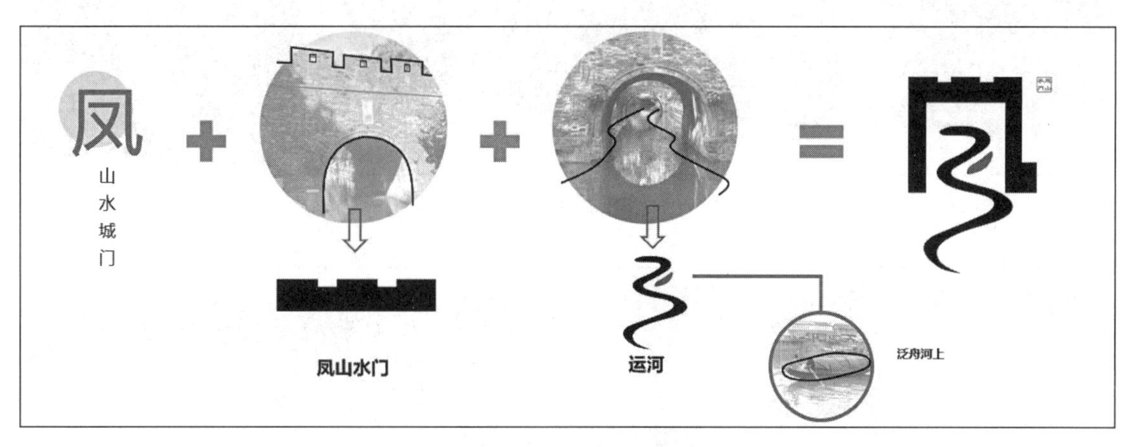

图1-26　凤山水城门遗址元素提取

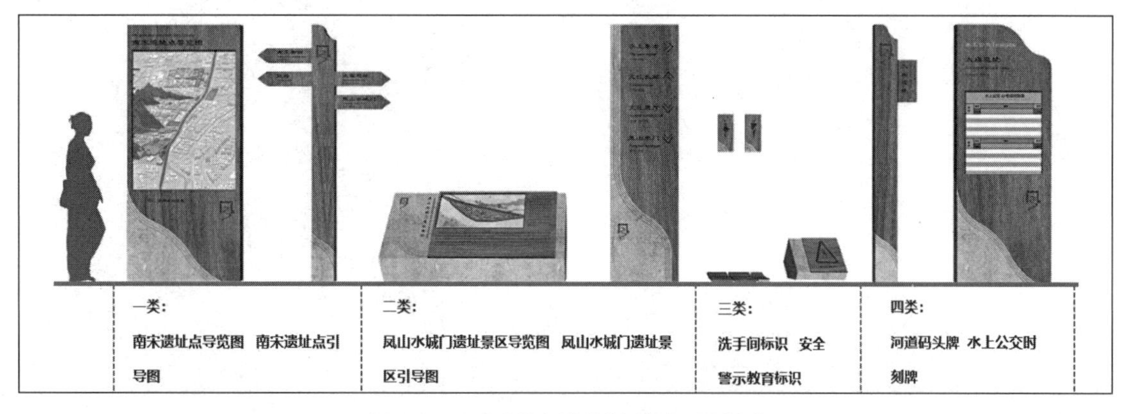

图1-27　凤山水城门遗址片区标识系统设计

通过市井之声、钟鼓之声、祭祀之声、捣药之声体验不同场景的生活状态，感受不同形式的智慧结晶，给游人以游览的仪式感和回味无穷的余味。审美主体沿河游览，身临其境，亲闻其声，不但可以多角度、全方位地了解历史风貌，还能以更深入的方式沉浸南宋氛围中。味觉和嗅觉则通过场所内的集市做出集中展现，通过对南宋美食、南宋名茶、南宋名酒、草药香料和笔墨纸砚的展示，进一步刺激游客的感官体验。通过不同的材质、纹理和展示形式，吸引游客触摸，给他们带来更丰富的触觉体验（图1-28）。

1.2.2.2 以环境形态构建西兴商民古韵

（1）梳理环境肌理，提供主体初步的知觉判断

西晋永康年间开凿的浙东运河通止西兴，西晋后，西兴由军事要塞慢慢向中转码头转变，原先的陆驿过渡为水驿。由此，西兴渐渐发展为一个具有中转性质的繁荣商业集市，商铺坊肆栉比，物流集散两旺。[94]基于《长城、大运河、长征国家文化公园建设方案》和场地原有功能分区结构，首先将西兴过塘行码头片区分为四大主体功能区（管控保护区、传统利用区、主题展示区、文旅融合区）和两大居住区（传统居民区、现代居民区），明确区域定位特色（图1-29）。首

图1-28　凤山水城门遗址片区触觉体验

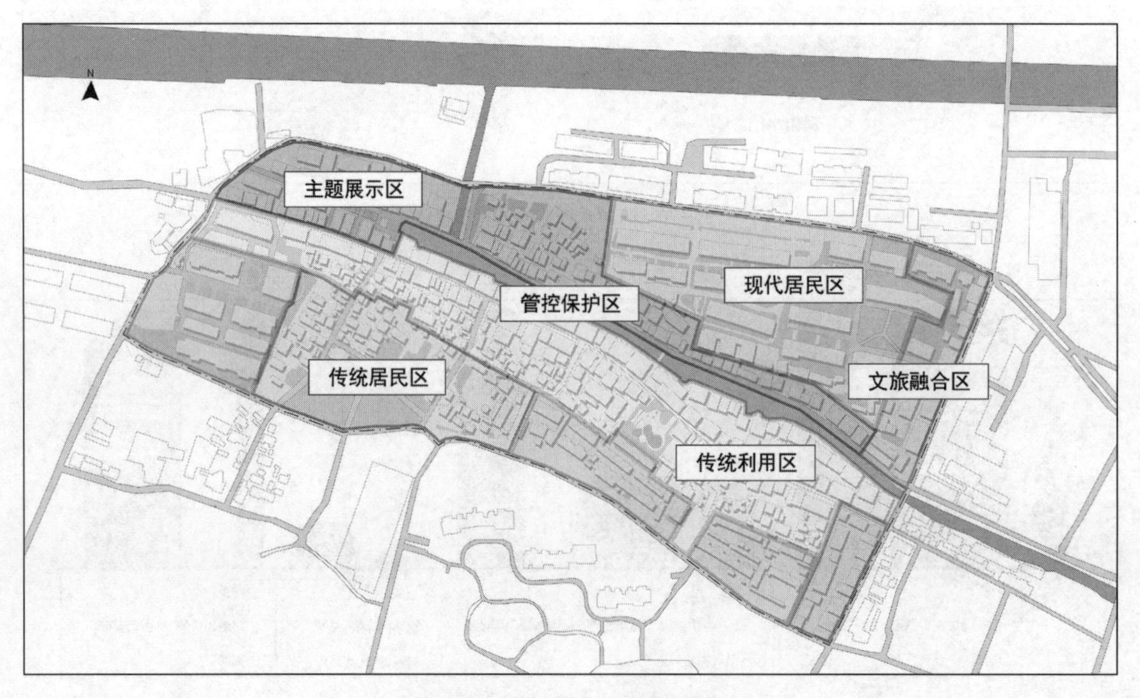

图1-29　西兴过塘行码头功能分区

先，在管控保护区中确立保护范围和层次，注重历史风貌的延续；在传统利用区中重视遗产活态传承，激活西兴文化活力；主题展示区以展示西兴商民古韵为核心，再现繁华盛世；文旅融合区重点发展文化业态，带动西兴旅游经济发展。其次，根据原住民和旅游者两大审美主体的不同需求，有效区分居民生活空间与游客体验空间，从功能形态定位西兴过塘行码头片区空间格局，协调居民与游客的关系从而获得初步的审美体验。

近代西兴聚落主要沿浙东运河呈带状分布。在浙东运河南北两岸形成与其平行长度超过千米的上大街和下大街两条主干道路，与浙东运河垂直的呈棋盘格状的一系列背街小弄，如塔弄、施家弄、莫家弄、衙弄等。阮仪三先生曾提出："随着中国经济的飞速增长，城市文化遗产与历史建筑保护的问题日益严峻。这些历经沧桑的历史遗存代表着一个国家的文化根基与精神传承，必须要谨慎对待。"面对基本完好的西兴街道肌理，首先便要"以存其真"，即把真实的东西留住，使审美主体感受原本真实的遗存。其次通过恢复西兴街道生活与商业活动空间分割的格局，修缮整治已被侵蚀的场地风貌元素，还原明清街衢繁华、市肆林立的兴盛之美。最后通过整合对外联系道路与出入口，疏解街巷交通；增强线性景观、遗产节点可达性与连接性；实施人车分流措施，提升主体初步审美印象（图1-30）。

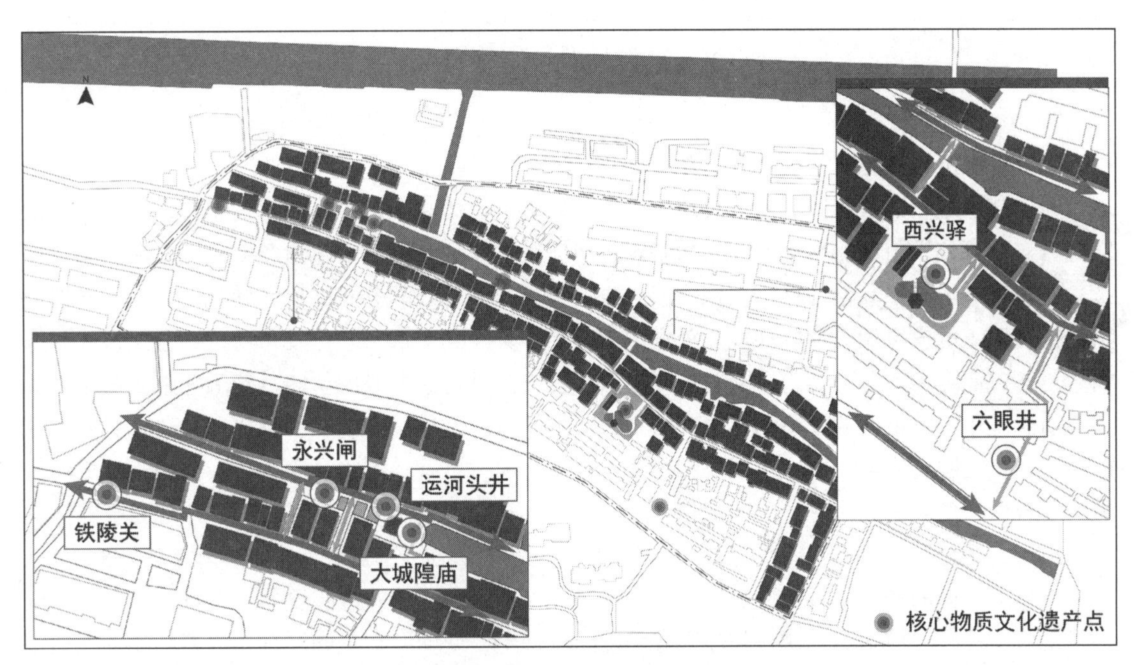

图1-30　西兴过塘行码头街道格局整合

（2）着重文化遗产保护，提高环境形态易识别性

近年来，阮仪三先生一直强调保护历史文化遗产要做到"四性五原则"。"四性"即"原真性""整体性""可读性"和"可持续性"。其中，"原真性"特别强调在维修历史遗存时，要"整旧如故，以存其真"。西兴过塘行码头片区的建筑包括店铺、商号、民宅，公共设施包括码头、埠头、古桥、水井等。从遗产形态出发，首先保留遗产历史原真性，在修复建筑中避免以现代人的见解去诠释遗产，而是遵循"原材料、原工艺、原样式、原结构、原环境"五原则，科学有效地保护现有遗址、建筑、桥梁、埠头等大运河物质文化遗产，保存其各个时代遗存的历史文化风貌。其次通过重建和数字技术应用，有计划地恢复城隍庙、铁岭关、西兴驿等已消失的遗产，实现城市肌理的传承、延续与再生。最后对西兴过塘行码头片区内新建建筑、设施进行风格界定，根据其风格适配度提出等级不同的改造原则（图1-31）。通过规制现代生活设施，应用具有西兴独特价值的装饰元素，丰富场地文化风貌。

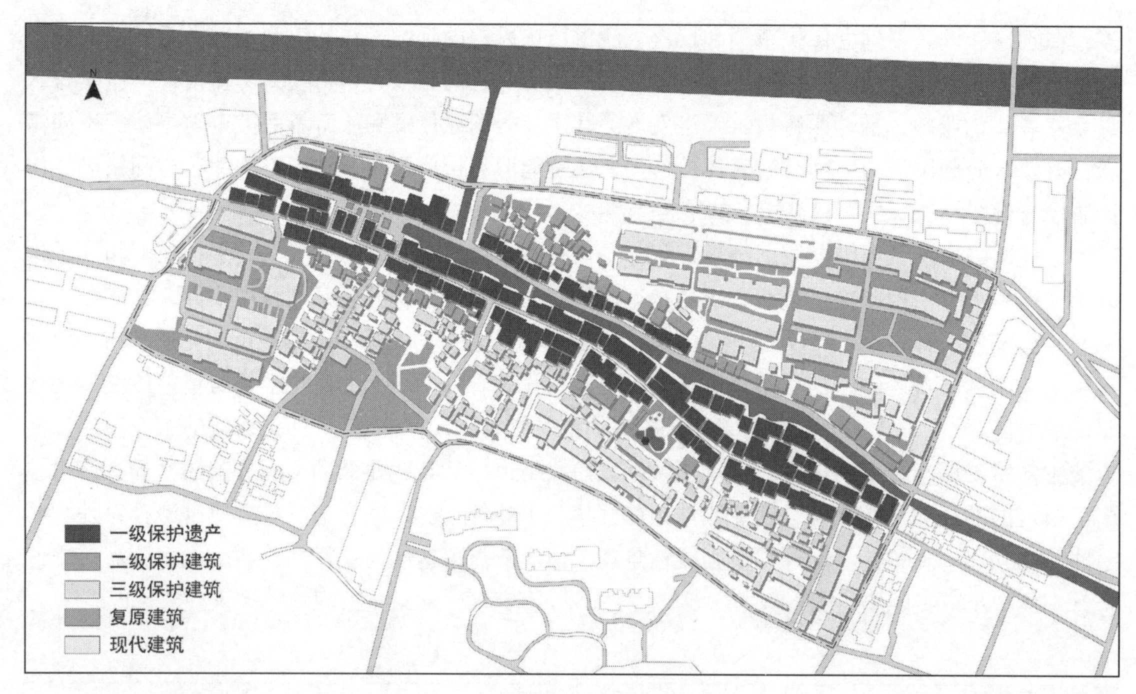

图1-31 西兴过塘行码头文化遗产保护层级

（3）重视感官联觉体验，形成环境感知的渗透交融

在西兴过塘行码头片区的规划设计中，同样首先需要关注审美主体的视觉感知，通过合理的空间分布为原住民打造私密性空间，为游客营造体验性环境；通过文化遗产及传统生活空间的保护，展现建筑形态原真性与精神文化价值；通过增加公共设施的分布、提升导视系统的明确性、增强铺装系统的安全性，形成环境安全舒适的第一印象。其次从听觉出发，通过场景模拟还原运河之声、戏曲之声、交易之声，唤起审美注意，构成西兴特色声景图。通过接触并感受对象的肌理与质感是审美主体体验环境的主要方法之一。不同质地的钱币、票据的触摸感受也会引起不同的情感记忆。嗅觉同样可以成为视觉和行动的引导，通过竹香、茶香、酒香、饭香的气味场所营造，形成西兴的审美识别特征。味觉作为环境审美体验必不可少的感受器之一，在规划中应注重引导设计，避免千篇一律的街区美食，通过地域特色小吃、佳肴形成独特审美体验（表1-5）。

在审美体验的初始阶段，通过环境形态打造，以及远感受器和近感受器各个点位的设置，全方位地刺激感官，使审美主体在初步融入环境的过程中，调动所有感知器官获得表层知觉感知审美体验。

西兴过塘行码头片区感官系统要素　　表1-5

感官系统	现存要素	设计体验要素
视觉系统	西兴过塘行建筑、永兴闸、屋子桥、码头、埠头、陈列馆、标识、景观	城隍庙复原、铁陵关复原、穿着古装的人群、牌坊、戏台、街台、集市、店铺、曲廊、船运、纤道、灯笼、文化感的标识
听觉系统	水流声、交流声、自然声、洗衣声	交易声、戏曲声、叫卖声、制作声、拍照声、货运声、戏水声
触觉系统	河流触感、铺装触感	钱币触感、票据触感、货箱触感、器物触感
嗅觉系统	植物香、饭香、肉香	竹香、茶香、酒香、花香、木香、烛火香
味觉系统	蒸双臭、白鲞扣本鸡、钱塘江江鲜	突显特色菜肴、小吃、饮料等美食

1.2.3 以连续性构建中层情感感触的审美体验设计

审美愉悦不只是一种心理功能，而是多种心理功能（理解、感知、想象、情感）的综合结构。[95]审美体验的全过程是在情感场域中逐渐展开的，在中层审美体验设计中通过连续性游览序列的创造唤醒原住民的情感记忆，激活旅游者情感由浅入深，从而了解、接受、亲近、认同文化遗产，获得难忘的情感感触。

1.2.3.1 以时空再现南宋记忆主题环境

（1）环境空间的连续

①厢坊空间的延续。据《乾道临安志》记载，南宋初期城内划分为七厢六十八坊巷，而后城内七厢析分为八个厢，又向城外扩展了四个厢；[96]到1268年，据《咸淳临安志》记载，杭州人口已近百万，原十二厢八十九坊巷，又析分为九十六坊。[97]厢坊制的建立以及管控政策的改善，使得两宋时期的商业经济得到了空前的发展。凤山水城门遗址片区中的六部桥即位于城内右四厢范围之内（图1-32），南宋临安城之外的中心区聚集了王府、宫室、官衙、寺院、军寨、瓦子、酒楼等建筑和设施，一派繁荣景象。[98]199基于此，从空间的角度提出三条文化主题游线，形成厢坊制度的连续性体验。追溯运河主题游线以运河为轴，以漫步道为线，串联方志馆、胡雪岩故居、凤山水城门，途经贴垛桥、福德桥、通江桥、六部桥，感受运河历史变迁；南宋文化主题游线串联南宋陶器、瓷器、乐器、服饰、医药、字画、名酒名茶等，形成运河文化空间的连续展现（图1-33、图1-34）。

②活动空间的延续。记忆及其载体是场所依恋的基础，活动空间的延续是原住民场所依恋的延续。采用沉浸式戏剧的方式演绎凤山水城门的历史变迁，引导周边居民对游客的文化交流，以人口相传的方式了解运河文化，在空间内提供丰富多样、适合全年龄阶段的活动（图1-35）。夜间则通过灯光设计，点、线、面相结合展现水城门的本体造型美，流线的灯带铺装体现运河夜景美，从不同视角唤醒且创造新的记忆，建立凤山水城门文化符号，提供全时段的审美体验。为审美主体创造南宋日常的生活体验。

③行政空间的延续。从南宋王朝的行政空间看，较高层级的官衙集中在大内和宁门至朝天

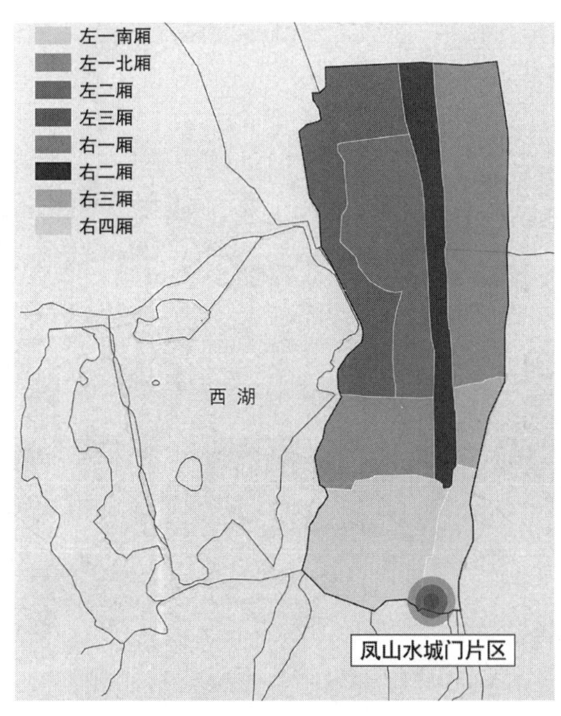

图1-32　南宋杭州厢坊图

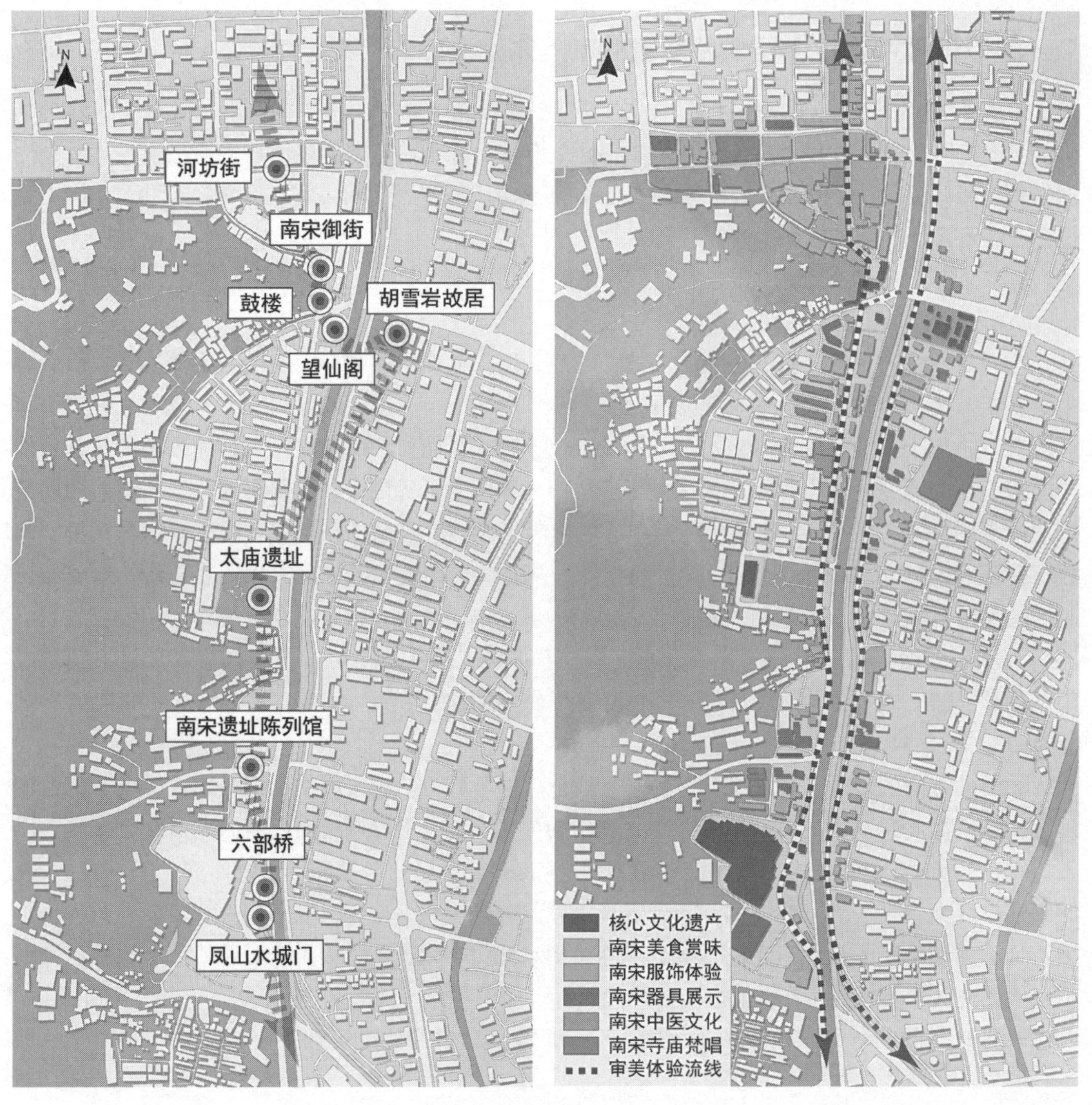

图1-33　追溯运河主题游线、南宋文化主题游线

图1-34　主题游线内容展示

图1-35　沉浸式戏剧体验活动效果展示

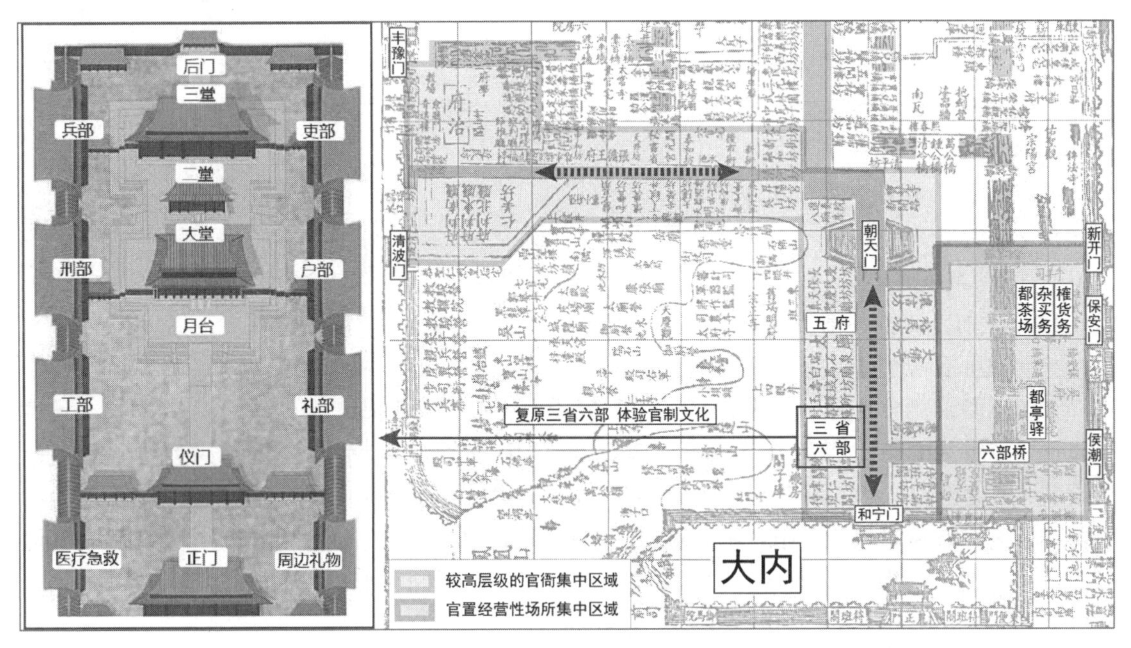

图1-36　南宋三省六部复原图

门，西转再循吴山北麓至清波门、丰豫门一带地区，形成“L”形空间格局。[98]201南北线上以朝政的“三省、五府、六部”为核心，由此提出官制文化主题路线。通过复原南宋三省六部遗址，在遗址内部由审美主体扮演委托人对吏部、户部、礼部、兵部、刑部、工部各职责进行戏剧化体验，深入了解南宋官制文化（图1-36）。向东延续至六部桥，六部桥又有都亭驿桥之称，都亭驿与六部桥的位置极近。《梦粱录》卷十《诸官舍》云：“左右丞相、参政、知枢密院使签书府，俱在南仓前大渠口。侍从宅，在都亭驿。”[99]129通过凤山水城门片区都亭驿的复原，将其功能由南宋使节往来、宴请来客的驿站转化为居民日常交流活动的核心场所，深化情感寄托。

④教育空间的延续。南宋时期杭州的教育空间同商业一般发展迅速，学校包括太学、武学和宋学，合称三学，其中太学是全国最高学府。定都临安之后，城内陆续建起太学、宗学、武学、医学、算学等中央学校，使临安成为全国的文化教育中心。据南宋书坊资料考察，临安城内曾隐现“书香一条街”，由此提出寻觅书香主题游线，在空间格局上对原纵横相交的南宋书香街进行复原，体验南宋文化书籍阅读、刊印南宋版书，形成南宋文化的潜移默化，构建南宋文化空间格局（图1-37）。针对学生群体，强调大运河文化的教育传承，树立运河文化的认同感、自豪感，并唤起保护运河、传承运河文化的自觉性。青少年处于自我意识飞速发展时期，喜欢认知与发现新鲜事物，充满独立感与自由感。落实到凤山水城门片区，通过科普互动设施，激发学生对物质文化

遗产的兴趣，从而产生对运河文化、凤山水城门文化的文化自信；通过娱教空间的设立，以模型对三弯石拱的穹顶内部雕刻作详细展示，邀请学生互动拼接，了解凤山水城门砌筑方式，同时以公共雕塑还原拱底两侧石道纤夫拉船登步之景，提高青少年对大运河的文化认知水平；通过寻觅城墙遗迹，探索凤山水城门的历史文化寻访活动，设置教育游线，由凤山水城门西侧延伸上山为现古城墙遗址，向西到达“大马厂巷”，穿过巷内辗转向南，便是历尽七百余年的古凤山城墙遗址，依山而筑，凭险雄踞，增强学生对运河文化的切身感受。

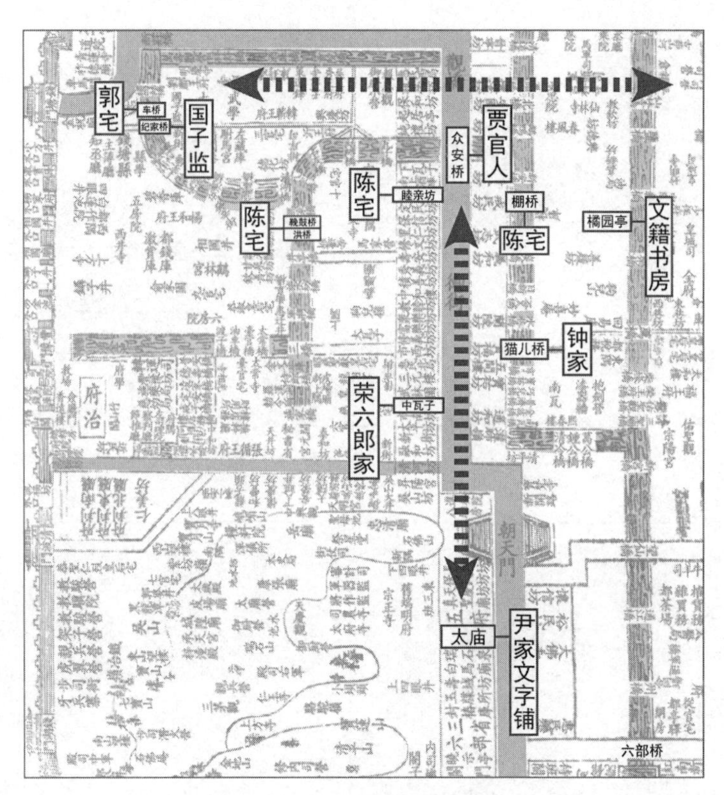

图1-37　南宋书香一条街复原图

（2）环境时间的连续

自唐以来，游览逐渐成为一种风尚，到了南宋，游赏盛极一时，无时不游，连绵不绝。节序则为公众游览旺季，不仅为人们提供了节假日休憩，也为人们的游览提供了特色的景观元素。将南宋正月孟春至十二月季冬的游赏活动（正月寻梅赏柳，二月泛舟看花，三月踏青斗茶，四月赏荷尝梅，五月观鱼采苹，六月竹林纳凉，七月乞巧家宴，八月赏菊寻桂，九月登高累酒，十月试香庆暖，十一月煎茶食馄，十二月灯火佳节），应用于凤山水城门片区，通过开放的空间类型和丰富多样的活动类型形成审美的时间性连续，使得审美主体何日何时来到此处都能有沦浃肌髓之体验（图1-38）。

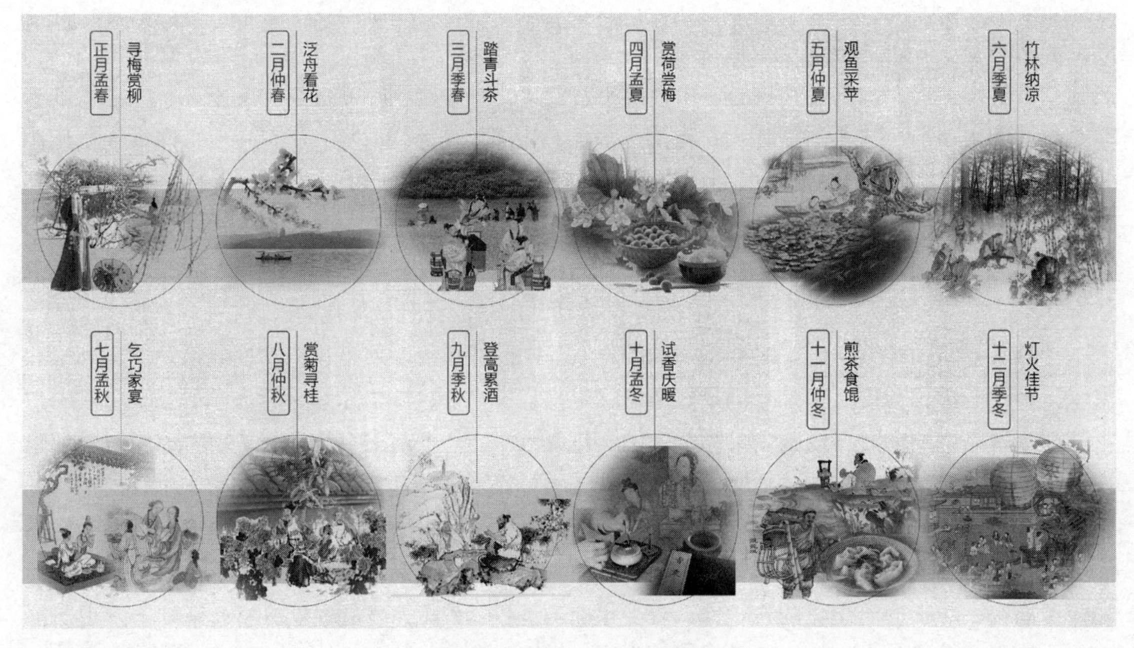

图1-38　南宋十二月游赏活动

1.2.3.2 以时空再现西兴繁华主题环境

（1）环境空间的连续

①生活空间的延续。生活空间是原住民需求较高的空间类型之一。通过区域内居民生活空间的延续，可以有效使审美主体对场所产生依恋感与归属感。西兴过塘行码头区别于凤山水城门片区，其作为当地居民的家园，是他们的生存所托、发展所托。对于原住民主体而言，环境的审美体验往往来源于与环境完全契合，由此潜移默化产生的审美感知。首先需要关注环境的栖息与庇护功能，以充实其对安全和信赖的审美诉求。在保持原有街巷格局的基础上通过公共设施和社交空间的增加，由建筑本体向外延伸空间，为居民提供交流互动场所；以半围合空间形式的设计保证居民的私密性；以地面、地上导视系统结合的方式引导方向，协调居民与游客的关系。另一方面由于原住民对记忆情感的强烈需求，因此要求设计者通过对西兴过塘行码头城隍庙、永兴闸、铁陵关、屋子桥、浙东唐诗之路等记忆片段的提炼设计（图1-39），利用线性空间的优势，以曾经的故事为串联，激活原住民连续性的回忆意象，在故事性节点有秩序地创造文化视觉图像、还原历史环境材质，在生活情境中提升家园感。

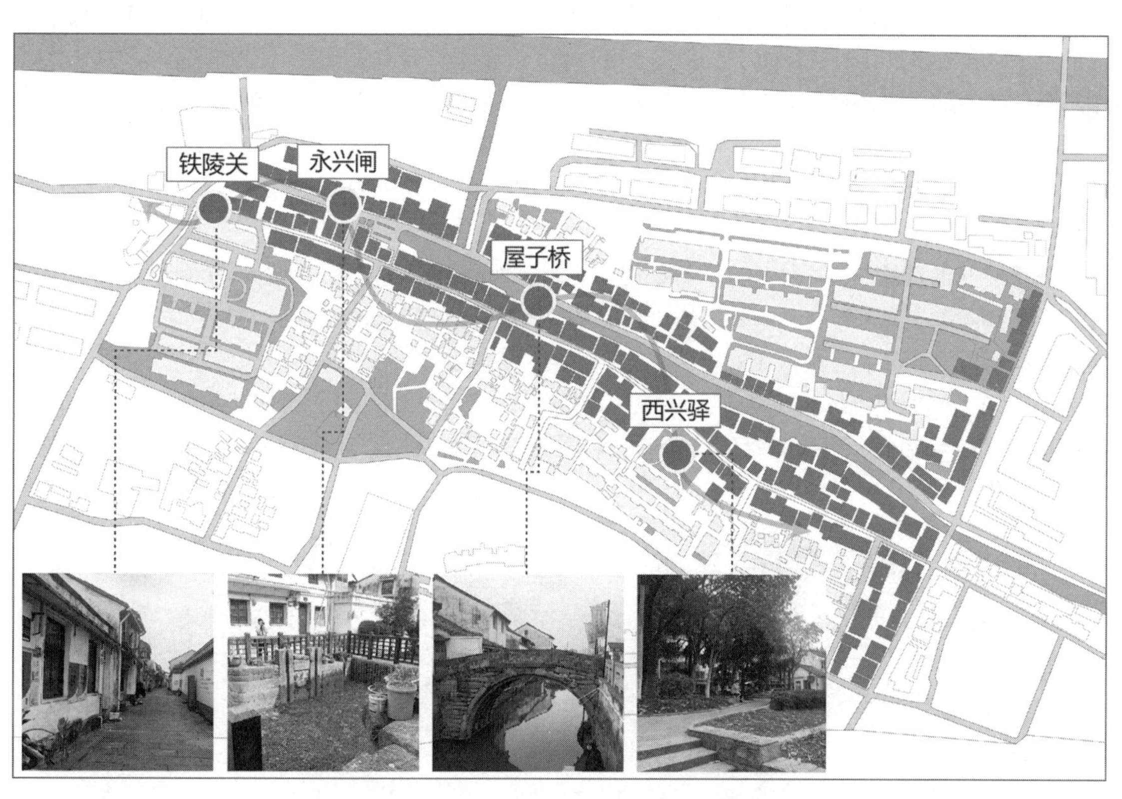

图1-39　西兴过塘行码头记忆空间连续展现

②商贸空间的延续。自运河兴起以后，西兴水上运输空前繁荣，过塘行如雨后春笋般发展起来。除过塘行外，客栈、茶馆、理发店、灯笼店、木匠店、铁匠店等各类业态散布其中，形成一番多彩而繁荣的古镇景象。由过塘行空间延续至多样商贸空间，设计采用业态场景拼贴的方法营造消费情景，使得居民的生活环境、热闹的商业氛围与人文历史的独特感受兼收并蓄（图1-40）。以具有当地非物质文化遗产特色的西兴竹编灯笼，作为营造街道场景氛围和发展西兴文化创意产业的元素与载体。通过一月一次开展西兴非遗集市，集结当地非遗传人和手工艺人，展示技艺和售卖手工艺品，吸引原住民和游客前来赶集，创造关于西兴新的记忆。

③水上空间的延续。岁月更迭，浙东运河带来物流、人流、信息流，运河两岸也成为萧山最富庶之地，但西兴过塘行码头作为浙东运河的源头却鲜有人知。通过恢复西兴官河船运功能，实现“大河通大船，小河通小船”，以水上故事线串联桥梁，形成河埠头、建筑群前的水上空间延续，以

图1-40　西兴过塘行码头商贸空间效果图

船上观赏性互动为主，节日表演性活动为辅，使得审美主体从不同视角感受西兴官河之美。西兴船只的类型也多种多样，有狭长而小、船头上翘的蚬子壳菱船；有上盖竹篷、行驶时船家手划小桨、用脚踏大桨的踏桨船；有船体较大可坐人又能装货的乌篷船；而专门用于载货的船，敞口，船身较阔，无篷，方言称罾坦船。通过多样类型船只的复原，在运河上感受船只文化，将水上空间与商贸空间、生活空间、表演空间、话语空间相互融合，形成具体而富有情感的审美体验。

（2）环境时间的连续

环境时间的延续一方面体现在一日的时间变换，西兴七十二爿半过塘行，千余米船舶，上客卸货，昼夜不歇，舟来纤往，渔火闪烁。晚清来又山的《西兴夜航船》一诗写道："上船下船西陵渡，前纤后纤官道路；子夜人家寂静时，大叫一声'靠塘去'。"通过一日早晚互动性活动营造晨间上船下船人流如织，纤道纤夫前后相接，夜晚酒肆、茶馆热闹非凡，食客凭栏坐观，眼见运河商船进出的忙碌和对岸河埠的原住民风情的繁华景象（图1-41）。环境时间的延续一方面体现在

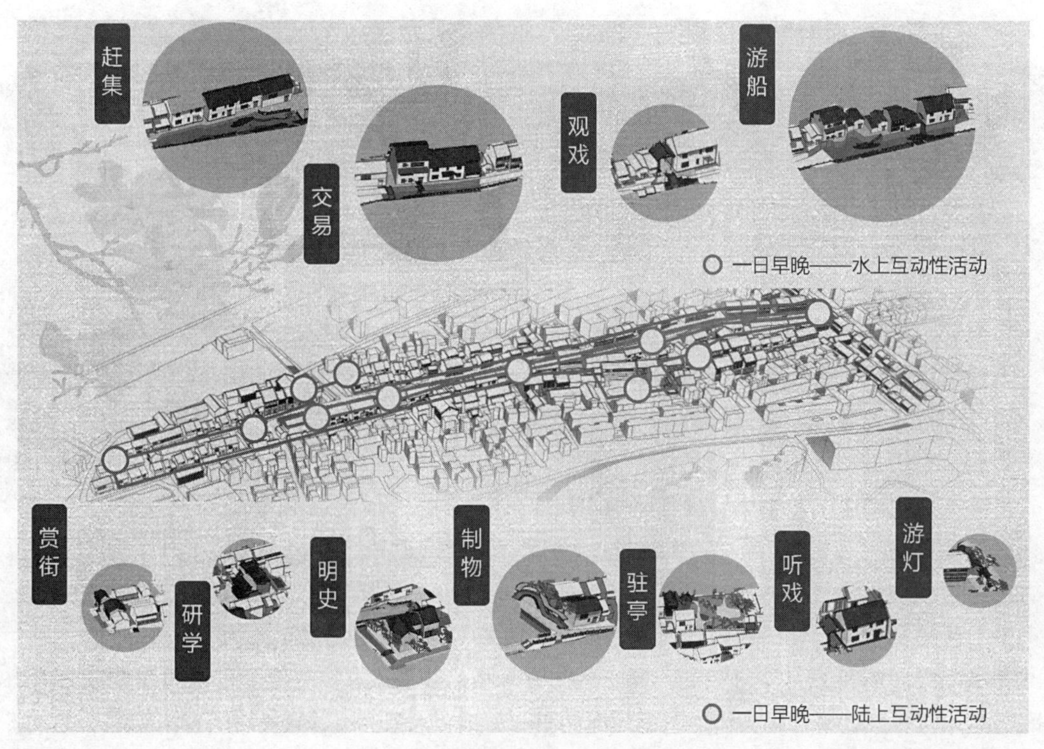

图1-41　西兴过塘行码头一日早晚活动空间展现

一年的季节变换，以春夏秋冬四季为时间轴，以节气习俗、非物质文化遗产为点，通过生活化的互动体验和生活场所营造等多种方式，立体呈现西兴人民记忆深处的“生活场景”，感受西兴文化的独特魅力。

在审美体验的兴发阶段，一方面通过凤山水城门遗址片区厢坊空间、活动空间、行政空间、教育空间和时间的延续展现；另一方面通过西兴过塘行码头片区生活空间、商贸空间、水上空间和时间的延续展现，使审美主体在进一步融入环境的过程，连续性获得中层情感感触审美体验。

1.2.4 以参与性构建深层体验感悟的审美体验设计

费孝通先生指出：“历史和传统就是我们文化延续下去的根和种子。”[100]在开放性空间中预留主体参与的场所才能使环境更具生命力，环境的审美体验不仅需要知觉的合作、空间的连续，更需要审美主体的参与而形成更深层次的精神感悟，从而更好地延续历史、继承传统文化。

1.2.4.1 从遗风余俗感悟南宋文化精神

（1）礼制习俗，人文雅韵

临安作为人口稠密的大城市，城市功能也越来越多元化，皇城宫殿、富家府第、寺庙道观、商铺瓦肆都聚集于这片土地之上。立春赶春牛是府衙一年一度的重要活动，通过还原立春赶春牛习俗，以花装点街市，开展制作纸质小春牛、春幡，佩戴春胜，张贴春帖的活动，体验古人在喜迎春天来临之时的美好祝福和憧憬，感受春意盎然之意。三年一次的明堂大祀则更为重要，每逢明堂大祀，都有象车游行，在象的背上驮一盆万年青，寓意为“万象更新”。通过AR互动方式还原游行场景，审美主体参与互动再创造，更加立体地体验礼制文化的历史背景与故事，数字再现“游人嬉集，观者如织”场景。在凤山水城门遗址上建立数字化三维模型，等比例还原当时的景观，让遗失的文化更加饱满、生动、形象；运用LED大屏、投影、纱幕等方式，使得审美主体以“第一人称”的视角体验南宋临安城，化身卷轴中的人物，在南宋的人文雅韵中唤醒文化的记忆。

（2）市井买卖，八街九陌

随着唐朝固有坊市制的突破，街市逐渐成型，在南宋时期形成了十分繁荣的消费市场，人群的频繁流动也促使城市社会生活日趋世俗化和平民化。[101]《梦粱录》记载：“每日清晨，两街巷门，浮铺上行，百市买卖，热闹至饭前，市罢而收。”[99]176临安城商品经济繁荣，店铺林立，南宋买卖文化也趋于鼎盛。其中很特别的一点是植物买卖，其来源于特别的风俗——戴花。那时的人们对花草植物爱如珍宝，不仅热衷于佩戴，而且乐于栽植。因此，在凤山水城门片区以集市活动为展现方式，南宋钱币为交易方式。四时卖花，春扑带桃花、瑞香、木香；夏扑茉莉、葵花、栀子花；秋扑茉莉、兰花、秋茶花；冬扑梅花、兰花、腊梅花，[99]184创造审美主体投入花影缤纷的流动景象空间。

（3）勾栏瓦舍，欣荣繁闹

南宋时期，商品经济的迅速发展为人们提供了全方位的休闲娱乐场所，并形成了一种集歌舞表演、商业贸易等于一体的南宋文化特色。其中最为典型的便是勾栏瓦舍（图1-42、图1-43）。《西湖老人繁胜录》记载：“临安有名的瓦肆应有清冷桥畔的南瓦、三元楼的中瓦、众安桥的北瓦、三桥街的大瓦等。北瓦最大，内有勾栏十三座。”[102]在凤山水城门片区对瓦舍进行复原，由原封闭性场所转化为开敞性场所，开展各类南宋特色曲艺、茶艺常市表演，再现抵御外敌、繁盛船运、南宋生活的场景，建立往与今的情感联结，满足不同层次的审美主体。同时设计流动表演，包括说书、歌舞、杂技等，间歇性地传播文化精神；举行每月一次的大规模集市表演，与时序性空间相辅相成。

（4）传统节庆，欢聚一堂

传统节日是我国文化遗产的宝贵组成部分，它不仅是整个民族文化延续的重要方式，而且在历史进程中不断更新，对于我们国家的文化传承具有不可替代的作用。杭城南宋时期的节日众

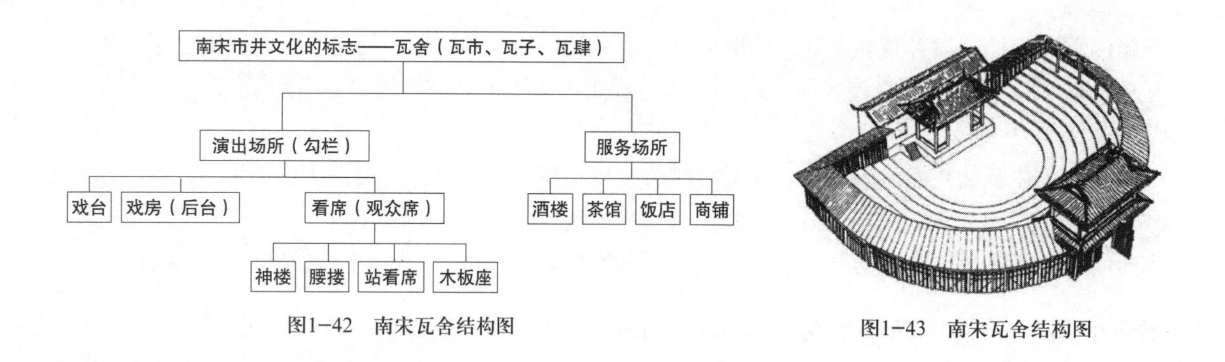

图1–42　南宋瓦舍结构图

图1–43　南宋瓦舍结构图

多，除原有的传统节日以外，还承袭了北宋的众多祭祀活动，甚至达到一月节假日十余日的盛况。[92]104主要可以分为传统节日、民间信仰节日和民间节日，包括春节、寒食节、清明节、端午节、七夕节、中秋节、中元节、花朝节、观潮节等。通过深入挖掘传统节庆内容，不断创新主体活动形式，丰富互动内容，通过生活化的场景，互动体验和生活场景营造等多种方式，立体呈现公众记忆深处的“节日场景”，将更多的人群吸引进来，形成主体文化认同。

1.2.4.2 从街巷市肆感悟西兴文化精神

（1）商贸西兴，民安物阜

西兴过塘行码头片区最为突出的文化特征便是南北客商云集、东西货物集散的繁华商贸文化。西兴过塘行码头片区的建筑群在功能上并不全是“过塘行”，据胡铁球在《明清税关中间代理制度研究》中的分析，主要分为过塘主人、店户与埠头三种类别。[103]三类商家承担着客商的贸易、搬运与运输不同环节，互相配合、互相兼营（图1–44）。因此，我们可以通过西兴过塘行的商贸交易特色，构建独特的运河情境，预先设定审美主体参与商贸行为体验的流线和路径，通过店户的角色扮演，使用过塘行特色票据、货物清单及货币进行交易体验，并用换取或在体验中赚来的西兴币前往西兴老街购买食物和手工艺品，在自主参与的过程中融入具有创意感和趣味感的体验，引导和帮助游客沿着空间意象和事件线索去寻找具有西兴特色的结局，使参与路径所体验的故事结构内容被游客感知，从而获得更为丰富和连续的沉浸审美体验（图1–45）。

（2）馆驿牌坊，盛世风韵

旧时西兴运河及上大街牌坊林立，具有很强的旌表性和纪念性，今存残体两座。迎恩坊即“迎驾之意”，其作为西兴重要的历史建筑物现今仅剩两根石柱。在保护原石柱的基础上，通过恢复牌坊青石结构，额枋间花板雕镂云龙图案，正面悬盘龙匾额“迎恩”，还原盛世风韵。西兴驿

图1–44　清西兴集市展现（图片来源：《康熙南浔图》第九卷部分）

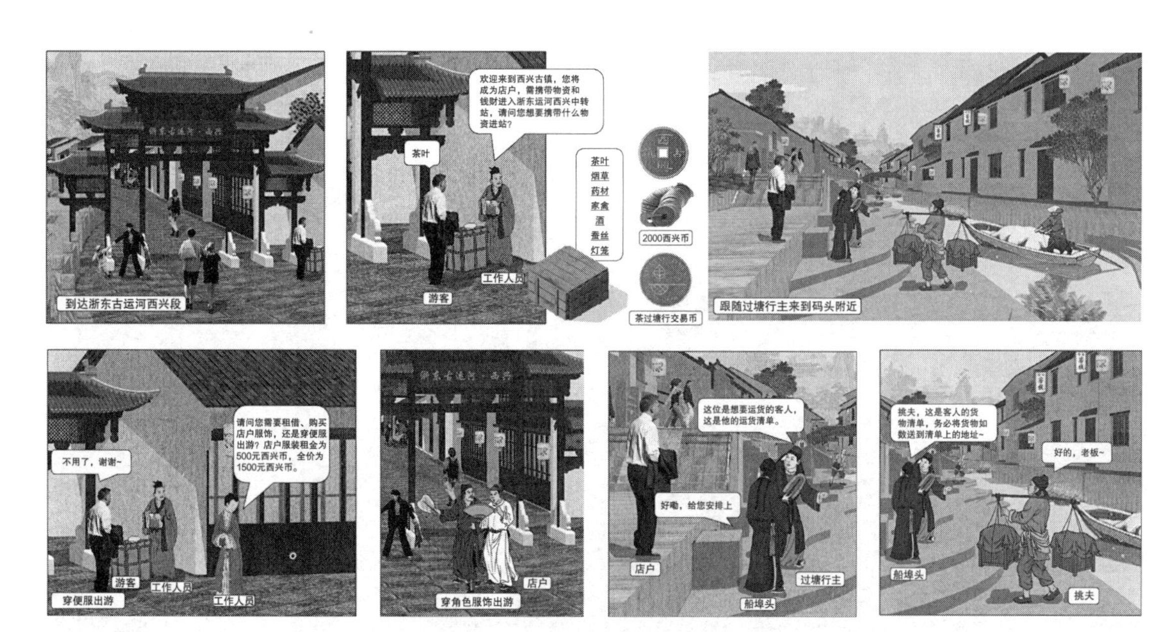

图1-45　西兴集市角色扮演体验设计

作为浙东入境首站，先有西施整妆而后渡江传说，后有文人墨客兴发诗词。白居易在《答微之泊西陵驿见寄》中诗云："烟波尽处一点白，应是西陵古驿台。知在台边望不见，暮潮空送渡船回。"通过西兴驿的重建，一方面将景观与诗词结合，在铺装、建筑立面设置诗词，另一方面通过定期举办诗词大会、诗歌解密活动，彰显西兴作为浙东唐诗之路起点的独特地位，感悟西兴诗韵。

（3）戏台街台，座无虚席

西兴曾有多处戏台，主要分为公共戏台和坛庙戏台，公共戏台包括驿前戏台、关帝庙戏台等；坛庙戏台包括明化寺戏台、慧济寺戏台等。在西兴诸多形式的戏台中，有一个别具特色的戏台叫作"街台"，这种戏台建在街道之上，舞台架空跨街，演戏时，观众伫立街头便可看戏，如有通行需要，人躬身便可通行，现已不存在。通过《西兴老街行肆图》中戏台的位置进行选择性复原，包括西兴驿处的驿前戏台、资福桥头的关帝庙戏台、屋子桥桥上戏台，再次上演正月灯头戏、五月平安戏、敬神祀潮、祈福还原等西兴经典剧目，传承戏台文化精神（图1-46、图1-47）。

图1-46　西兴过塘行码头通人街台形式复原

图1-47　西兴过塘行码头表演街台形式复原

（4）竹编灯笼，非遗传承

宋代诗人陈师道的《月下观潮》一诗云："隔岸灯火是西兴，江水清平雾雨清。"西兴竹编灯笼作为有着千年历史的文化遗产，具有地域性的工艺文化特色。传统西兴灯笼的类型依据民国《萧山县志稿》中的记载："灯笼，西兴相近各村妇女皆以此为生，有广壳、香圆、单丝、双丝、方圆、大小便行诸品，通销全省。"[89]不同类型的西兴灯笼对应着不同的用途，在各个时节也有不同的用法。通过了解灯笼类型、堂号的"秘密"，感受古时人们的生活方式。通过游人参与彩绘龙凤、剪贴姓氏的制作，感受手工艺及其背后的价值，这些体验性活动，不仅使游人增加了对非遗产品的了解，而且在这些体验活动中实现文化精神的传承。在审美体验的延续阶段，通过各种方式的参与性活动，使审美主体在融入环境的过程中，获得深层感悟的审美体验。

2 基于现象学美学的湖州运河古镇文化遗产环境设计

2.1 湖州双林古镇运河文化遗产及其审美价值分析

2.1.1 大运河（湖州段）及文化遗产审美特征与美学价值分析

2.1.1.1 大运河（湖州段）概况

湖州市域的大运河主要包括两个部分：一是頔塘，也是湖州境内开凿最早的运河，开凿于晋代，是江南运河联系湖州的重要航道，頔塘和东苕溪是湖州境内历史上有明确记载的漕运航道，合称为江南运河“西线”；二是20世纪80年代交通部门进行航道改造时将平望经乌镇入湖州练市、含山塘、新市，穿韶村漾入杭州塘栖的这段河道[104]，称为江南运河“中线”（图2-1）。

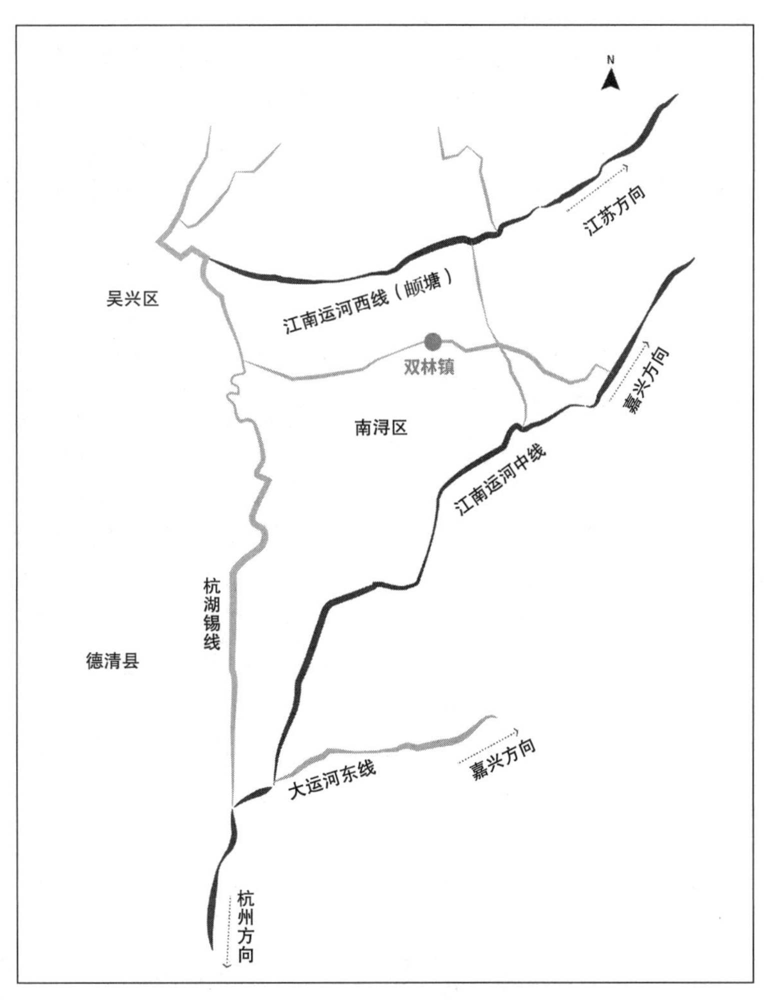

图2-1　大运河（湖州段）主要河道示意图

总体来说，大运河（湖州段）的价值内涵主要体现在水利水运工程设施以及运河聚落两个方面。

（1）水利水运工程设施方面，大运河（湖州段）保留有京杭大运河体系中最长的支线运河——頔塘，且太湖溇港促进了南太湖区域性水利工程系统的形成。同时，大运河（湖州段）两条河道的建设均充分利用原有自然条件，以大湖大河为水源，改造自然河道和天然湖荡为大运河河道，最大程度地减少工程量。大运河（湖州段）改善了区域交通状态，推动了湖州地区的内外物质文化交流，促进了湖州和环太湖地区社会经济的发展。

（2）运河聚落方面，大运河（湖州段）聚落历史久远，保存了完整的运河城镇格局，城镇因大运河而生，因大运河而兴。并且，运河聚落依托了大运河这一黄金水道，在政治上突出以漕运为主导的功能，在产业发展上突出了商业、贸易、运输、仓储等功能，双重的职能积极地促进了城镇的建设与繁荣，同时，大运河两岸大量江南水乡特色的传统民居建筑也反映了大运河的人文价值。

大运河（湖州段）的运河文化遗产在总体上得到了较好的保护与规划，但也因经济发展与运河功能衰退等原因导致部分文化遗产遭到破坏，或出现不同程度的衰败。表现在以下两个方面。

（1）航运功能依旧繁盛，水利工程设施面临衰败。大运河（湖州段）航道除个别地段外，全线基本达到四级航道标准，沿线共有跨河桥梁18座，港口设施30余处。但是，不同于大运河（湖州段）航道的繁华，传统的运河水利工程设施却相应衰败，或已移为他用，曾经大量分布的大运河埠头、货栈、驿站等大运河航运、管理和服务设施已经消失。作为大运河演变重要历史见证的大运河水利工程设施整体保存状况不佳，这对大运河的完整性与延续性产生不利影响，如新市镇散落的河埠头群，由于近代废弃不用，多已破损。

（2）运河聚落格局保留，整体风貌遭受破坏。大运河（湖州段）两岸至今仍然保留着许多历史古镇与历史文化街区，聚落与大运河的格局关系较为清晰，但是，随着运河聚落的快速城镇化，整体风貌正受到现代建设的影响，同时，传统民居正面临随时被拆迁的局面，如练市镇老街区及双林古镇中，即便是粮仓、运粮码头、米厂等近现代工业遗产，同样陷于被拆除开发的危险之中。

2.1.1.2 大运河（湖州段）文化遗产的审美特征

在研究大运河（湖州段）及双林古镇运河的过程中，需了解它们形成的过程、所具有的特色、发展的趋向，以此为依据，挖掘湖州运河特色，洞见双林古镇运河的地域特色。湖州段运河文化遗产的审美特殊性主要体现在四个方面。

（1）运河水网密布，并形成溇港体系。湖州市境航道由京杭运河、长湖申线、杭湖锡线三线构成水运网络主骨架，7条支线航道及县区内航道与主骨架共同构成水运骨干网络。面对众多的运河河道，就需要选择沿线遗产较多、最能体现湖州特色的重要河道予以重点规划设计，并在遗产与运河风光展示中突出纵横交错的运河水网所形成的位位相接的“塘浦圩田”水利系统，及湖州特色的运河水乡风景线，在游线与观赏点中设置视点较高的位置，使主体能够体验水网棋布、圩圩相承的大地景观格局，和桑稻广布、菰葭丛生的乡村田园风光（图2-2）。

（2）航运是湖州运河重要审美对象。湖州段江南运河正河，目前航运繁忙，仍旧承载着货物运输的重要功能（图2-3），属于“活遗产”。因此，在景观环境设计上需要将运河功能与运河景观相结合。可以将运河航运观赏点与游线结合，如在新市镇敬业亭等标志性的开阔空间，置入临河的观景平台或景观小广场，使主体可以近距离感受运河的波澜壮阔与货船呜呜声交融的气势之美。除此之外，还可以通过新媒体互动等技术，还原运河航道之间的调度与秩序，展现运河的繁荣之象。

（3）运河遗产围绕城镇分布，形成历史文化街区。在湖州段运河及其支流的两岸有南浔、双林、练市、善琏、新市等城镇（图2-4）。这些古镇，有沿河港两侧展开的民居和商铺，石条河埠

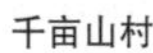
千亩山村　　星敏村　　义皋村

图2-2　湖州溇港圩田

经过练市镇的货船　　练市镇运河主航道

图2-3　练市镇航运现状

练市古镇　　善琏古镇　　新市古镇

图2-4　湖州市古镇部分图片

整齐美观，垂柳依岸，小桥流水，天然真趣，构成了独特的运河景观。基于此，应梳理聚落与运河相伴相生的关系，突出运河在城镇的经济发展、文化交流与历史沉淀中的作用，并挖掘不同聚落的人文特色、运河故事、遗产建筑、风俗习惯，与运河景观相结合。

（4）古桥梁数量众多，特色突出。“运河水乡处处河，东南西北步步桥”的谚语，形象地反映了湖州运河水乡河桥相依的独特风韵。运河桥梁以其历史性、艺术性和文化性成为大运河文化的重要组成部分。湖州现存宋代以来的古桥千余座，有各级文保单位107家，是江南运河古桥的集大成者（图2-5）。因此，要保护为先，同时展现桥梁细部如柱头、抱鼓石、吴王靠等工艺之美，传承湖州的桥梁文化，打造桥梁连接两岸、连接经济、连接历史的精神美。

2.1.1.3 大运河（湖州段）文化遗产美学价值评析

湖州地处杭嘉湖平原地区，北濒太湖，西部为丘陵山地。运河沿线带状空间的连续性和沿线大小城镇、乡村所形成的局部放大节点构成了大运河景观环境的基本特色。[105]大运河（湖州段）

潘公桥　潮音桥　妙济桥

明溪塘桥　埭溪塘桥　永安桥

图2-5　湖州市古桥部分图片

文化遗产美学价值主要可以归纳为四点。

（1）纵横交错的支流水网，千年沉淀的运河故道。“山从天目成群出，北傍太湖分港流。行遍江南清丽地，人生只合住湖州”，宋末元初文学家戴表元的这首诗写出了湖州的自然地理样貌。湖州是一座因湖得名的城市，但湖水的流淌却始终离不开纵横交错的河道，而京杭大运河则是湖州得以滋润的重要干渠。它与其他运河水系共同构成杭嘉湖地区横贯东西、纵穿南北的水上运输网络。它们都经历了很长的历史变迁，沉留下众多文化积淀。

（2）各具风姿的石拱桥梁，位位相接的塘浦圩田。湖州古桥如天上的繁星一样，不胜枚举，大运河（湖州段）及其两侧支流分布着大量的古桥，潘公桥、潮音桥、双林三桥、頔塘故道双桥、莫蓉八字桥、菱湖安澜桥等就是其中杰出的代表。各具风姿的桥，有的像一轮弯月，似俏娇的姿容，有的像一把弓，似无穷的力，造型美观，各具特色。而由湖州先民创造的頔塘、溇港和“塘浦圩田”组成的古代水利系统，构成了“鱼米乡、水成网、两岸青青万株桑”的水乡风景线。

（3）中西合璧的江南宅第，宛若天开的近代园林。“建筑成了时代的镜子。”[106]湖州运河两岸建筑具有独特的风格与文化理念：以中华大文化为主线，包含其他地域乃至海外的建筑文化。多种文化融合一起，形成与其他江南运河聚落在建筑形式上的不同特色。童寯先生《江南园林志》云：“南宋以来，园林之胜，首推四州，即湖、杭、苏、扬，而以湖州、杭州为尤”，[107]湖州运河两岸的近代园林，步移景异，颇具匠心，让人品味到“虽由人作，宛如天开”的意境。

（4）柔美诗意的老街民居，西风东渐的人居环境。湖州运河沿线的古镇因水成街、因水成市。自然条件的优越、经济与文化的繁盛，使其发展成为具有居住、经济和生产等各种功能的城镇。运河两岸中西合璧的建筑，既充满着江南独特的文化韵味，又折射出“西风东渐”的洋气和灵性。

2.1.1.4 大运河（湖州段）重要遗产点——双林古镇

湖州市双林镇东连乌镇，北通南浔，南接新市，西达頔塘，是江南运河的区域枢纽之一。双林镇作为大运河复线（双林塘）上的国家级历史文化名镇，是湖州市区除了南浔古镇以外保存最为完整、格局最为鲜明的运河古镇。[108]55

双林镇因形如飞舞之凤凰，又称凤凰镇。因为商人活动的流动性，把运河的气息带回自己的家乡，在双林镇形成了双林绫绢、双林三桥、双林码头等独特的运河文化和人文景观。2008年，双林设置古镇保护区，双林三桥及港北埭、金锁埭、虹桥口等地段面积约0.3平方千米范围内，各级文物保护项目约占全镇的40%。[109]15-16该古镇保护区范围内运河文化遗产涉及众多类型，构成比较丰富，根据《国际运河史迹名录》所制定的评价标准，主要包括运河水利工程遗产1处，即湖嘉申航道过境段——双林塘；运河航运工程遗产8处，全部为桥梁，其中全国文保单位1处，湖州市文保单位3处；运河聚落遗产1处，即国家级历史文化名镇双林古镇；运河其他物质文化遗产3处，其中双林航船埠头为湖州市文物保护单位；以及运河沿线的非物质文化遗产。

在浙江政府发布的《大运河诗路建设、钱塘江诗路建设、瓯江山水诗路建设三年行动计划（2021–2023）》中，双林镇成功入围大运河诗路首批36颗“珍珠”名单。但是，随着双林的城镇化与经济衰退，双林的运河景观风貌发生了一系列的改变，部分传统建筑界面保存不完整，新建建筑、景观环境与大运河沿岸历史环境不协调，同时，传统的运河水利工程设施相应衰败，传统民居也面临着随时被拆迁的局面，双林成了运河上一颗被遗忘的“明珠”。

2.1.2 双林古镇运河渊源及绫绢文化

2.1.2.1 双林镇运河水系与湖嘉申线过境段：双林塘

双林镇是浙江省名镇之一，历史悠久，也是江南水乡著名古镇之一。[110]据附近洪城和花城古文化遗址发掘考证，汉唐时已成村落，名东赫；南宋时，北方商贾随宋室南迁集居于此，故又称商林。[111]2019年1月，双林镇入选第七批中国历史文化名镇。双林镇位于湖州市东、頔塘南。东邻南浔镇、练市镇，南接善琏镇，西连和孚镇和石淙镇，西北界旧馆镇，[109]11河道纵横，水网密布。

双林区境水系历经几百年变迁，河道逐步开通，据民国《双林镇志·水道》记载，双林有漾24处，塘5条，溪4条，荡4处，港7处，河2条，湾8处，池3处，滩2处，泾汇6处，泉、井、濠各3处。据2006年河道水域调查，双林现有大小河道280多条，北有頔塘，东有含山塘与京杭大运河相接，南有善琏塘，与善琏交界，西接苕、霅二水，流经双林，把大大小小的河港漾荡串连成“水塘圩浦”。其中，市级河道8条，区级河道8条，镇级河道41条，镇级以下河道计230多条，全部处在京杭大运河水系内。

双林镇境域内的航道有七段，包括长湖申航道过境段、湖嘉申航道过境段、菱湖—练市航道、袺村—丁堡航道、三田漾东荣村（頔塘口）—莫蓉七星塘航道、洪城—含山（大虹桥）和三济桥东口—善琏。其中，长湖申航道双林过境段起自新兴港，经旧馆、三田漾、三济桥与袺村相接，全长约10公里，即頔塘在双林镇的过境段，该航段为人工运河。

运河与双林镇最密切相关且意义最大的航道是湖嘉申航道过境段，也就是双林塘。双林塘位于镇北，开通于唐宝历中，今仍称其名。《凌志》：“西风光漾达郡城（湖州）五十四里（27公里），东石漾达乌镇三十六里（18公里）。”如今，湖嘉申航道自湖州三里桥始流经袁家汇、思溪、重兆、镇西、双林镇、练市安丰塘桥至日晖桥与京杭运河浙境段相接，是湖州至嘉兴航道近线，双林境内约12.5公里。双林塘进入双林风光漾后，穿越万魁、化成、万元三座3孔石拱桥，三桥总距离不足300米，通航孔径最大径跨8米，两岸间宽仅50米。双林塘为双林古镇留下了众多历史记忆与运河文化遗产。长期以来，三桥多次被船舶撞坏，严重危及石拱桥安全，因此，为保护国家重点文物保护单位双林三桥，2004年1月，双林另开辟新航道，新开航道在双林境内全长6.129公里，在镇北绕行。

2.1.2.2 双林古镇历代航运水利变革与运河渊源

民国《双林镇志·文存》中有《水利管见》一文：“吴兴居震泽上游，环郡皆山，其水自天目之阳，从余杭而来者为雪水；自天目之阴，从孝丰而来者为苕溪。二水会合其巨流，入安定门，出临湖门，直趋大钱、小梅等处，以入太湖。其支流东行，自运河之南，巨源百委，会同北流向，俱从乌程二十七溇，暨吴江九溇，输泻人湖。故吴兴之水，赖此奔纳。”双林的运河航运与水利发展至今日的盛况，经历了长时间的沉淀。

三国吴时，乡间广行屯垦，带动水利。东晋咸安年间（371~372年），苕南谢村人太守谢安开城西官塘；南朝大明七年（463年），太守沈攸之筑双林塘。唐和五代时重水利，宝历中（825~826年）刺史崔元亮开五塘（双林、洪城、保稼、连云、凌波），并开通原东林村要口，西来之水可直泻东去，“双林塘自风光漾达郡城五十四里，东石漾达乌镇三十六里”。《渔唱》：“花城东达古洪城，安稳桃花牛背行。捍水筑塘标政绩，唐家老守最知名。”唐咸通年间，乡间普竣塘浦，修筑圩堤；宋嘉祐五年（1060年），大筑田塍，往往相接；南宋开通盛林山旁河，使南水直接顺流而北；明万历，西林兴，由尹珩第陆府改开街，开通双林市河，并与河界桥相通，东西两潭相通，甲申年（1584年），沈和开涌南兜，双林老镇水系形成。清咸丰元年（1851年）大旱，市河开浚，挑涤数尺。癸亥年（1863年），宗善司事提分开浚较前为深，西艺东荡、清风潭、长坂桥潭、沈河坊荡、河界桥潭等，使镇水业流而畅；民国时，吴兴东部水网平原几乎无水利可言；新中国成立后，1950~1953年以修补残缺堤岸为主，从20世纪70年代中期开始，区境内调整不合理水系，填平弯曲小河，开凿河道，改建阻碍水流的小跨度古石桥梁，新建闸门等配套运河水利建筑。[109]519-520

千百年与运河的共生共存，让双林古镇成为湖州市区大运河复线上除了南浔古镇以外与运河关系最为密切的典型样本，也是江南水乡运河文化聚落体系的典型代表，[108]50-56而运河也使得双林古镇时时繁荣昌盛。江南运河水网支流双林塘从双林镇中穿过，它东连乌镇，北通南浔，南接新市，西达頔塘，使双林古镇成为江南运河的区域枢纽之一。

2.1.2.3 双林古镇绫绢文化与运河记忆延续

双林绫绢制作拥有4700多年的历史文化，三国时期已有“吴绫蜀锦”的美称；唐宋时期，双林绫绢受到文人墨客的青睐。诗人白居易曾有诗曰：“异彩奇文相隐映，转侧看花花不定。”[112]双林绫绢被誉“丝织工艺之花”，在我国传统的丝织品——绫、罗、绸、缎中，绫绢居于首位。绫绢的花纹排列多秩序和谐、统一、平衡，纹理体现古典雅致的艺术性。图案有云鹤、双凤、环花、古币等七十多种，雍容华贵，古朴文雅，象征美好事物的图案与绫绢的结合，更加展现绫绢的高贵品质，富有美好的寓意。追溯双林绫绢的发展，可以发现运河对绫绢的运输、交流起到了重要的作用。大运河给双林绫绢提供了便利的交通环境，带动了双林经济发展，从古至今，大量绫绢从双林运出。《庆善庵新修观音楼序》中的“双林溪左右延袤数十里，俗皆织绢，于是四方之商贾咸集以贸易焉”“侵晓衣冠上绢庄，满街灯火似黄昏”[113]就生动地反映了双林镇上丝市繁盛时期，街巷河道聚满人与船的胜景。

绫绢、双林与大运河三者的相辅相成有悠久的历史。明万历《湖州府志》就有记载，“湖州府每年运京漕米44.7万石，麦0.88万石，丝、棉76万两，纱绫平年1380匹，闰年1495匹，马草36.5万包。其中，部分漕米、丝和大部分纱绫从双林运出”。至清光绪十六年（1890年），湖州府漕运15.4万石，其中乌程（双林属乌程）4.46万石，这些漕粮和丝、绫均通过漕运出东双林至南浔，或至乌镇达平望与其他漕船相合，过常州漕河出水门，浮江而过人扬州，由大运河达通州。清道光六年（1826年）漕粮由海运至天津，再达北京，双林人郑祖琛时在京城专司漕运剥船各事宜。民间运输主要依赖木帆船及绍兴人所谓快班船，双林有3家，竹木则靠扎排，顺水而下至双林。清道光二十四至二十七年（1844~1847年）湖丝出道32000多包（每包重40~50公斤），同治元年（1862年）出运10万包，而且南浔、双林、菱湖丝商多有开“漂洋船”贩丝。民国时期双林地区每年用木帆船运输蚕丝1万~1.5万包，绫绢、丝绸织品1000万匹左右。[109]565-566

因此，为了复兴运河与双林绫绢之间的交融，可以通过展现双林塘通航时期绫绢运输的繁华景象与运河带给双林的发展效益，来彰显双林古镇的运河价值；通过还原运河与绫绢的制造至运输的过程，并与运河遗产节点串联，来营造有双林特色的运河审美体验；通过绫绢元素符号的提取、形式价值的运用与景观环境结合，将绫绢的元素有机结合到景观环境中。

2.1.3 双林古镇运河文化遗产审美现状分析

2.1.3.1 双林古镇运河文化遗产保存现状

双林以江南水乡文化、运河绫绢文化与佛教文化为根基，拥有众多历史遗迹、民风民俗和独特的民居建筑与城镇格局。但是，双林古镇依然存在许多痛点问题，导致其运河文化古镇的标识性不强。根据《国际运河史迹名录》所制定的评价标准，可以将双林古镇区域的运河文化遗产进行分类，以分析其保存现状（表2-1）。

双林古镇运河文化遗产保存现状　　表2-1

遗产类别	遗产名称	保护级别	保存现状
运河水利工程遗产	双林塘		已另开辟新航道，现遗存双林塘已无航运功能。整体保存状况欠佳
运河航运工程遗产	万元桥	全国文保单位	抗战时期的弹痕至今仍依稀可见
	化成桥	全国文保单位	桥身磨损较严重，南北各置一对伏狮，现南堍伏狮不存
	万魁桥	全国文保单位	桥身磨损较严重，尚存桥联一副
	虹桥、望月桥	湖州市文保单位	桥身有磨损，1995年二桥连接河岸处增建护栏石板5块
	金锁桥	湖州市文保单位	南侧楹联已不成对，曾被盗贼拆卖桥栏板
	镇安桥	湖州市文保单位	桥东堍和桥面板曾被炸断，后修复
	万安桥		现桥为1944年改建的石桥
	永丰桥		桥身磨损较严重
运河聚落遗产	双林古镇		格局可见双林塘及支流与聚落的交融共生，运河文化风貌损坏
运河其他物质文化遗产	西荡航船埠头	湖州市文保单位	古“航船埠头”早已荡失，现仅保留石围塘遗存
	高兴记米行		老屋尚存
	丝绢公馆		拆除大部分建筑，仅剩部分遗存
	绢庄行坊		现存沈裕生丝绢庄、钮裕成丝绢行、孙万顺染坊、西高桥蚕房等，保存状况不佳
运河沿线非物质文化遗产	双林绫绢		2008年被列入第二批国家级非物质文化遗产项目名录

（1）运河水利工程遗产。双林古镇区域内双林塘航线已另开辟新航道，现遗存双林塘已无航运功能，堤岸为条石砌筑，沿河石拱桥贯通，两岸植被破坏较为严重，沿河建筑风貌破败，整体保存状况欠佳。

（2）运河航运工程遗产。万元桥，抗战时期的弹痕至今仍依稀可见，原桥南堍有东西向6级石阶，2008年大修时未复原。化成桥，桥身磨损较严重，南北各置一对伏狮，现南堍伏狮不存。万魁桥，桥身磨损较严重，尚存桥联一副。虹桥和望月桥，桥身有磨损，1995年二桥连接河岸处增建护栏石板5块，连接6个望柱，两头有抱鼓石。金锁桥，南侧楹联已不成对，曾被盗贼拆卖桥栏板。万安桥，现桥为1944年改建的石桥，混凝土桥面。镇安桥，桥东堍、桥面板曾被炸断，后修复。永丰桥，桥身磨损较严重。

（3）运河聚落遗产。双林古镇格局可见双林塘及支流与聚落的交融共生，但古镇交通混乱，建筑拆改较多，无序建设较为严重，部分地段建筑立面形式改变较大，外立面及建筑内部构件破碎严重，大量现代建筑材料广泛使用，运河聚落文化风貌损坏。

（4）运河其他物质文化遗产。西荡航船埠头，古“航船埠头”早已荡失，现仅保留石围塘遗存。高兴记米行，老屋尚存。丝绢公馆，因建双林人民剧场，拆除大部分建筑，仅剩部分。绢庄行坊，现存沈裕生丝绢庄、钮裕成丝绢行、孙万顺染坊、西高桥蚕房等，保存状况不佳。

（5）运河沿线的非物质文化遗产。双林绫绢，2008年蚕丝织造技艺（双林绫绢织造技艺）被列入第二批国家级非物质文化遗产项目名录。[114]

综上，双林古镇区域范围内运河文化遗产整体保存状况欠佳，环境现状堪忧，正逐渐走向衰败。

2.1.3.2 双林古镇运河文化遗产审美展示现状

双林古镇作为运河旁一颗被“遗忘”的明珠，有其独特的运河文化遗产价值与特色，遗产涉及众多类型，构成比较丰富，部分遗产价值突出、观赏性高，如双林三桥、虹桥、望月桥等，具有很高的历史与艺术价值，双林塘两侧的古镇脉络与肌理，有浓郁的地方特色，具有观赏潜力强、人文底蕴丰厚的特点。

但是，双林古镇的运河文化遗产展示及再利用存在以下几个问题，导致遗产审美体验较差。

（1）遗产处于自然开放状态。双林古镇运河文化遗产基本处于自然开放状态。没有开展有组织开放的管理和参观游览配套服务。

（2）古镇缺失运河相关的主题。双林古镇整体宣传主题与大运河文化主题的关联度不足，基本作为江南水乡聚落进行宣传，缺乏大运河文化主题性的展示。

（3）展示方式相对单一和无序。遗产实物现状展示是大运河遗产最主要的展示方式，虽然该方式有助于真实反映遗产历史环境，但该展示方式受制于遗产保存现状和环境状况，难以全面真实地揭示运河遗产文化内涵。

（4）遗产文化内涵有待进一步揭示。传统的标示说明是目前双林古镇运河文化遗产展示中采用的主要手段。在双林古镇中，信息时代下各种新型展示手段还未得到广泛采用，且遗产周边环境的破败，制约了双林古镇运河遗产文化内涵的深度挖掘和整体性展现。

（5）尚未建立覆盖古镇核心范围的展示路线。目前尚未开发覆盖整个双林古镇的遗产展示线路，仅建国路、米行埭等个别区域设置了大运河民居的展示指引游线，但这些内容未作为古镇文化遗产重点展示线路予以突出和强调。

（6）交通方式单一。车行交通占据绝对主导地位，尚未建立有效的综合游览交通体系。受制于双林塘现状及运河遗产周边环境的影响，目前遗产展示主要依托陆路游线，因此车行交通成为联系各遗产点的主要交通方式，尚未组织开展水上游线。

（7）尚未布置专门的游客服务设施。双林古镇目前主要依托城镇原有的相关设施，遗产点和河道的配套服务设施比较匮乏，且没有对水上服务设施给予特别关注，需要进行改造规划。

综上，双林古镇遗产具备较高的文化价值和利用潜力，但价值挖掘和内涵展示亟待深化，遗产的利用方式相对单一，深层次的价值发挥和内涵展示受到制约，遗产的大运河文化特征未得到充分显现，大运河交通纽带功能有待开发，需要通过系统规划予以有效整合，建立完善的双林古镇运河文化展示游线和交通体系。

2.1.3.3 双林古镇运河文化遗产审美主体需求

在对双林古镇进行实地调研中编制了针对双林古镇原住民和游客的调查问卷，共发放问卷130份，收回有效问卷126份。同时，笔者就相关问题访谈了19位原住民。以下为问卷与访谈调研结果分析。

（1）双林古镇年轻活力流失，老龄化严重。问卷受访者中，18岁以下样本占3%，18～30岁样本占10%，31～40岁样本占14%，41～55岁样本占43%，55岁以上样本占30%。中老年人总体占比较高（图2-6）。

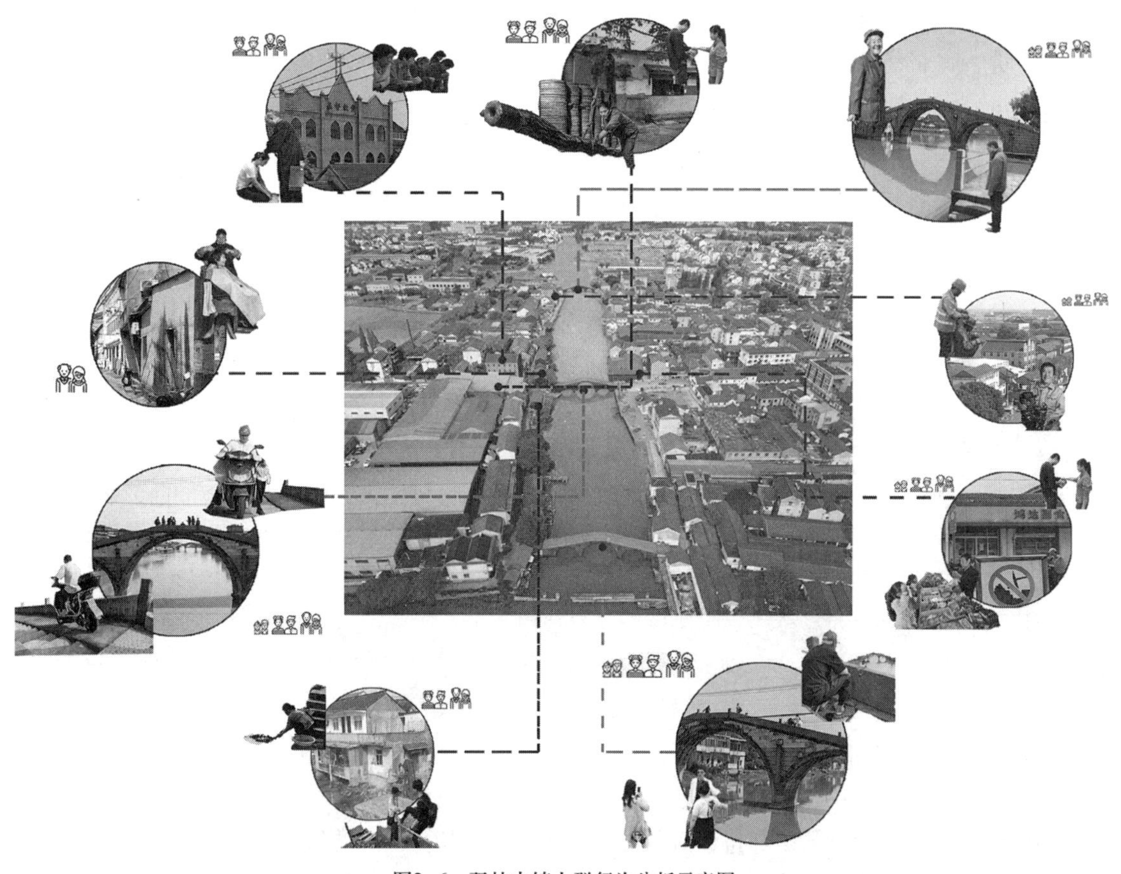

图2-6　双林古镇人群行为分析示意图

（2）居民认为既要保留原有的文化遗产，也要注入新的发展理念，建设新老有机融合的新双林。当地居民普遍认为双林古镇景观环境日益改善，但依旧处在破败落后的状态，在开发与改造的过程中应该保留古色古香的传统韵味，同时也要将整体环境建设成适应时代发展需求的新环境。

（3）居民原有的与运河相关的生活方式已经消逝。因为双林塘河道的管理及经济发展的原因，居民洗涤、淌水、捕捞、运输等与运河相关的生活方式已经消失，当地管理的措施缺少人性化，缺乏实用性的公共设施，日常生活受到影响。

（4）居民普遍对当地历史文化与遗产有自豪感。当地居民普遍认为双林的人与文化有和谐之美，安静、休闲的环境与心境可以带来美的感受，居民并不排斥游客的到来，反而认为游客可以带来人气和收入，且有利于传播双林文化。

（5）居民认为最能代表双林的运河文化遗产首先是双林三桥和古建筑，其次是历史名人、风土人情，双林塘及沿河景观环境成为居民们心中的“残败”之处。尤其是双林的古桥风化严重，急需保护与修缮，古桥作为主要交通路径，载荷量过大。建筑外立面及建筑内部构件破损严重，保护措施严重不足，古镇风貌损坏，文化宣传无力，并存在安全隐患，当地居民的保护意识仍显不足，还需加强遗产保护措施制定与实施。

（6）居民普遍希望双林绫绢文化能够得以传承。双林的绫绢文化逐渐走向衰败，主要表现在三个方面：一是花色形式单一，元素传统，受众面较小；二是产品功能单一，实用性不足，多以装饰、摆件为主，缺乏竞争力；三是绫绢文化传播度不高，在大众的印象里缺乏存在感，文化传承度降低。

基于以上问题，如何彰显双林古镇的运河文化遗产价值，如何营造有双林特色的运河文化景观，如何让当地人建立起更强的认同感和自豪感，如何重现居民与运河的联系及运河古镇特色生活方式，如何加强运河文化与当地文化的展示，如何在现有运河文化遗产风貌的基础上进行保护性的设计介入，将是双林古镇规划与发展的重点问题。

2.1.4 双林古镇运河文化遗产审美价值评析

在双林古镇文化遗产审美体验的设计与营造中，对遗产价值的分析与挖掘至关重要。运用现象学美学理论与方法，深入研究审美对象，确定其形式价值、模仿价值和积极内容价值，构建一套具有普遍意义的审美体验理论框架，即运河文化遗产的审美结构，从而感知其价值，感悟其精神。

2.1.4.1 双林古镇运河文化遗产的形式价值

形式价值又可称之为“节奏韵律”或“和谐律动”。形式价值是艺术形式的基础，是审美价值的第一层次。双林古镇运河文化遗产的形式价值主要体现在古镇格局和桥梁上。

（1）四水环绕、凤凰形胜的水乡格局。双林，古时亦称凤凰镇，曾经与湖南湘西的凤凰古城一样清秀而美丽。有所不同的是，双林这只“凤凰”，其凤头凤尾都由石拱桥所组成。民国《双林镇志》卷一“形胜”中载，姚荃汀双溪棹歌序：“双林有凤凰飞舞之形，南杨道桥为凤首，桥堍双井为凤目，东虹桥、西高桥相对为凤翼，北化成、万元、万奎三大桥为凤尾。”棹歌云：“日出烟销水道长，仰看凤尾化鼋梁。何人附尾翔云表，东瞰姑胥南古杭。”双林才子罗开富先生在其《湖州人文甲天下》中对双林的“凤凰”也有过这样精彩详细的描述：“双林塘上的万元、化成、万魁三桥，是近6平方千米内的以凤凰展翅为主题的凤尾。而塘桥头的头——凤凰头是正前方约3千米的阳道桥。此桥是单孔拱桥，桥形似鸟头，紧挨桥边的两口水井是凤凰的眼睛，在凤头与凤尾中间的两边各建有对称的东虹桥、西角桥，形如凤凰翅膀。中间的凤体就是古镇双林。在凤头与凤尾直线上建有章家弄、塘桥弄等弄堂作为脊椎骨，其他密布的桥为肋，形态各异的民居中插建的许多小花园或凉亭或池塘为凤身上的羽花。”双林古镇四水环绕的格局既是城镇与运河共生共存的完美见证，也具有自然秩序的审美价值（图2-7）。

（2）工制坚实，斑驳沧桑的石拱桥梁。双林运河遗存，当以古石桥最显要，尤以双林三桥和大小虹桥最著名。桥体魁梧，工艺精湛的万魁桥，桥长51米、宽3.2米、高6.8米，桥栏板与24根望柱相接，龙门石浅浮雕“双龙戏珠”，有两对云雷纹抱鼓石，桥心石长22米，为法轮变形图案，整块铺筑桥面，为江南石拱桥鬼首。古色犹存，方而为圆的化成桥，全长46米，宽3.4米，高6.6

图2-7 双林古镇平面格局鸟瞰

米，拱券采用分节并列式砌置法，石栏板与16根望柱相接。挺拔秀丽，石狮惟肖的万元桥，全长51米、宽3.5米、高7米，龙门石为浅浮雕“双龙戏珠”，饰刻姿态各异的石狮10对，栏板末端设有云雷纹抱鼓石。大小虹桥东西、南北直角相连，二桥拱券均以纵联分节并列砌筑，肩墙靴钉式砌筑，共同构成双林一大名胜古迹。双林三桥巍峨耸立，齐足并驱，形影相依，层见叠出，有序列统一之感（图2–8）。石拱桥是中国四大传统桥型之一，它以其独特的艺术形式、精美的雕刻和精美的装饰，反映了中国审美情趣的民族传统，而双林的石拱桥将这一对称平衡之美展现得淋漓尽致。另外，双林石拱桥身上多种样式的纹样肌理也具有韵律和谐的审美价值。

图2–8　双林三桥

双林古镇运河文化遗产的审美形式价值具有三种意味：第一，它们将秩序和连接方式带至古镇之中；第二，它们是人们接纳、体验双林古镇的先决条件；第三，从主客体关系看，只有当客观对象具有某种节奏韵律时，才能更好地被审美主体所领会。

2.1.4.2 双林古镇运河文化遗产的模仿价值

模仿价值包括两种方式，它是“忠实于自然的意象”与“形象化”的再现，指艺术对现实的模仿，甚至是对所感所想的模仿，其次，模仿价值更重要的不是再现存在，而是再现存在的本质[32]158。双林古镇运河文化遗产的审美模仿价值主要体现在雕花纹饰与民居建筑上。

（1）精湛仿意，形式独到的雕花纹饰。如望月桥上的龙门石雕花纹为一组禅意之作，鱼身、龙头云纹，佛门称摩羯纹，极为罕见。万元桥上姿态各异的10对石狮既是对狮子的意象模仿，也是中国传统石狮意味的再现，栏板末端抱鼓石的云纹是云彩缥缈虚无的写意之感与喜庆团纹的综合写照。化成桥的16支望柱采用莲花的形式，以精简的花瓣样式展现了莲花的曼妙美感。而万魁桥上修复的望柱则有灯柱之意象，再现了民国《双林镇志》（续记）“桥畔向缆客船，多乘夜行，谓之夜航埠。桥上设立灯杆，灿烂如昼，四方商贾望杆云集”[115]一句中灿烂如昼的灯杆的形象与趣味（图2–9）。

（2）白墙黛瓦，江南韵味的民居建筑。江南古镇的特征是意象的、理念的，而老街、民居往往把这种意象和理念活化出来，让人感受。双林古镇的民居建筑完美集合了江南水乡建筑的特色符号。双林古镇民居形式各异，房屋的形制与大小、石库门的规模、门额的装饰、门窗的格式、路面的铺设等都各不相同，独具个性的民居相拼，却联结成韵味独到的江南双林（图2–10）。刻有古典浮雕的大宅正厅，幽静绵长的小巷，墙门内的天井、屋面、勾栏、檐口、山墙、坡顶、石门框、客堂间、厢房、阳台、灶间、后门、栅栏等空间形态，构成了双林古镇江南文化的精彩符号。

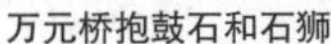
万元桥抱鼓石和石狮　　化成桥柱头　　万魁桥石柱

图2-9　双林三桥部分细节图片

埭北弄的民居　　虹桥弄的民居

图2-10　双林古镇的民居建筑

双林古镇运河文化遗产审美的模仿价值在于，使人们能够强烈体验到模仿所再现的自然之美。如果说和谐律动的形式价值有助于人们从外部领会客观对象，那么模仿中的本质则能帮助人们从内部领会审美客体，[32] 162从而实现自我对双林古镇较全面的把握。

2.1.4.3 双林古镇运河文化遗产的积极内容价值

审美的价值也存在于审美客体所包含的积极内容价值之中。其中，那些超越了可以感觉和可以感知的东西、至关重要的“生命成分和精神成分”，都属于审美客体的本质，是构成审美世界的主要因素。[31]双林古镇运河文化遗产的积极内容价值主要体现在石桥精神与运河孕育的人文风尚上。

（1）连接两岸，躬下身躯的石桥精神。桥梁是科学技术的结晶，是文化艺术的光环，而双林三桥能在水多桥多的江南成为古桥的真正典范，全在于天时地利人和。各地区交通道路发达与否，直接影响着桥梁建设事业的发展，古时的双林就处在这样的经济发达地区，双林镇六百多年的建镇历史就是一个可以证明地区文化科学发展状况与桥梁建设情况密切相关的典型例子。双林的经济全在于运河的滋养，可以说是运河造就了双林的桥。每日来往桥梁两岸的双林人因此树立起了独特的人文精神：河流将两岸隔断，而桥却躬下身躯将两岸连接起来，展示出一种谦恭的美德，这就是双林石拱桥的精神，也成就了双林人的品质。双林人将文化铭刻在了桥上，如万元桥上的桥联：源远流长，永固虹梁成利济；地灵人杰，高骞凤尾焕文明。甲地云联，双水千秋资重镇；分星鼎峙，三桥一气接长天。

（2）多姿多彩，水乡特色的运河活动。双林有句出名的戏谚，“走过三十六码头，难过双林塘桥头”。水与桥催生出了一种具有水乡特色的民间文化艺术：水路戏班。这种戏班的演员们，吃、住、行和演戏都在一条船上。《湖州市文化艺术志》记载："双林便是出武生的地方，由于他们都有一些武功，只要学会几句唱，在台上即可开打。因此双林人酷爱看戏，门道也精，去双林演出的大小班社众多，有唱红的，也有唱砸的。好多水路戏班的艺人说，杭嘉湖的戏要数湖州的四个台最难唱，即南浔张王庙、菱湖百升堂、新市刘王堂、双林塘桥头。"除了水路戏班外，还有各种各样与民间文化艺术有关的船，如划龙船、标杆船、踏排船、擂台船、哨船等，每逢清明、端午，便进行大规模的表演和竞技比赛，项目繁多，富有水乡特色。多姿多彩的运河水乡风尚活动将运河、水、桥、船与双林人串联了起来。

双林古镇运河文化遗产审美的积极内容价值主要表现在两个方面：一是存在于被表现出来的客体对象的内容之中，如石桥本身，构成了审美世界真正的心脏；二是存在于审美形式中，如各种审美活动，表现出特定的情感特征。

2.2 湖州双林古镇运河文化遗产景观环境设计策略

2.2.1 双林古镇运河文化遗产景观环境设计原则与路径

双林古镇运河文化遗产具备较高的文化价值和利用潜力，但目前总体来说运河遗产的利用方式相对单一，深层次的价值发挥和美学内涵受到环境、经济等各方面的制约，遗产的大运河文化特征也未得到充分显现，价值挖掘和内涵展示亟待深化。

2.2.1.1 双林古镇运河文化遗产的特殊性

根据前文中对双林古镇运河文化及遗产现状的分析，可以发现双林古镇运河文化遗产在大运河和湖州段运河聚落的总体特征下有其特殊性，因此，需明确双林古镇运河特色，制定适用于双林古镇的运河文化遗产景观环境设计策略。双林古镇运河文化遗产的特殊性主要体现在四个方面。

（1）遗产保存堪忧，城镇风貌破坏。双林运河物质文化遗产方面，双林的古桥风化严重，深根系植物破坏桥体，急需保护与修缮，建筑外立面及建筑内部构件破损严重，保护措施严重不足，文化风貌损坏，整体城镇风貌破坏严重，整个古镇区域处于完全未保护与开发的状态。因此，在对双林古镇运河文化遗产的景观环境设计中，需在全面保护与修缮的前提下，寻找双林的定位与突破口，树立未来发展形象，打破日益损毁、不受重视的局面，谋求双林与双林运河文化的复兴之路。

（2）有极具特色的记忆性运河遗产。双林古镇运河物质文化遗产的特点表现为，有极富吸引力与记忆性的遗产"双林三桥"和其他与其相关联的遗产，因此要重点打造"双林三桥"这一节点的景观环境。另外，也可以将"三桥"形象用于古镇标识、导视系统、衍生产品等形象系统中，将双林特色与记忆放大。同时要将三桥与其他遗产点串联，形成覆盖整个古镇的审美游线。借三桥激起审美情趣，并用整个双林运河文化遗产体系诠释双林之美。

（3）运河与当地经济发展息息相关。运河对双林绫绢与双林经济的发展起到了决定性的作用，所以在谈论双林与运河时就无法脱离绫绢及其他双林水文化产品。双林的物质文化遗产与非物质文化遗产的结合是推动发展的重要举措，这就需要在景观环境设计中还原运河与双林绫绢之间的交融，利用绫绢来彰显双林古镇的运河价值，将绫绢的元素有机结合到景观环境中，并且提高绫绢的文化传播度，将绫绢纳入双林运河形象系统，增加绫绢的功能定位与审美定位。

（4）昔日繁荣盛景的记载令人惊叹。双林古镇另一显著特色就是文献古籍中描述的繁华景象与今日的没落之间鲜明的对比，江南小镇在运河的滋养下曾经拥有如此雄厚的经济基础与繁荣之态，这是值得追忆与探索的。因此，在双林运河文化遗产景观环境的营造中，就可以追寻曾经的双林之景，还原双林盛世景象，重现江南水乡文化、运河绫绢文化与佛教文化共同孕育的双林风光，使主体感受时空置换的审美体验，同时也可以进一步提升运河的审美多样性，传播运河历史故事。

2.2.1.2 设计原则

双林古镇运河文化遗产景观环境设计可以从提升其审美价值、优化主客体审美关系等角度来保护、传承与彰显运河魅力，其原则可以分为四点。

（1）尊重传统、合理传承与利用。文化遗产是历史的宝藏，保护应处在首要地位。需在保护的前提下合理地再利用，使遗产在被保护的同时能够适应当代使用功能。可以将运河沿岸用地功能进行置换，使运河城区在得到完整保护的同时也重新富有活力[116]。同时需合理承接历史，保证文脉传承与创新的和谐统一，既要展现现在的运河，也要展现过去的运河，更要规划未来运河的发展方向，坚守可持续的设计原则。

（2）坚持运河遗产审美价值的独一性。现象学方法是通过个别的例子，从直观的角度观察普遍性本质，通过观察其与普遍法则的一致来得出它的法则。[32]10从这一角度出发，不同运河文化遗产的审美价值是它所特有的，不属于其他遗产的东西，其中蕴含了独一无二的历史、风土人情、审美情趣、思维方式、宗教信仰等。因此，要把握其审美价值，就需要先针对具体的遗产对象，分析它特有的审美特征，再根据其审美特征与价值得出不同的设计方法，最后，再归纳与总结出普遍的运河文化遗产的审美价值与规律。

（3）注重运河文化内涵的彰显。运河的文化内涵可以升华审美主体的最深层次，同时也是审美客体最本质、最具感染力的审美价值，因此，运河遗产景观环境不应当只是表层的“地理环境”“外观环境”，还应该是“文化环境”“精神环境”，运河文化遗产景观及周边环境需成为运河文化的载体，用文化与精神环境诠释地理与物质环境，赋予环境与空间除其基本功能之外的文化意义和审美意象，帮助人们“去庄严宏伟地、热情奔放地、品格高尚地观看、感受和体验”[29]123。

（4）保证主客体的和谐统一与相互作用。将客体与主体看作统一的侧面是现象学方法的特色，运河文化遗产景观要经由主体的作用才会变为真正的审美客体，运河文化遗产的审美价值需在主体的体验中真正释放。因此，在这一视阈中，需强调把主体对运河文化遗产的审美体验当作一种合一的现象加以分析与设计，并充分考虑审美主客体的关系，引导主体参与审美体验，融入景观环境。

2.2.1.3 设计路径

运河文化遗产景观审美价值可以分为三个不同的维度，分别是形式价值、模仿价值和积极内容价值，这三个维度是作为一种不可分割的整体形式而共同存在的，[32]146人们通过认识和领会这些审美价值，从而由外向内地体会和把握审美客体。而审美主体对审美客体的构成具有重要作用，审美主体主要分为三个相互联系的层次，分别是纯粹的生命层次、经验性自我的层次和存在的最深层次，[32] 234分别与形式价值、模仿价值、积极内容价值相对应。运河文化遗产景观环境的提升与塑造可以反而行之，从积极内容价值的铺垫与存在的最深层次开始，由内而外地进行，由此可以避免景观环境设计流于形式，帮助塑造环境精神。大运河文化遗产景观环境设计路径可以分为三个环节：

（1）首先，打造运河精神。这一过程中，需要将可以通过物质媒介感知的内容以外的运河遗产的生命成分与精神成分，通过不同的审美形式，表现在运河文化遗产的内容之中，强调的是感受审美客体最深刻的精神内容。这种感受有别于普通的印象，是对象的深度的承载者。因此，运河文化遗产景观环境不应拘泥于景观的表象，而是要利用文化精神环境进行文化诠释和熏陶。通过挖掘运河文化精神，依托运河文化资源，表达运河文化元素，来展现运河之美与运河周边的美好生活。

（2）其次，提炼本质内涵。模仿价值指的是对现实的一种模仿，甚至可以是对所感所想的模仿，通过对客体的符号形象与内涵价值的再现，使客体的本质得到某种强化。也可以针对运河遗产景观环境中被严重破坏的，或是极为混乱、破败，与文化遗产本质相冲突的景观环境，通过勘查原景观环境脉络的照片、文献记载、采访记录等佐证材料，[117]恢复运河原有的人文景观。随着审美活动的深入，主体不再仅仅关注对象的外在形式，开始进入内容和精神层面，触及美学对象模仿中的精神和本质意义。[118]251

（3）最后，优化形式韵律。将运河的积极内涵注入整体环境后，可以借用提炼的运河形象、当地风貌要素等，把色彩、线条、结构、肌理、图案、空间关系等秩序与联结方式带至遗产与周边景观环境之中，并加强对运河文化遗产景观的保护与修缮，展现遗产真实历史样貌的同时优化其原有的节奏与律动，使审美主体对客体的色彩、线条、结构等产生感官愉悦，从而使主体感受客体的形式价值[118]255。

2.2.2 双林古镇生命精神美的感受与彰显

当主体面对古老的建筑或桥梁时，一定会感到这些客体的内部有一种真情需要发现，有一些秘密需要揭露，这是因为客体存在深度内容的同时又吸引着主体去探知。运河文化遗产景观环境需要先蕴含一定的内涵与精神价值，才能使主体的审美体验富有深度与感觉，使主体集中精神并介入审美现象，融入审美环境中。因此，要将双林古镇的地域文化与民族记忆融入运河文化遗产的景观与空间当中。

2.2.2.1 双林古镇运河积极内容价值的铺垫

双林古镇运河的积极内容价值首先就是运河本身在经济与文化发展上带给双林的价值。双林、大运河与绫绢三者的相辅相成有悠久的历史，大运河给双林绫绢的生产和运输提供了便利的交通环境，带动了双林经济发展。双林古镇运河文化遗产的景观环境首先需要运用物理空间及元素对运河及双林积极内容价值进行铺垫。

（1）在双林形象把控上，《双林赋》有载，“青毡之地，委巷相连，傍水而居，宅邸商铺林立，建筑高低错落，实归安之沃土也”，可见古代双林井然有序，充满活力。将双林古镇形象确定为运河水乡与贸易城镇，弱化现代建筑与肌理对双林整体形象的破坏，在建筑高度、尺度、材质上达到统一，在街巷尺度、格局上形成一致，同时要杜绝复制感与重复性，达到错落有致、繁忙而又有序的状态（图2-11）。

图2-11　双林古镇整体形象把控效果图

（2）在总体审美意向上，借用景观空间与环境表现双林塘通航时期绫绢运输的繁华景象，以及运河带给双林的发展效益，通过综合丝绸公馆、绢庄行坊、河道、船只、码头、商铺等景观元素，结合VR等新型技术，配合感官感知空间氛围，通过线上导视系统进行情境再现，还原运河与双林绫绢之间的交融（图2-12），再现大运河繁盛时期与双林绫绢盛世，将环境转化为精神象征，带领主体感受古镇生命价值。

图2-12 双林古镇线上导视系统示意图

（3）在双林游线规划上，将绫绢文化从制造至运输的过程与景观游线结合，并与运河遗产节点串联，使绫绢这一文化符号有机结合到景观环境中。在双林塘北遗存建筑中体验织造技艺，在双林三桥上欣赏航运盛世，在航船埠头展现绫绢交易场景，体会“双林溪左右延袤数十里，俗皆织绢，于是四方之商贾咸集以贸易焉”[113] 16的盛况，在米行埭、金锁埭等历史建筑保存良好的沿河古街还原货物生产、贮存、销售等场景，利用运河文化遗产讲好双林绫绢与航运故事，感触双林精神财富（图2-13）。

图2-13 绫绢文化游线意向

（4）在绫绢文化展示上，改造废弃闲置的建筑遗存为文化展示厅，多方位展示绫绢发展历史、绫绢技艺故事、绫绢织造过程及绫绢工艺品，通过打造绫绢研学基地（图2-14），体验绫绢织造技艺，欣赏绫绢文化活动，亲手参与制作绫绢工艺品，融入绫绢审美体验，开展文创展览活动，建设众创中心，引艺术家入驻，使绫绢文化在普及中延续，在展示中成长。

2.2.2.2 双林古镇运河水乡意象的营造

大江大河是人类赖以生存的重要依托元素，不同水系孕育了不同的文明，每一条河流都是文化的象征。双林是江南有名的水镇，这得益于运河的开拓，因此，双林古镇运河文化遗产景观环境需强调双林的水文化与镇域内水道纵横的水乡意蕴。

（1）在水乡家园营造上，重现居民与运河的联系，联动当地居民加入双林的规划与建设，建立可持续发展的生态系统，使居民参与游线的制定以及文化遗产导览，将居民生活体验纳入双林文化体验体系。运用丰富的人文景观、深厚的文化底蕴、优美的景观环境，满足人民安居乐业、邻里其乐融融、生活悠然闲适的需求，通过运河文化遗产景观环境的更新帮助当地人建立起更强的认同感和自豪感，唤起主体内在的情感融合（图2-15）。

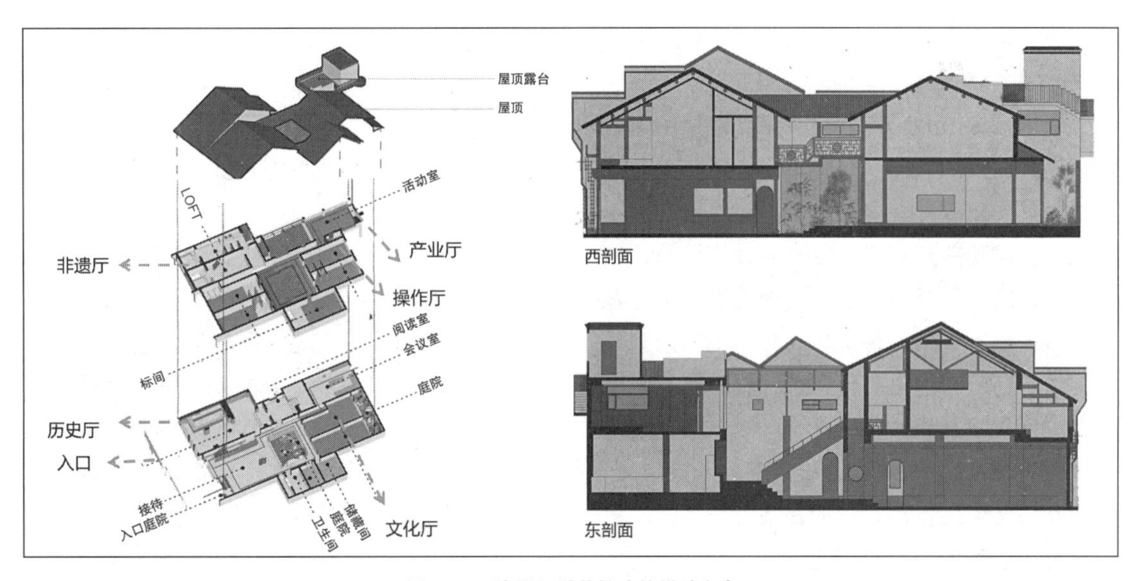

图2-14　绫绢研学基地建筑设计方案

图2-15　双林集市生活再现示意图

（2）在水乡活力打造上，通过水上游线，串联航船埠头、双林三桥、金锁桥、水镜寺、虹桥望月桥等众多运河文化遗产，打造水上戏台，感悟“走过三十六码头，难过双林塘桥头”的双林特色水路戏班，重拾划龙船、标杆船、踏排船、擂台船、哨船等民间文化艺术，每逢清明、端午等节日，便可进行大规模的表演和竞技比赛，利用审美活动引导主体以漫步、站立、静坐等方式欣赏、融入环境，通过运河水乡风尚活动将运河、水、桥、船与双林的人串联起来。

（3）在亲水界面提升上，修整现有埠头，还原独特的埠头空间，形成水、船、河岸融合的审美景象，增加多重亲水审美体验。置入柔水空间，使运河界面得以延伸，打破水与路的边界，为主体提供欣赏河景与对岸景观的平台，将亲水平台与休憩空间结合，增加谈话、坐等空间，同时适当增添部分私密空间，得以增加临水停留时间，使运河不再停留在“看”的层面，而是引领主体进入“亲密”“聆听”“体验”“交融”的审美层面。

（4）在沿岸水景设计上，秉承江南水乡特色文化，优化河道水质，还原自然生态，营造诗情画意的自然环境。利用当地材料砌筑沿河堤坝，形成沿河肌理的变幻之趣，河岸栏杆沿用双林三桥化成桥上的莲花柱头样式，既增添了审美趣味，也将双林特色审美符号展开与延续。适当增加当地可控水生植物，搭配在地植物、四季花卉，丰富沿岸植被的层次与色彩，并采用青石板铺装，使主体行走于河岸边时可以感受岁月弥留。

2.2.2.3 双林古镇运河活化发展路线的拟定

依据国家文化公园相关政策，运河国家公园要重点建设管控保护、主题展示、文旅融合、传统利用4类主体功能区，[119]维护和彰显运河文化遗产的历史真实性、风貌完整性、文化延续性，同时兼具文化教育、公共服务、旅游休闲、科学研究等作用。

（1）在功能规划上，结合双林古镇的地域与文化特色，可以将其分为四个建设区：一是核心保护区，这一区域存在众多历史遗存，文化基底较为丰富，将此区域的古建筑进行保护，修复古宅院落，还原建筑肌理风貌，整治街道景观环境；二是沉浸体验区，在这一区域以双林塘运河河道为中心，进行生态环境保护，提升运河两岸环境，策划相关的运河活动表演，沉浸式体验绫绢盛世，感受双林宗教文化氛围；三是文化展示区，将废弃甚至不安全的自建房，建设成为位置优越、建筑体块连贯的绫绢文化技艺体验与文化宣传区域，展示绫绢历史文化，建设绫绢研学基地，开展文创展览活动；四是情境再现区，将航船码头及周边区域定位为一个以展示以及体验运河交易、运输为中心的区域，营造空间场所氛围（图2–16）。

图2–16 双林古镇功能分区图

（2）在场所设计上，区别于城市空间景观环境，双林古镇运河文化遗产景观环境需注重在地性、景观环境与人文生活的黏合与蜕变，赋予景观环境触媒的作用，扩大影响面，带动后续的营造发展，让人居环境的改善成为媒介事件从而激发地方的认同感。关注场所塑造，尊重、强调与强化双林古镇特色与历史记忆，发展不同尺度的开放空间以容纳多元的社会性活动，如散步、聚集、会面、饮食、娱乐等，提供予人舒适和欢喜的福利设施，如座椅、遮阴区、开放共享空间、娱乐节点，混合居民与游客活动来创造真实的共荣古镇，为游客与居民塑造一个富有生气与互动的生活体验场所，彰显双林相互连结、可延续可持续的“双林石桥精神”（图2-17）。

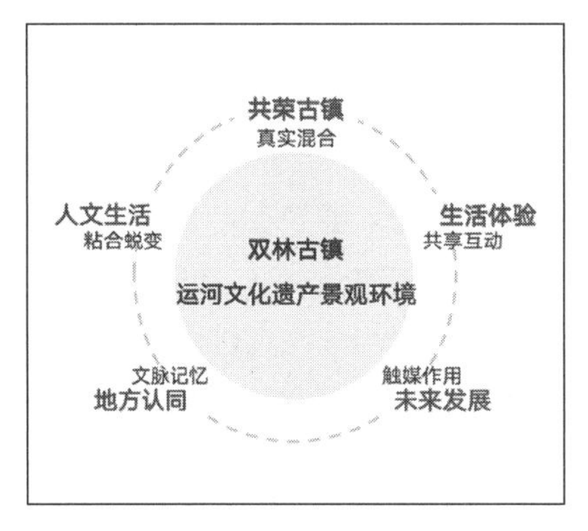

图2-17　双林古镇场所设计关系图

（3）在发展目标上，从现象学美学的形式价值、模仿价值、积极内容价值等多方面对双林古镇进行深层次的审视和研究，重现主客体历史记忆，延续主客体当下的记忆，传承优秀历史文化遗产，发扬运河精神，铸就双林品质，通过传承保护、合理利用、规划设计、协调建设，力求打造一个可以记忆双林文脉的古镇，一个可以聚集双林人气的古镇，另一个可以再现运河盛景的古镇。以绫绢文化为主题，以大运河遗产保护再生为前提，将双林发展为一个具有地方风貌特色与较高审美体验价值的绫绢文化古镇，使双林成为运河沿岸古镇对外展示的重要窗口，集文化、旅游、展示、科普为一体的特色古镇名片（图2-18）。

图2-18　双林古镇鸟瞰示意图

2.2.3 双林古镇本质内涵美的提炼与再现

中国传统园林往往能够展现自然山水的精华与极致内涵，“小桥流水人家”六字就能将江南水乡的韵味与形象展现，这是因为模仿与再现实质上是对主观意味的某种强化，强化后的意象使得人们体会到的东西更加充实完满，更贴近本质的存在，从而可以更加纯粹地体验客观对象质的内涵[120]，从心理学的角度来说，这种意象有可能比人们所谓的实在更真实。因此，运河文化遗产景观环境设计需要通过本质的“形象化”再现，强化运河与地域特色，提取归纳双林当地的运河文化形象与特色，以符号彰显本质，展现双林古镇运河文化的内涵。

2.2.3.1 双林古镇运河审美意象的提炼

在双林古镇运河文化遗产景观环境设计的“形象化”过程中，需形成知觉特征，将环境从实在物变为意象，将审美客体提炼为双林古镇运河文化遗产景观环境意象与符号，将环境人格化，赋予其灵性，方能使主客体和谐共鸣。

（1）梳理双林记忆高频词。依据当地人访谈记录，当地人样本排名前10位的高频词为“古镇”“三桥”“绫绢”“历史”“运河”“贸易”“过去”“发展”“河道”“遗产”，可以反映当地人对双林遗产保护和发展的重视与期待，以及对双林最引以为豪的文化遗产内容。依据双林古镇保护区周边区域人群的访谈记录，样本排名前10位的高频词为“古镇”“三桥”“水乡”“景点”“虹桥望月”“两岸”“民居”“绫绢”“生活”“运河”，可以反映非居民人群游览古镇后感知更多的是具体景观符号，更关注人文景观和江南水乡生活体验，对历史、民俗文化的关注相对较少。

（2）归纳双林审美偏好。依据当地人与保护区周边区域人群访谈记录与调研结果，审美主体的审美偏好与关注点可以归纳为四类，分别为：自然景观，如运河、树等；人文景观，如建筑、民居、桥、寺观等；民俗文化，如集市、庙会、绫绢等；水乡体验，如小桥、流水、人家、弄堂、摇船等。可以概括出审美主体对双林古镇的审美偏好有三方面：一是以三桥运河为中心，与周边民居建筑、人物构成的组合；二是景观建筑与当地人生活的组合；三是人物与当地人生活风俗的组合。以此可以进一步总结双林古镇运河文化遗产景观环境的审美偏好与意象为江南水乡特有的小桥流水人家、叹为观止的运河遗产与建筑风貌、独有的深厚的历史文化内在美（表2-2）。

双林古镇审美意象与符号 表2-2

双林记忆高频词	关注类别	关注对象	主体审美偏好	双林审美意向
古镇、三桥、绫绢、历史、运河、贸易、过去、发展、河道、遗产、水乡、景点、虹桥望月、两岸、民居、生活	自然景观	运河、树	（1）以三桥运河为中心，与周边民居建筑、人物构成的组合 （2）景观建筑与当地人生活的组合 （3）物与当地人生活风俗的组合	江南水乡特有的小桥流水人家、叹为观止的运河遗产与建筑风貌、独有的深厚的历史文化内在美
	人文景观	建筑、民居、旧宅、桥、庙观		
	民俗文化	集市、庙会、绫绢		
	水乡体验	小桥、流水、人家、弄堂、摇船		

（3）提出双林审美“A to Z”。日本半农半X生活的提倡者盐见直纪先生曾提出“A to Z”的提升策略，“A to Z”是有着“全部的”“包含所有”这类意思的词汇，它用来对某一对象从多面来观察、深挖，从而帮助找到其真实的定位与特征，收获新的视点与新的发现。笔者通过筛选双林审美高频词、双林意象以及对双林形象的整体把控，形成了双林的“A to Z”，它们分别是：Arise升起、Building建筑、Canal运河、Dam埭、Experience体验、Friendly友好、Gather聚集、History历史、Integration融合、Jia zhi价值、Kai fang开放、Ling juan绫绢、Marvelous奇迹般的、Neighbour邻里、Opportunity机遇、Potential有潜力、Qiao桥、Ren tong认同、Shui xiang水乡、Trade贸易、Unalloyed纯粹、Verve热情、Wen hua文化、X未知、Yi chan遗产、Zhuang guan壮观。在对双林“A to Z”不断提炼的过程中，双林江南水乡、底蕴深厚、繁荣融洽的审美意象逐渐确立（表2-3）。

双林古镇审美“A to Z” 表2-3

字母	关联词	词义	字母	关联词	词义	字母	关联词	词义
A	Arise	升起	J	Jia zhi	价值	S	Shui xiang	水乡
B	Building	建筑	K	Kai fang	开放	T	Trade	贸易
C	Canal	运河	L	Ling juan	绫绢	U	Unalloyed	纯粹
D	Dam	埭	M	Marvelous	奇迹般的	V	Verve	热情
E	Experience	体验	N	Neighbour	邻里	W	Wen hua	文化
F	Friendly	友好	O	Opportunity	机遇	X	X	未知
G	Gather	聚集	P	Potential	有潜力	Y	Yi chan	遗产
H	History	历史	Q	Qiao	桥	Z	Zhuang guan	壮观
I	Integration	融合	R	Ren tong	认同			

2.2.3.2 双林古镇运河审美符号的打造

在双林古镇运河文化遗产景观环境审美价值提升过程中，通过提取归纳双林当地的运河文化形象与特色，使双林形象与景观环境通过符号、特质、节点等形式，彰显双林审美本质，展现双林古镇运河文化的审美内涵。

（1）凝聚双林记忆节点。依据访谈与调研结果，双林古镇最让人记忆深刻且最让当地人引以为豪的运河文化遗产便是双林三桥，三座三孔石拱桥南北并排跨双林塘，东西仅347米，是双林历史、文化、经济的地标性建筑，为中国古桥建筑史上所罕见。因此，确立以双林三桥为审美中心，将“双林三桥”转化为双林对外的宣传符号与重要展示符号，打造三桥、运河、民居为主体的双林独特运河景观，设置近观、远望、岸边、水上等多重审美视角，近观展现三桥依依相望之趣，远眺体验层层相叠之感，使壮阔的三桥之景成为双林的运河审美内涵与记忆点。

（2）展现双林最佳审美点。通过凝视节点的引导，将节点打卡体验作为一种审美参与方式，让主体感受到双林的审美意象与符号要素，继而展现最具审美价值的审美点，引导主体体验以古桥水巷为中心，与船、人物、当地人的生活构成的审美意象，和跨水架桥的意境之美与古朴和谐的运河生活之美，引导主体寻得桥与桥、桥与河岸、桥与民居的最佳空间角度，引导主体细观双林石拱桥上多种样式的纹样肌理等等。总结双林最佳运河景观环境体验节点有：双林埠头、三桥眺望、细看化成、三桥中景、河岸民居、遥观金锁、运河之阔、庙观相对、市井米行、虹桥望月（图2-19）。

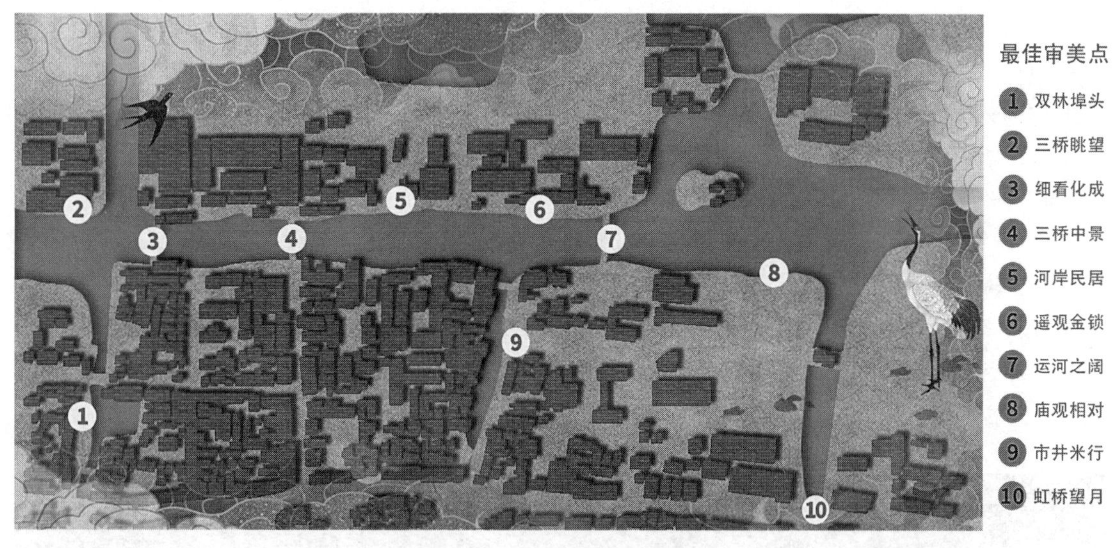

图2-19　双林古镇最佳审美点

（3）运用绫绢审美符号。双林绫绢本身就具有一定的审美价值。将传统绫绢雍容华贵、古朴文雅又象征美好事物的图案，如云鹤、双凤、环花、古币、回字等，与其传统的青灰、浅米、古铜、浅绿等典雅色泽相结合，进行解构与重组，运用于景观设计中，如铺装线条、花坛造型、景观小品、景观座椅造型等，并且延伸至导视系统、城市家具、店铺门头、文创产品中，使绫绢花纹排列的秩序和谐、统一、平衡，与体现古典雅致的纹理融于运河景观环境中，促进绫绢与运河在审美形式上的交融，并帮助展现绫绢的审美价值本质，扩大绫绢受众面，提高绫绢文化传播度，促进绫绢文化传承（图2-20）。

2.2.3.3 双林古镇运河历史场景的再塑

《环境美学：理论、研究与应用》的主编纳萨尔（J.Nasar）总结了令人“喜欢”的环境的五个属性[121]，包括自然性、得体性、开放性、历史性和秩序性。审美主体对于环境属性的五个方面的感知形成了人们对环境的审美价值认知的基础。双林昔日的繁华景象与运河情境可以从当地

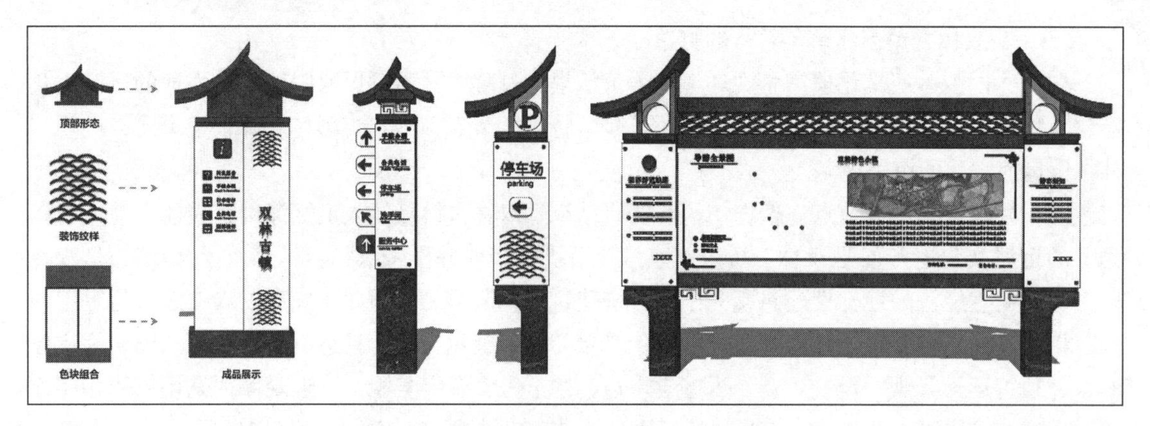

图2-20　基于双林审美符号的导视系统设计方案

古籍、文人书卷、摄影中找到记载，可以以此为依据恢复运河原有的人文景观。这并非模仿与重复，而是有依据的恢复与再造。

（1）再现双林运河贸易。《庆善庵新修观音楼序》："侵晓衣冠上绢庄，满街灯火似黄昏"生动地反映了双林镇丝市繁盛时期，街巷河道聚满人与船的胜景。重修双林米行绢庄，开发水上贸易集市，打造双林特色贸易市场，增加双林商品品类，并在景观环境上还原过去的门头招牌、市场空间格局。参与体验贸易活动是视觉融入、感官刺激和认知结果的综合呈现，也是主体感受活动及其周边环境属性的良好方式。

（2）模拟双林运河运输。明万历《湖州府志》就有记载："湖州府每年运京漕米44.7万石，麦0.88万石，丝、棉76万两，纱绫平年1380匹，闰年1495匹，马草36.5万包。其中，部分漕米、丝和大部分纱绫从双林运出。"在双林塘河道中重新置入客船、货船、摇橹船等，用作运输活动的表演与展示，将双林运输转变为沉浸式表演，成为触发审美体验的活动事件，主体在感受活动美的同时，也能感悟空间环境的美学内涵。

（3）塑造双林繁荣夜景。依据民国《双林镇志》（续记）："桥畔向缆客船，多乘夜行，谓之夜航埠。桥上设立灯杆，灿烂如昼，四方商贾望杆云集"，重点打造双林夜景，运用照明艺术、灯光秀、夜市、夜游船等，营造灯杆林立、灿烂如昼、船只云集的双林三桥与运河夜景，使"夜傍双林"成为当地另一个独有的审美记忆，并借此通过时间转换与环境变换，使主体感受到与白天不一样的审美体验，丰富审美多样性（图2-21）。

图2-21　双林古镇水上戏台夜景效果图

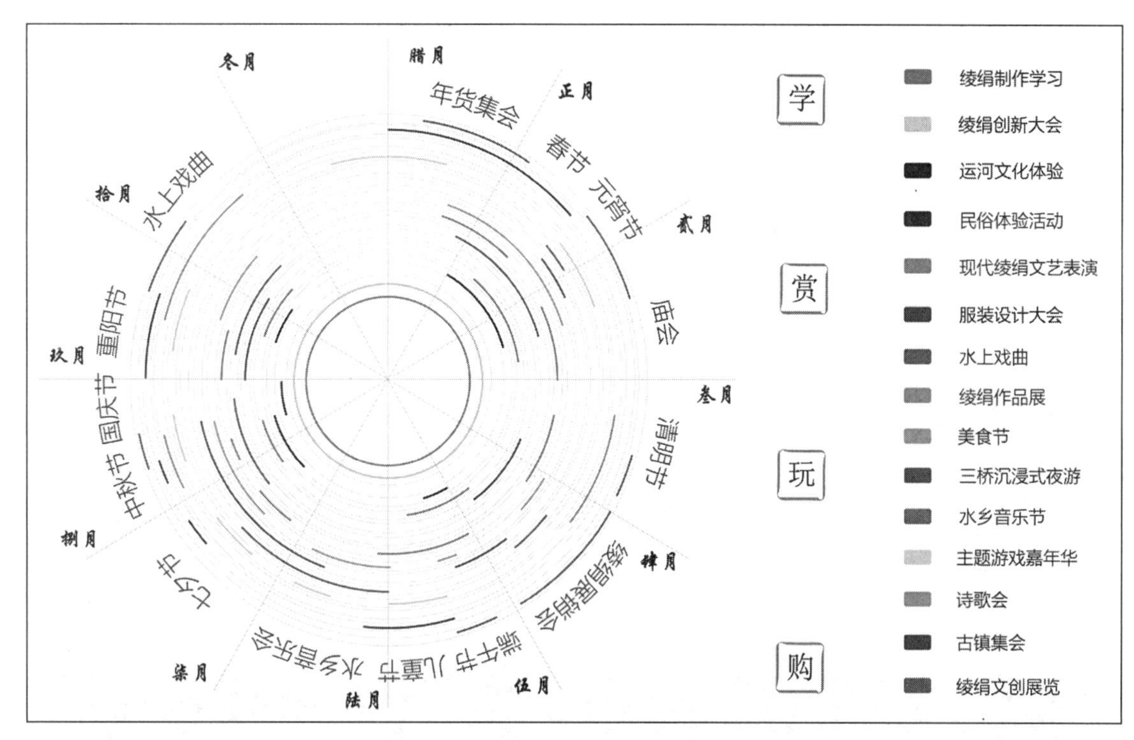

图2-22　双林古镇水乡活动策划

（4）重拾双林水乡娱乐（图2-22）。《湖州市文化艺术志》记载："双林便是出武生的地方，由于他们都有一些武功，只要学会几句唱，在台上即可开打。因此双林人酷爱看戏，门道也精，去双林演出的大小班社众多，有唱红的，也有唱砸的。好多水路戏班的艺人说，杭嘉湖的戏要数湖州的四个台最难唱，即南浔张王庙、菱湖百升堂、新市刘王堂、双林塘桥头。"将双林塘现存水上加油站改造为水上戏台，召集传统水路戏班艺人，打造船上听戏、一摇一唱的独特水乡趣味。

2.2.4 双林古镇形式韵律美的优化与呈现

形式价值即审美对象的和谐律动，包括对称与和谐、节奏与平衡、比例和多样性中的统一等，它是最原始的审美价值。有秩序的景观环境往往比无序杂乱的景观更容易使人们参与审美体验。因此，运河文化遗产景观环境设计就需要通过这样一种秩序，使主体获得对运河文化遗产的把握，通过加强对运河文化遗产景观的保护与修缮，优化与还原运河文化遗产本身的秩序感与节奏感，并借助景观要素形成整体空间的审美韵律。

2.2.4.1 双林古镇空间格局的梳理

双林古镇是与运河关系最为密切的典型样本，也是江南水乡运河文化聚落体系的典型代表。[108]60对双林古镇运河文化遗产形式韵律美的营造中，首先要保证与优化双林古镇风貌完整、肌理清晰。

（1）还原历史空间格局。双林古镇的格局反映了双林塘及支流与运河聚落的交融共生。双林古镇有凤凰飞舞之形，以南杨道桥为凤首，桥堍双井为凤目，东虹桥、西高桥相对为凤翼，北化成、万元、万奎三大桥为凤尾。[122]但是，随着城镇化与发展，双林的街巷与水网支流已不复昔日清晰的格局，因此，对双林历史空间重新进行整合梳理，保护原有支流河道，疏浚河道，恢复消失的重要支流，疏通街道小巷的原有脉络，增加整体绿化，给予废弃空间新的功能，还弄堂为凤凰之脊椎，还路桥为凤凰之肋，还民居与凉亭、池塘为凤凰身上之羽花，保留运河与双林在空间上的历史记忆与联结。

（2）梳理古镇建筑肌理。目前双林古镇整体建筑风貌较为凌乱，新增建筑与改造建筑往往与双林原有的运河水乡风貌格格不入，对双林现存建筑进行保护与拆改，主要分为四类：一是重点保护建筑，包括历史民居，以及反映双林历史文脉与风貌、有较高文化价值的建筑；二是建议改善建筑，主要为建筑外立面与结构已有破损的民居、建筑风貌已得到修缮但未能达到双林古镇整体风貌要求的建筑；三是建议改造建筑，包括建筑损毁较为严重、建筑风貌已与双林整体风貌脱离的建筑；四是建议拆除建筑，主要是已经破败废弃的古民居、建筑功能不符合双林古镇要求的、易造成污染且破坏古镇风貌的工业用房。

（3）建立双林景观结构。目前双林古镇景观连续性较差，景观轴线与节点欠缺，没有重点与当地特色。在保持原有生态格局的前提下，在景观结构上构建“一轴三带”的框架，“一轴”为运河景观轴，即双林塘及沿岸区域，主要展示的是双林运河及两岸的水乡风貌，以万元桥、化成桥、万魁桥作为核心节点，形成连贯统一的运河景观风貌，通过运河景观轴线的构建，奠定双林景观的整体骨架与核心区域；“三带”分别为民居风貌带、生活文化带、航运贸易带。民居风貌带通过当地历史民居与街巷埭路，展示双林古镇典雅精致的建筑美；生活文化带通过节庆活动、居民生活，展示双林古镇活泼质朴的生活美；航运贸易带通过码头与运河连接，展示双林繁荣昌盛的景象美（图2-23）。

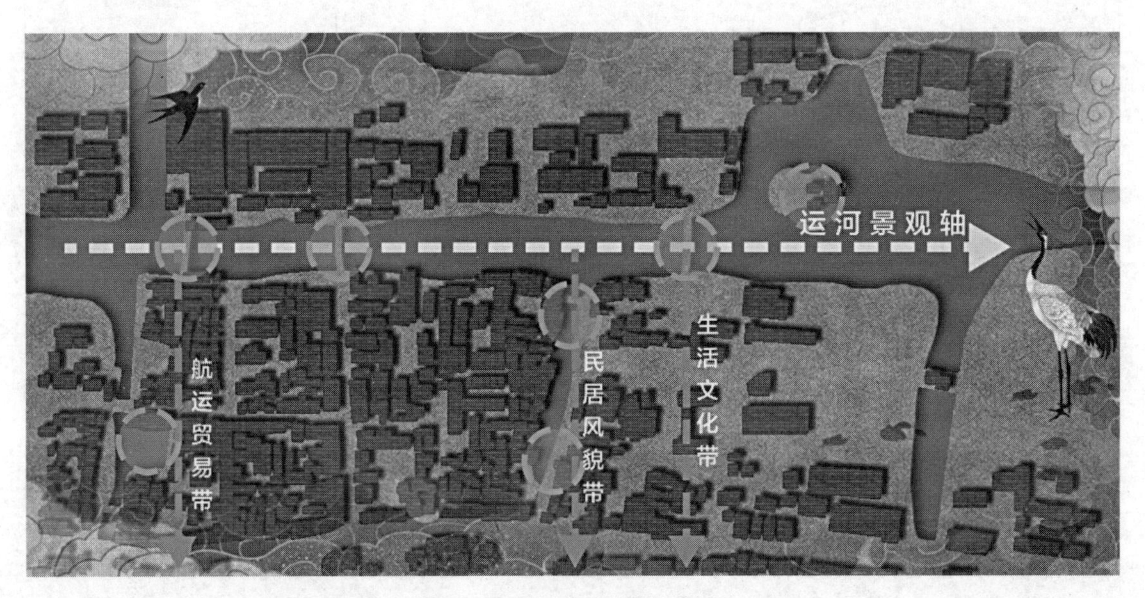

图2-23　双林古镇景观轴线示意图

2.2.4.2 双林古镇街巷布局的优化

从滨水建筑与街巷、水体组合平面关系，以及建筑与建筑之间形成的街巷组合来看，为加强联系运河与建筑、街巷的关系，可以将双林的街巷空间布局整合并改善为两类，一是建筑直接临水，不临水的一面面对街巷，即“河—建筑—街”模式；二是建筑不直接临水，且与运河之间有街巷等开放空间相隔，即“河—街—建筑”模式。通过开放、闭合空间之间的不断交替变化，造就双林独特的空间韵律感，也丰富了河流街道两岸的建筑人文景观，使双林回归其自然、天人合一、有江南韵味的人文情感，凸显水乡的柔美和诗意美。

（1）“河—建筑—街”布局。在这种空间布局下，使建筑直接临运河而建，不临运河的一面面对街巷，这样视野可以相对集中在建筑街巷的闭合空间。建筑可以直接临河，或由柱子支撑一部分建筑悬挑进入河道，形成“开—闭—开”的节奏序列。这种布局方式可以让建筑与运河景观水体融为一体，且在河道边修建的河埠成为私人空间，居民可以直通建筑后门，或预留部分空间，使小船可以驶入建筑范围内，既增强了当地人与运河的生活联系，又营造了丰富的运河人文景观。在这种空间布局下，其他居民与游客行走于街巷时，可以通过建筑与建筑之间的空间窥见运河之景，体验变换跳跃的审美乐趣，或通过该空间走近运河，置身于双林的民居之间，感受窄巷与运河空间对比的美妙（图2-24）。

（2）“河—街—建筑”布局。这种空间布局下，建筑不直接临运河而建，视野可以相对集中在河流、街巷的开放空间。建筑可以与街巷、运河组成“开—开—闭”的空间走向，形成视野开阔的开放空间，开放空间中置入休憩设施与景观小品，主体可以直接沿运河漫步与体验，也能够直接欣赏到河对岸的开阔景观。还可以发展双林原有的具有半封闭空间特色的骑楼建筑，如米行埭、虹桥埭周边部分建筑形式，将建筑的外部空间拓展到街巷公共区域，形成“街上二楼”的格局，且行人行走于骑楼下也不会风吹日晒，这种空间布局的节奏秩序更为循序渐进，营造了“开—半封闭—闭”的空间视野，也是水乡独有的建筑形式，通过空间的收放、进退，形成空间的差异美感，加之以纵向马头墙的变化，营造活跃的空间视野与气氛（图2-25）。

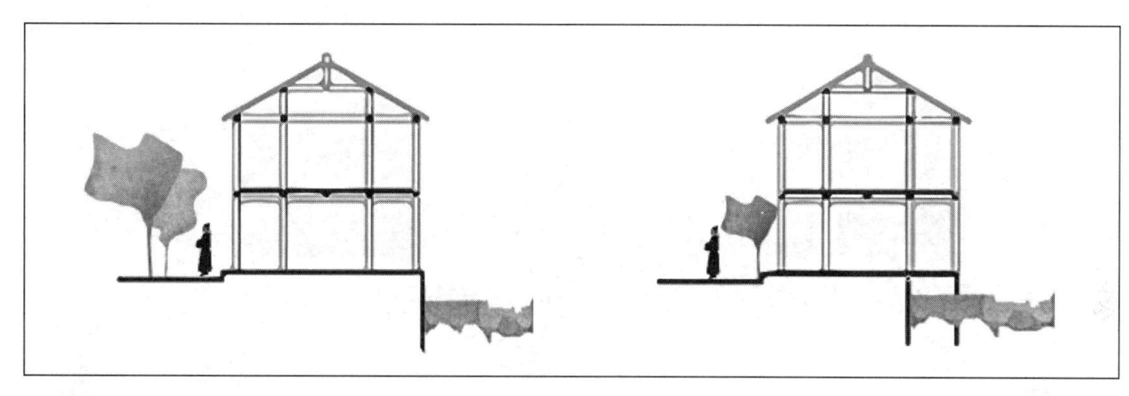

图2-24 “河—建筑—街”布局示意图

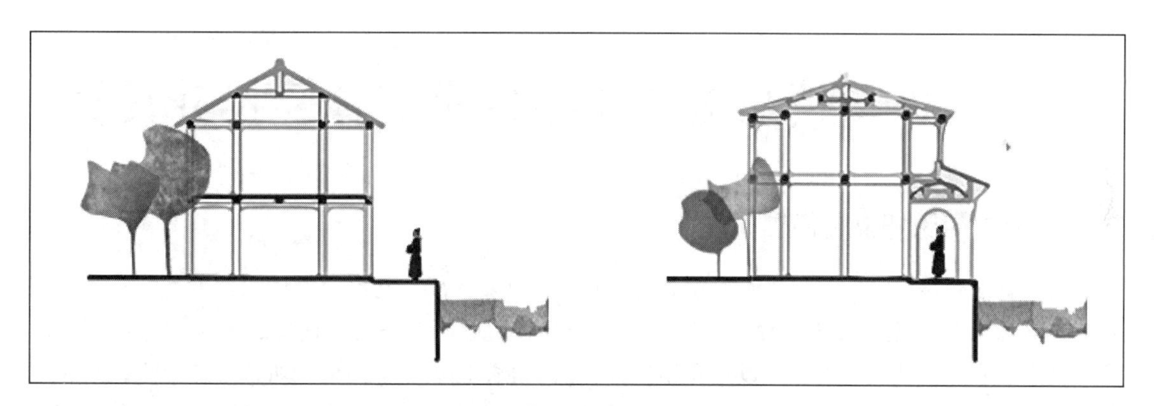

图2-25 “河—街—建筑”布局

2.2.4.3 双林古镇界面形式的统一

由于双林古镇的发展和城镇化，导致沿河的传统建筑界面保存不完整，新建建筑风格与运河沿岸历史环境不协调，因此在双林古镇运河文化遗产形式韵律美的营造中，要保证整体风格与界面的统一，与传统的自然大运河景观环境相协调。

（1）凝聚运河景观视线。双林古镇的街巷埭路也是双林审美客体中至关重要的一部分，保证街巷中沿河的空间D/H比值大于或接近2，使运河沿岸步道可以有良好的视野，商业街道D/H比值接近1，构成适合交流、购物的空间尺度。并利用双林运河文化景观遗产作为记忆节点提供方向指认，使交通道路和步行系统纵横交错，形成古镇的景观脉络，利用运河文化遗产塑造景观节点和景观视线。[123]对于双林三桥、金锁桥、虹桥望月桥等重要遗产，在景观设计中确定景观视点，控制视线范围内建筑物的位置、体量和造型，并在周边设置开放空间系统的布局，包括位置、序列和层次、沿河岸线和其他构筑物的控制指引，使双林古镇的优美景观处在最佳的可视范围之内。

（2）优化沿河建筑立面。建筑风格、色彩、材质在古镇整体景观塑造中的作用深刻而重大。在宏观上，拟定古镇的建筑艺术特色、建筑色彩控制、建筑风格分区、建筑基调等。确定古镇节点的位置及控制原则，对主要标志物、眺望点和相应的开阔空间布局构思，为人们提供良好的视觉走廊。在建筑外立面的形制上，将双林现有民居建筑进行整合优化，保证双林古镇民居在房屋的形制、规模、装饰、铺设等方面都达到融合，联结成韵味独到的江南双林（图2-26）。

图2-26　沿河建筑立面优化方案示意图

2.3 湖州南浔镇历史文化街区审美体验提升设计

2.3.1 南浔镇历史文化街区概况

浙江省湖州市的頔塘是大运河中江南运河的一条重要支线，它比一般运河价值特殊并突出之处就是有太湖塘浦溇港作为支撑，形成了一个密集型的运河网络，其独特的架构为大运河所仅见，是人类农业文明时代的天才设想和创造，可比肩于郑国渠、都江堰。所谓塘浦溇港，南北方向的叫“浦”，而东西方向的叫“塘”。頔塘沿岸的南浔作为大运河的一部分，随着中国大运河被成功列入世界文化遗产名录，也成为世界文化遗产地之一。大运河南浔段具体包含“一段一点”，“一段”指的是运河本体，即江南运河的水流故道頔塘段，“一点”指的是运河的伴生文化遗产——即南浔古镇。“一段一点”的南浔段不但真实地保留了从古至今江南运河通航时期的原始材料、框架和形态，还直观地反映了城镇与运河相伴相生的特点（图2-27）。

南浔镇历史文化街区河流纵横，密如蛛网，曾被称为“水市”。古镇以南市河、东市河、西市河、宝善河构成的十字河为骨架，主要的街道和居民建筑以河流走向分布，构成了类似“十”字形的格局，街道及布局基本保存完整，河流水系仍健存。古镇上私家花园和豪门大宅众多，最鼎盛的历史时期有不同规格的园林20多座，现存的有小莲庄、颖园和嘉业堂藏书楼等。百间楼属于明清古建筑群，蜿蜒400余米，是江南保存最完好的沿河民居群落。清代张石铭故居、张静江故居、刘氏悌号（俗称“红房子”）等名人故居保存完好，大多为中西合璧的风格，别有情致。傍水筑宇、沿河成街的江南水乡小镇风貌，加上众多高品质的私家大宅第和江南园林，形成了小桥流水人家与大宅园林交相辉映的街区特色。

图2-27 南浔古镇（图片来源：南浔古镇官方公众号）

2.3.2 文脉肌理与风貌要素

2.3.2.1 文脉肌理

南浔是湖丝之源，鱼米之乡，文化之邦，园林之镇。南浔明清以来以其经济之强、文化之盛而称雄江南，素有“湖丝之源”“鱼米之乡”“文化之邦”“园林之镇”的称号。目前古镇内仍保存着比较丰富的历史文化遗产和较为完整的成片历史街区，文脉肌理表现为多元文化，包括江南水乡文化、中国儒家文化和西方海派文化（图2-28）。

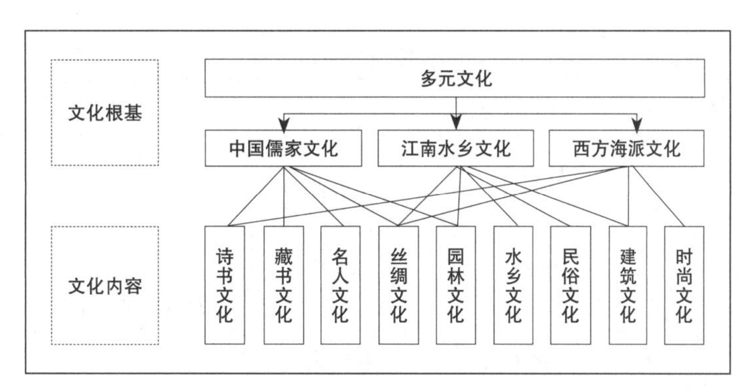

图2-28 南浔古镇文化脉络

（1）水乡文化：南浔古镇地处杭嘉湖平原北部，荻塘河穿境而过，密布的水网带来了交通的便利。历史上因水成街、因水成市、因水成镇。自然条件的优越、经济与文化的活跃，使其发展成为具有居住、经济和生产等各种功能的城镇，成为江南水乡众多城镇的典范和代表。

（2）园林文化：一镇之地，拥有五园，皆为巨构，江南所仅见。现小莲庄、颖园等私家园林保持完好，风格各异；适园、宜园、东园等遗迹尚存。

（3）丝绸文化：地处太湖南岸的南浔辑里村，河流纵横，土地黏韧，构成了育桑、养蚕和缫丝的良好自然条件。因距上海较近，河道运输较为便利，在通商口岸经济的影响下，至1848年，当时中国出口生丝以浙江湖州府为最多。而南浔又是湖州府最大的生丝集散市场。纵观中国近代丝业的发展，可以说南浔丝业是中国近代丝业发展的一个缩影。

（4）名人文化：南浔历代名人辈出，明代有“九里三阁老，十里两尚书”之称。宋明清三代有进士41名，出自南浔的现代名人更是无以计数。

（5）藏书文化：南浔古镇历史上私家藏书楼和藏书家所藏古籍版本数量多，珍本富，质量高，名噪江浙，在全国也有相当影响。清末民初，吴兴一地有四个藏书楼，其中三楼在南浔，即蒋汝藻的“密韵楼”、张均衡（石铭）的适园“六宜阁”和刘承干的“嘉业堂”。

2.3.2.2 风貌要素

南浔古镇的风貌由自然因素和人文因素构成，风貌要素并不是静止不变的固定要素形式，而是在古镇的生长发展过程中逐渐形成并传承下来的，具有时间和空间的连续性。南浔古镇的风貌特色包括有形与无形的自然环境因素和物化与非物化的人文环境要素两大类。自然环境要素主要体现在古镇周边的特色自然景观和城镇选址等方面，古镇枕河而居，乡野环绕，自然天成。人文环境要素主要以古镇珍贵的历史遗迹、传统的民居建筑、特色的城镇格局和民风民俗构成（图2-29、表2-4）。

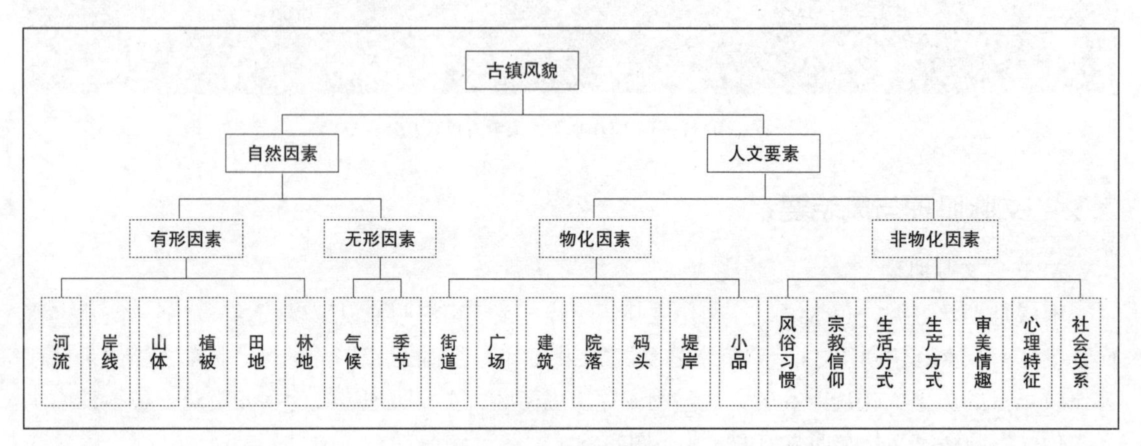

图2-29 南浔古镇风貌要素

南浔古镇自然与人文风貌资源 表2-4

类别	主类	亚类	基本类型	资源名称
自然资源	水域	河段	观光游憩河段	京杭运河、长湖申航道、南市河、东市河、西市河、宝善河
人文资源	建筑与设施	综合人文旅游地	宗教与祭祀活动场所	广惠宫（道教）、南浔天主教堂、南浔基督教堂
			园林游憩区域	小莲庄、文园、颖园、适园
		景观建筑与附属型建筑	楼阁	嘉业藏书楼、文昌阁、东升阁
			碑碣（林）	南浔名人长廊、张氏碑廊
		居住地与社区	传统与乡土建筑	百间楼
			名人故居与历史纪念建筑	求恕里、张石铭故居、刘氏悌号（崇德堂）、张静江故居（尊德堂）、贻德堂
			特色街巷	水乡一条街、象门街
			会馆	南浔丝业会馆、南浔史馆（辑里湖丝馆、四象八牛走廊、江南丝竹馆）、徐迟纪念馆、吴寿谷艺术馆、百船坊
			特色店铺	湖笔人家、南宋御酒坊
		交通建筑	桥	广惠桥、洪济桥、通津桥、万奎桥、万古桥、垂虹桥、望月桥、兴福桥、通利桥、新民桥等
	旅游商品	地方旅游商品	饮食、菜品	浙江菜系
			传统手工品与工艺品	辑里湖丝、湖笔、蚕丝被
	人文活动	民间习俗	地方风俗与民间礼仪	贺岁拜年、南浔婚俗、元宵走桥、清明踏青、端午吃粽、天贶晒虫、中元河灯
			民间节庆	清明蚕花节
			饮食习俗	粽子、圆子、甜麦塌饼、浔酒、三道茶等
			特产	风枵（即糯米锅巴）、绣花锦菜、香大头菜、桑葚酒、桑叶茶、桑果干、橘红糕、定胜糕等

2.3.3 遗产资源与审美特征

2.3.3.1 遗产资源

2014年“中国大运河”正式进入《世界遗产名录》，其中包括大运河南浔段（頔塘故道）和南浔镇历史文化街区，总长约1.6公里，面积92公顷。根据《国际运河史迹名录》所制定的评价标准，主要包括运河水利工程遗产1处，为大运河最长的支线——頔塘；运河航运工程遗产5处，全部为桥梁，均为浙江省文保单位；运河聚落遗产3处，包括世界遗产南浔镇；运河其他物质文化遗产5处，均为全国文保单位；以及运河沿线的国家级非物质文化遗产辑里湖丝手工制作技艺等（表2-5）。

南浔镇历史文化街区运河文化遗产资源 表2-5

遗产类别	遗产名称	保护级别
运河水利工程遗产	大运河南浔段——頔塘故道	世界遗产名录
运河航运工程遗产	种德桥	浙江省文物保护单位
	博成桥、苏鲁桥和长发桥	浙江省文物保护单位
	頔塘故道双桥	全国文保单位
运河聚落遗产	南浔镇历史文化街区	世界遗产名录
	頔塘故道历史文化街区	省级历史文化街区
	南市河历史文化街区	省级历史文化街区
运河其他物质文化遗产	大运河——丝业会馆	全国重点文物保护单位
	嘉业堂藏书楼及小莲庄	全国重点文物保护单位
	大运河——丝商建筑（刘氏悌号）	全国重点文物保护单位
	南浔张氏旧宅建筑群	全国重点文物保护单位
	尊德堂	全国重点文物保护单位
运河沿线非物质文化遗产	辑里湖丝手工制作技艺	国家级非物质文化遗产

2.3.3.2 审美特征

（1）底蕴深厚的頔塘故道。頔塘是一条重要的水道，由于同京杭大运河相接而达北京，北上可进入长江，近代又与长湖申航道相接，成为通往上海市的要津。頔塘的开筑，方便了农业发展、物资聚集、经济交流和商旅往返。南浔自南宋淳祐季年建镇开始，以頔塘为中心，称镇内頔塘为东西市河。官衙、民居均沿市河两岸而建。頔塘故道既是南浔古镇的组成部分，也是南浔古镇连接运河文化的一条重要水道。頔塘河边绿树成行，两岸骑楼、廊棚、券门、封火山墙、河埠比比皆是，满街房屋傍水而筑，粉墙雕窗，古朴的石板路沿水延伸，如腰带一样缠绕着廊桥水岸，与小桥流水、来往舟楫相映成景，就像旗袍之于古典美女，折扇之于儒雅书生。

（2）各具风姿的石拱桥梁。“春寒漠漠拥重裘，灯火南浔夜泊舟。风势北来疑雨至，波光南望接天流。百年云水原无定，一笑江湖本浪游。赖是故人同旅宿，清樽相对散牢愁。”这是明代姑苏文人文徵明所写的诗《夜泊南浔》。浔溪环镇，水多桥多，有小桥、流水、老街、古宅，是典型的江南水乡古镇风貌。镇区通津、洪济、垂虹三桥合称为南浔三大古桥。各具风姿的桥，有的像一轮弯月，似俏娇的姿容，有的像一把弓，似无穷的力，有的虽窄小，却不露声色，甘愿让人们踏身而过。南浔的桥比一般江南水乡集镇上的古石桥显得宽敞、大气。南浔的桥，沟通了古镇的交通，也沟通了邻里乡亲的感情，连接着市场的繁荣，也连接着古镇的昨天、今天和明天。

（3）宛如天开的近代园林。南浔素称江南园林名镇，自南宋至清代镇上大小园林达二十余处。中国园林界经典著作童寯的《江南园林志》云：“南浔为吴兴巨镇，旧时有晓山园等数家，亦早圮。”如小莲庄是晚清南浔“四象”之首刘镛的私家花园，始建于1885年，后经四十年的经营，由其孙刘承干于1924年全面建成，为全国重点文物保护单位。小莲庄位于鹧鸪溪畔，粉墙黛瓦，莲池曲桥，奇峰怪石，让人品味到“虽由人作，宛如天开”的意境。

（4）中西合璧的江南宅第。南浔的名门宅第一般都依水而筑，呈现出一派江南厅堂建筑的风格。南浔的建筑有特有的风格与文化理念：以中华大文化为主线，包含其他地域乃至海外的建筑文化。多种思想、多种文化、多种建筑形式、多种装饰艺术，融合一起，形成南浔与其他江南古镇在建筑形式上的不同特色。如张石铭旧宅以典型的江南传统厅堂建筑风格为主体，融合了意大利文艺复兴时期的欧式建筑形式，展现了东西方建筑艺术相互碰撞、相互影响、相互渗透，和宅第主人对西方文明的接纳和对传统文化的继承。

（5）蔚然成风的私家藏书。南浔古镇历代人文荟萃，人才辈出，许多名人著书立说，收藏古籍、碑刻、文物书画，编史修志蔚然成风。仅明清时期的诗文就不下千卷。有史家说南浔“书声与机杼声往往分相继”，诚不为过。如嘉业藏书楼就是江南四大藏书楼之一，由“四象”之首刘镛的孙子、清末著名藏书家刘承干所建，为全国重点文物保护单位。总体设计为中西合璧园林式布局，鼎盛时有藏书6万卷，共约16万册，其中不少为海内外秘籍和珍本。

（6）民风醇厚的老街民居。南浔古镇的百间楼是江南至今保存最为完整的沿河民居建筑群之一，是南浔老街、民居的一个最生动的缩影。百间楼的原住民大多是老年人，职业不同，经济收入有异，但他们相处得那么和睦，待人接物又是那么彬彬有礼。有的老人喜欢种花养鸟，在沿河廊屋顶上摆几盆花卉。一根长长的晒衣竹竿把邻里连在一起，如此和谐地消融在氤氲的江南水乡原汁原味的氛围里。

（7）西风东渐的人居文化。南浔的中西合璧建筑，既充满着江南独特的文化韵味，又折射出“西风东渐”的洋气和灵性，是这个江南古镇富商文化和人世百态的象征，也是浓缩的中国近代丝商群体的另一道亮丽的风景。南浔的生活习尚、精神文化和社会心理既表现出了仁、礼、德、信、义等博大精深的中国传统思想，也显现出了在西方文化影响下当地人民多元化的生活面貌和注重平等、崇尚科学、兼容并蓄、开放包容的气派。

（8）历史悠久的风尚习俗。南浔镇的民风淳朴，自20世纪七八十年代以来，人民的日常生活日益丰富多彩。主要涉及茶事、庙会、看戏、听书，以及其他林林总总的民间生活习俗。湖州是茶圣陆羽的第二故乡，历代出产名茶，南浔曾是吴越交界之处，民间茶事活动极多，尤重茶礼，四时八节都有茶。当地居民还喜欢作为票友自己唱戏、演戏。南浔曾成立过叫“凤鸣”的票社，票友们几乎天天晚上聚在票社演唱京戏。

（9）淳朴热情的人文故事。运河孕育了南浔，南浔孕育了南浔人。在南浔居住着许多有趣的人，他们都有着自己的故事，他们淳朴、热情，这份淳厚的生活习俗和水乡民风形成了南浔的人文社会美。如春兰茶室的老板，在南浔生长，茶室的老房子就是祖上留下来的。朱大爷健谈开朗，一杯茶的时间，客人往往就成了朋友。墙上贴着很多照片，没有明星，没有大腕，都是不知名的面孔，是客人主动与茶室主人的合影，许多都已泛黄。看着每一张照片，朱大爷都能说出当时的情景来。书架上三四本留言簿，写的满满当当，天南海北的人，来到这里，似乎都愿意留下些什么。途经此地，不妨在茶室门口摆的一排小竹凳子上歇歇脚，进去充充电，都是免费的。或者点几碗茶，翻翻介绍南浔的小书，看看窗外的流水，听茶室主人说着三道茶的故事。

2.3.4 总体设计思路与框架

2.3.4.1 总体思路

方案以建设国家文化公园的目的为宗旨，坚定文化自信、彰显优秀文化，突出国家文化公园的“文化”功能，依托文化资源，表达文化元素，传承文化精神。南浔镇历史文化街区审美体验提升设计要坚持保护优先、强化传承、文化引领和彰显特色。系统推进保护传承、研究发掘、环境配套、文旅融合和数字再现等基础工程建设。

以环境美学与社会美学为理论基础，针对南浔历史文化街区提升审美体验的设计目标，深入挖掘文化遗产价值，构建审美体验场所营建的设计思路（图2-30）。

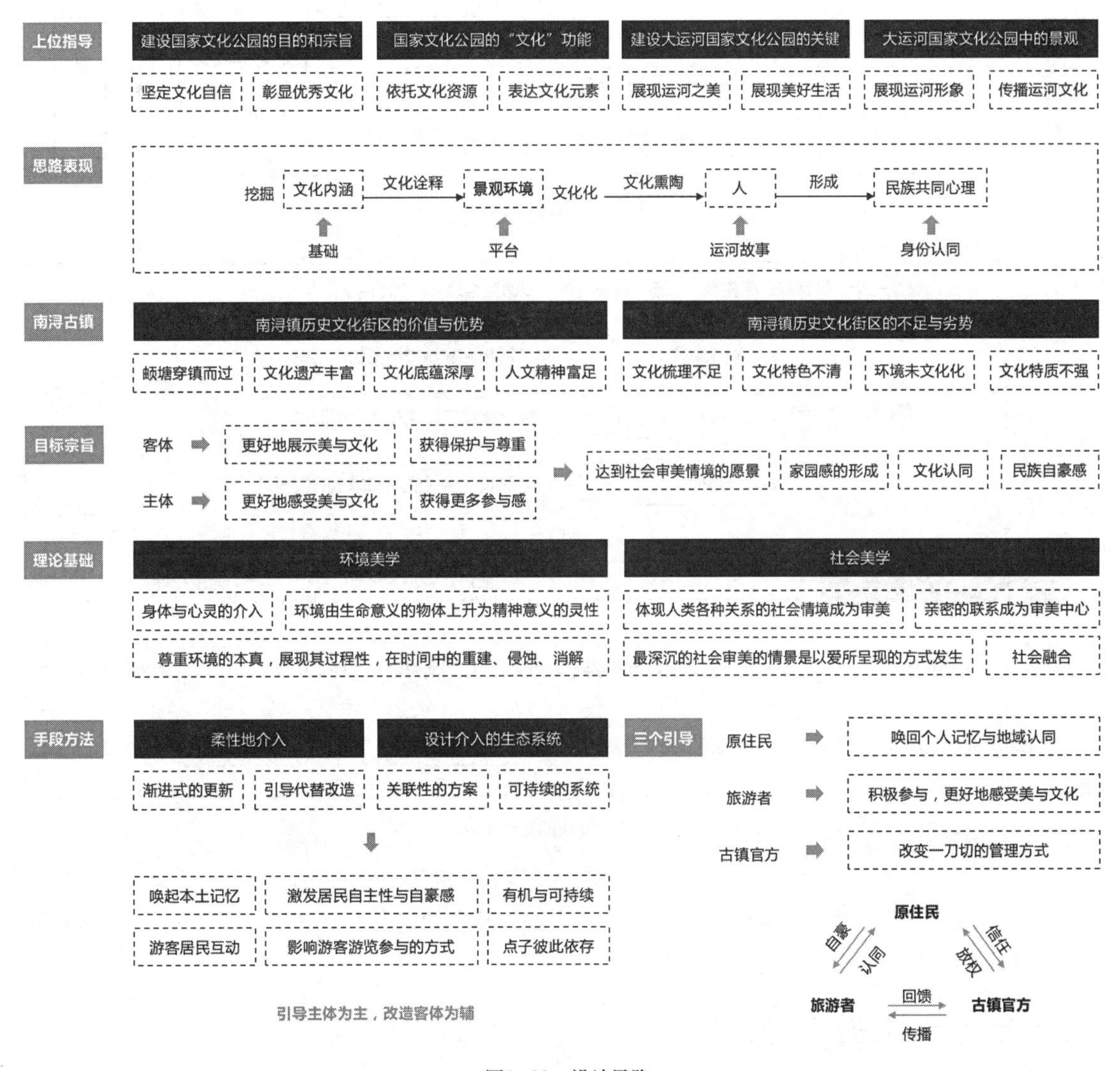

图2-30　设计思路

2.3.4.2 设计框架

基于环境美学与社会美学相关理论，对南浔镇历史文化街区的设计介入首先需要挖掘南浔当地的审美对象及其审美价值，并加以保护与再利用，使审美客体更好地展示环境美与文化美；其次，建立南浔镇历史文化街区的审美意象，使审美主体感知知觉特征，展现南浔的意象美与意蕴美；最后，营造良好的审美心境，使人与环境、人与人的边界分离消失，产生情感共鸣，最终达到社会和谐美的境界（图2-31）。这就需要利用“设计引导”代替“改造”，唤回原住民的认同感

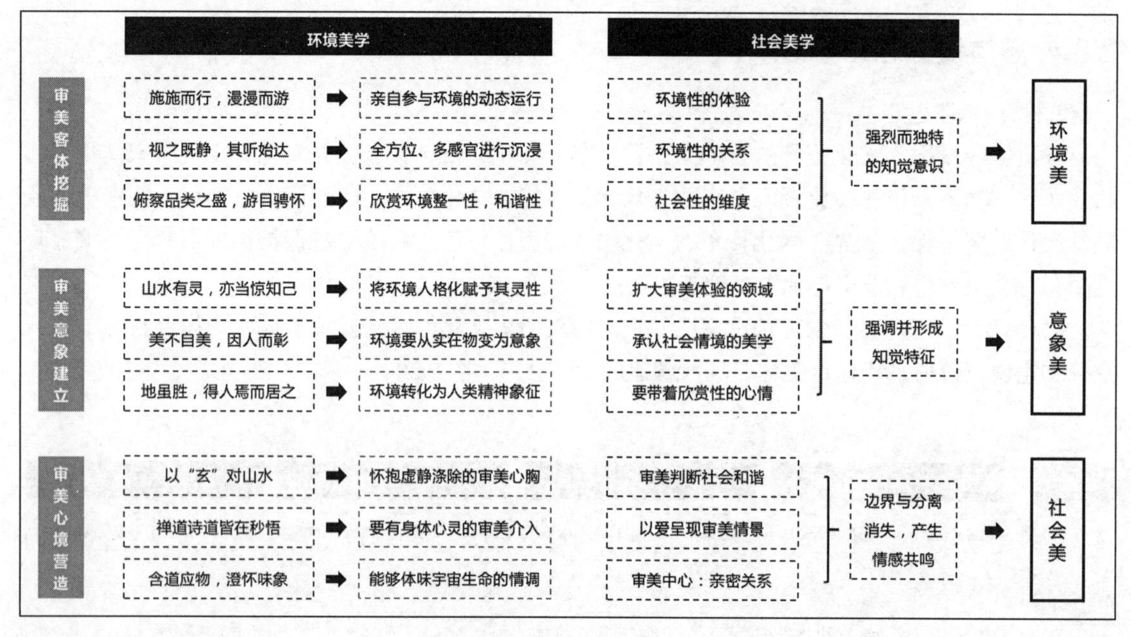

图2-31 设计框架

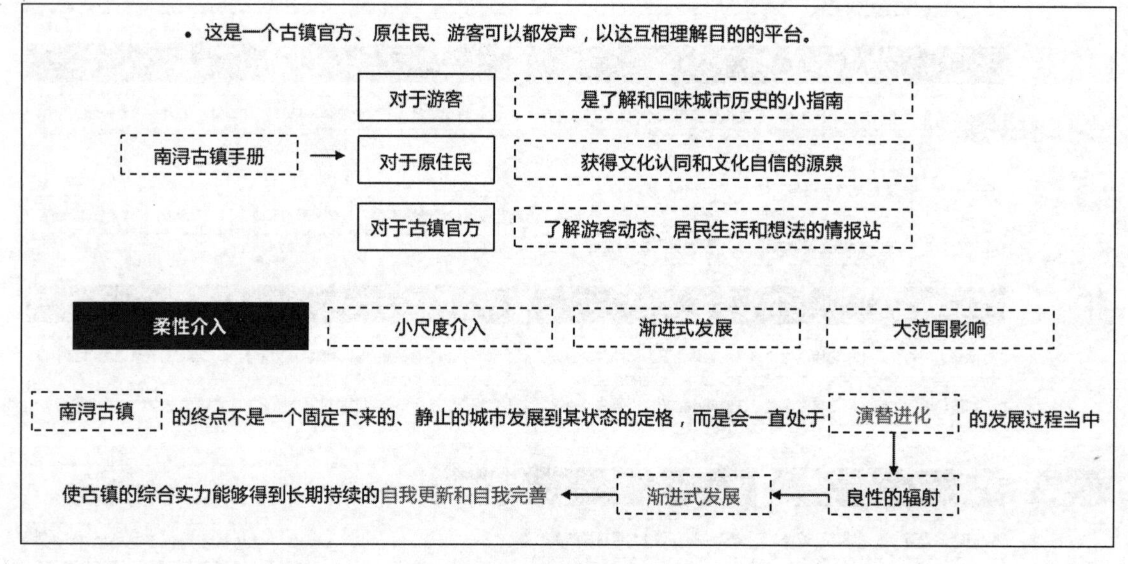

图2-32 设计的柔性介入

与自豪感，唤起“乡愁”，以柔性的设计介入为手段，建立可持续发展的生态系统，从而达到社会审美情境的愿景，建立家园感（图2-32）。

2.3.5 审美体验提升设计方案

在到访一个景点或者陌生的地方时，人们往往会通过地图了解这个地方。南浔目前的景区地图仅有景点位置的标注和景点、美食、住宿的简单介绍，且在每一个景点的入口处可领取该景点的一份介绍手册，游客往往没有领取的意识和意愿，最后导致走马观花式地游览南浔。因此，我们提出了设计一本南浔镇历史文化街区手册的设计介入策略，依托环境美学和社会美学的理论，这本手册将成为游客游览南浔的铺垫，成为游客认识南浔的开始，成为游客对南浔审美参与的引导，也可以推动南浔历史文化街区文旅融合系统环境的打造（图2-33、图2-34）。

在手册的开始，设计绘制了南浔镇历史文化街区的“A to Z”地图（图2-35），通过研究整合筛选了南浔历史文化街区特色与特征的关键词和游客游览南浔捕捉到的南浔意象，形成了南浔的“A to

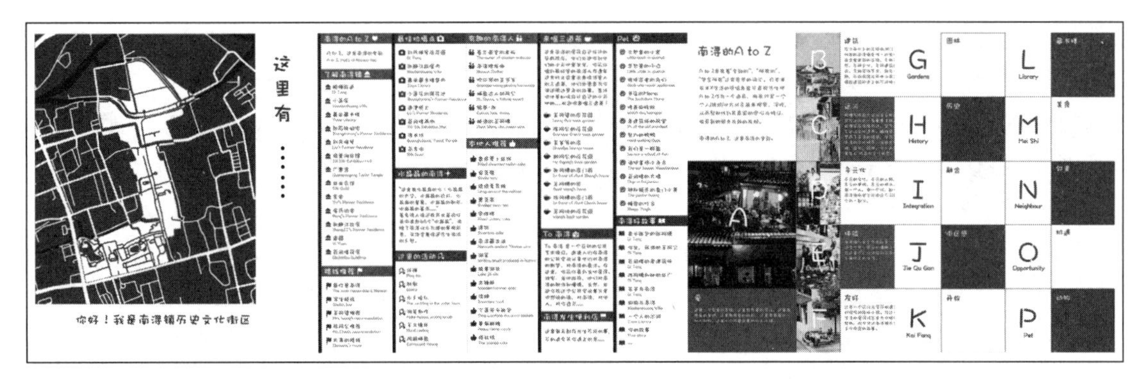

图2-33　审美体验指引手册《你好！我是南浔镇历史文化街区》

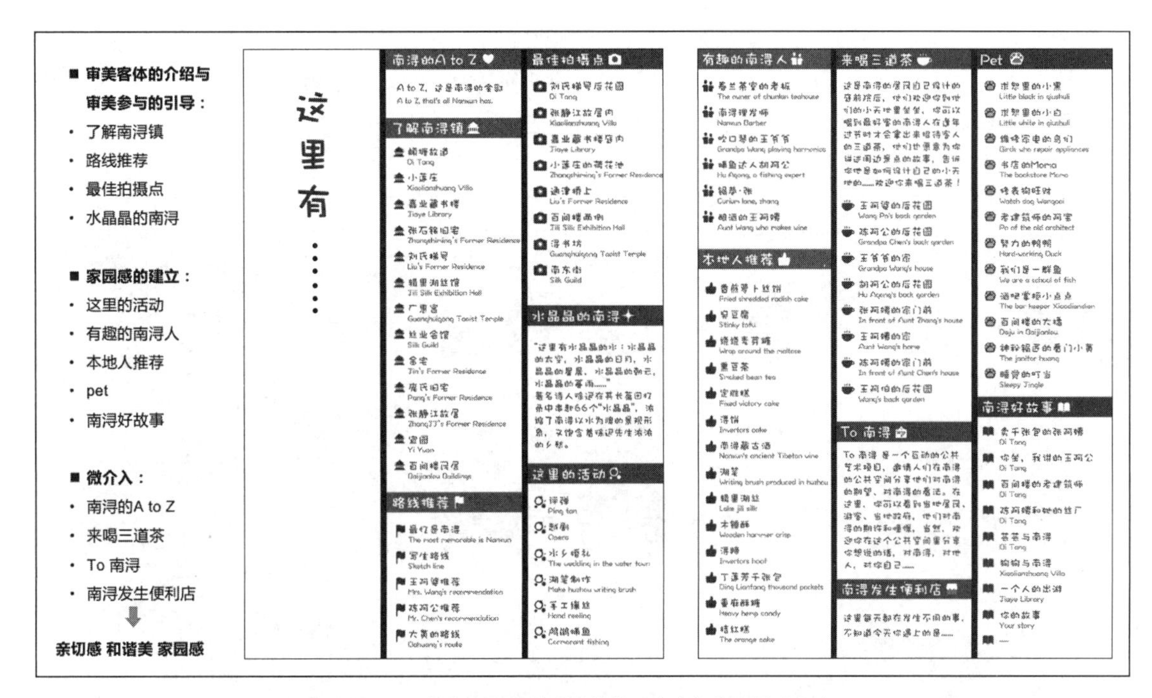

图2-34　审美体验指引手册的主要内容与体验提升方式

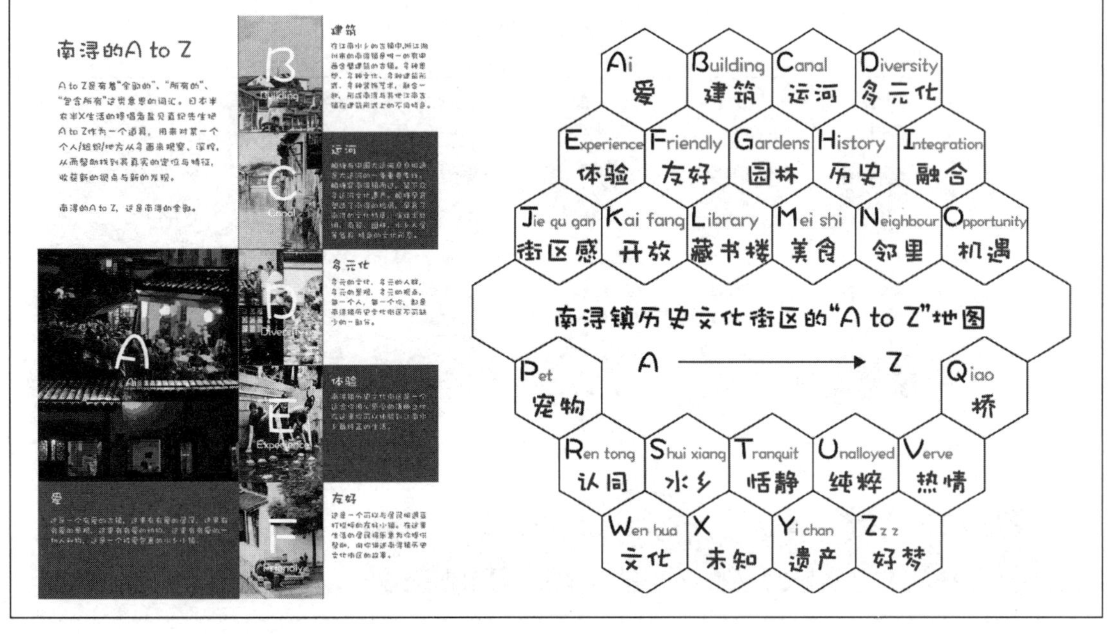

图2-35　南浔的"A to Z"

Z”，以期游客在游览南浔前，可以形成对南浔的意象美。它们分别是Ai爱、Building建筑、Canal运河、Diversity多元化、Experience体验、Friendly友好、Gardens园林、history历史、integration融合、Jie qu gan街区感、Kai fang开放、Library藏书楼、Mei shi美食、Neighbour邻里、Opportunity机遇、Pet宠物、Qiao桥、Ren tong认同、Shui xiang水乡、Tranquit恬静、Unalloyed纯粹、Verve热情、Wen hua文化、X未知、Yi chan遗产、Zzz好梦。

在手册中，我们向游客推荐五条路线。第一，最忆是南浔：可以尽览南浔的景色风光，这是南浔环境美的体验路线；第二，写生路线：在体验南浔环境美的同时，写生者成为游客的审美客体，游客成为写生者的画中景，主客体置换可以带来不同的审美感受；第三，陈阿公推荐：陈阿公是南浔书店的老板，沿着他推荐的路线可以感受南浔的文化美，如藏书文化、水乡婚礼文化、越剧文化、西风东渐文化、运河丝绸文化、宗教文化、茶文化和运河儒商文化（图2-36）；第四，王阿婆推荐：王阿婆是南浔的美食达人，沿着她推荐的路线可以尽享南浔的美食，并且感受到南浔的社会美（图2-37）；第五，大黄的路线：这是根据南浔的一只猫的生活编排的南浔恬静慢生活路线（图2-38），可以参与南浔的市井生活，感受南浔的生活美和意境美。

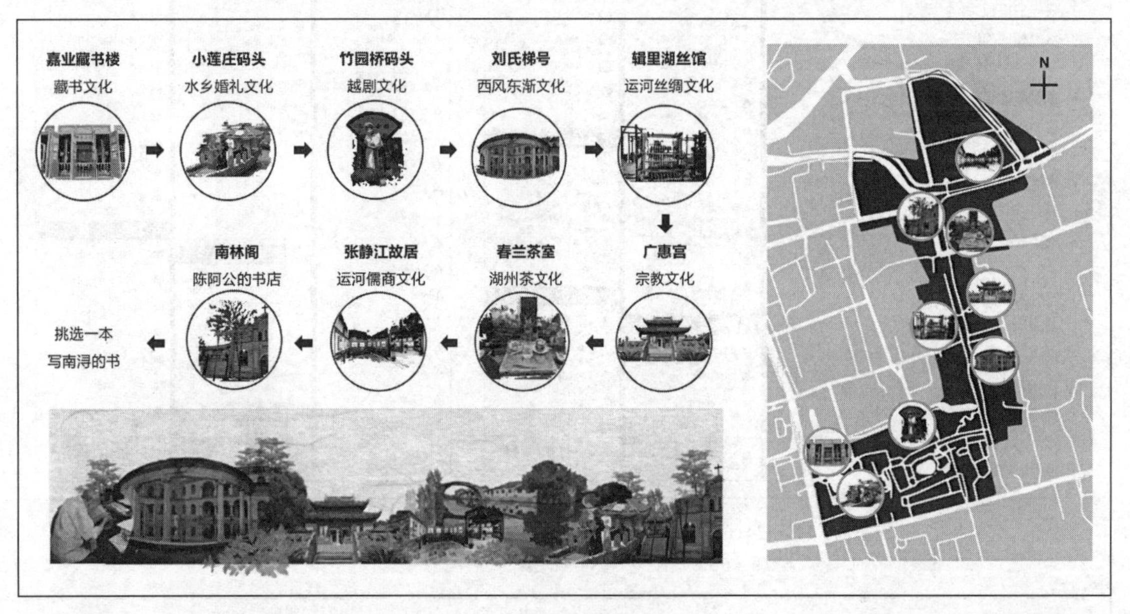

图2-36 文化之旅路线推荐

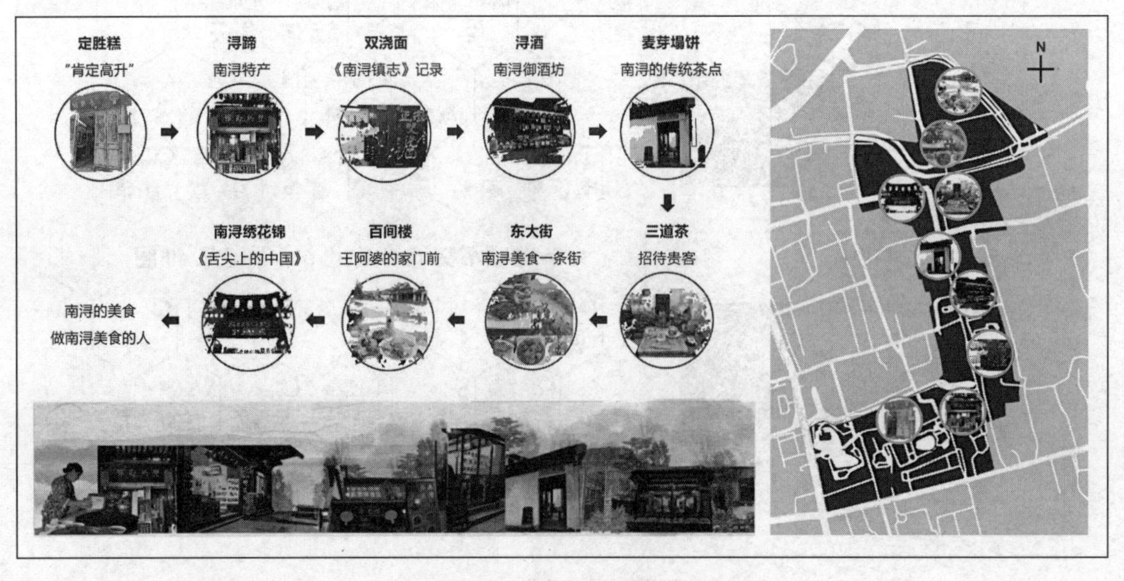

图2-37 美食之旅路线推荐

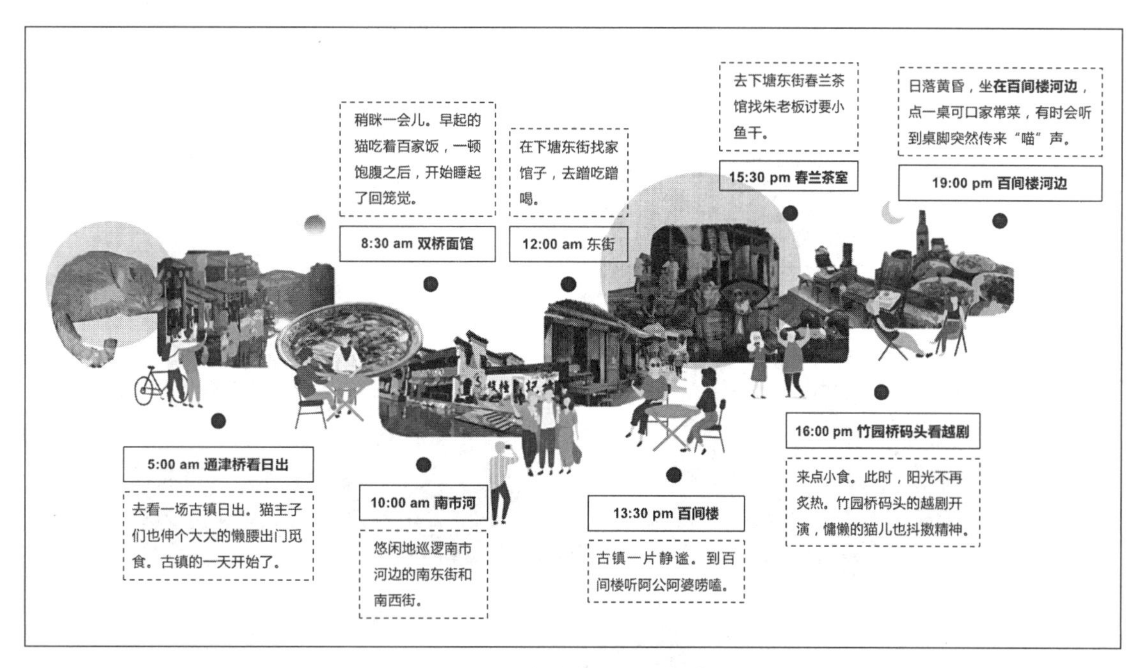

图2-38 古镇慢生活路线推荐

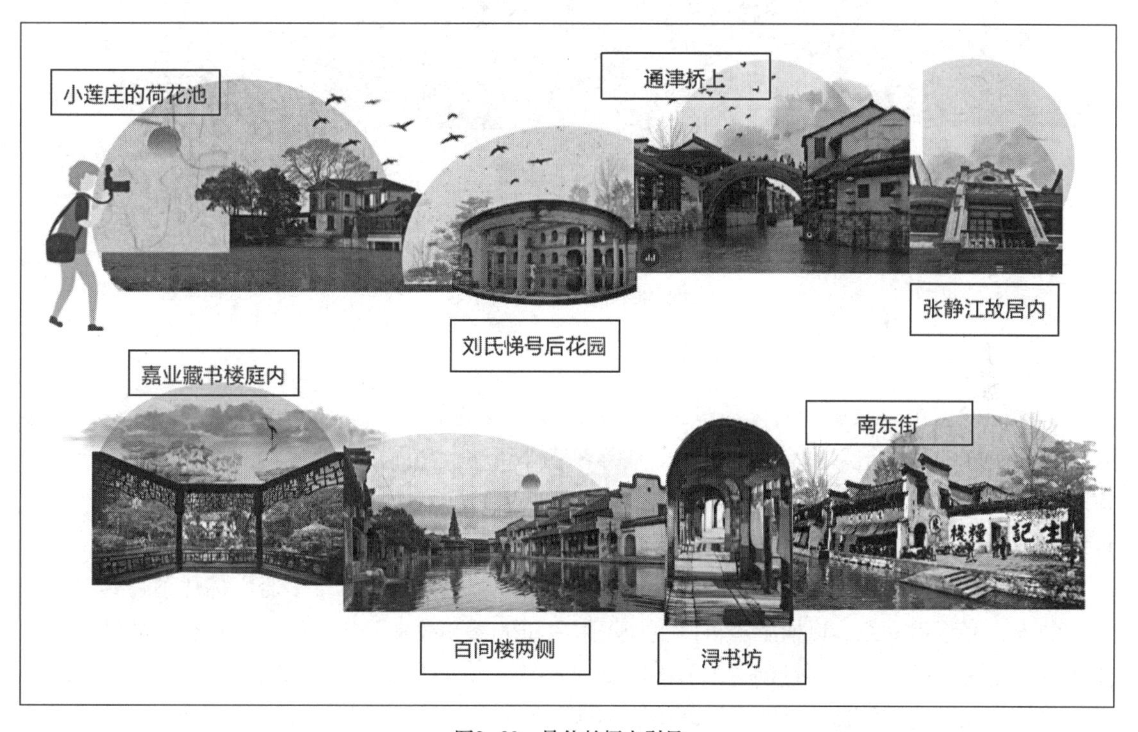

图2-39 最佳拍摄点引导

方案选择了一些最佳拍摄点，它们是展现南浔环境美、人文美的最佳地点：小莲庄的荷花池、刘氏悌号后花园、通津桥上、张静江故居内、嘉业藏书楼庭内、百间楼两侧、浔书坊和南东街。拍照作为一种审美参与方式，可以让游客感受到南浔的审美意象与符号要素，最佳拍摄点实际是对南浔最佳审美点的引导（图2-39）。

图2-40　活动事件审美引导

活动的发生可以吸引人们以漫步、站立、静坐、参与等方式融入与欣赏环境，这是视觉融入、感官刺激和认知结果的综合呈现，也是游客感受活动及其周边环境属性的良好方式。南浔的审美活动主要有湖丝体验、鸬鹚捕鱼、评弹越剧、水乡婚礼、拓版印刷和湖笔制作等，这些活动可以进一步展现南浔的环境美与社会文化美（图2-40）。

运河孕育了南浔，南浔孕育了南浔人，南浔人承载了运河的故事。手册中标注了一些在南浔生活的人，并附以介绍，以期游客可以更加了解南浔的人文故事。初步的认识是交流的铺垫，交流的发生是关系的开始，通过创造人与人联系的契机，可以让人们感受到南浔的人文美、人际关系美、社会和谐美，打造良好的审美环境、心境及家园感。在游客与本地人的互动中，游客可以感知到运河养育了一方水土和一方人，产生认同感，当地居民可以向游客讲述自己和运河的故事，参与感与倾诉欲得到满足，产生自豪感。原住民王老伯认为，“运河造福一方百姓，沿河两岸，给人民造福不小”，他会兴致勃勃地讲述他在南浔生产队工作的故事；捕鱼达人胡阿公，他会讲述运河的鱼是如何养育他的一家人和他的三只鸬鹚的；酿酒的王阿姨会如数家珍地介绍南浔的地方酒，如果你好奇，她还会讲和酒有关的故事；神秘的锔匠张是生活在南浔的传统手工艺人，你可能并不能总是见到他，但他家门口有纸巾、急救包、开水和棋盘，供路过的行人休憩小坐（图2-41）。

图2–41　人文故事审美引导

提升方案置入了一个设计介入项目，原住民可以根据自己的需求以及在设计师的指导下，自己设计宅前院后的空间，这些原住民的宅前院后空间分布在南浔的各个地方，这些空间未来也将起到触媒作用，成为游客和居民发生互动的空间。游客可以来喝三道茶，感受南浔人民的好客，借此营造南浔的环境美与社会和谐美，打造家园感。游客前往春兰茶室朱老板的家门前，可以体验南浔的茶俗文化，学习茶制作，朱老板也会介绍旁边的张静江故居以及通津桥，并为游客讲解运河文化。其他的设计介入还包括王阿婆的后花园、张阿姨的家门前、书店老板的南林阁、胡阿公的养鱼缸、锔匠张的工作室（图2–42）。另外，以小动物的活动范围作为节点，引导游客进行“寻找”活动，以达到线性的良性辐射，在寻找的过程中游客与原住民将会进行主客体的交流，从而实现人与人、人与自然和谐的环境美，以达到构建家园感的目的（图2–43）。

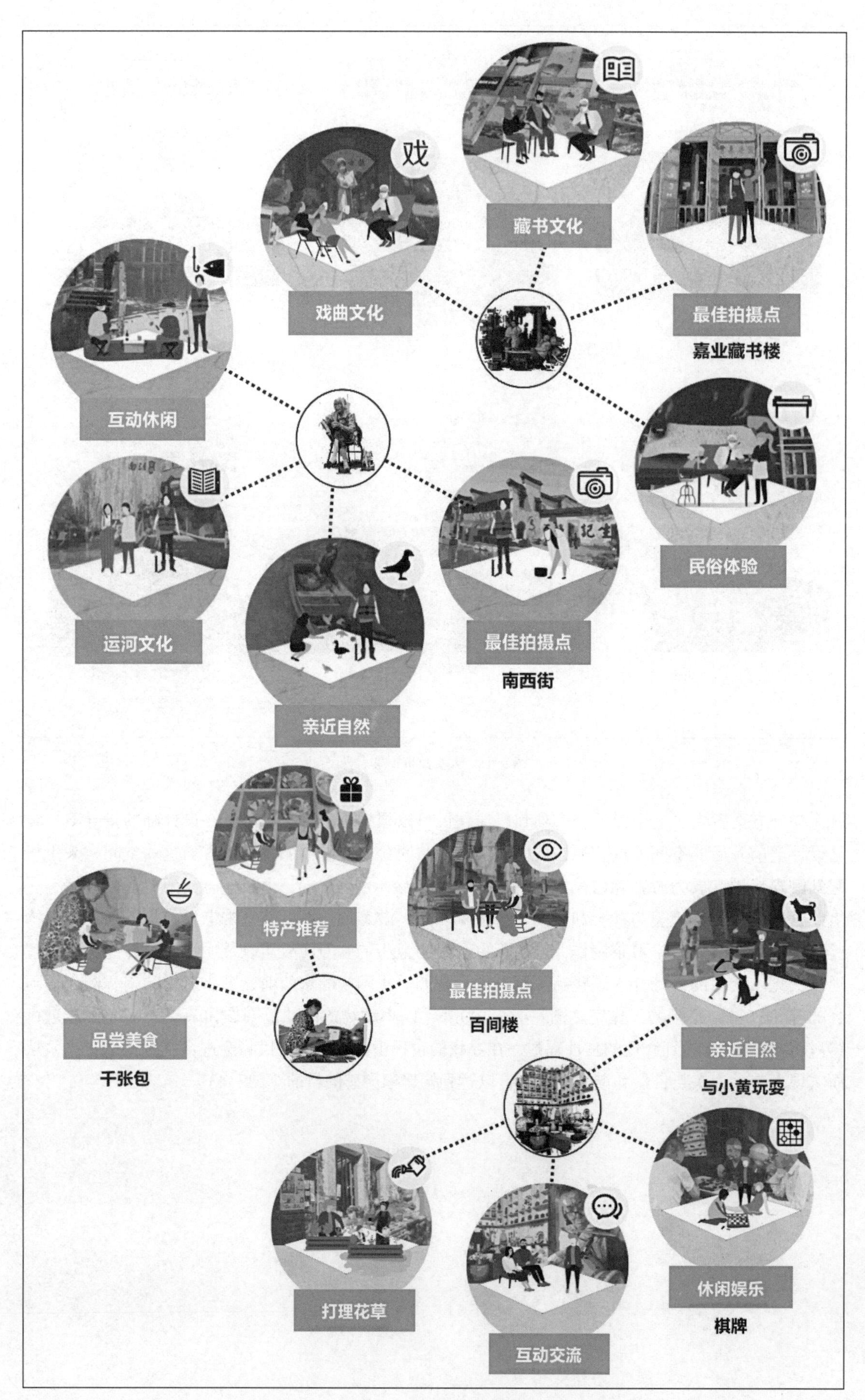

图2-42　节点触发审美体验

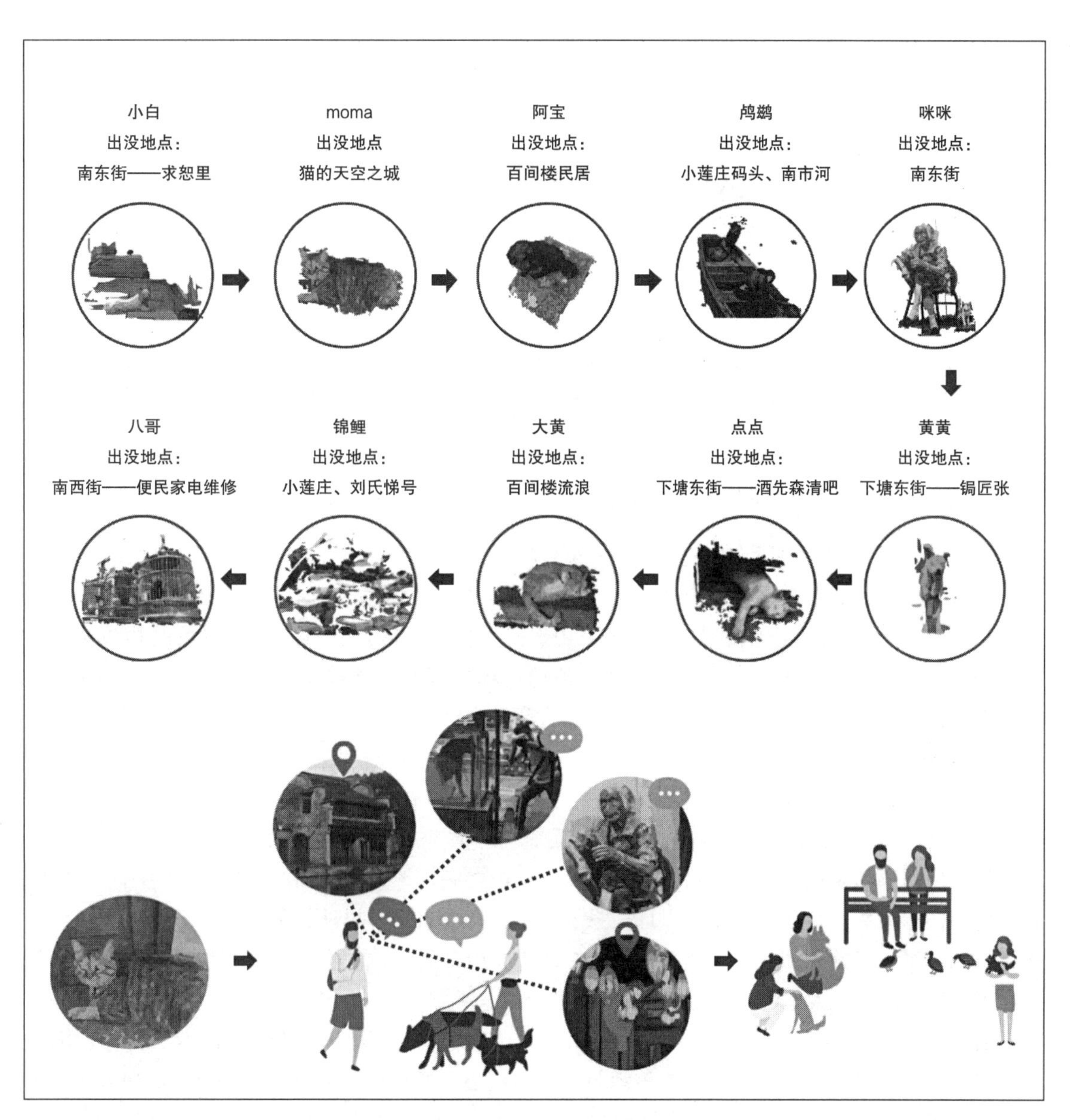

图2-43　动物生发审美体验

3 基于景观美学理论的浙东运河绍兴段文化遗产景观规划设计

3.1 浙东运河绍兴上虞遗址公园景观规划分析

3.1.1 景观美学引导下的审美客体分析

3.1.1.1 浙东运河绍兴段文化遗产景观资源分析

运河遗址公园展示和保护的内容不仅包括遗址本身、人类活动、时间维度上的演进等人文资源，还包括自然环境、空间格局、水系、农田等自然资源。因此，具有历史悠久的物质文化遗产、底蕴深厚的非物质文化遗产、优美的自然遗产环境等资源条件是古运河遗址公园构建的基础。根据文化遗产景观资源的性质划分，文化遗产景观资源又可以分为物质文化遗产资源与非物质文化遗产资源。

（1）自然资源

绍兴地区的早期原生态风貌特征是地势低平，降水丰富，毗邻湖、海等宏大水域，咸潮涌溢，沼泽广布。浙东运河的开凿给绍兴带来灌溉舟楫之利。绍兴段运河沿岸围绕古鉴湖水域广泛开垦圩田，运河周边自然大地景观以圩田系统为主，形成水田、旱地、桑园、鱼塘的生态布局和平原水网体系。目前，浙东运河绍兴段两侧岸线主要由郊野岸线、生产岸线和生活岸线构成。其中，郊野岸线传承了大运河典型时期的地形地貌和生态系统。

浙东运河以打造“千年古韵、江南丝路、通江达海、运济天下”的浙江样本为目标，围绕大运河浙江段的世界文化遗产为保护传承与利用的核心。浙东运河上虞段于2014年被列入《世界文化遗产名录》，其流经的东关街道曾是浙东唐诗之路上的一个重要节点，是商业重镇、官驿之地，有九县通衢的区位优势。世界历史文化遗产——浙东运河（萧绍运河）穿境而过，东关因运河而兴，具备发展为运河遗址公园的潜力与优势。所以以该基地为代表性地块进行设计分析和实践。

浙东运河上虞遗址公园基地位于绍兴市上虞区东关街道辖区内，北至亚夏大道、东至镇西路、南至城南路、西至竺可桢工业园，总面积约92.2公顷。基地范围内景观环境现状北侧以乡村生活型岸线为主，南侧以郊野型岸线为主，基地属于运河景观带上的运河遗产景观节点与标志性景观节点，运河北侧属于乡村生活风貌区段、南侧郊野风貌区段居多。场地内自然资源分布以大片农田、带状水域为主，运河水体与农田之间形成的空间格局赋予了遗址公园独有的魅力，开阔的地貌特征和独有的运河水系为村民和游客提供多样化的生产、生活与休闲体验，不同形态的水域河道将村庄分割成多样的空间格局，与河岸建筑形成多样的空间类型，从而使遗址公园遗产景观的界面更加丰富（图3-1）。

（2）人文资源

浙东运河绍兴段长度为101公里，与运河相关的各类遗产共计69处（项）。其中，大运河水利工程遗产44处，包括八字桥、古纤道等世界文化遗产；大运河聚落遗产9处，其中包括绍兴城、丰惠镇、柯桥镇等大运河城镇以及五夫老街等大运河村落；其他大运河相关的物质文化遗产共7处。

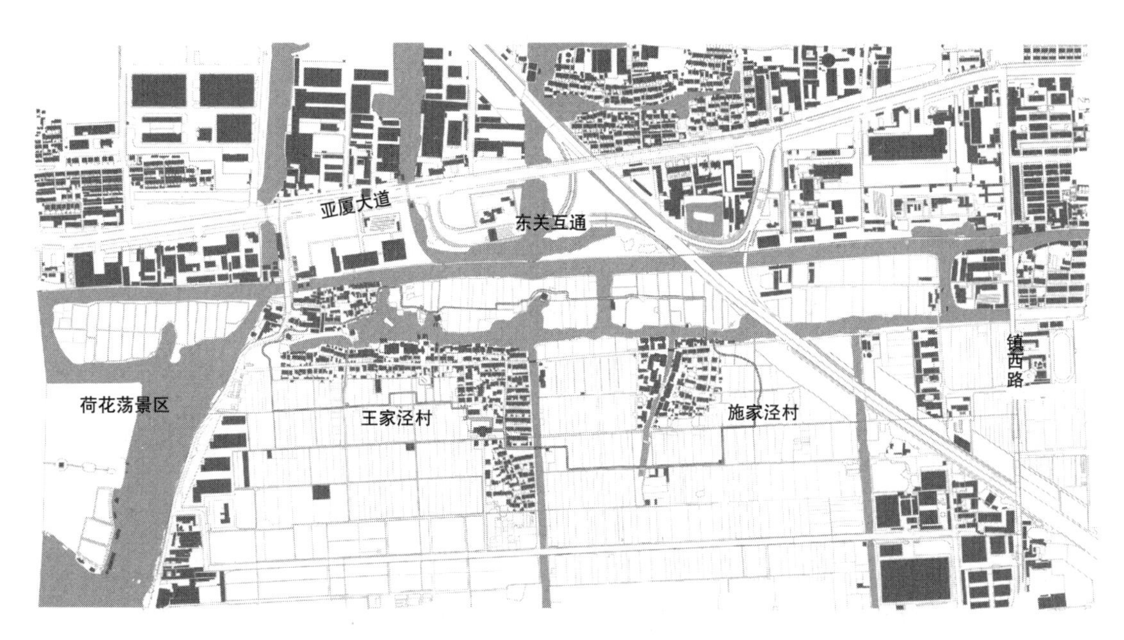

图3-1　浙东运河上虞遗址公园及其周围环境图

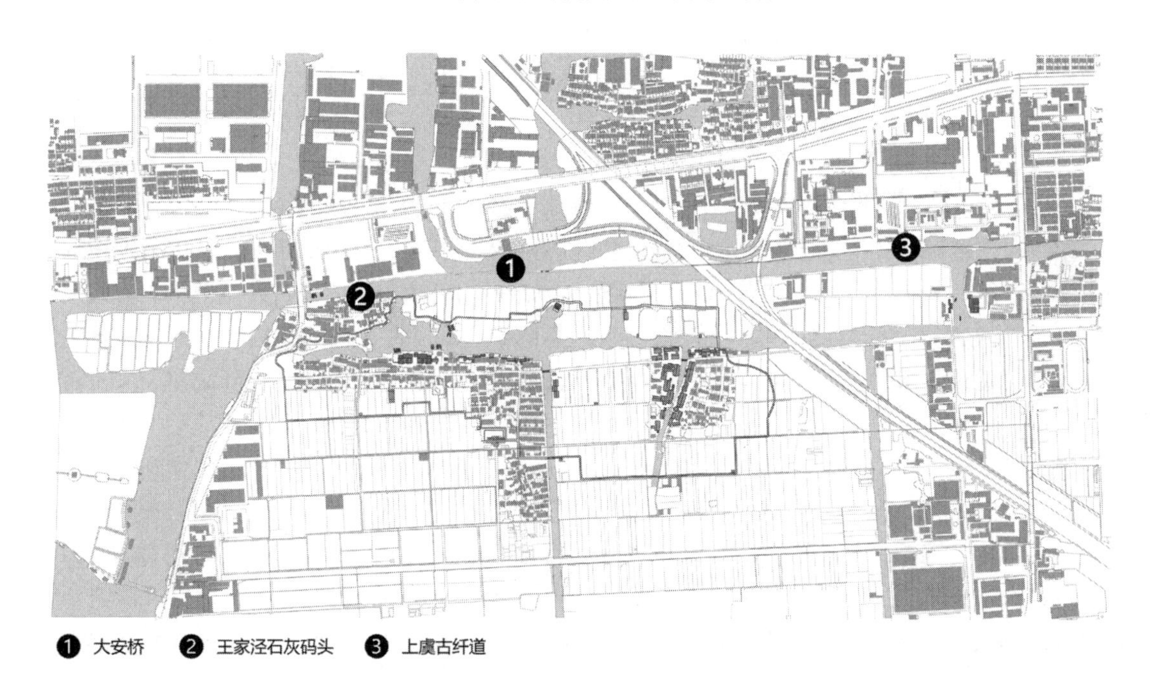

图3-2　浙东运河上虞遗址公园遗产分布图

其中，大运河上虞区东关街道辖区内，物质文化遗产包括上虞段古纤道、大安桥以及王家泾石码头遗址等，都属于大运河水利工程遗产（图3-2）。

对于非物质文化遗产，根据中国城市规划研究院的《大运河（绍兴段）遗产保护规划》所指出的与浙东运河绍兴段相关的非物质文化遗产包括梁祝传说、绍兴背纤号子、绍兴黄酒酿制技艺、绍兴石桥建造技艺、曹娥庙会、鉴湖三月赛龙舟和国家级公祭大禹活动七项。结合古籍资料查询以及实地调研提取出最具地域特色的船文化、水乡社戏以及水乡集市等文化元素。体现传统民俗技艺的船文化主要包括当地特有的乌篷船文化，特别是脚划船以及独特的造船技艺、乌篷民俗等，一方面反映了浙东运河绍兴段“水乡泽国”的地理环境，另一方面也是绍兴人在生产生活中，长期与水打交道的结晶。水乡社戏作为绍兴的特色文化被列入第二批国家非物质文化遗产名录，它具有祭神和娱人相结合的特点，集中反映了不同剧目的演出形式，也充分展现了地方民族文化的多样性。丰富多样的舞台形式给观众创造了一种水上、岸上可以同时观看社戏的条件，非常具有水乡特色。绍兴境内河湖密布，运河河道与沿河的建筑形成丰富多样的组合形式，同时也形成多种组合形式的街河布局，包括有河无街、一街一河、两街一河等形式，这为水乡集市提供了有利的自然条件，水乡集市作为绍兴的特色民俗活动，被当地人们所喜爱，水乡人赶集不仅为购物，更是一种气氛和情趣。

3.1.1.2 绍兴段上虞区域文化遗产的审美特征

浙东运河绍兴段的整体审美特征包括：水巷阡陌的内河体系与古越底蕴的运河古道、故居众多的名士之乡与书香风貌的江南古建筑、诗意栖居的历史街区与儿时记忆的市井生活、类型多样的万古名桥与蜿蜒不绝的白玉长堤。绍兴这座城市因水而建、因水而兴，“水城共生”是浙东运河绍兴段的基本审美特征。浙东运河绍兴段的水网格局由三大体系构成：一为环城河体系；二为内河体系，绍兴的老城区主要集中在越城中心组团，有主要骨干河道33条，分东、南、西、北四大片，占整个市区河湖水面积，承担市区排水防涝、美化环境的主要功能；三为古运河体系，是传统的古水道，功效卓著长远，文化底蕴深厚。绍兴历史悠久，是著名的名士之乡，众多名人故居例如鲁迅故居、秋瑾故居等都是追忆历史典故和名人风采的重要场所。绍兴是闻名遐迩的江南水乡，城内河道纵横，道路多用桥梁相接，素有桥乡之誉。至清光绪年间，据统计绍兴城内共拥有229座桥梁，几乎家家临水，户户临桥，五步一登，十步一跨。石桥之多，堪称全国之最。绍兴古纤道延绵数百里，工程浩大，或桥或路，高低错落，它既有利于古代交通航行的发展，又解决了当时社会实际需要的交通问题，对整治古代绍兴山会平原内河水系和改善水、陆交通有着十分重要的意义。绍兴上虞区域的运河河道作为绍兴古纤道最典型、最集中的区块，这里具有的文物保护单位和有特色的建筑物及构筑物，在总体上完好地保存了绍兴明清古纤道的历史风貌（图3-3）。

绍兴段上虞区域具体遗产点的审美特征包括桥梁的审美特征、纤道的审美特征以及古民居建筑的审美特征。其中，最具地域特色的是贯穿整个场地的古纤道。上虞段古纤道的构筑方式属于实体纤道构筑方式，长约2.5公里，是双面临水的实体纤道路。古纤道的结构形式上是在宽阔的运河浅水中建筑起来的一条与河道平行的带状纤道。它既是古人行舟背纤的必经之路，又具有躲避的功能。平面上仿佛长龙卧波，宝带延伸，在立面形式上又高低起伏、虚实相应，形式变化丰富。平坦的直线舒坦、平静、祥和，由纤道桥墩以及茶亭所组成的节奏给宁静的水面和远山增添了极强的动感序列，丰富活跃了古纤道的立面造型，使之此起彼伏，清灵通秀。绍兴古纤道较好地产生了对比与统一的艺术效果。从古纤道的正面和侧面依次看，则有刚有柔，有实有虚。石墩形成的孔隙有张有敛，给人有疏有密的感觉，以至看整条古纤道，视线有起有落，有滞有流。伫立在纤道桥头，极目远望，不尽其端。近看，则桥影倒映水中，有若垂虹，为水乡增辉生色（图3-4）。

农田肌理

水系特征

村庄肌理

图3-3 浙东运河上虞遗址公园区域整体审美特征

平面布局　　形态特征　　立面造型

图3-4　浙东运河上虞遗址公园具体遗产点的审美特征

3.1.1.3 绍兴段上虞区域文化遗产的美学价值

浙东运河绍兴段整体美学价值包括历史美学价值、技术美学价值、文化美学价值以及社会美学价值。其中，历史美学价值体现在对水陆交通、农业文明以及社会发展的贡献上，浙东运河绍兴段流贯宁绍平原全境，是宁绍地区重要的水路枢纽，也是水路运输大动脉。北接江南运河，东接宁波出海口，起到承上启下的关键作用，在2500年发展历史中，孕育出丰富的历史文化遗存和名城名镇，是祖先留给我们的宝贵物质财富和精神财富，更是流动的人类遗产。技术美学价值主要体现在历史文化遗迹所反映出的当时的科技水平上，从不同历史阶段所建造的水库、河道、桥梁等，到沿海堤塘水闸的兴建，再到小流域治理、标准海塘建设等，都从不同侧面充分反映出了水利技术的突出价值。文化美学价值体现在运河孕育出的绍兴文化，积淀了以水乡社戏、鉴湖乌篷、水乡集市为特色的水文化，以故居、诗词、书画为代表的名士文化等等，形成底蕴深厚的运河文化。社会美学价值主要体现在其与日俱增的休闲娱乐功能和公众教育功能上，由于部分文化遗产随着社会的发展逐渐失去了原本的使用功能，例如部分运河河道、桥梁、闸坝等都面临着重要的角色转换，逐渐从原本的运输、水利功能转变为重要的文化资源。

绍兴段上虞区域具体遗产点的美学价值体现在古运河河道的生态美与功能美、古纤道的技术美与人文美、古民居建筑的历史美、环境美与人文美。尤其是具有代表性的古纤道，呈现出其独特的美学价值。古纤道的技术美主要体现在它的建造技术上，作为古越人民智慧的结晶，形成独创的桥路组合型道路，具有重要的使用功能，有利于古代交通航行的发展，解决了当时社会实际需要的交通问题，对整治古代绍兴山会平原内河水系和改善水、陆交通有着十分重要的意义。古纤道的环境美体现在它的观赏价值上，作为“白玉长堤路，乌篷小画船”所描绘的对象，路、桥、水、船浑然一体，给人以美的享受，极具观赏价值。古纤道的功能美体现在它的功能转换上，随着运输需求和交通方式的改变，古纤道的作用也由昔日的行舟背纤功能发展成为休闲娱乐、观光游览、科普教育等多种用途。

3.1.2 景观美学引导下的审美主体分析

大运河是一种蕴含民族精神、人文情怀和文化认同感的线性文化遗产。运河遗址公园建设所在地大多都是居民聚集区，大运河遗址公园既是历史的，反映了运河世代的变迁；也是人文的，积淀着运河水乡生活的人文情怀；又是未来的，为运河文化注入新的活力。因此建设运河遗址公园的关键在于一方面要充分考虑到运河沿岸区域原住民的公共文化生活需求，凸显沿线各区域的独特魅力；另一方面又要充分考虑外来游客游憩体验的娱乐需求与科普教育的认知需求，激发文化认同感，从而更好地传播运河文化。审美主体分为外在的游客和内在的原住民。

3.1.2.1 审美主体的外在者需求

运河是展示文化内涵和城市魅力的重要窗口，文旅融合已经成为激活大运河文化的一种有效手段，如何让“活态遗产”成为“重要窗口”，需要从游客角度对审美主体需求进行分析。[124]上虞运河遗址公园在以沿线的各类物质、非物质资源为依托的基础上，需要提升文化吸引力，打造面向各个年龄段游客的互动体验，吸引更广泛的群体。而外来游客群体对于文化遗产景观的认知结构基础和原住民的认知结构基础不同，外来游客对于文化遗产的心理感受更多的是一种“期待视野”，具体是指读者在阅读作品时，以他们自身的阅读经验为基础所形成的思维定向或先在结构。“期待视野”受文化素养、职业、学识、品位、经验等影响，著名心理学家皮亚杰提出的认知发展理论强调客体物象对主体的刺激，将会受到主体认知结构的作用，这种认知结构对主体的反应范围和反应强度有着很大程度的影响。[125]所以，外来游客对于文化遗产景观的认知结构很大程度上影响着他们的审美体验，对于外在者的需求首先是提高“期待视野”，在对运河文化遗产景观有了基本认知的基础上再继续进行更深层次的审美体验。

基于问卷调查以及实地访谈，对外来游客的人群特征需求进行分析，按年龄结构主要分为儿童、中青年以及老年人。儿童群体通常与家人结伴出行，旅游时间较为集中，主要关注自然风景，对于文化的了解较少，需要有更多有意趣的活动，深入到当地的生活中体验运河文化；中青年群体主要是在工作出差或者空闲时间来此地旅游，一般以一家人的亲子活动、放松、游憩为主，需要了解上虞运河特色，并且结合一些故事性的事件或节庆活动；中老年群体主要是家人陪同或组团出游，对文化了解不多，更多地需要休憩、慢慢体验当地的自然风光。

针对儿童和青少年群体的科学素养提升与科普教育的需求，可以通过设计与运河文化遗产相关联的趣味性高、吸引力强的景观互动体验，如特色酱品制作、船工坊体验等来激发儿童和青少年的动手实践能力、情感能力、观察能力；针对中青年群体，以探索性旅游体验和知识拓展需求为主，如通过参观古纤道博物馆来充分理解古纤道在浙东运河漕运史上的历史作用，通过参加水乡集市等传统民俗活动来深刻体会当地的民风民俗；针对老年群体，需要休憩、慢行来体验当地的自然风光，可为他们打造提高认知和丰富阅历的慢行故事游线，如在一些重要节点区域举办水乡社戏、茶楼听戏等活动，在游憩的同时潜移默化地加深对大运河文化的理解，提高对运河文化遗产的认知，从而达到更好的文化保护、传承和利用的效果，获得文化认同感。

3.1.2.2 审美主体的内在者需求

运河具有延续历史文脉和承载城市记忆的重要使命，是沿线城乡中特殊的公共文化载体，而运河沿线区域的原住民作为运河的使用者与精神内核的传承者，他们的需求也不容忽视。相比于外来游客的建构型体验，原住民对于文化遗产景观属于重构型体验，在自己原有的“期待视野”基础上，通过重新对文化遗产景观进行加工、重构，打破原有的文化认知局限，注入新的文化活力，提升视野和品位。但也有可能受到原有认知结构的局限，导致审美体验行为受到制约，体验感单一乏味。所以，对于原住民的需求一方面要保留原有的认知结构，满足归属感的需求；另一方面需要突破原有认知结构的局限，注入文化活力，丰富审美体验层次和内容。

基于实地访谈，对原住民的人群需求进行分析，年龄结构上现有原住民中青年较少，老人、儿童居多，中老年人是街区主要使用人群，主要生活行为是邻里街坊休憩、聚集活动。中老年人由于腿脚不便，在户外活动时对景观环境的安全性有着较高的要求。其次是交往层面的需求，邻里来往交谈、下棋喝茶等日常活动都需要一定的开敞空间，对于休憩空间的位置、数量等都有一定的要求。这类人群对归属感的需求有较高的期望，该区域王家泾村和施家泾村的中老年人大多处于颐养天年的状态，对于土生土长的村民来说具有强烈的地方归属感需求，可以通过参加集体活动或共同举办节庆活动等方式来满足他们对于归属感的需求。

首先，从生活习俗方面，基于原住民归属感的需求，需要鼓励当地居民积极参与到运河遗产的保护和复兴工作中，从原住民角度能够提出更具适应性与烟火气的活化策略，在一定程度上既保留了原真性的生活习俗，营造生活化的场所氛围，又满足归属感的需求；其次，从地域文化延续方面，基于原住民对外交往与交流的需求，可以充分调动原住民的积极性，结合自身经历为游客讲述运河故事，既传播了运河文化，又在交流中获得自豪感与满足感；再次，从对未来生活的愿景方面，基于原住民的物质需求，鼓励原住民积极地发展区域业态，例如对经营水乡集市铺面的原住民进行培训并再就业，对非物质文化遗产相关的传统手工业或美食的保护与传承，在满足原住民经济收入需求的基础上，使原生文脉在新元素的注入下延续并生长。

在外来游客的视野中，原住民同时也是审美体验中的客体，游客与原住民之间也有交流的需求，原住民希望各个地方的人到这里旅游，一方面是活力的注入；另一方面原住民与游客之间的相互交流，有助于打开原住民了解世界的窗户，也有助于促进游客了解原住民的生活方式以及文化习俗，传播运河文化（图3-5）。

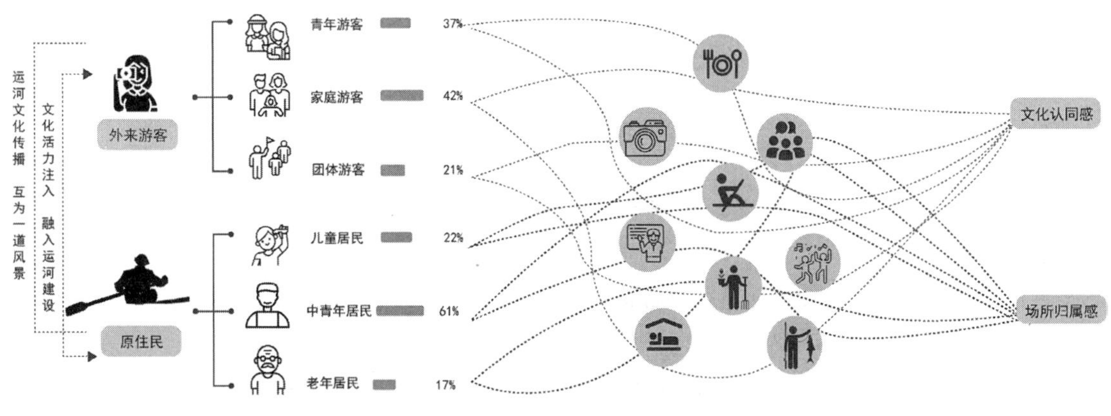

图3-5　浙东运河上虞遗址公园目标人群需求解读

3.1.3 浙东运河上虞遗址公园审美体验分析

3.1.3.1 审美客体资源与空间环境

浙东运河上虞段不仅有历史悠久的物质文化遗产，还有底蕴深厚的非物质文化遗产，从保护、传承和利用三个方面对运河文化进行现代演绎，就需要对遗产的文化价值进行挖掘和提取。大运河作为一种活态的遗产，具有见证历史文化的功能；作为公共文化载体，又具有文化传播的功能。而浙东运河上虞段的审美客体资源与空间环境现状呈现割裂的状态，文化遗产孤立于周围环境而存在，如何在遗产的展示与保护中有效地将遗产信息展示给公众是工作研究的重点。从文化保护方面来看，对于古纤道、古桥等物质文化遗产的保护，不仅包括遗产本身，还包括周围的自然环境、人类活动、各遗产点彼此之间的联系、时间维度上的历史演进，既要保留历史的原真性，又要强调整体风貌的完整性，注重运河生活的延续性；从文化传承方面来看，既要传播特色的民俗技艺、传统的市井生活和底蕴深厚的诗路文化，又要通过人文资源的重新整合，注入新的文化活力；从文化利用方面来看，既要基于非物质文化遗产，将文化特征故事化、诗意化，又要基于物质文化遗产，将遗产特征可视化、符号化，通过利用VR技术、互动体验等数字化手段来展现智慧运河，结合多层审美体验模式将运河文化资源转化为系列文化活动，利用交互体验技术使人们能够更加直观地解读遗产信息，进而结合历史典故等衍生出影视作品、文创产品、纪念商品等一系列后续产业，为运河遗产文化传播提供新的发展动力（图3-6）。

3.1.3.2 审美主体需求与空间环境

长期以来，景观作为审美主体所认识的对象，它既依赖于客观物质环境，又依赖于人类的心理活动和审美要求。从主体的审美需求角度去分析景观空间环境是景观美学的重要特点与核心，主体在空间环境中的审美体验则是景观美学研究的一个重要领域。审美体验是人们与景观环境双向交流与互动的过程，所以在营造景观遗产空间环境的过程中可以从单向的被动式展示向双向的主动式体验转变，从而满足审美主体真正的核心需求。在丰富人们的审美体验的过程中尽量引导

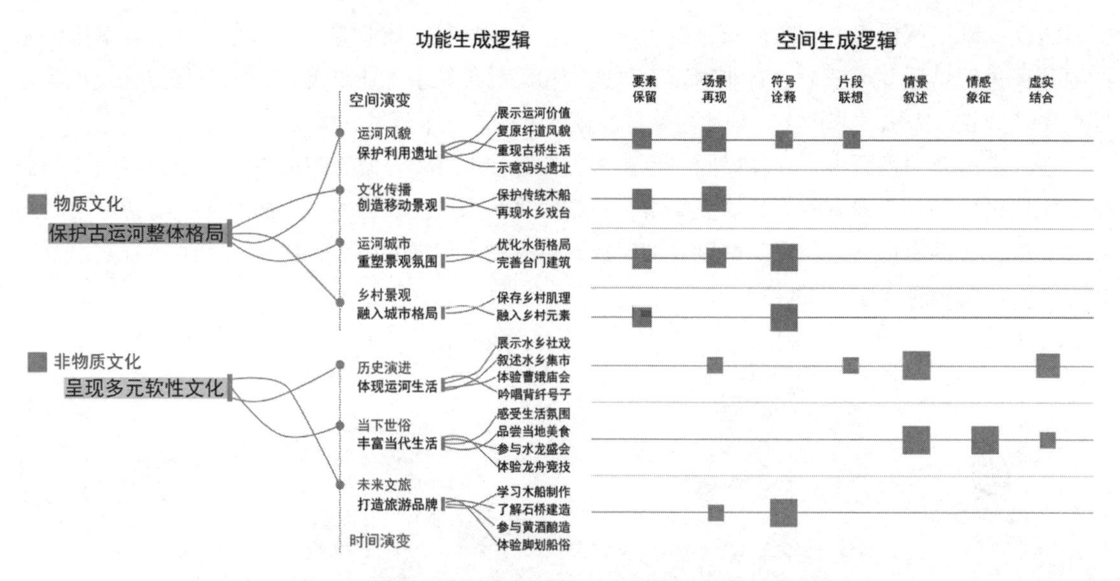

图3-6 基于审美客体资源的运河遗址公园空间生成逻辑图

审美主体主动去感知和探索景观遗产形态背后更深一层的文化内涵，同时主动参与再创作，使审美主体与遗产景观之间形成行为的双向互动和精神上的共鸣。基于丰富多样的空间环境给不同年龄层段的受众提供不一样的审美体验，同时需要以不同的文化互动活动和空间环境资源为载体来实现多层次、多样化的审美体验，以满足审美主体的知觉感知需求、情感体验需求与精神体验需求，感受到文化遗产景观的意象美、意境美以及意蕴美。

浙东运河上虞段基地范围内既有水巷阡陌的河道体系、蜿蜒不绝的白玉长堤，也有类型多样的水街格局、生态优美的圩田景观，其丰富的地形地貌资源为人们进行审美体验提供了多样的可能性。所以，在遗址公园空间环境的景观布局规划中，可以根据不同的空间环境特点，对其进行分类，进而能更加合理地利用和维护公园环境。考虑不同审美层次体验下人的行为与遗产空间环境的结合方式，将遗产资源、自然资源、文化资源转化为审美体验资源，景观空间环境才能更好地承载各项文化活动，创造出丰富多样的审美体验。

3.1.3.3 审美体验与空间环境

基地内的核心问题在于运河原真性与场地现状相冲突的问题。一方面，表现为运河遗址保护现状堪忧，古纤道部分损毁并且东侧被工业用地占据，影响古遗址周边环境整体风貌；公路横跨场地，运河场所氛围遭到破坏；码头遗址被房屋所侵占，在建设更替中逐渐消失；水街败落，河埠头被生活垃圾占据，这些问题使得各遗产点之间连续性差。另一方面，表现为历史文脉的不可持续性，运河有两千多年历史，目前仅看到某一时期的运河面貌，并且在现代演进中部分已经损毁；运河空间缺乏活力，导致运河动态价值缺失，这些问题使得运河与沿岸居民生活联系不紧密，传统生活习俗正在逐渐消失，这些问题使得空间可达性及导向性差。

基于对审美主体需求的分析以及对审美客体资源的提取，从审美体验层面对审美主客体的多层次关系进行梳理，虽然浙东运河上虞段具有独特的运河水系特征、丰富的遗产资源和广阔的发展前景，但在目前的旅游开发过程中对于游客与遗产空间环境的双向互动关系没得到充分的重视，主要以单向型的观光旅游为主，项目参与感和体验感薄弱，无法满足人们深度的审美体验需求。从景观美学角度总结审美体验与空间环境三个方面的问题：首先是意象美层次的审美形式单薄和表面化，以单向的观赏为主，仅追求简单的感知觉愉悦，缺乏深层内涵审美体验的引领；其次是意境美层次，各意象之间缺乏整体联系、不成系统，忽视意境美的营造，无法满足审美主体的需求；最后是意蕴美层次的问题，没有把握场所精神的整体特征，从而导致深层审美结构的空白，造成意蕴美的缺失。

为加强审美主客体之间的联系，丰富审美体验层次，在运河遗址公园审美体系构建中，从审美客体资源角度出发，以“物”为载体保留物质文化遗产的原真性，并串联各遗产点，形成较完整的线性游憩体验空间，丰富审美体验；从审美主体需求出发，以“人”为载体强调景观参与，满足公共文化生活需求的同时追求精神愉悦，在潜移默化的科普教育中提高文化认知，加深运河意象，获得文化认同感；从审美体验方面出发，以“事”为载体增加游憩性事件，以时间为节点串联传统民俗活动、文化艺术活动与宣教保护活动，再现有温度的文化记忆空间，体验民俗技艺，续写历史篇章，打造没有围墙的“活”的博物馆，从而丰富审美体验层次，传播大运河文化底蕴。

3.1.4 浙东运河上虞遗址公园审美结构构建

文化遗产景观除了能够让人体会到形式美感之外，还往往以丰富的内在结构给人以深刻的情感激唤，使人产生难以言表的心灵感动，生发出无尽的意蕴，给人以美的享受。从审美心理学角度，景观的审美结构纵向上应该划分为表层、中层和深层三个递进层次；横向上又自成体系，分别形成意象美、意境美和意蕴美的递进关系，整体构成景观审美结构体系。对审美的主客体与审美的表层、中层和深层三个层次间的关系进行探究，有助于用理论方法来指导运河遗址公园审美体系的构建。

3.1.4.1 运河遗址公园审美结构的生成机制

文化遗产景观表层审美结构的生成是多种感官系统共同作用的结果，主要在于主体对景观物象的知觉感知，遗产空间的形式、材质、色彩、结构等要素作用于人的视觉系统。晨钟暮鼓、鸟语水声等要素作用于主体的听觉系统；花香水味、自然气息等要素作用于主体的嗅觉系统；冰寒清风等要素作用于审美主体的触觉系统。而在感官系统之后发生作用的是知觉活动，它是不同的感官系统相互联系的综合性的结果，表现为审美主体对客观事物之间的表面现象或外部联系的综合反映。具有感觉和知觉的文化遗产体验活动是不依赖于主体意志为前提的，只反映对运河景观的直观印象。强调感觉活动和知觉活动对于营造美学视角的文化遗产景观设计有利于展现上虞运河遗址公园的独特性。主体对于遗产景观客体的认知首先从直观的感觉活动和知觉活动中获得，在遗产景观的表层审美体系营造过程中，遗产形态与村落建筑的立面形式使主体产生第一印象，遗产景观便成为具有审美价值的对象，所以在复兴上虞运河遗址公园景观时可以通过游览路线及相关重要节点的设计，从感觉活动和知觉活动的角度出发，提升整个遗址公园的形式美，使游客能够从视、听、嗅、触等不同角度观赏历史建筑、民风民俗、圩田肌理等，丰富主体的感知觉体验，从而以多种感官体验来了解上虞运河遗址公园的意象美。

文化遗产景观中层审美结构的生成是审美主体的统觉活动、想象活动与情感活动共同作用的结果，通过这些活动，使审美主体在体验过程中所产生的情感和经验映射到景观空间产生的意境之中。统觉活动是调动了审美主体已有的知识、经验和记忆并且与客观物象所引发的心理活动相融合的一种心理现象，由此生成的意境作为审美幻象融入了主体的情感、意志和志趣等，是景观空间与主体的情感世界相结合，成为主体情感的外化对象；想象活动是审美主体对于当下所感知到的景观表象与感知进行重新组合并且形成新的审美幻境。在上虞运河遗址公园景观营造中厘清触发情感活动的客体有助于充分利用运河景观资源，从而创造特定的审美情境。如设置古纤道博物馆来提升对于运河古纤道的基础认知，有利于游客在游览体验过程中结合已有的认知基础产生更加丰富的想象力，从而在形式美的基础上结合不同历史时期对于古纤道的不同印象形成新的审美幻境，丰富遗产景观的审美体验。

文化遗产景观深层审美结构的生成在于主体突破时空的界限，通过主观世界对客观世界能动的反映，使思想和精神形成一种心灵的图示并外化于审美客体的特征上，在审美体验中又内化于主体知觉之中，主客体高度合一，心灵图式蕴涵的情感体验随之被激发出来，成为当下具体可感的审美体验。[126]所以，在构建上虞运河遗址公园深层审美结构时，利用运河特有的地貌优势，发展环河游览线路，加强各遗产点之间的相互联系，创造了新的动态审美体验活动。筛选出能够激发意蕴美和具有特征优势的旅游资源，即底蕴深厚的古纤道、历史浓厚的古民居、熙攘的水乡集市、自然的圩田肌理等等，使主体在审美活动中发现美、创造美。

3.1.4.2 运河遗址公园审美活动的体验机制

上虞运河遗址公园意象美的产生源于文化遗产景观所具有的表层审美结构，从审美主体感知的角度看，表层审美结构是由审美主体对景观物象的感觉活动和知觉活动加工所形成的审美知觉结构。感觉活动是人们对上虞运河文化遗产景观的初步感受，是五感相互作用的结果；而知觉活动是在感觉活动之后发挥作用，要从整体上认识事物，必须从认知角度对主体已有的知识和经验进行补充。所以在丰富运河文化遗产景观体验层次时，需要增加科普教育活动来加深对运河遗产价值的认识，从而激发人们知觉活动的整合能力、抽象能力以及简化能力，使人们能够感受运河遗产景观场所的整体特征，提取出运河文化遗产的抽象形式，把客观外在的遗产形象转换成为主客体共同构建的、具有主体与客体双重特性的感知觉结构，从而生成运河遗产景观的表层审美结构。

上虞运河遗址公园意境美的产生源于文化遗产景观所具有的中层审美结构，而审美幻境的形成既需要审美主体融入一定的审美心理形式，并调动已有的知识和经验对审美客体进行整体感知，又需要在客观物象的刺激下，对头脑内已有的记忆表象进行加工、改造或重组，从而产生新的审美幻境。所以在丰富运河文化遗产景观体验层次时，需要将运河遗产物象在符号化的基础上，将运河历史文化进行一些故事转化，生成主客体合一的审美幻境，转化为主题内涵的表现形式，从而构成运河文化遗产景观的中层审美结构。

上虞运河遗址公园意蕴美的产生源于文化遗产景观所具有的深层审美结构，是通过主体创造性的感知策略与心理投射活动将审美意象转换为审美特征而生成的。创造性的感知策略是在思维活动中，把自认为是事物的本质方面、主要方面提取出来，以满足心灵深处的秩序感需求。心理投射活动需要把审美主体的心灵图式投射到相联系的客体对象上，从而把审美客体改造为满足深层精神需求的对象。所以在构建运河文化遗产景观深层审美体验时，需要把运河遗产景观环境作为主体抽象感知策略与心理投射活动的载体，通过人们与文化遗产各种形式的互动活动，激发主体的生命意识、历史意识，引起心灵与运河遗产景观的共鸣，从而感受运河遗产景观的意蕴美。

3.2 浙东运河绍兴上虞遗址公园景观规划设计

3.2.1 浙东运河上虞遗址公园文化遗产景观规划设计策略

3.2.1.1 运河遗址公园景观设计原则

（1）保护优先，强化传承

浙东运河上虞遗址公园内不仅拥有运河水域、圩田、植物等自然景观资源，还拥有古纤道和古码头遗址等独特的运河水利遗产，村民依水而生、顺水而居，村落因水而兴、傍水而名，村落建筑与村民的传统习俗相辅相成，形成不同的遗产文化环境及空间格局。一方面，修复强化街巷空间界面，对沿河建筑根据村落街巷空间的显性文脉元素进行优化，保留原始的建筑轮廓线，与其他建筑形成连续性空间；另一方面，对于文化遗产点的修缮上，由于古纤道遗产和古码头遗址是上虞运河遗址公园旅游发展的核心，因此在上虞运河遗址公园景观设计中首先应该加强对现有三处文化遗产以及遗产周边风貌环境的保护。遵循抢救第一的原则，对于破损风化严重的大安桥桥面石板铺面和石栏等部件进行修缮，并做表面加固和防风化处理。清除夹缝中野草和苔藓等影响原始风貌的破损之处，再做夯实填缝处理；对于古纤道进行修复和延续，缺失部分用石墩型纤道进行加长延续，在保留原真性的基础上充分展示古纤道的不同叠砌结构。对于王家泾石灰码头遗址，由于其已于1985年废弃，残存有一座石灰窑和简易房，在2009年7月也已被全部拆毁，所以需要根据历史资料提取码头遗产元素，对其遗址进行复原，重现东关驿的繁荣景象。

（2）文化引领，彰显特色

大运河作为一种活态的遗产，具有见证历史文化的功能；作为公共文化载体，又具有文化传播的功能。[127]上虞运河遗址公园以独特的文化遗产资源和突出的运河地貌形态与邻近地区的自然风貌相区别，应该深入挖掘以当地文化遗产为载体的民风民俗、传统手工技艺以及当地居民的生产生活方式，提取出当地具有地域特征的文化资源和优势，依靠文化遗产打造古运河遗址公园旅游的基础，最大程度地发挥好运河文化的作用，说好当地特有的、其他区域难以复制的特色运河故事，吸引更多外来游客，提升文化吸引力；基于人的审美体验活动，结合各项故事主题营造多样化的互动空间，满足不同受众群体的休闲娱乐需求、观光游览需求、科普教育需求以及生活服务需求等。游客在体验各种主客体互动活动的过程中，逐渐加深对文化遗产及运河文化的了解，达到科普教育、传播运河文化的作用；同时也要注重文化再生，鼓励当地居民与游客积极参与保护与复兴运河遗产的实践工作，从原住民视角提出更具适应性与烟火气的活化策略，利用游客活力以及周边文创产品打造遗址公园的特色IP，注入新的文化活力，在潜移默化的科普教育中提高文化认知，加深运河意象，获得外来游客的文化认同感以及当地居民的归属感和自豪感，使原生文脉在新元素的注入下延续并生长。

（3）总体设计，统筹规划

首先对于王家泾与施家泾两个村落街巷空间的显性文脉要素特征进行提取，对村落的自然环境要素、街巷空间格局、河岸的空间界面以及街巷空间尺度进行分析，总结出整体规划策略，以面为载体展现片区特征风貌，利用街巷中容易被忽略的零碎空间来增加小尺度的文化交流共享空间，整合现有的古建筑并利用建筑沿河的边界空间增设小尺度的构筑物，作为科普教育、读书看报与书画交流的空间载体，实现功能置换。以线为载体打造线性游憩体验带，通过连续界面衔接体验内容，通过动态界面来活化体验空间，结合传统民俗，重启街区文化生活的故事性，增加街区内的一些功能性空间。在沿街处灵活布置具有绍兴地域特色的景观小品设施，使沿河空间形成软界面。以点为载体打造点状游憩节点，考虑多目标管理、多主体参与，向社区居民征询意见。利用河道空间、街巷空间与荒废空地的节点空间，选取利用率高的、具有代表性的空间节点位置，以下沉台地、庭院小景观、沿街走廊等形式结合互动体验活动进行景观节点设计（图3-7）。

图3-7 浙东运河上虞遗址公园规划总平面图

3.2.1.2 运河遗址公园景观设计路径

浙东运河上虞遗址公园的审美设计层次是从深层、中层到表层审美结构，由里及表、由内而外的创作过程，而景观审美体验的层次是由表及里、由外而内的体验过程。游客在体验过程中首先以节点活动等一些点状的游憩活动为载体，依靠主体的感觉活动、知觉活动、调动“五感”来体会景观物象以及审美表象，形成意象美，其次通过故事游线等一些线状活动，通过主体的统觉、情感与想象活动，体会审美意境，形成意境美，最后在体会节点空间以及故事线的基础上，从面上感受整个场所的氛围，唤起主体的生命意识、宇宙意识以及历史意识，体会绍兴上虞运河遗址公园的水乡生活与古韵文化，为大运河注入美学价值，从而达到意蕴美体验的深度。

3.2.2 以深层审美结构构建运河遗址公园的意蕴美

按照景观美学理论中由里及表、由内而外的总体营造程序，需要先建构上虞运河遗址公园的深层审美结构。深层审美结构是遗址公园景观设计最核心的环节，首先需要根据上位规划以及相关政策来明确遗址公园的具体发展定位，从而划分相应的功能区块以及交通组织路线；其次是从物质文化以及非物质文化中提取出上虞特有的文化遗产价值，来把握上虞运河遗址公园的整体特征，保留历史的原真性的同时强调风貌的完整性；最后是确立遗址公园的深层意蕴，从“寻”这个审美体验层面来强调游客与遗产环境的互动关系，营造出能够体会诗情画意、民风民俗和上虞生活气息的整体文化遗产环境。

3.2.2.1 审美客体的意蕴确立

在《大运河文化保护传承利用规划纲要》中明确提出：要确立大运河文化旅游的主导地位，对基础设施和配套服务进行优化与完善，对文化旅游线路进行合理规划，打造“大运河”文化旅游品牌，推进大运河文化遗产与旅游深度融合发展。《绍兴水城旅游发展规划》（2005—2020）、《绍兴旅游发展规划》、《绍兴市旅游发展总体规划》（2006—2020）等规划文件均认识到浙东运河在旅游产业发展中的潜在作用和地位，尤其强调了大运河在旅游空间结构中的骨架作用，认识到大运河在组织区域旅游中的作用和地位。在文旅融合的大背景下，要充分发挥运河文化和自然景观的优势，重视运河文化的活态传承和保护，促进运河文化与生态的和谐共生。《绍兴市上虞区控制性详细规划》的旅游游线与结构规划图将基地范围内规划为运河文化体验区，包含古纤道观光、运河文化中心、滨水步行街石码头休闲广场等重要功能，而地块东侧规划为旅游服务区、女儿红黄酒文化体验区等功能，基地内各地块各司其职、独具特色，上虞运河遗址公园是承载着运河文化展示、体验、传播的公共文化载体。所以，明确将运河发展成为底蕴深厚、融合共生的大运河国家文化公园——浙东运河上虞遗址公园。

由于上虞遗址公园地块内的古码头、古纤道等文化遗产在历史发展中逐渐形成历史遗迹、生活痕迹、水陆行迹以及即将发展成名胜古迹；而游客以及原住民在游览体验过程中更多的是根据文化遗产去寻找如诗似画的历史遗迹、儿时记忆的生活痕迹等主动式的游览过程，所以通过“寻迹”来阐释遗址公园的主题：从“迹”这个客观物质载体来激发“寻”的动态过程。

依据中共中央、国务院2019年颁布的《长城、大运河、长征国家文化公园建设方案》，国家文化公园的功能主要分为四大类：管控保护区、主题展示区、文旅融合区和传统利用区。整合王家泾村和施家泾村的运河遗产资源和各类游客的不同需求，按照不同项目体验内容又将遗址公园在四类主体功能区的基础上细分为九大片区：遗址保护区、运河文化展示区、民俗工艺展览体验区、特色农田景观区、农业生产生活体验区、旅游配套服务区、商业区、产业延展区、原工厂保留区，九大片区共同构筑起浙东运河上虞遗址公园审美体验系统（图3-8）。

3.2.2.2 审美客体的意蕴表达

从“迹”这个公共文化载体层面来强调运河遗产的原真性，通过寻找历史遗迹来保护、修复和维护各个历史阶段有价值的文化遗产及历史建筑，营造特定历史阶段的遗产本真状态，从而复

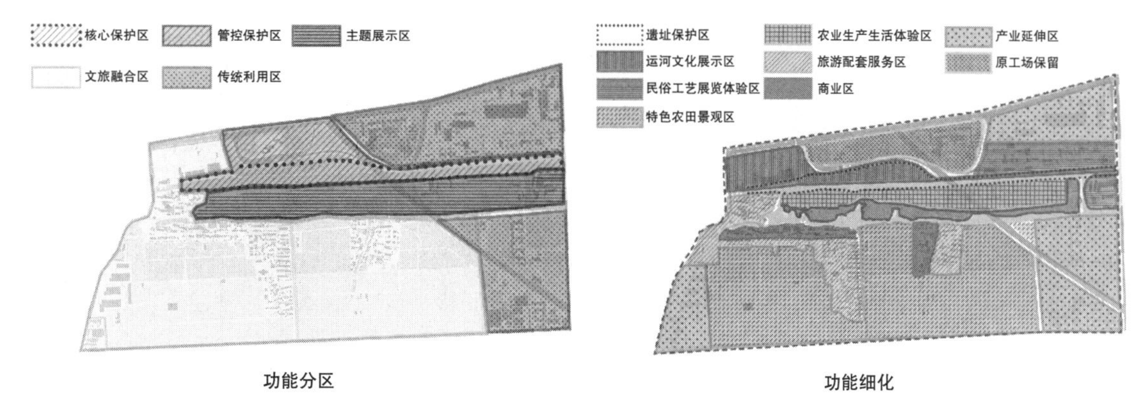

图3-8　运河遗址公园功能分区

原不同时代的历史面貌。

（1）保留遗产的原真性

首先根据文化价值分析提取出三个有代表性的绍兴上虞的特色地域文化元素，分别为古纤道、乌篷船和水乡戏台。首先对于古纤道上破损风化严重的大安桥桥面、石板铺面和石栏等部件进行修缮，清理掉缝隙中对原始风貌有影响的杂草、苔藓等，进而对破损石板表面进行加固和防风化处理。对于现存的单面临水型实体古纤道凹陷的部位进行修复，对古纤道位移和倾斜部位进行适当规整，修复上层石板上多处拴船的石孔，重现明清时期“一顺一丁”的石砌纤道。东侧缺失部分用两面临水型的石墩型纤道进行加长延续，连接两端古纤道，重现连续的“白玉长堤画卷”。在保留原真性的基础上充分展示不同时期古纤道的不同叠砌结构和历史风貌（图3-9）。

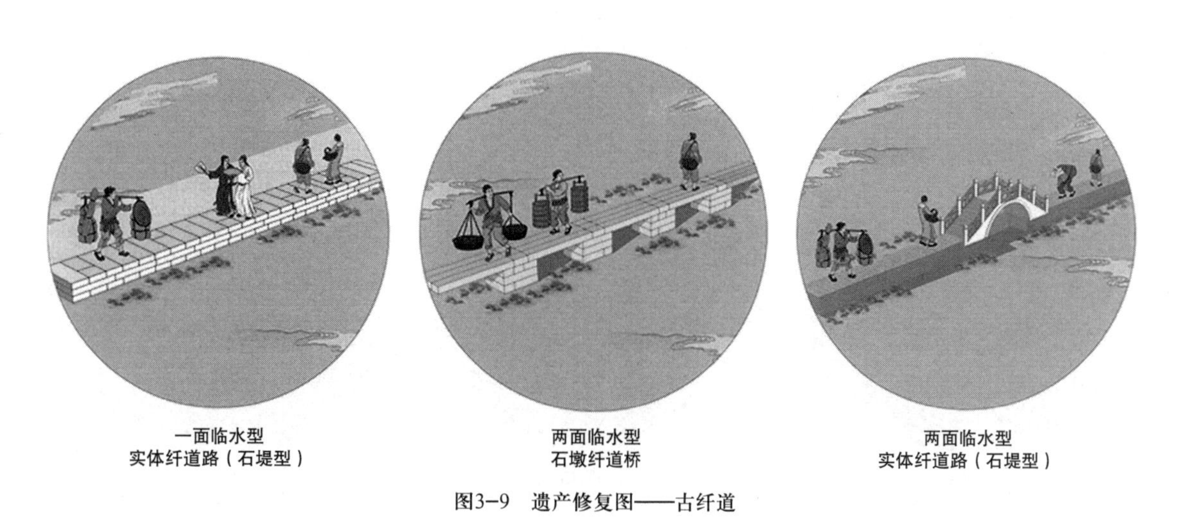

图3-9　遗产修复图——古纤道

针对水乡戏台这一文化要素，主要在各个相应节点设置不同类型的戏台，包括：跨河而立、两侧临水；正面倚岸、三面临水；三边傍岸、一面临水；两面在岸、两面临水；河岸为基、沿河而立等五种不同类型的水乡社戏舞台，重现不同空间格局形成的不同活动场景，丰富立面形式，展示多种砌筑方式，达到科普教育的功能（图3-10）。

针对乌篷船这一动态的文化要素，主要在河面、码头等位置布置不同类型、不同时期的船型，按功能分为：白篷船和乌篷船，大乌篷船和明瓦船。白篷船属于货船，多用于农用和交通运输；乌篷船则是坐人载客用的客船，按大小还分为脚划船、三名瓦船、大乌篷船等。其中，脚划船最具特色，三明瓦船多用于文人墨客饮酒作诗看戏，大乌篷船则用于官宦游览、迎亲、扫墓等大型活动。游客通过乘坐观赏各类型船只，形成不同的游船感受，体会乌篷船制作技艺的技术美（图3-11）。

跨河而立、两侧临水

三面临水、正面倚岸

两面临水、两面在岸

河岸为基、沿河而立

一面临水、三边傍岸

图3-10　遗产修复图——水乡戏台

白篷船
（脚划、捕鱼、货船）

三明瓦船
（摇橹、客船、货船）

四明瓦船1
（摇橹、客船、货船）

乌篷船
（脚划、客船）

四明瓦船2
（摇橹、客船、货船）

大乌篷船
（摇橹、客船、货船）

图3-11　遗产修复图——乌篷船

（2）强调风貌的完整性

对王家泾村和施家泾村现存的村落特色古建筑进行保护修缮以及环境风貌综合整治，提取绍兴上虞特色的运河古民居元素，对运河沿岸的建筑立面进行改造，延续运河聚落的传统格局和风貌。对现有影响整体风貌的新建、违建的房屋和构筑物制定整改计划，依法逐步拆除、外迁或整改。适当腾退部分废弃建筑用地用于公共绿地、文化设施、市政安全设施建设等。梳理村落建筑肌理，根据河岸空间格局在王家泾村北侧和施家泾村北侧恢复“一河一街”的街巷格局，形成街—住宅商店—天井—住宅仓库—码头的水街形式，在施家泾村内部形成“一河两街”的街巷格局，形成住宅商铺—街—河埠头—桥河—公用码头—街—住宅商铺的水街形式。

对于沿岸建筑立面的改造根据不同的台门建筑单元布局形成不同的临水建筑形式，在河岸—街巷—建筑衔接的过渡灰空间中，根据具体空间需要修复五种不同类型的河埠头空间以实现不同的功能。其中，外廊单向河埠主要利用廊下空间和埠头空间来提供休憩的活动场所；内凹双向河埠利用凹廊空间和船头空间来减少河面交通线阻碍，是雨天船只避雨的重要场所；出挑型外廊河埠主要利用外廊空间、出挑空间来提供品茶、观景、品尝特色小吃的活动场所；出挑双向河埠利用的是出挑空间、凹廊空间，是上下船只、集市买卖的重要场所；而单向外街河埠主要利用石板空间、埠头空间，是来往步行、买菜洗衣的重要场所。建筑高度以2～3层为主，整体材质以黑瓦、木门、木窗、青砖为主，黑白灰相互穿插，门斗高低错落、粉墙黛瓦，与内庭、街道、河岸紧密结合，形成具有统一建筑风格的立面形态，使界面具有连续性。重现鲁迅笔下《故乡》所描述的“黛瓦白墙似画廊，直街深处酒飘香”的故事场景，最终通过提高乡村建筑立面的可识别性来提高审美主体对乡村街巷的审美认知（图3-12）。

图3-12　沿河建筑立面改造方案图

3.2.2.3 审美主体的精神体验

从“寻”这个审美体验层面来强调游客与遗产环境的互动关系，达到以需求为导向的主动式游览过程。遗址公园在遗产保护修缮以及整体风貌完整的基础上，游客通过整体氛围的烘托，寻找生活痕迹以及沿着水陆行迹，在开放空间中感受运河居民文化生活，体会诗情画意、民风民俗和生活气息的文化遗产环境。游客在体验节点活动以及不同的故事游览路线之后，在不同的功能区块也有不同的精神体验，在管控保护区块真切地观赏到千年的历史遗迹，通过欣赏不同时期的历史遗迹，感受时空的动态交替，在增加遗产认知的基础上激发历史意识和生命意识，给人以更深层次的精神体验。在主题展示区块通过体验各种主题的旅游产业，为当地注入文化活力的同时激发游客的文化认同感。在文旅融合区块通过各种文化体验功能，在与文化遗产景观的互动过程中了解一个个文化故事。在传统利用区块通过一些科普宣传知识的数字化传播，感受活态的文化遗产。最终，在体验动态的文化轨迹、观赏原真性的历史遗迹以及感受多层次的遗产景观体验过程中感受综合的“迹”，感受到整个遗址公园以文化遗产为依托的意蕴美，实现审美体验带来的精神满足，从而激发文化认同感、促进运河文化传播（图3-13）。

图3-13　重要游览区段精神体验故事场景意向图

通过陈列展示、制作工坊、科普教育、艺术活动来完善运河文化的传播形式和途径，使运河的价值得到延续；创造多层次的遗产景观体验游线，使运河文化得到更好的保护、传承与利用；通过智慧解说系统来说好运河故事，凸显浙东运河绍兴上虞段的文化辨识度、提升文化吸引力。从深层审美结构出发传达出上虞古运河遗址公园的民俗生活与古韵文化，展现“寻·迹”的主题，体现出意蕴美。

3.2.3 以中层审美结构构建运河遗址公园的意境美

景观的中层审美结构是设计中起到承上启下作用的环节，它不仅是深层审美结构形式上的外在表现，更是景观表层审美结构的目的。中层审美结构是将运河遗址公园意蕴美转换为游客可以感知的具体形象并营造出意境环境。首先需要组织优化意境特征；其次是用故事游线对意境特征进行串联，形成不同故事主题的意境系统。为审美主体提供和创造具有吸引力和情景交融的审美体验，由此实现对审美结构意蕴美的精神感悟。

3.2.3.1 组织优化意境特征

根据前期调查问卷中人们对于浙东运河上虞段的印象词，提取出意象关键词作为文化要素展现的载体，出现频次最高的从高到低排序依次为“古纤道”“乌篷船”“古桥”“古建筑”和“河岸”等关键词，依此挖掘和提炼意境美场所营造的意象特征。

整个审美体系就是一个意象系统，而意象系统则是由许多独立的且相互关联的意象所组成，所以根据各意象之间的关联性，一一列举出各代表性意象所承载的文化要素，例如古纤道承载着纤夫精神、乌篷船承载着乡愁文化、石拱桥展现出古人的智慧和创造力；通过审美主体的参与，列举出主客体之间可能产生的文化活动，例如以古纤道和古桥为载体的遗产保护活动、科普教育活动或是以乌篷船与河岸为载体的水乡集市活动；根据主客体的互动，归纳总结出可能需要的活动空间，例如桥头空间、转角空间以及河岸空间等，进行意境营造的组织。

根据深层审美结构总结出来的上虞运河遗址公园的总体特征，保留具有原真性的文化遗产载体，打造有温度的文化记忆空间和具有传统文化特征的生活化场景，进而提取出最能体现绍兴上虞段运河总体特征的古纤道遗产展示体验、水乡社戏、水乡集市、运河遗产文化科普教育以及日常民俗活动等审美参与方式。

3.2.3.2 故事转化与游线组织

（1）步行故事游线——诉说水乡文化

以乌篷船为点，用古纤道串联成线，形成运河水域为面的整体关系。依靠主体的感觉活动、知觉活动，以体验为主，感受文化遗产的历史底蕴。以运河遗址公园内环状的运河河道为空间载体，围绕运河河道游览步行，由西向东依次设置古纤道博物馆、拉纤体验、传统技艺体验、品茶看戏、夜市文创集市、古韵民宿观景、早市特色美食等游憩体验节点。线路构架上，一方面以古纤道为载体，沿纤道而行，伴水而游，串联石码头遗址、古纤道博物馆、拉纤体验、乌篷船坞等故事体验节点，体会“白玉长堤”的美景；另一方面以乌篷船为载体，乘舟而行，串联划泥鳅龙舟、传统技艺体验、品茶看戏、夜市文创集市、古韵观景民宿等互动体验节点，感受“乌篷小画船”的画卷，营造出“如在画中游”的审美意境。

（2）水上故事游线——赶一场非遗集市

以水乡集市文化活动为载体，以时间线为线路构架，主要利用河岸空间、水上空间和河埠头空间作为空间的组织方式。由此，以情感体验为主，使游客感受有温度的生活文化记忆空间，既留住烟火气又注入新的文化活力，实现主体在统觉、情感与想象等方面的活动体验。环绕遗址公园内的运河水系由北向南依次设置纤道观赏、乌篷垂钓、渔舟观戏、脚划乌篷、水乡集市等非遗体验节点。可以通过早市买卖特色美食，例如绍兴特有的扯白糖、酱鸭、酱肉等，形成一道特有的风景线，晚市可以设置一些传统手工艺品的制作体验以及买卖，例如王星记扇、铜雕等非物质文化遗产，来感受不同时间、不同氛围的水乡集市。另外，以主要节庆活动为载体，组织水乡社戏、黄酒节等民俗文化活动，串联划乌篷垂钓、渔舟观戏、水乡集市等民俗技艺体验节点，营造出“如在镜中忆”的审美意境。

（3）非机动故事游线——追寻诗路文化

以浙东唐诗之路为线进行串联，追寻诗路文化，主要通过唤醒主体的生命意识与历史意识，以精神体验为主，感受诗韵上虞。围绕以诗歌为基础的“历史画卷”打卡点，在遗址公园内设置环状的自行车绿道，由北侧石码头的自行车租赁点开始向东跨桥而行依次设置寻诗而行、水乡社戏、特色垂钓、观赏建筑古韵、感受田野风光、打卡诗人视角等游憩观赏节点。线路构架上一方面以诗路文化为载体，伴水而游，串联藕塘风起、菱荡渔歌、轻烟竹箔、渡水鱼舍等诗画打卡节点；另一方面以水乡社戏为文化要素载体，利用河岸空间以及水上空间，形成后台在岸上，前台在水中的特色戏台形式，为观众创造了一种船上、岸边、茶楼同时观看演出的条件，营造出“如在诗中居”的审美意境。

3.2.3.3 审美主体的情感体验

（1）步行故事游线——体验“如在画中游”的审美意境

游客沿纤道而行，通过古纤道博物馆的科普教育活动形成对古纤道的基本认知，激发游览兴趣，继而亲自走进千年的世界文化遗产，感受不同时期古纤道的各种构筑方式，品味古纤道的技术美；遥望对岸，视觉上欣赏如诗如画的建筑古韵，听觉上静听纤道下的潺潺水声、纤夫拉纤的号子声和远处戏台的歌声。于对岸而言，古纤道上的人、事、物亦是一道风景。游客乘舟而游，通过与船夫的交流以及实地体验民间的造船技艺，感受乌篷船的技术美；体验绍兴特有的脚划船，重现古时“以船为车、以水为路”的场景，感受乌篷船的实用美；乘坐乌篷，尽览陆游笔下“轻舟八尺，低篷三扇，占断苹洲烟雨”的美景，感受乌篷船的形式美。

（2）水上故事游线——体验“如在镜中忆”的审美意境

水上故事游线活动主要体现为见人、见物、见生活。“人”方面通过水上集市吸引游客，“物”方面通过绍兴的特色饮食和土特产品丰富游人体验，“生活”方面通过水上集市买卖来重现东关驿繁荣的市井生活，这些结合主体的统觉、情感与想象活动，以情感体验为主，感受有温度的文化记忆空间。游客以一天的时间线可以在早市品尝绍兴的特色美食，通过味觉来唤醒水乡生活的一天，还可以在夜市亲自体验传统手工艺品的制作，来感受民间艺术带来的地域性审美情趣。通过水乡集市追忆运河生活的历史印迹。

（3）非机动故事游线——体验“如在诗中居”的审美意境

游客在环河骑行过程中，以古今对话为线路构架，一方面以游客视角，品酒而游，在观赏古韵风光的同时品味诗中意蕴，站在大安桥对岸，欣赏宋代朱袭封笔下的“河梁风月故时秋、不见先生曳杖游。万叠远青愁封起，一川涨绿泪争流”，仿佛看到古人在桥上作诗的场景。另一方面以诗人视角，寻诗而行，通达唐诗之路，游客可以在桥上眺望桥下，感受明代徐渭笔下的“年年异县望乡园，乡里今年赏上元。罗绮含风灯火乱，烟花拂地叶枝繁。人如不夜城中坐，曲似钧天乐里翻”。游客通过两种视角达到古今的时空对话，唤起主体的历史意识和生命意识，获得一种“偷得浮生半日闲”的韵味体验、发现一抹隐藏在青石巷弄中的古色古香，进而激发意境美的体现。游客还可以在途中观赏故事线路中的多处水乡社戏，按“闹场—彩头戏—突头戏—大戏—收场”的次序进行，人们可以在船上、岸边、茶楼等空间同时观看，重现鲁迅笔下“仙境般的熙攘场景”，唤起原住民的场所记忆，获得归属感，引发外来游客的文化认同感，感悟运河文化。

3.2.4 以表层审美结构构建运河遗址公园的意象美

中层审美结构所营造出的意境还需要经过表层审美结构来达到形式的转换，从而形成可视化的景观形象，最终构建出人们可以直观感知到的意象。具体到研究对象上，在表层审美结构这一环节，首先是基于特征创作方法，根据深层审美结构总结出来的上虞运河遗址公园总体特征，进而提取出审美参与方式。其次是基于虚实创作方法，使审美对象可视化，对街巷空间序列进行梳理组织，从古今适用人群变迁、活动类型变迁到活动空间的变迁，归纳总结出人群活动聚集区域，进而对零碎空间进行整合，把公共空间进行归纳和分类，梳理出所需要的空间组合，为审美意象节点空间布置做铺垫。最后是对意象节点空间的布置，以具有审美特征的运河遗产为载体，通过三条故事游线，丰富游览路径，从而丰富人们的审美体验。

3.2.4.1 审美对象可视化

（1）空间序列组织——情境渲染

基于把握特征的原则，根据深层审美结构的分析，总结出上虞运河遗址公园基地范围内遗产环境的总体特征，即有温度的文化记忆空间、具有传统的生活化场景街区、保留着文化遗产的原真性。进而提取出最能体现总体特征的四种审美参与方式，分别为休憩交流活动、遗产保护、科普教育活动、水乡集市活动以及日常民俗活动，以此作为空间序列组织的基本内容。

首先，通过原住民空间需求调研，分析基地范围内古今公共空间使用人群的变迁：从三代共享到老人留守，公共空间使用功能从早期以共享空间为主，到如今部分空间被老年人独享；通过使用人群的变迁总结出古今人群对公共空间的选择倾向：古时大部分人群由于集市或者洗衣等日常生活需求都集中在河岸两边或者是河道上，如今主要适用人群为老年群体，大多聚集于河边的大树下、屋檐下或公共建筑门口。其次，通过原住民日常生活行为调研，分析出古今行为类型的变迁:从众人同乐到自得其乐。水上集市被取代，集中性的活动方式渐渐消失了，只留下当地居民日常最基本的一些生活方式。最后，通过对遗产点和周边环境场所的调研，分析古今公共空间分布的变迁:从集中到分散，曾经的公共空间主要集中服务于集市。而当下公共空间相对分散，并且都以生活需求为主。运用空间序列组织的方法把古今公共空间重叠并用，打造具有运河文化情境的人群活动聚集区域，进而形成能够体现遗址公园意象美的公共空间场所，为之后的节点空间布置做铺垫。

（2）零碎空间整合——情境互动

通过古今变迁形成的公共空间区域，主要分为码头空间、纤道空间、河岸空间、水面空间、桥头空间、埠头空间、檐下空间以及院落空间。根据调研与分析，总结出可与这些空间相关联的代表性活动类型，进而得出所需要的空间场所区域。

水乡市集活动根据空间的使用方式，需要利用到河岸空间以及水面空间，把这两类空间在平面图上进行罗列与组合，归纳整合出一个具有代表性的空间区域：施家泾村南北向的河岸区域，利用一河两街的空间形态，更好地营造水乡集市的场所氛围；休憩交流活动根据空间的使用方式，需要利用桥头空间与河岸空间，把这两类空间在平面上进行罗列与组合，归纳整合出一个具有代表性的空间区域：从王家泾村北侧沿岸区域到与施家泾村的交界区域，利用这块区域来保留传统村落的生活化场景；科普教育与宣教活动根据空间的使用方式，需要利用公共院落空间、桥头空间以及河岸空间，把这三类空间在平面上进行罗列与组合，归纳整合出一个具有代表性的空间区域：古纤道东侧区域，也是目前世界文化遗产标示牌摆放的区域，这块空间可作为文化展示点并连接为文化展示带，打造没有围墙的博物馆，从而说好运河故事；日常民俗活动根据空间的使用方式，需要利用一些鱼塘空间、田野空间以及河岸空间，把这三类空间在平面上进行罗列与组合，归纳整合出一个具有代表性的空间区域：大安桥对岸三面环水的田野空间区域，依托鱼塘肌理的自然空间格局，尊重原住民的生活习俗，使游客穿行其中融入乡村生活的氛围。

3.2.4.2 审美特征符号化

根据上文总结归纳出的空间节点区域、代表性的文化活动以及所承载的文化要素，结合空间节点布置将整合出的“场所”“事件”“文化要素”，以意向图拼贴的形式来阐述在具体空间中的文化内容，强调以节点为载体，构建三条游览故事线，进而丰富人们的审美体验内容。

宣教科普活动以乌篷船为载体展现传统民俗技艺，以水乡社戏为载体展现古越文化艺术氛围，以古纤道为载体进行世界文化遗产保护的宣教活动。古纤道节点的主客体审美体验，一方面通过活态传承，设置古纤道结构的构件拼接等互动益智类体验；另一方面通过数字化传播，设立电子显示屏和运河遗址公园关联小程序从线上线下两个维度对物质文化遗产进行详细介绍。

水乡集市节点以古运河为载体诉说运河的历史文化，展现古运河的历史时光，以乌篷船为载体，展现江南水乡的特色，以河岸空间为载体展现特有的民风民俗活动。游客和原住民通过水上买卖、岸边叫卖以及亲身体验，赶一场非遗集市，融入水乡集市氛围，注入文化活力元素，再现有温度的文化记忆空间。

休憩交流活动节点以古运河为载体营造静谧的慢生活场景，以运河遗迹为载体营造旧时记忆。主客体关系上通过一些休憩设施的设置，形成连接运河与河岸的软界面，供游客休憩交流以及原住民慢生活的体验，结合一些品茶活动、阅读活动等，保留传统街区的生活化场景。

日常民俗活动以古运河为载体触发运河生活的记忆，以河埠头为载体展现传统生活习俗，以河岸为载体组织村落特有的民风民俗活动。利用一些开敞空间来满足原住民晾晒衣物以及晾晒特色美食的需求，增设一些具有地域特色元素的可变式的晾晒台和晾晒架，灵活布置于房前屋后和院墙内外的开阔空间。

3.2.4.3 审美主体的感知觉体验

游客在宣教科普活动节点，一方面，可将不同时期古纤道的结构进行拆分，可以通过积木的搭建和重组来了解上虞古纤道的结构，达到更好的科普教育目的；另一方面，通过数字化传播，结合线上小程序和线下电子显示屏等方式了解更多关于古纤道的故事，从而更好地体验遗产的技术美、造型美以及环境美。基于对古纤道的基础了解，再走上“白玉长堤路”，犹如走进没有围墙的博物馆，审美视线上可以在纤道桥上望向水中的乌篷，体会乌篷古韵，还可以在船中观赏石拱桥，体会古桥文化。

游客在水乡集市节点，一方面，可观赏扯白糖、酱鸭、酱肉等特色美食的制作过程，调动味觉来品尝不一样的风味，穿行在街巷中，或品早茶，或与原住民攀谈，或驻足观赏，感受水乡集市的生活时光。还可以通过传统手工艺人的介绍、现场制作民俗手工艺品以及亲自体验制作过程来感受非物质文化遗产的魅力，从而更好地进行文化的认知与感悟。另一方面，可以通过现代文创产品的引入，选择一些文创设计师的作品，例如书签、手绘古地图、冰箱贴等文创产品，也可专门开发有特色的旅游纪念品。游客可以在指导下亲自制作，通过这些互动小场景，展现传统与现代的碰撞，既传承和弘扬了传统文化，又注入了新的文化活力。

在日常民俗活动节点中，原住民通过衣物的晾晒保留原有的生活习俗，展现特有的市井生活场景；通过特色美食的晾晒，展现当地的特色美食；通过整体氛围的营造，游客穿行其中更能融入街区的生活化场景中，和原住民一起晒太阳、晾晒鱼虾、捕鱼、闲聊等形成主客体、游客与原住民之间的交流互动（图3-14）。

图3-14　遗产修复图——水乡戏台

3.3 浙东古运河·寻迹——大运河上虞遗址公园设计方案

本方案结合《大运河国家文化公园建设方案》等上位规划要求，基于绍兴上虞地区丰富的大运河历史文化资源，在把握运河原真性和时空的动态更替关系基础上，以“寻迹”为主题，将古运河遗址公园概括为承载、展示、体验、传播运河文化公共设施的发展定位。本方案旨在以“物”为载体挖掘运河遗产价值，通过保护、修复和维护各个历史阶段有价值的文化遗产，保留历史的原真性，完善运河的现代功能，使运河的价值得到延续，通过叙事性空间将文化特征故事化；以“人”为载体强调参与性，营造多层次的遗产景观体验游线，复兴人与运河生活文化的动态轨迹；以“事”为载体展现文化底蕴，通过非遗特色活动注入文化活力。总之，在整体风貌上保护、提升和彰显地域性的独特魅力；在业态上通过注入特色文化产业，实现可持续发展；在文化传播上通过带有特定文化符号的导视系统、解说系统更好地进行运河文化推广。希望将上虞段古运河发展成为底蕴深厚、融合共生的大运河国家文化公园中的一处古运河遗址公园。

3.3.1 前期分析（图3-15~图3-22）

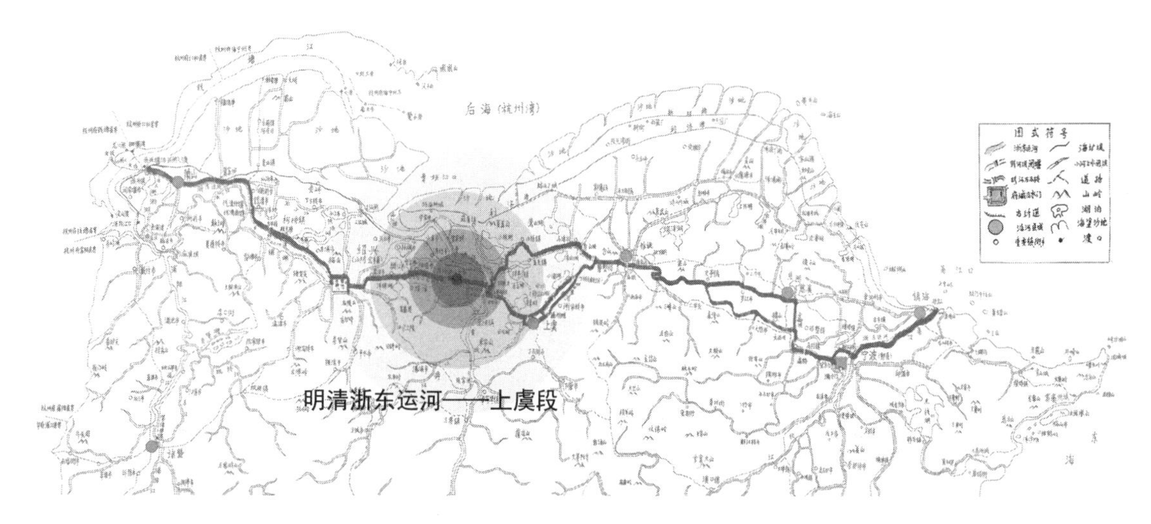

图3-15　浙东运河上虞段区位示意图

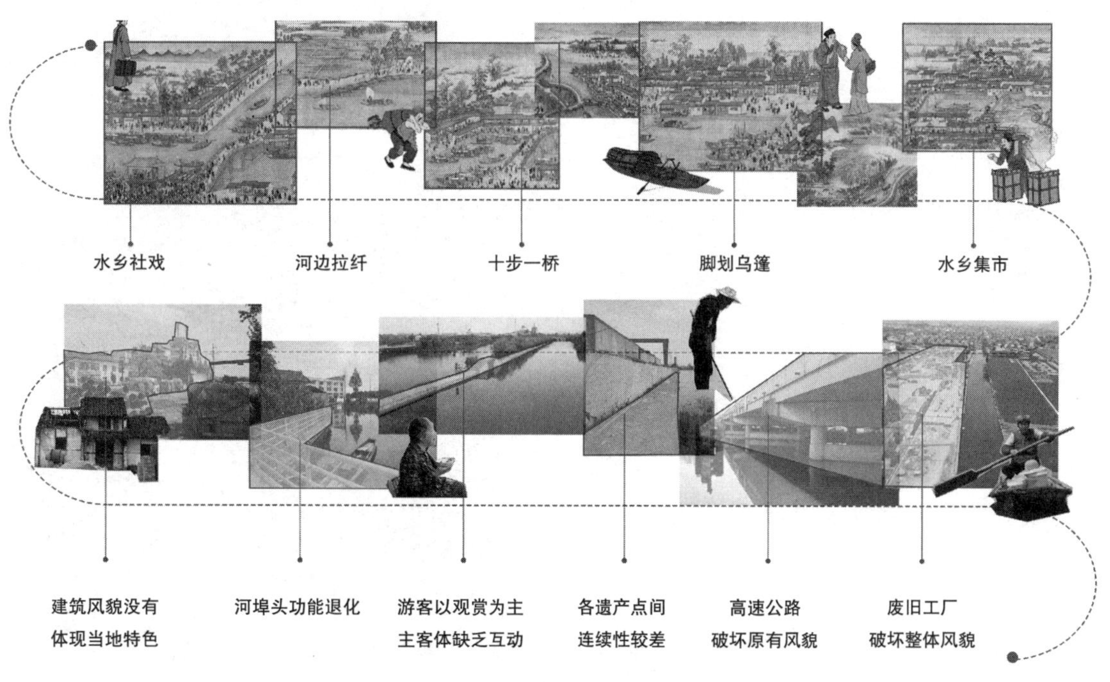

图3-16　历史沿革及问题总结

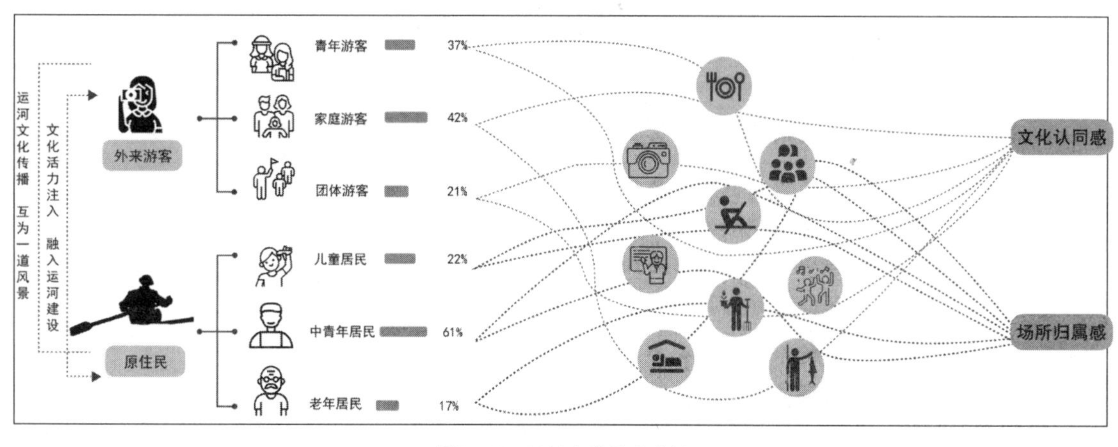

图3-17　目标人群需求分析

图例：

1. 主入口
2. 游客服务中心
3. 生态停车场
4. 白玉长堤路
5. 古纤道博物馆
6. 船坞码头
7. 休憩长亭
8. 自行车租赁点
9. 游客休息区
10. 次入口
11. 商业街
12. 水乡集市
13. 水乡社戏区
14. 自行车停靠点
15. 民宿、农家乐
16. 文化广场
17. 文化活动中心
18. 烟柳画桥
19. 农事体验区
20. 服务中心
21. 菱荡渔歌
22. 缤纷花田区
23. 写生基地
24. 生态厕所
25. 一河两街
26. 河畔美食街
27. 轻烟竹箔
28. 水上活动区
29. 渡水鱼舍
30. 乡间公园
31. 休闲步道
32. 诗路文化打卡点
33. 观赏大地景观区
34. 古韵茶楼
35. 运河文化展示馆
36. 古纤道文物点
37. 文创中心
38. 特产展示厅
39. 木工厂
40. 工匠技艺体验馆
41. 农具展览馆
42. 船工坊
43. 船制作体验工坊
44. 民俗技艺体验馆
45. 拉纤体验区
46. 乌篷展示区

N

0 60m

图3-18 总平面图

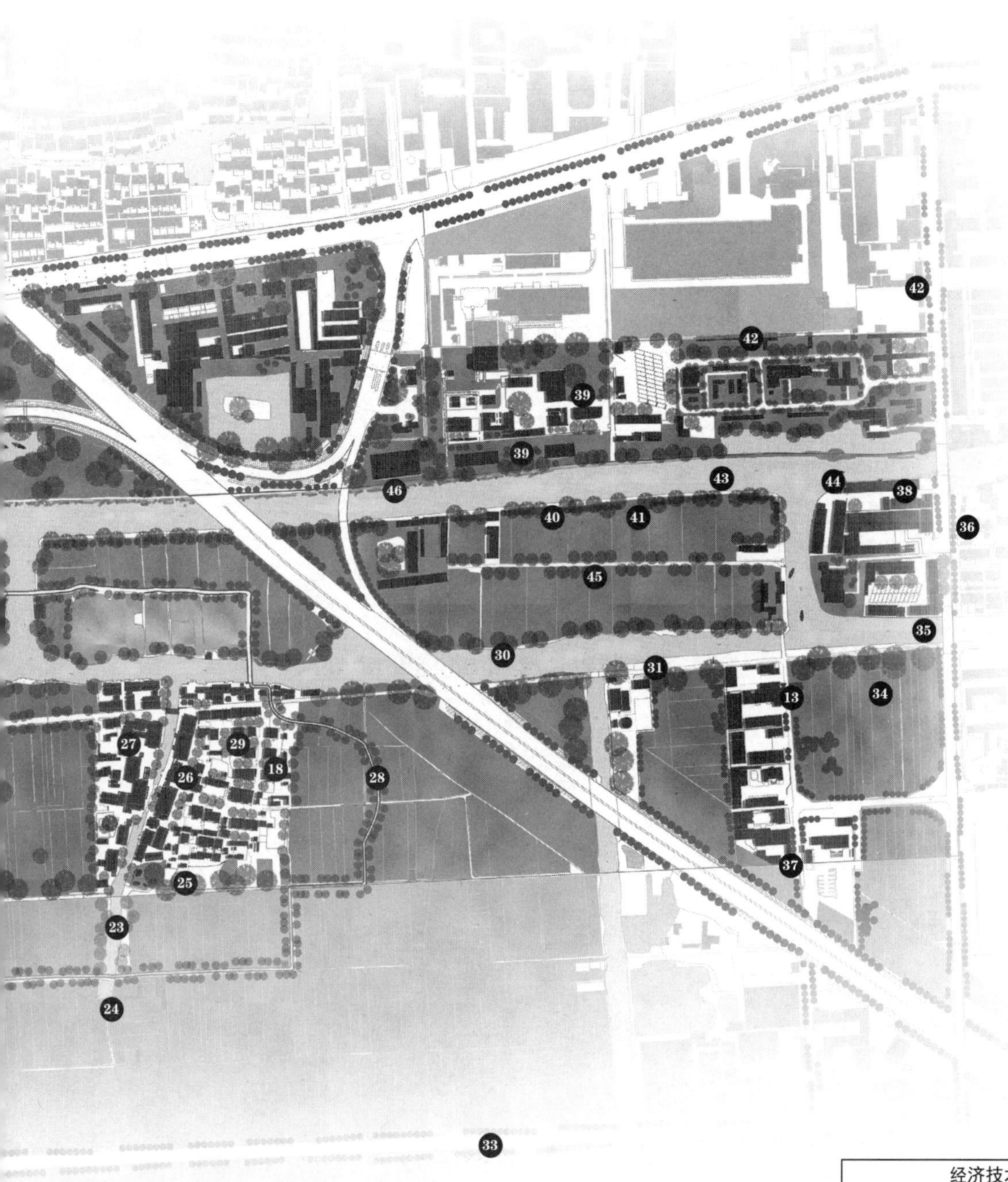

经济技术指标		
类别名称	用地面积	所占比例
住宅用地	172868m²	18.79%
产业用地	41952m²	4.56%
公共服务用地	12604m²	1.37%
基础设施用地	90804m²	9.87%
水域	113620m²	12.35%
绿化	488152m²	53.06%
合计	920000m²	100%

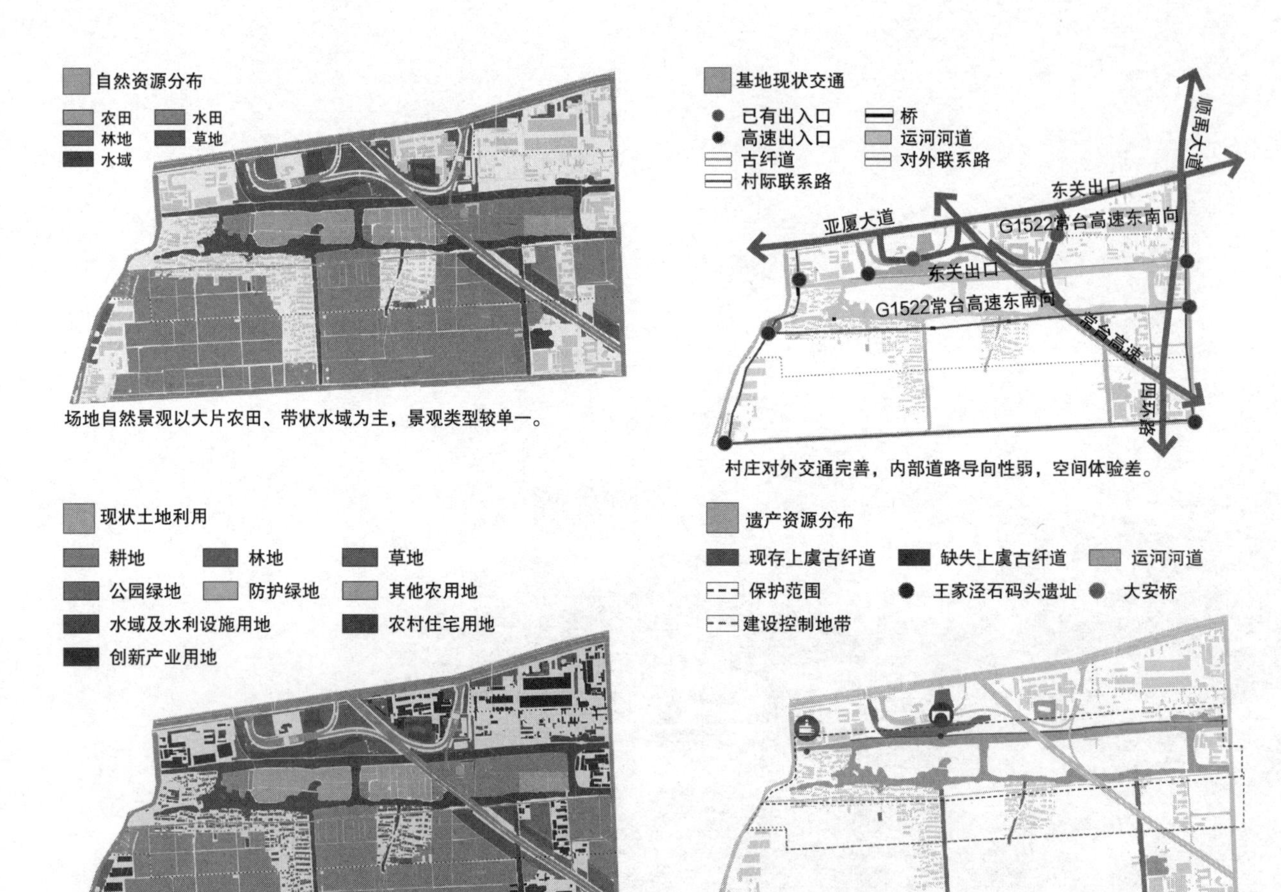

图3-19 场地现状分析

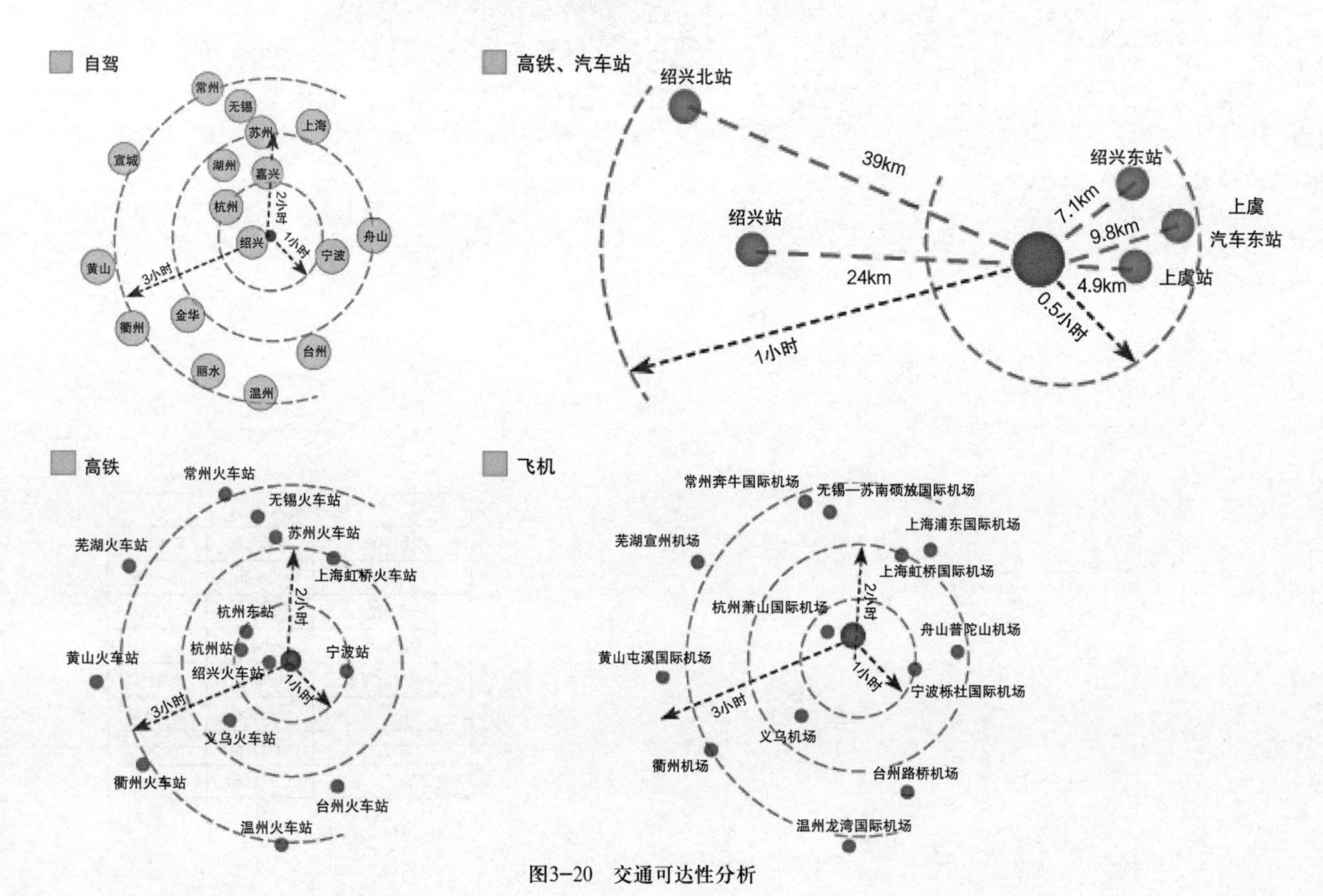

图3-20 交通可达性分析

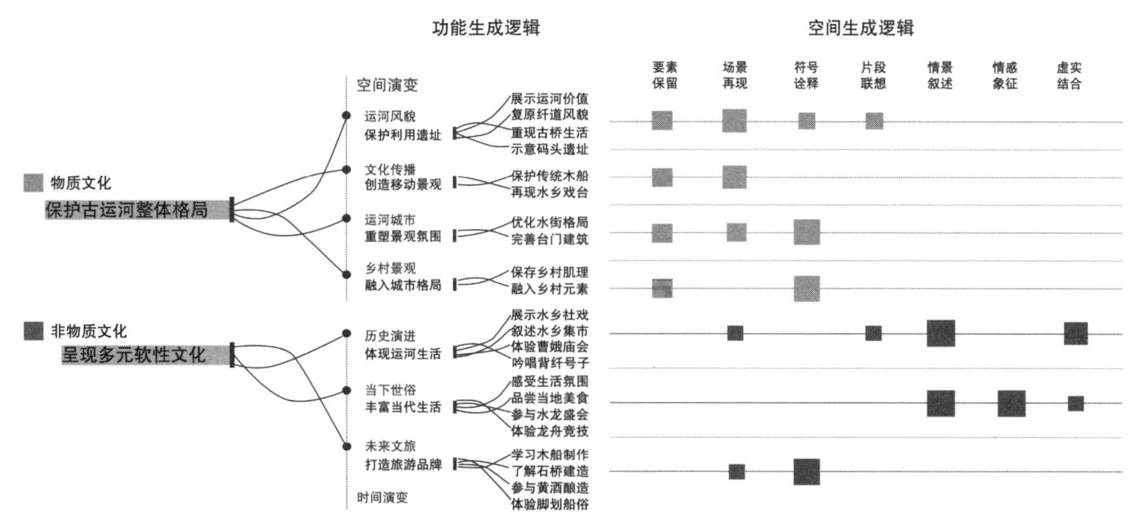

图3-21　文化价值提取

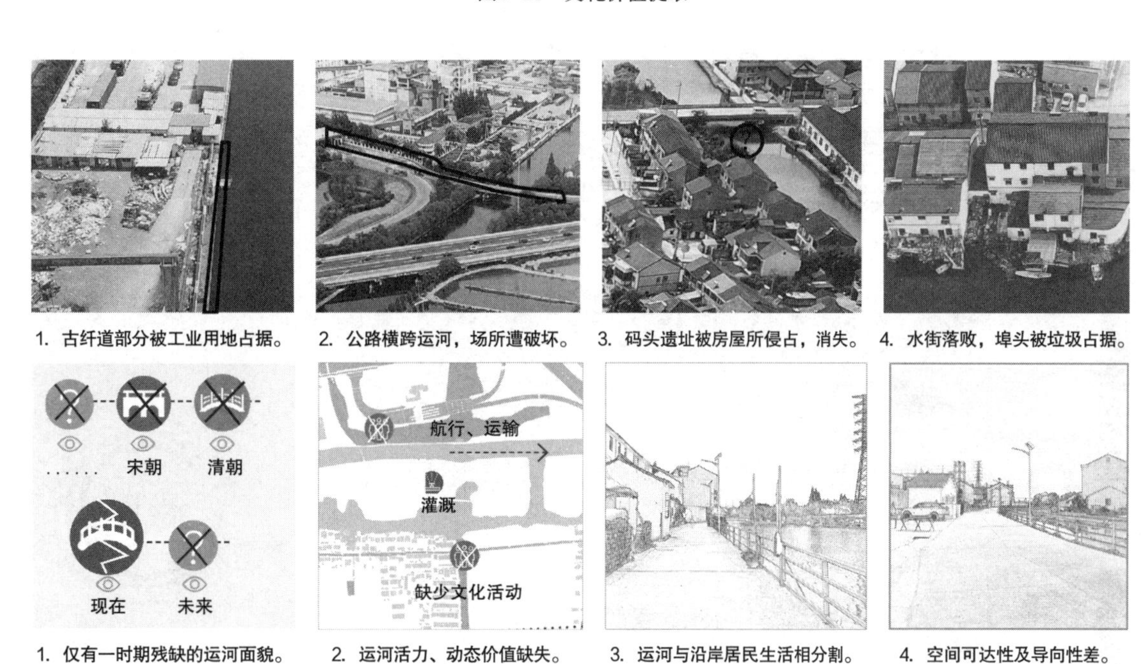

图3-22　运河原真性与场地现状相冲突

3.3.2 设计理念（图3-23、图3-24）

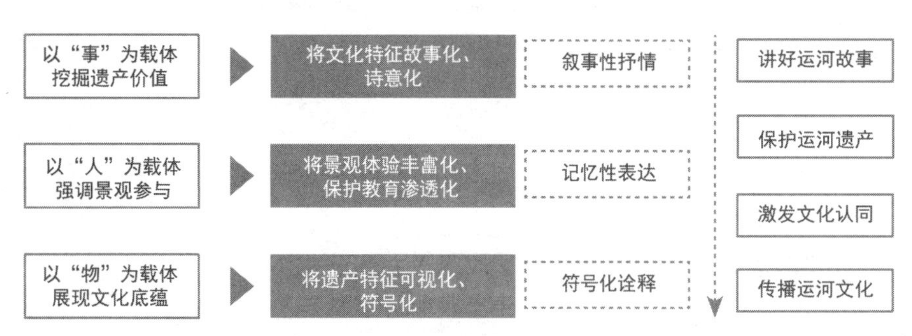

图3-23　思维导图

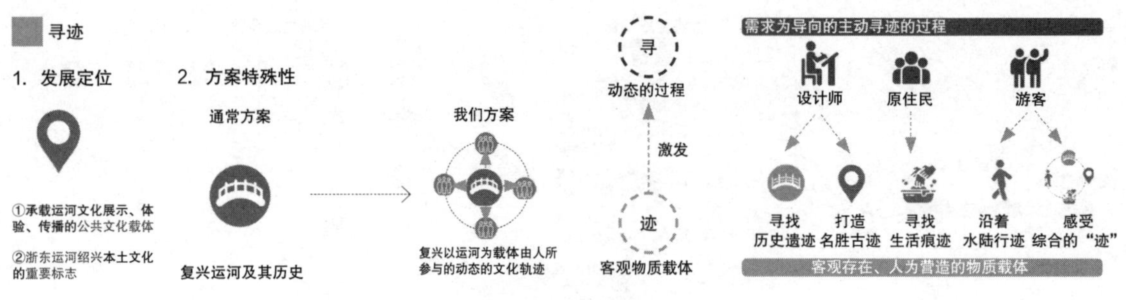

图3-24 概念解读

3.3.3 设计策略（图3-25~图3-27）

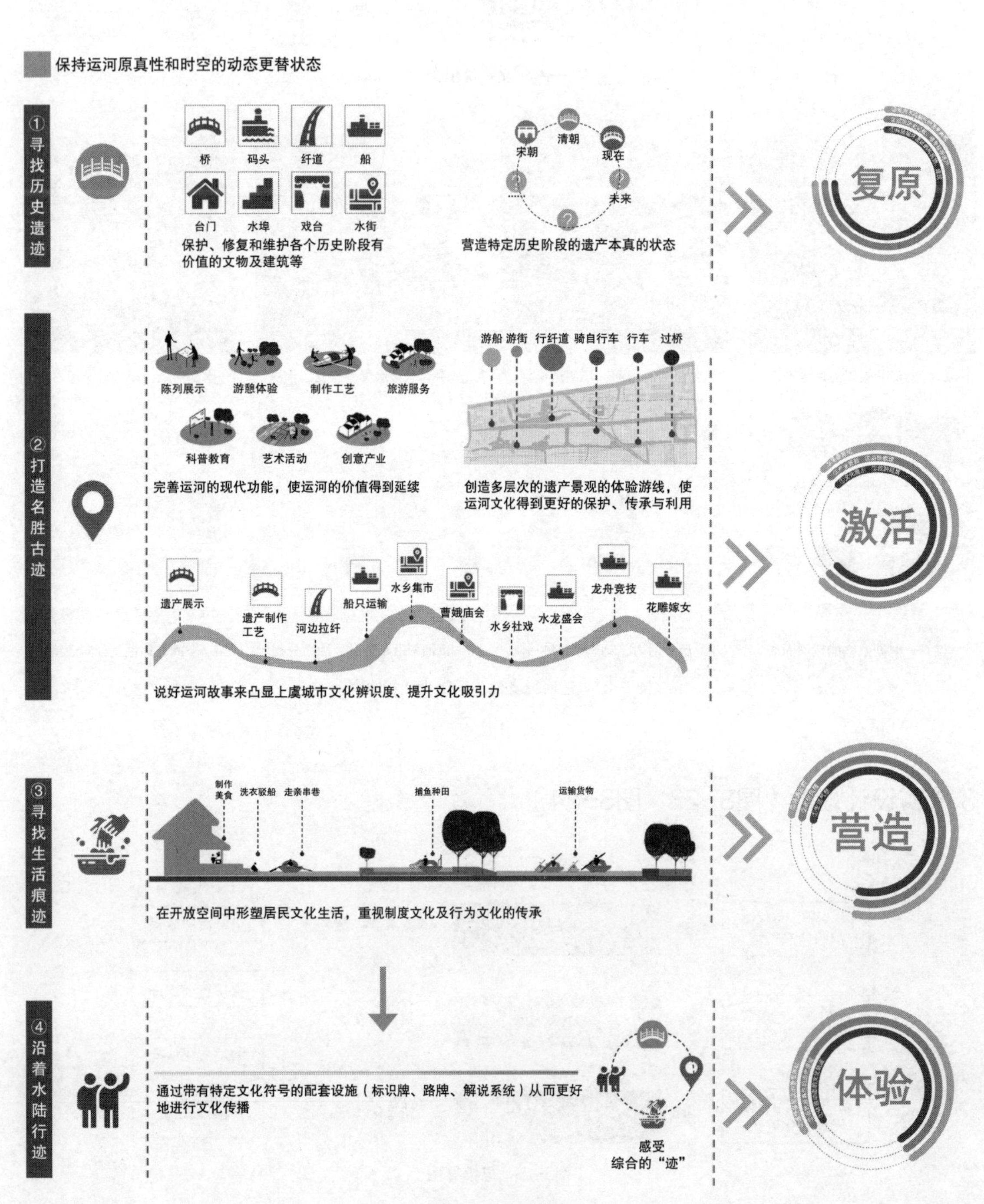

图3-25 设计策略

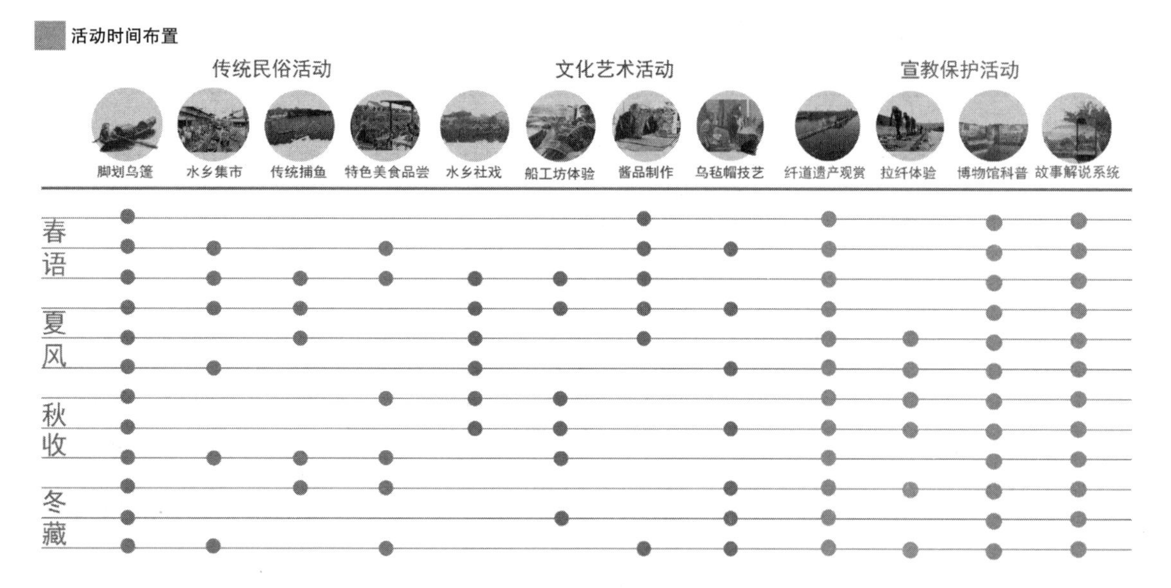

图3-26 营造——注入文化活力

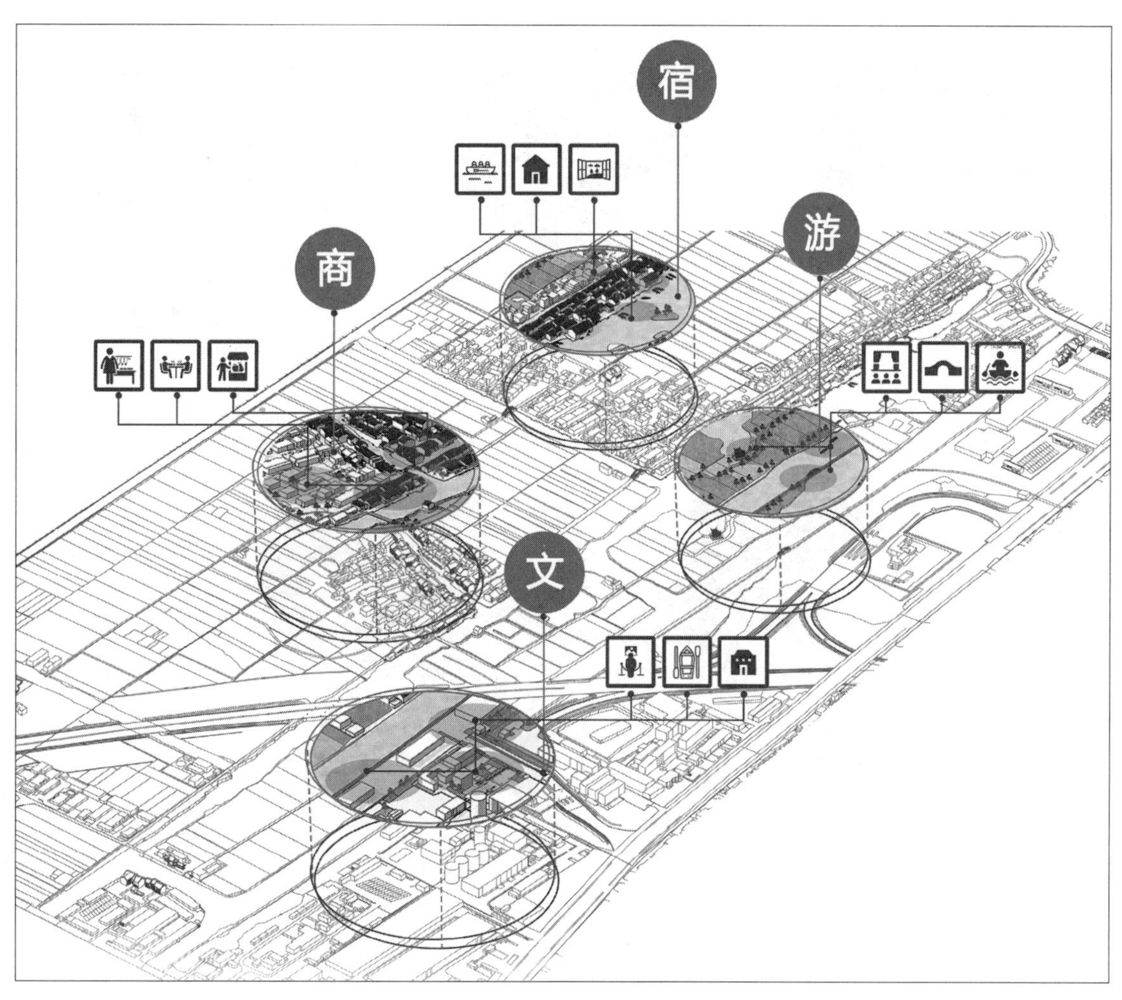

图3-27 激发——调整功能业态

3.3.4 设计方案（图3-28~图3-41）

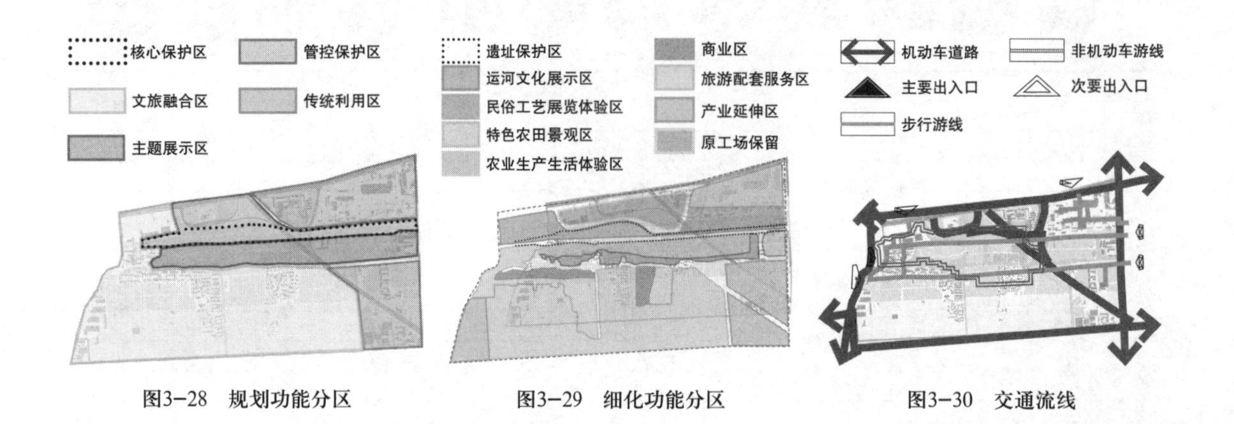

图3-28　规划功能分区　　图3-29　细化功能分区　　图3-30　交通流线

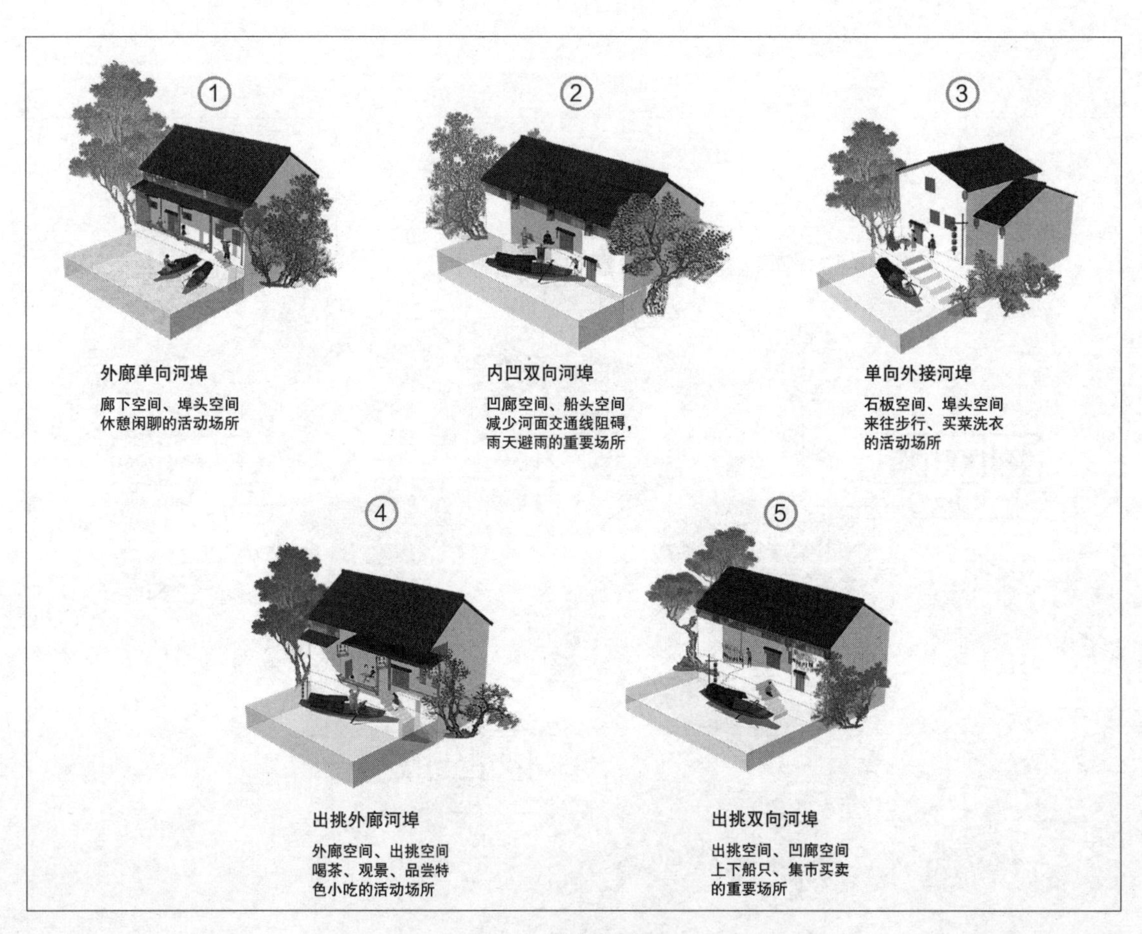

图3-31　沿岸立面改造

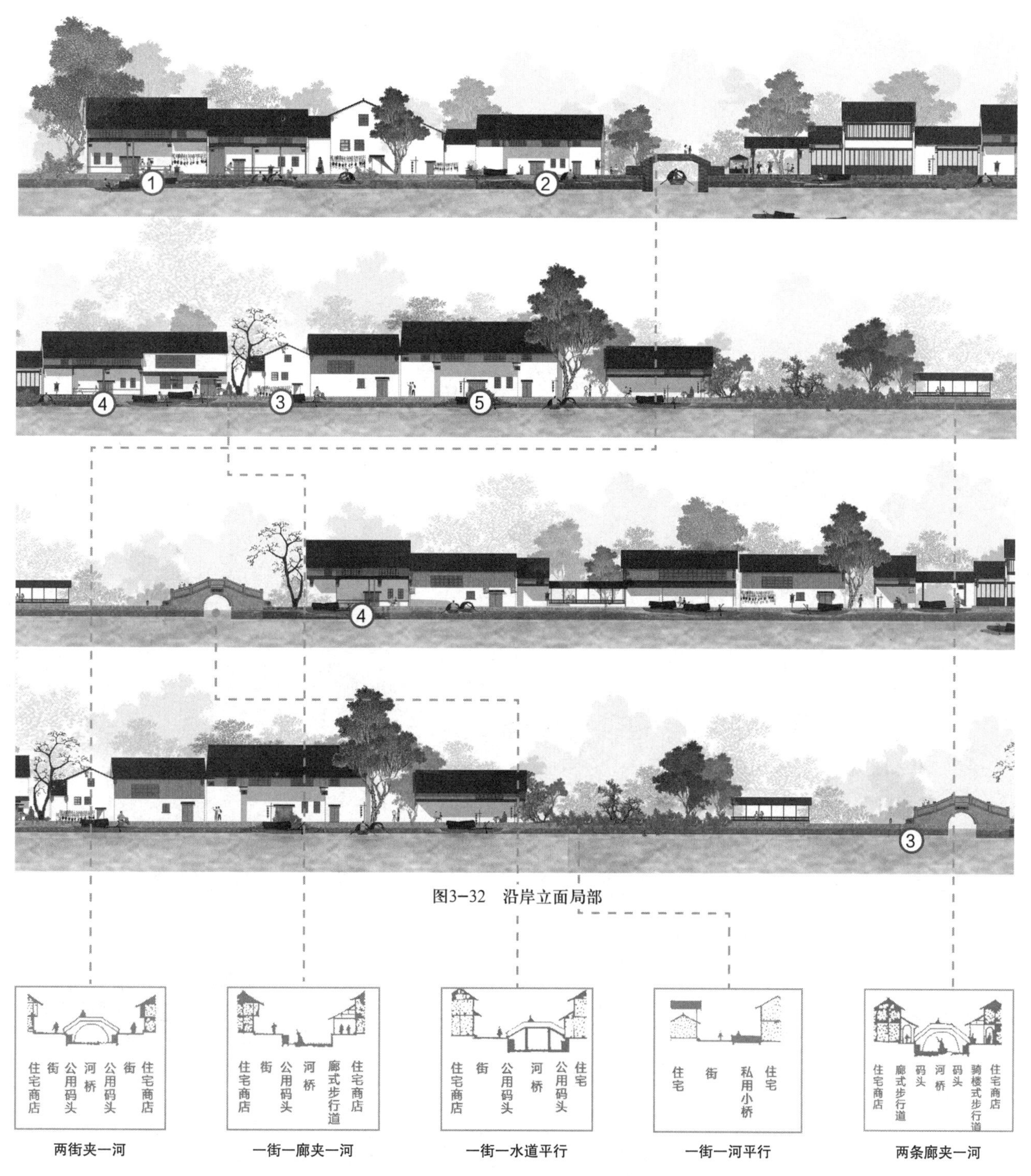

图3-32　沿岸立面局部

图3-33　整体方案建筑、河道、街道关系

图3-34　整体沿河立面

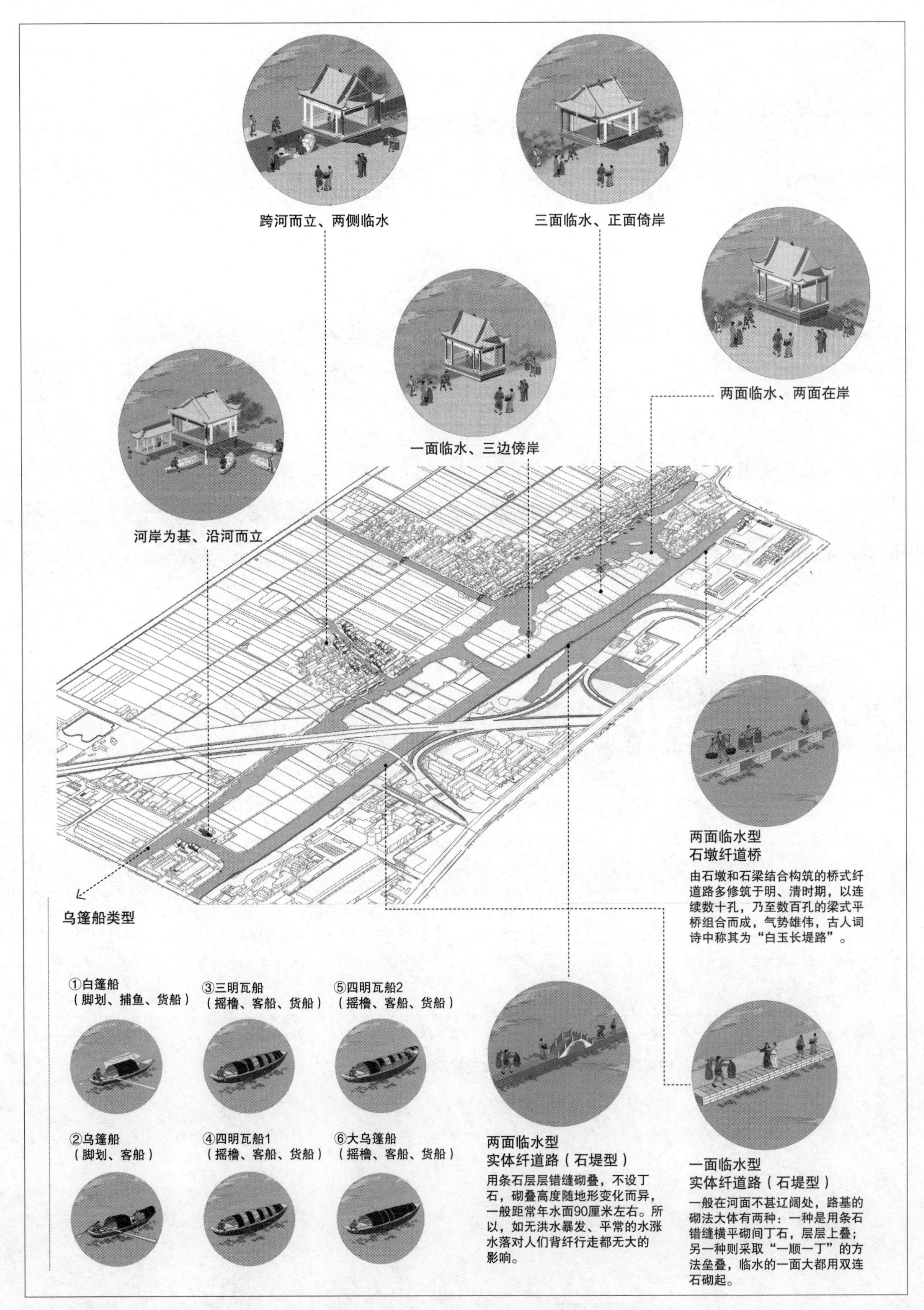

图3-35　复原——保护遗产原真性

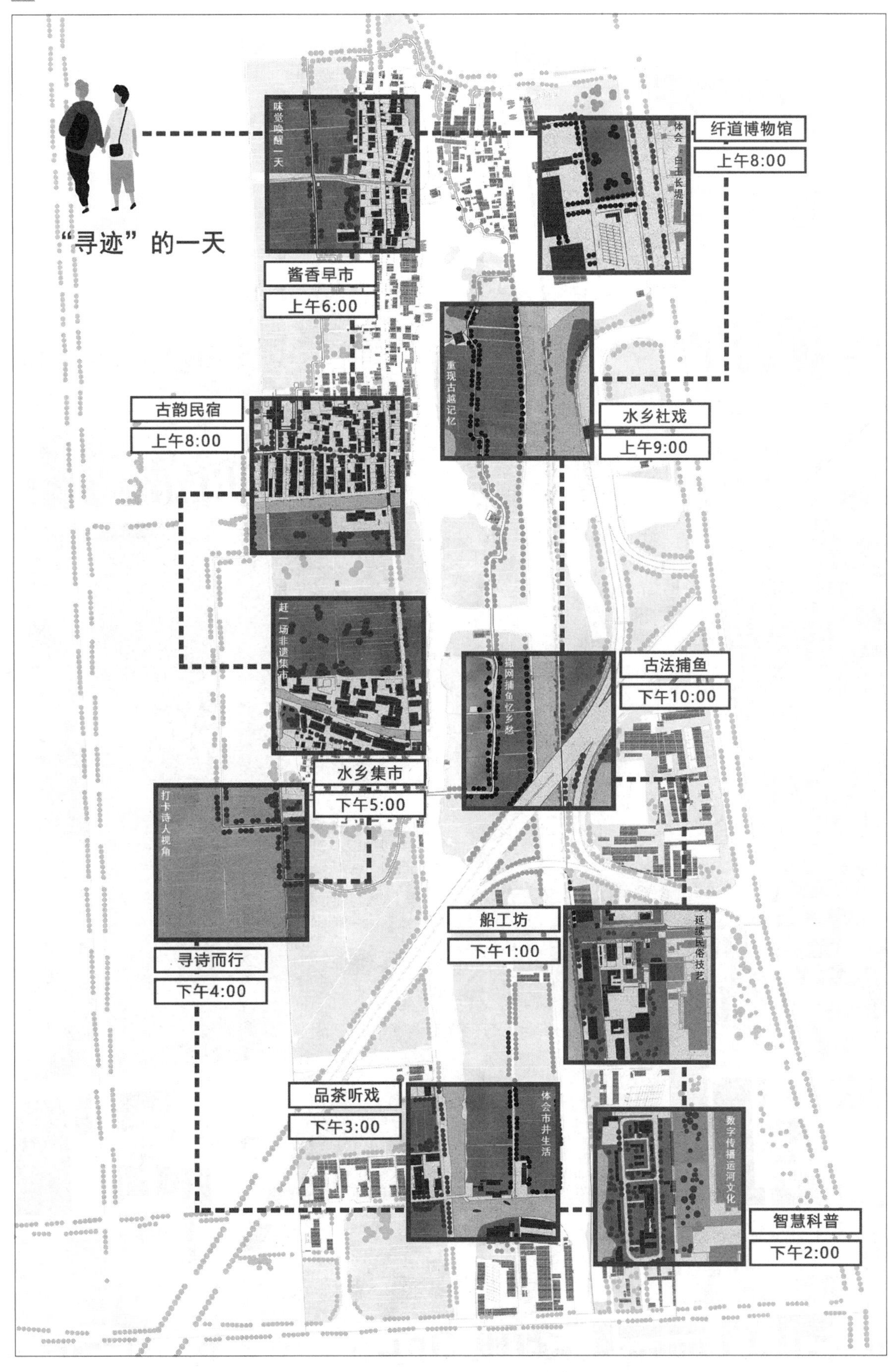

图3–36　营造——注入文化活力

图3-37 体验——游览故事线

图3-38　节点效果图——入口形象

图3-39　节点效果图——品茶看戏

导向牌

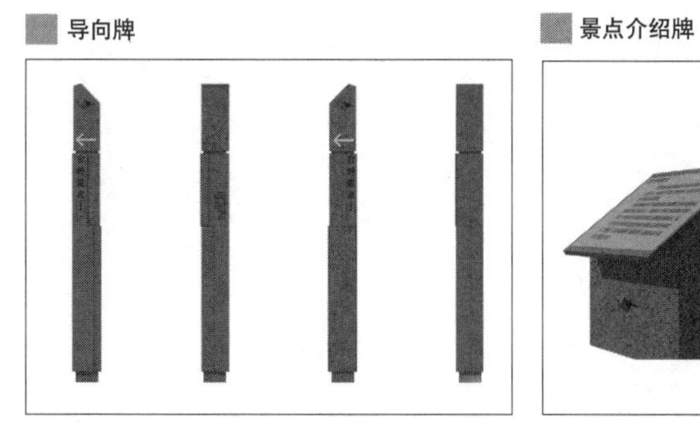

景点介绍牌

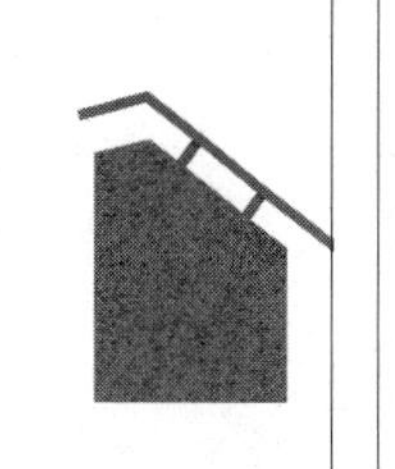

墙挂式景点介绍牌

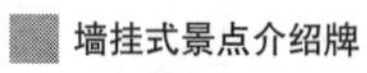

图3-40　配套设施VI系统

图3-41　整体鸟瞰图

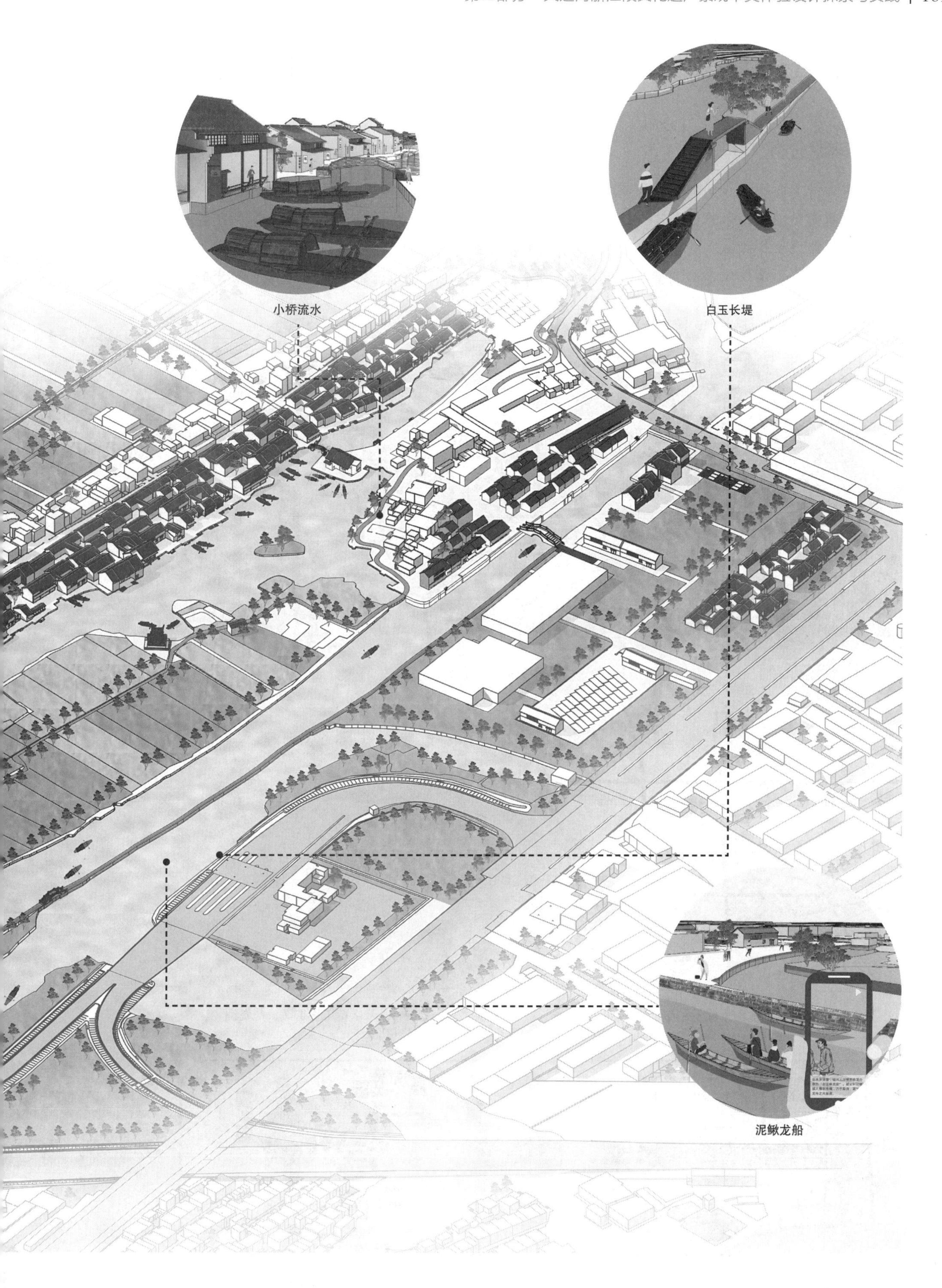
小桥流水
白玉长堤
泥鳅龙船

3.4 绍兴八字桥历史街区审美体验提升设计方案

3.4.1 前期分析

前期分析主要提取大运河绍兴段有代表性的遗产点、线、面来进行有针对性的实地调研，进而明确运河带及遗产点的具体范围、区位条件和发展历史、趋势和发展现状，挖掘八字桥历史街区的历史风貌、文化内涵、文化遗产以及了解保护现状；观察运河空间中不同使用人群的需求和使用状况，从行人角度感受运河遗产空间的合理性，从遗产空间的不合理现象中发现并提出问题（图3-42～图3-95）。

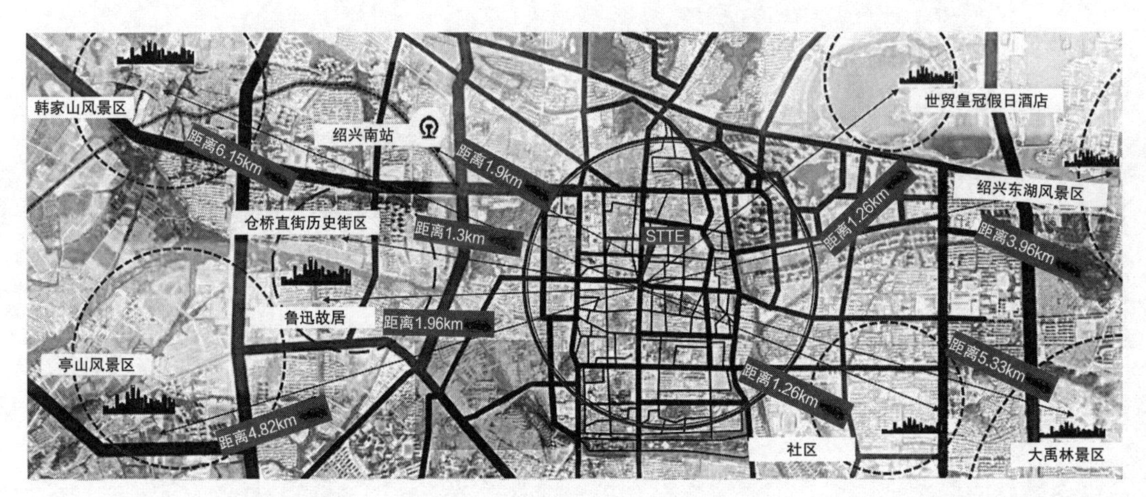

图3-42　八字桥历史街区区位图

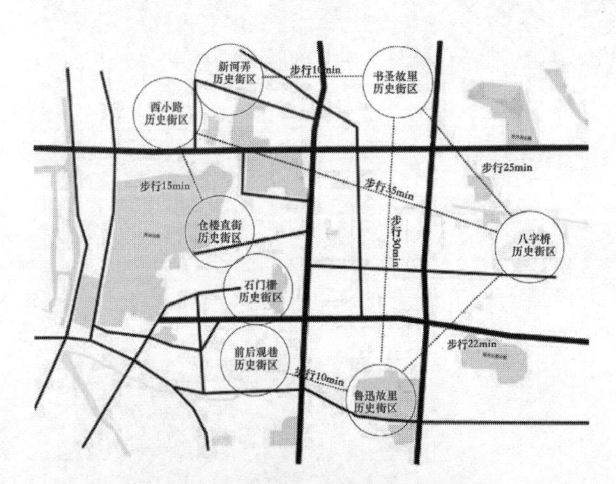

图3-43　八字桥历史街区交通可达性分析

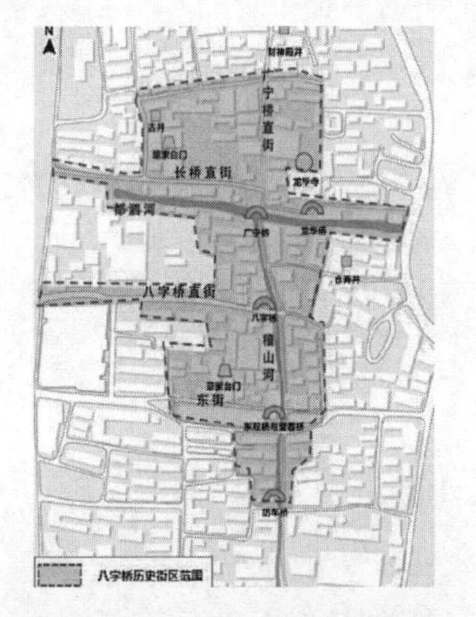

图3-44　八字桥历史街区遗产资源分布图

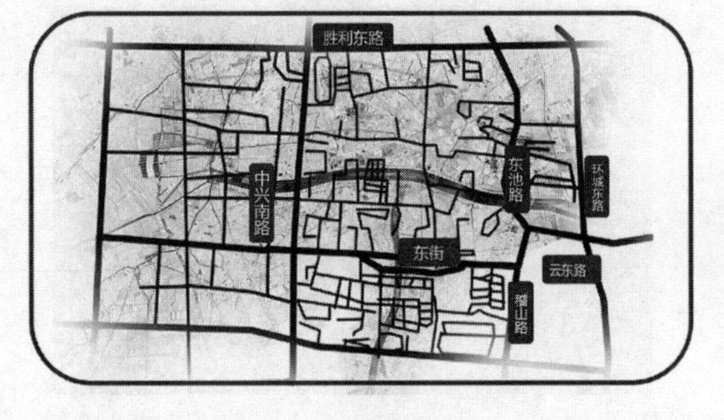

图3-45　陆路交通分析

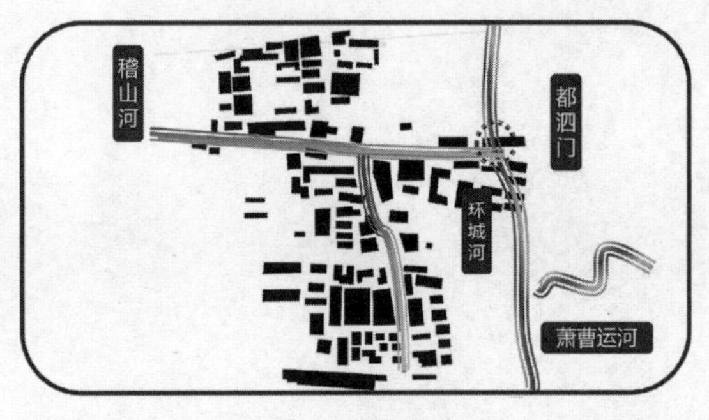

图3-46　水路交通分析

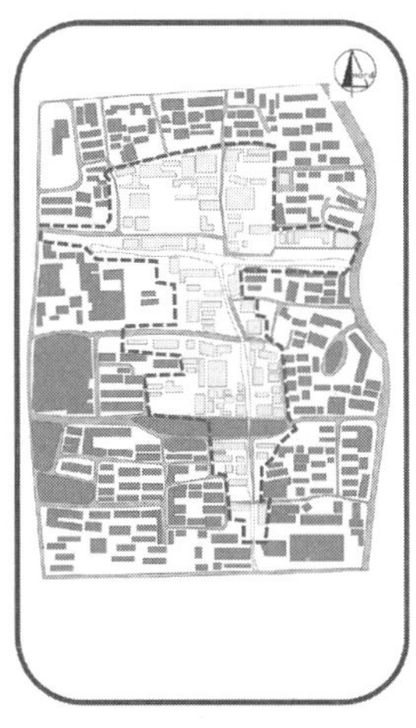

图3-47　设计范围

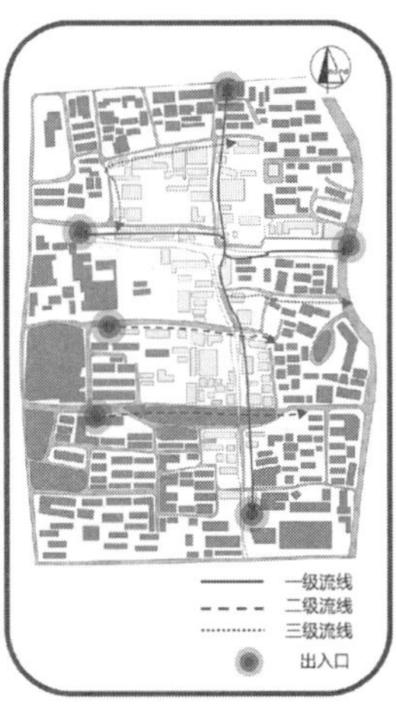

图3-48　交通现状

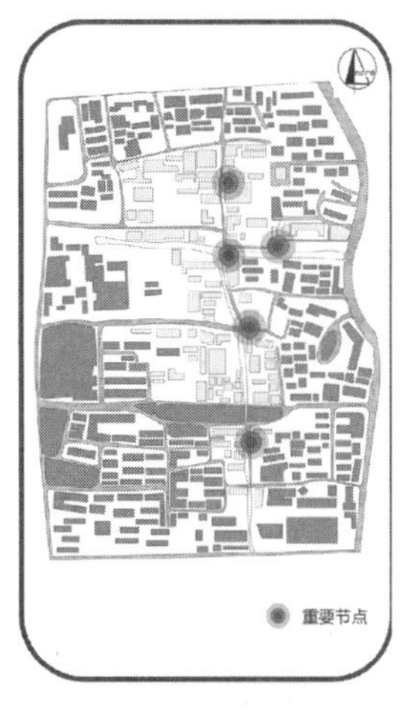

图3-49　现有节点

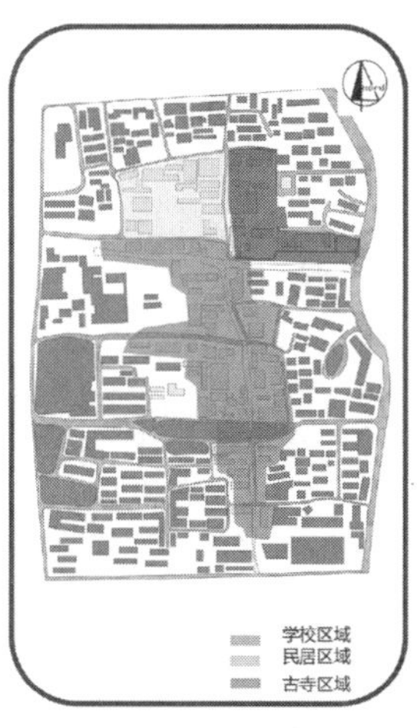

图3-50　用地现状

结构形态

空间肌理

街区风貌

图3-51　八字桥街区现状

图3-52　审美客体价值挖掘

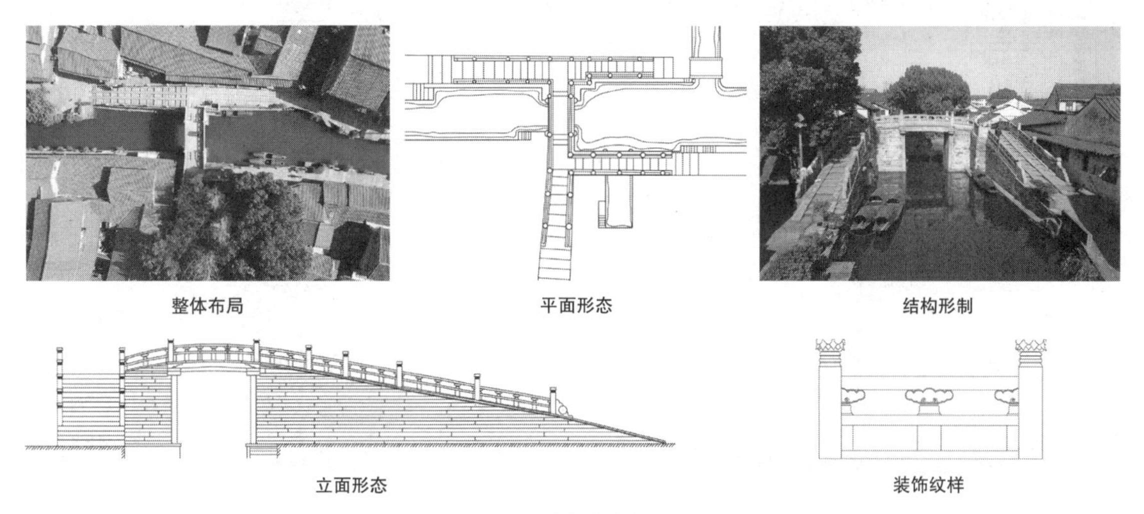

图3-53　八字桥审美特征分析

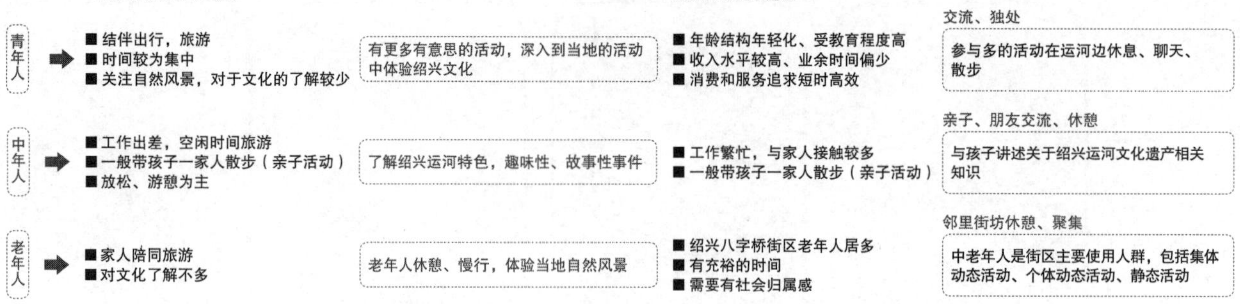

■外来游客需求挖掘
■原住民需求挖掘
青年人
■结伴出行，旅游
■时间较为集中
■关注自然风景，对于文化的了解较少
有更多有意思的活动，深入到当地的活动中体验绍兴文化
■年龄结构年轻化、受教育程度高
■收入水平较高、业余时间偏少
■消费和服务追求短时高效
交流、独处
参与多的活动在运河边休息、聊天、散步
中年人
■工作出差，空闲时间旅游
■一般带孩子一家人散步（亲子活动）
■放松、游憩为主
了解绍兴运河特色，趣味性、故事性事件
■工作繁忙，与家人接触较多
■一般带孩子一家人散步（亲子活动）
亲子、朋友交流、休憩
与孩子讲述关于绍兴运河文化遗产相关知识
老年人
■家人陪同旅游
■对文化了解不多
老年人休憩、慢行，体验当地自然风景
■绍兴八字桥街区老年人居多
■有充裕的时间
■需要有社会归属感
邻里街坊休憩、聚集
中老年人是街区主要使用人群，包括集体动态活动、个体动态活动、静态活动

图3-54　审美主体需求挖掘

绍兴非物质文化遗产挺丰富的，要是改造好我挺想去看看的！
这里没啥游客的，别人都去鲁迅故居、仓桥直街历史街区，比我们这里有意思。
希望在这里可以看到绍兴文化，八字桥历史街区不都是居民区吗，那里好像没事好看的
要是能有点传统手工艺品、有趣的活动举办就好了，在

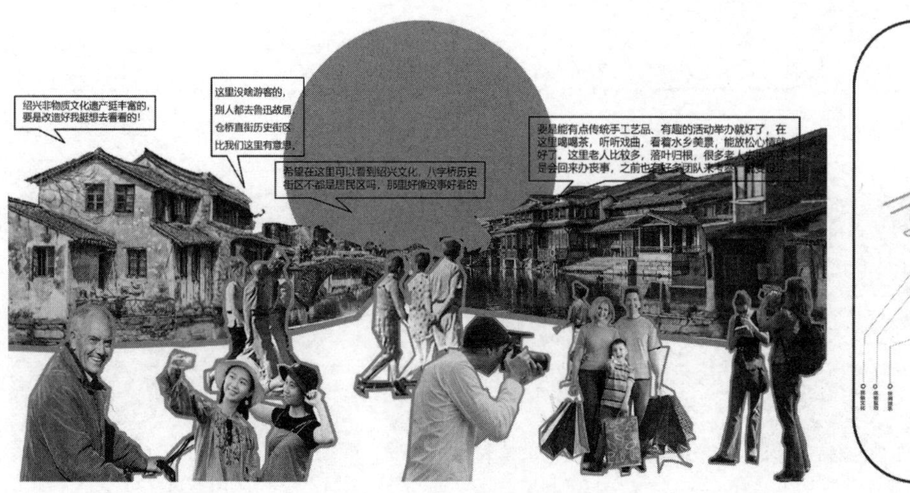

图3-55　审美主体需求分析

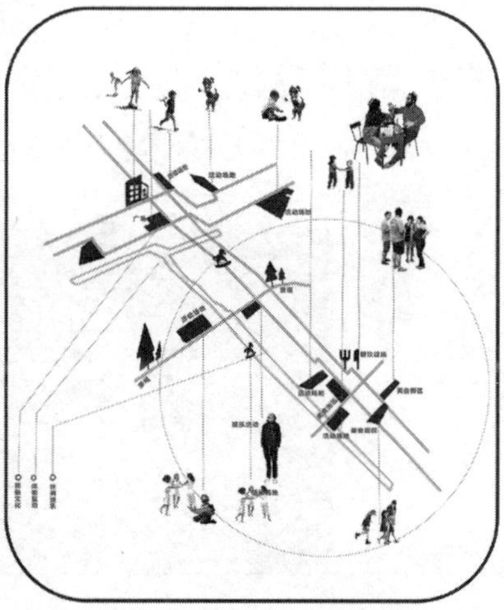

图3-56　审美主体需求总结

3.4.2 设计策略

设计策略是以环境美学为理论支撑，同时对标国家文化公园的建设目标，从深层审美结构出发传达出八字桥历史街区的市井生活与古韵文化，展现“枕河·诗居”的主题，体现意蕴美；从中层审美结构出发，强调文化活力的注入以及尊重原住民的主导权，达到文化保护、传承与利用的目的；从表层审美结构出发，通过对审美对象的可视化以及文化符号的提取，从点到线再到面地设计展现出八字桥历史街区的意象美。从以上三个层次来丰富审美主体的审美体验。

环境美学（切入点）
对标国家文化公园（建设目标）
深层审美结构
意蕴的确立
文化认知层面
文化价值挖掘
古越文化、文化遗产、唐诗之路
审美体验层面
人的需求
生活性、归属感、场所记忆
整体特征的确立
历史传统、市井生活
挖掘美学价值
意蕴美
“人”
“文”
市井生活
地方文化
“枕河·诗居”
文化引领，彰显特色
中层审美结构
特征意象挖掘
调研现状
问卷调查
提取关键词
水、桥、古运河、古船、古建筑
意境特征组织
事物的关联性
人与桥
人与船
人与运河
运河与桥
意境特征优化
活动的可能性
空间的可能性
对象特征的进一步挖掘——主客体关系的挖掘
意境美
“事”
文旅游憩活动
尊重原住民主导权
文化保护传承与利用
保护优先，强化传承
表层审美结构
特征创作方法
街区范围确定（遗产点位置图、街区辐射范围、功能定位）
四类主体功能区
游线组织梳理（水上故事线、陆上故事线、水陆联动）
虚实创作方法
审美对象可视化
空间序列组织
零碎空间整合
空间节点设计
意象美
“物”
审美对象可视化
文化符号提取
点—线—面
总体设计，统筹规划
积极稳妥，改革创新

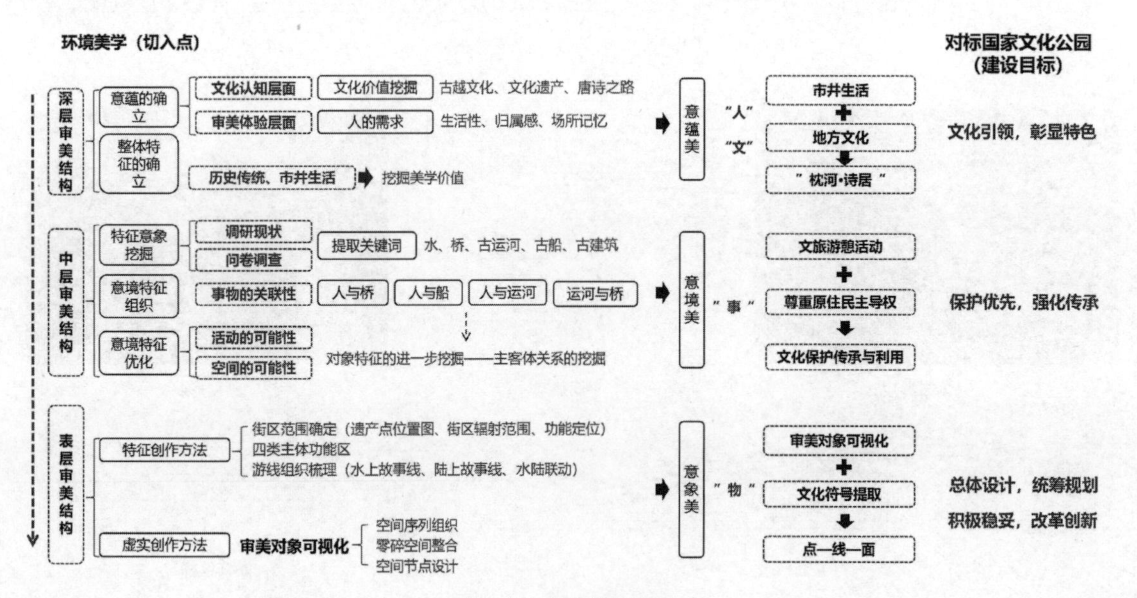

图3-57　设计思路框架

3.4.3 设计方案

绍兴八字桥历史街区文化遗产景观的审美设计层次是从深、中、表层审美结构，由里及表、由内而外的创作过程，而主体进行景观审美体验的层次是由表及里、由外而内的体验过程。首先，以节点活动等一些点状的活动为载体，依靠主体的感觉、知觉，调动“五感”来体会景观物象以及审美表象，形成意象美。其次，通过游览故事线等一些现状活动，通过主体的统觉、情感与想象活动，体会审美意境，形成意境美。最后，在体会节点空间以及故事线的基础上，从面上体会整个街区的氛围，唤起主体的生命意识、宇宙意识以及历史意识，体会八字桥历史街区的市井生活与古韵文化，从而达到意蕴美的升华，传达出“枕河·诗居”的主题。

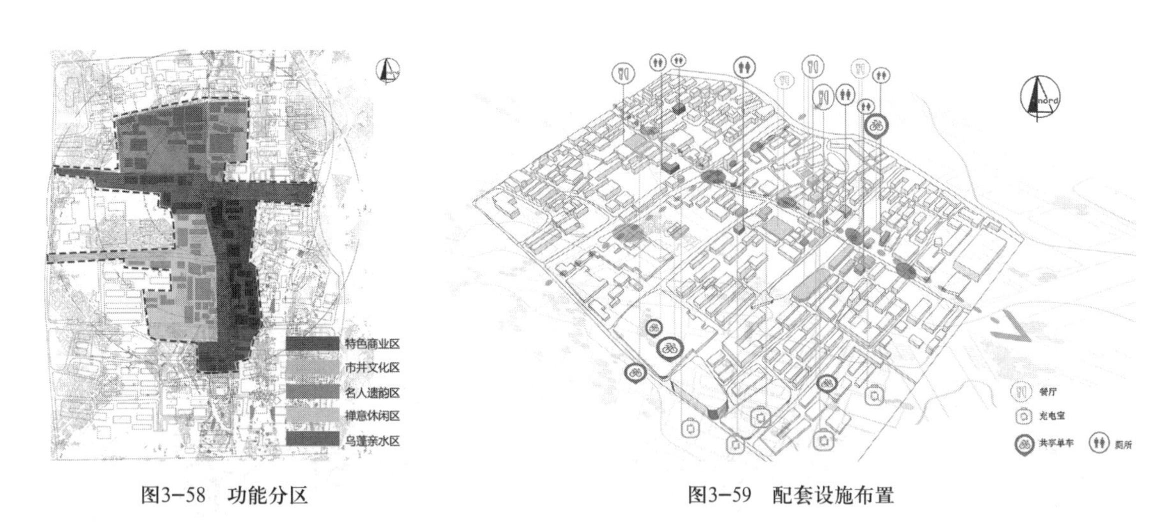

图3-58　功能分区

图3-59　配套设施布置

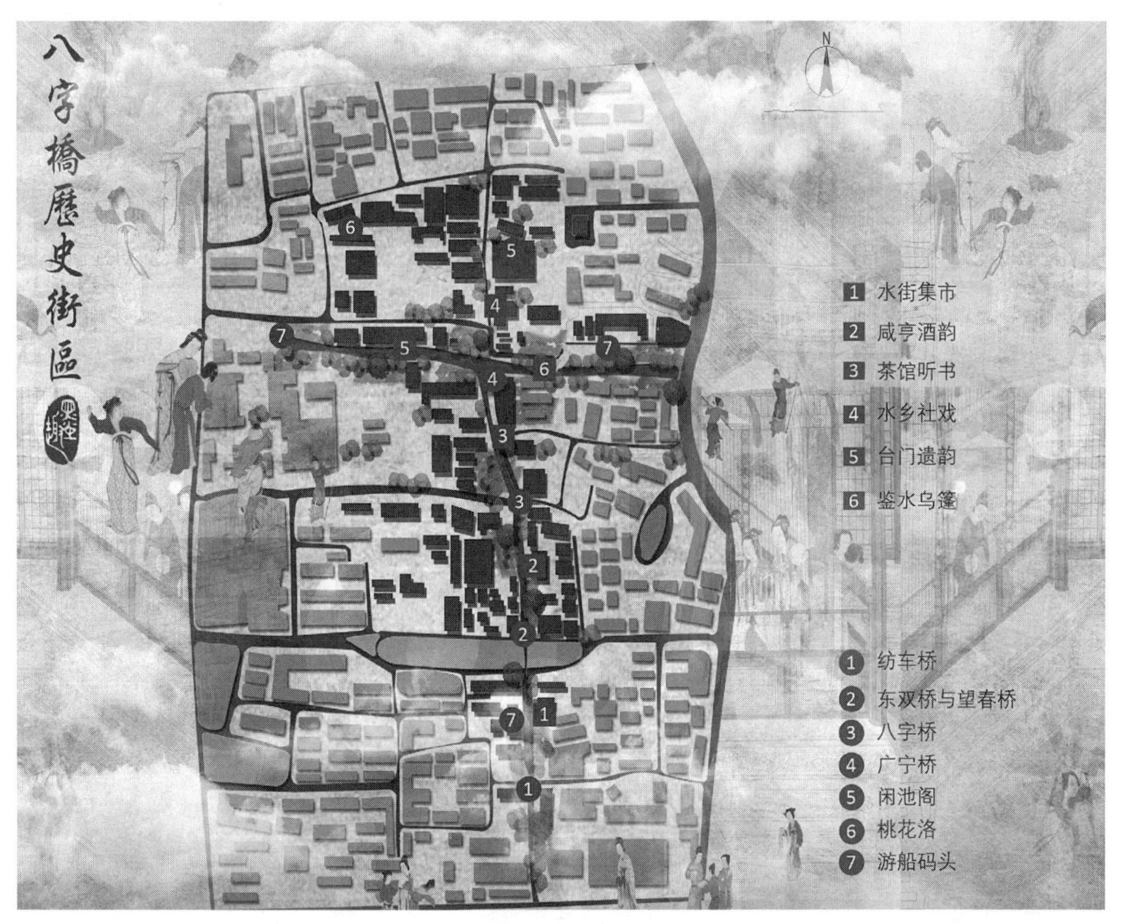

图3-60　总平面图

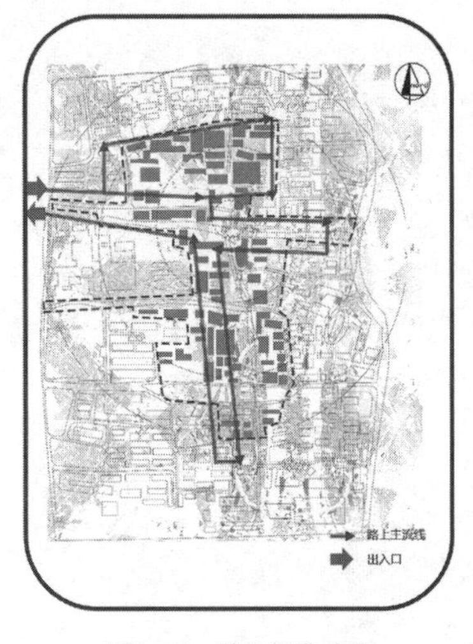

图3-61　陆上游览线路

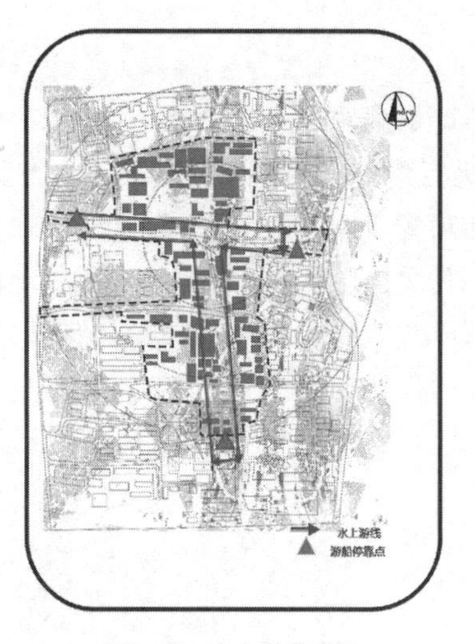

图3-62　水上游览线路

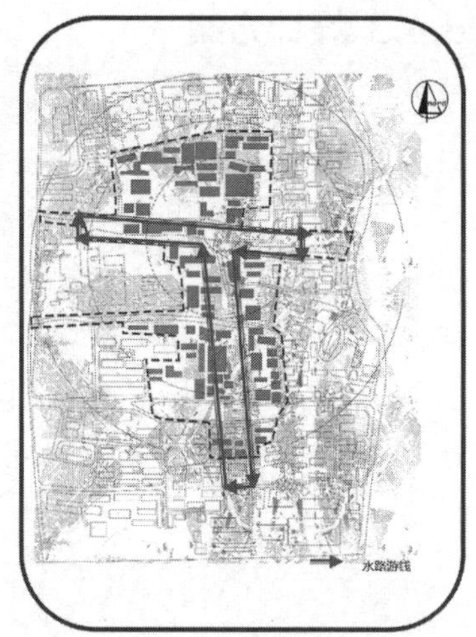

图3-63　水陆联动游览线路

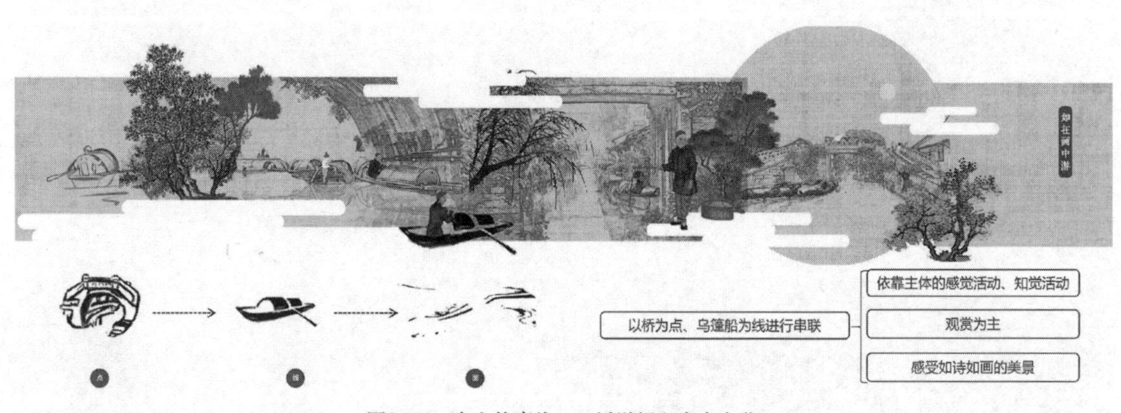

图3-64　水上故事线——诉说绍兴水乡文化

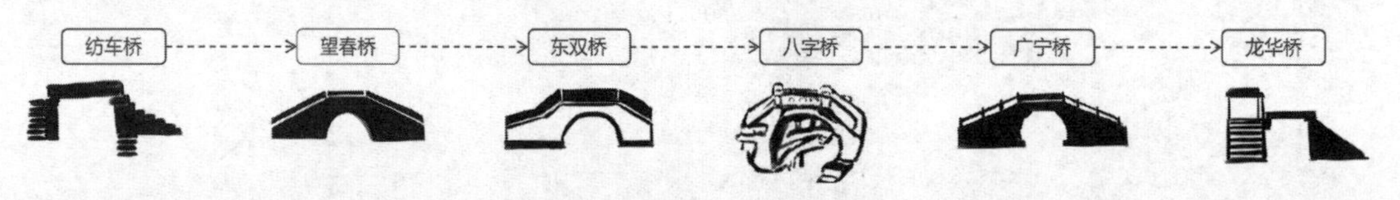

图3-65　线路构架：穿桥而过——体会“桥乡文化”

图3-66　水上故事线活动场景图

图3-67　水陆联动故事线活动场景图

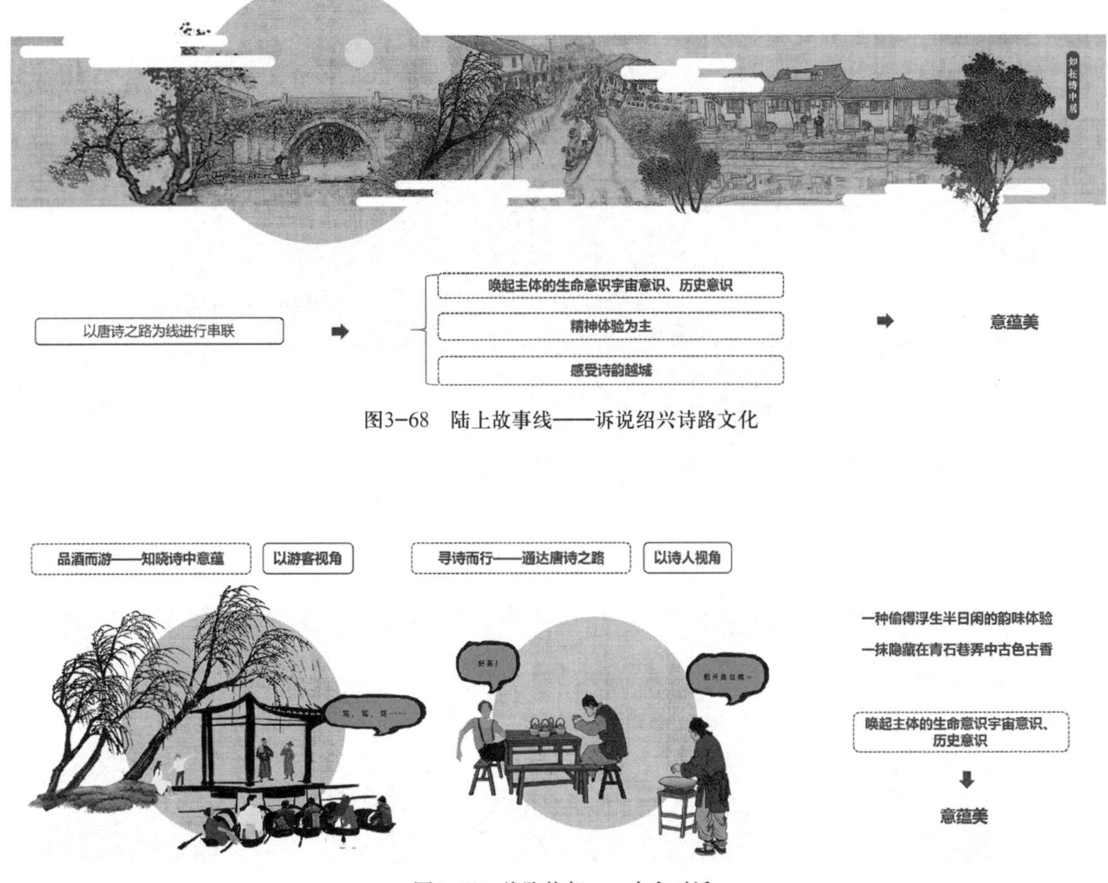

图3-68　陆上故事线——诉说绍兴诗路文化

图3-69　线路构架——古今对话

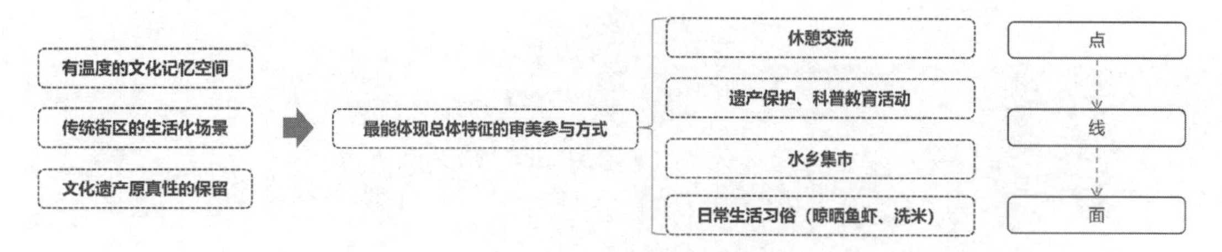

图3-70　提取代表性的活动节点

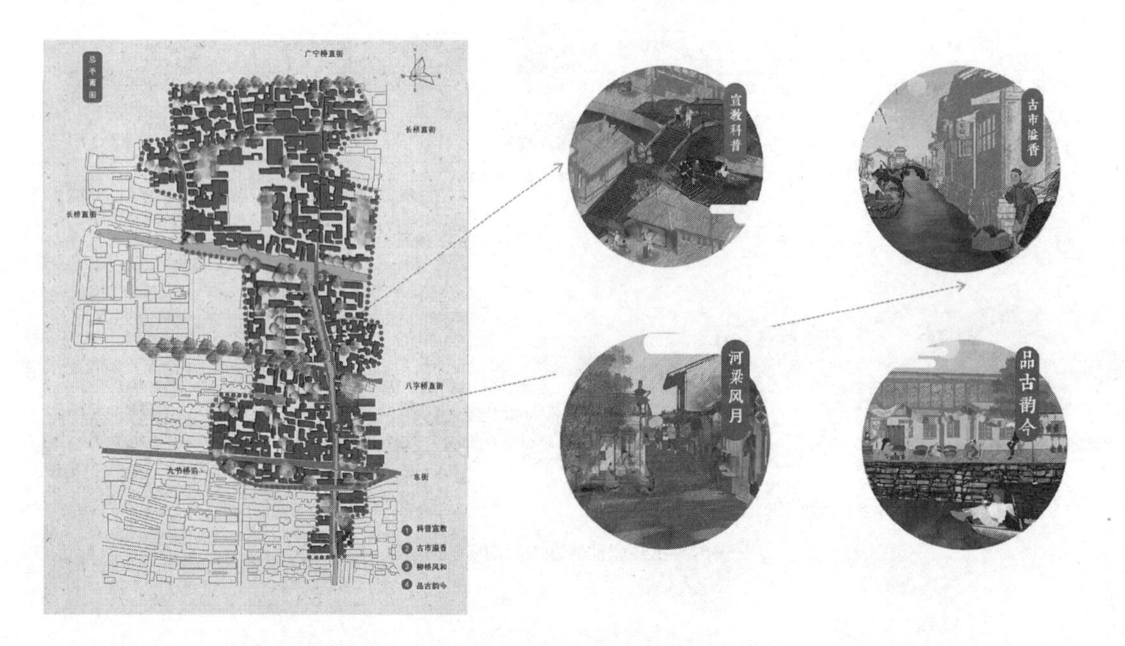

图3-71　活动节点布置——方案一

图3-72　遗产保护、宣教活动节点

图3-73　审美视线分析——船桥对望

图3-74　水乡集市节点

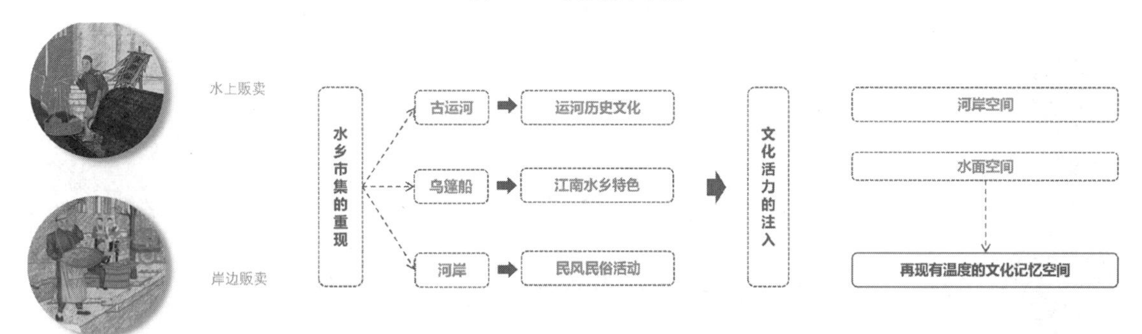

图3-75　水乡集市活动主客体关系分析

图3-76　休憩交流活动节点

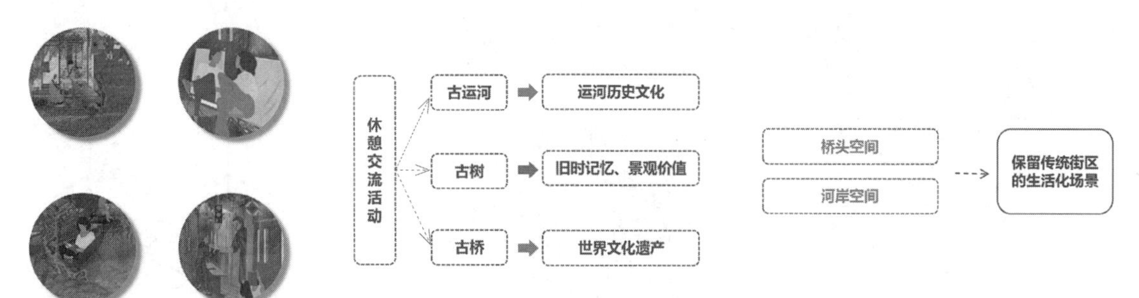

图3-77　休憩交流活动主客体关系分析

图3-78 水乡生活节点

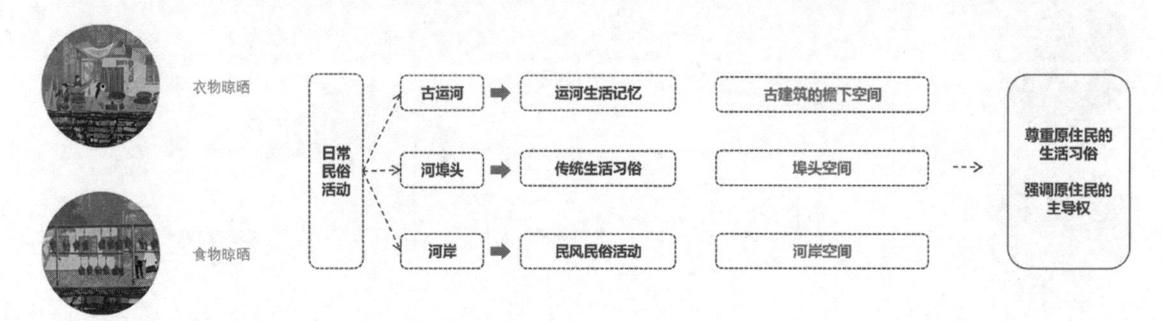

图3-79 水乡民俗活动主客体关系分析

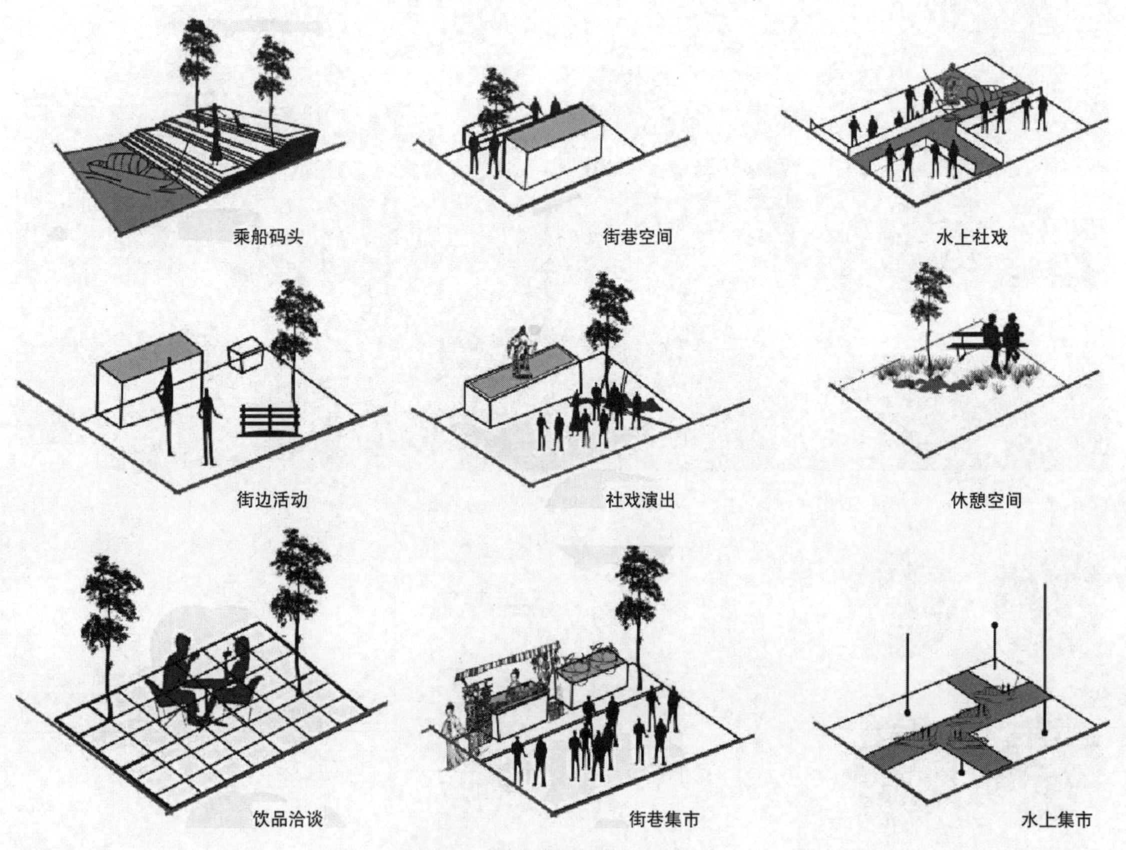

图3-80 活动节点布置——方案二

图3-81　水乡集市节点——视角一

图3-82　水乡集市节点——视角二

图3-83　咸亨酒韵节点

图3-84　茶馆听书节点——视角一

图3-85　茶馆听书节点——视角二

图3-86　鉴水乌篷节点——视角一

图3-87　鉴水乌篷节点——视角二

图3-88　八字桥节点

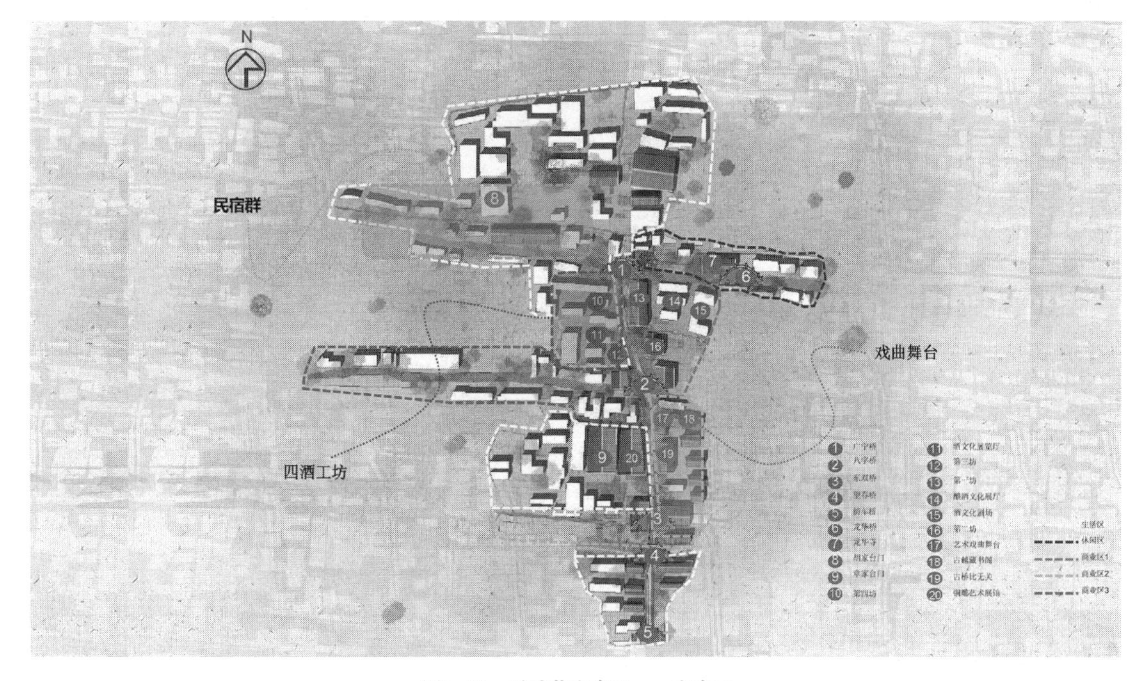

图3-89　活动节点布置——方案三

图3-90　四酒工坊节点——视角一

图3-91　四酒工坊节点——视角二

图3-92　四酒工坊游客打卡图

图3-93　古越戏台节点

图3-94　铜雕艺术馆节点

图3-95　铜雕艺术馆游客打卡图

4 美学视角下大运河嘉兴段水利工程遗产景观长安闸遗址公园设计

4.1 大运河嘉兴段水利工程遗产的美学特征与价值分析

4.1.1 大运河嘉兴段水利工程遗产概念与类型

（1）水利工程遗产相关概念

水利文明：水利文明这一概念由美国的历史学家卡尔·A. 魏特夫教授在20世纪末提出的，他认为政府修建、管理的大规模的水利工程设施，能够促进农业制度和发展的就是水利文明。不论是具有生产性的（灌溉）或是具有保护性的（防洪）都是水利文明。[128]国内学者郭涛在卡尔·A. 魏特夫的基础上对水利文明的概念进行了补充完善，他认为水利文明包括物质和精神多方面的内容，中国水利文明所涵盖的内容包括：为保护人类生存环境免遭洪水侵害而建造的防洪工程、为保证农业用水需求而建造的灌溉工程、为满足交通和运输所需的水运工程、为保证城市用水需求的供水工程、为改善城市环境而设置的塘、渠以及水文现象和水利社会管理机构、体制政策等。[129]水利文明与自然地理、社会历史、社会经济、科学技术、社会政治以及水文化息息相关[130]。

水文化遗产：水文化遗产与水相关，具有文化遗产的普遍性和其本身的独特性。大运河嘉兴段作为水文化遗产的载体，除了具有迁徙、运输功能之外，还不断地进行着多维度的物质文化活动，在文化交流与碰撞下产生了庞大的、连续的水文化遗产。大运河嘉兴段的水文化遗产作为一种“文化景观”，是由文化和自然共同组成的，包括自然景观、人文景观、物质文化遗产与非物质文化遗产，根据圈层理论可分为核心遗产、附属遗产和衍生遗产（表4-1）[131]。

水文化遗产分类　表4-1

遗产体系	核心遗产	附属遗产	衍生遗产
物质水文化遗产	与运河直接相关的运河水利工程遗产：河道、水源、航运工程设施（船闸、古桥梁、码头、纤道、管理机构设施）、水利工程设施（闸、坝、堰、堤）等	与运河紧密相关的周边城镇和其他历史文化遗产：运河聚落、运河城镇、历史文化街区、运河村落、古遗址、古建筑、古墓葬、石碑、近现代重要史迹及代表性建筑、典型地方产业遗存等	由运河衍生出的运河周边环境景观、地域特色古迹、服装菜肴等
非物质水文化遗产	运河开凿与治理维护的轶事遗闻、传说神话、直接描述运河核心遗产的诗词字曲等艺术作品、体制政策等	运河聚落中产生的宗教文化、口述资料与典故、老牌行当、手工艺等	由运河衍生出的精神文化、风情民俗、节庆活动、民间技艺等

（2）大运河嘉兴段水利工程遗产类型

大运河嘉兴段历经风风雨雨，经过时代的变迁，逐渐形成了鱼骨状的运河水网体系，至今仍在不断地发生变化，是中国大运河形成时间较早、自然条件最优越、延续使用时间最长的河段之一。大运河作为一种线性文化遗产，跨越诸多地理区域，有极强的流动性，其历史边界模糊，文化信息叠加程度高。大运河嘉兴段在各个时代产生的遗产数量大、品种全、等级高，包含了历史、科技、文化等各方面的价值。水利工程遗产类型主要包括运河水利工程遗址类中的大运河嘉兴段河道、长安闸、长虹桥，运河聚落盐官镇、西塘镇、乌镇和嘉兴市，以及其他运河物质文化遗产等。

4.1.2 大运河嘉兴段水利工程遗产发展历程及空间要素

（1）大运河嘉兴段水利工程遗产发展历程

大运河嘉兴段北接苏州，南通杭州，连接太湖和钱塘江两大水系。运河河道绕嘉兴城而过，既是护城河，也是大运河的组成部分，它与城内水系连为一体，同时以嘉兴城为中心，连接城外八条放射状的河道，形成“一河抱城，八水汇聚”的独特水网体系和运河景观。

隋代利用原有发达的河道和现有的天然水道为基础，进一步开凿了江南运河，因与长江相连接而常常受到江水涨落的影响，河道相对不够妥靠，水流湍急，曾称为“悬河”。明代李日华在《紫桃轩杂缀》中提到：“唐以前，自杭至嘉皆悬流，南则水草沮洳，以达于海，故水则设闸以启闭，陆则设栈以通行。”大运河上筑堰始于唐代，自唐朝以来江南运河作为浙北地区的主要河流，湍急的水流经由运河来泄洪。当时上游来水的水势迅猛，且塘浦体系尚未形成，先民们为了生产和生活，在运河上建造了许多大型的、雄伟的单孔或三孔石拱桥，修建了闸、堰等水利工程设施，修整或开凿了许多支流称泾或筧，并设官管理，形成城镇、村镇等运河聚落。经过不断地治理和发展，江南运河体系已逐渐完善并趋于稳定（图4-1）。[132]93-94

图4-1　大运河嘉兴段河道概况图

从运河的发展历史来看，水利工程遗产逐渐演变为文化遗产景观，航运、平衡水位、灌溉等功能逐渐弱化，随着经济的发展和社会功能的升级，水利工程遗产的性质也随之发生转变，不同时代的功能需求影响着运河水利工程遗产从最初的功能性工程转变为具有非凡价值的文化遗产景观。

（2）大运河嘉兴段水利工程遗产空间要素

大运河嘉兴段水文化遗产可分为核心遗产、附属遗产和衍生遗产，其中包含物质文化遗产和非物质文化遗产，本小节主要阐述核心遗产中的河道、古桥梁、闸、堰。

①河道

嘉兴地区地势平坦，受到河道淤积、战争影响等原因，嘉兴段大运河主河道走向多次发生变化，形成了网状结构，这在大运河全段当中都是比较罕见的，它的形式、构成、功能，无不体现着环境美学的价值和意义（图4-2）。运河河道作为大运河文化遗产的重要组成部分，是水文化遗产的主要载体，联系着众多水利工程，衍生孕育出运河城镇等，是运河文化的集中表现。

嘉兴段河道实景

嘉兴段河道航拍

图4-2　大运河嘉兴段河道

②古桥梁

大运河嘉兴段，内河航运十分发达。从唐代到民国时期，建造了许多拱形石桥，雄峻坚固的石拱桥桥洞最高可达八九米，大型船只也能顺利通行。古桥梁是我国古代劳动人民智慧的结晶，它们以其优美独特的造型体现出浓郁的地方特色，成为江南水乡环境中一道亮丽的风景（图4-3）。大部分古桥梁保存完好，至今仍发挥着重要的交通作用，古桥梁在设计建构上注重力学和美学的结合，不仅具有实用功能，还有着丰富的文化内涵和审美价值。古桥梁伴随着嘉兴城镇的建立与发展，见证了嘉兴地区的历史变迁与发展，是活化的历史文化资源，通过对古桥梁名字的解读还能了解到相关的传说故事和历史典故。嘉兴段中的古桥梁能够凸显和谐共美的江南水乡文化，在自然环境与人文环境共同组合而形成的桥梁空间中散发出江南的独特魅力。由于嘉兴段的古桥梁形制各异且已存状况良好，具有科技、文化历史等重要价值，对江南桥梁建造技术和桥梁文化、江南文化的研究能够提供良好的物质基础和文化环境。

长虹桥与周边环境

长虹桥规模形制

长虹桥与其附属结构

图4-3　大运河嘉兴段古桥梁（长虹桥）

③闸、堰

为调控运河水位，保证通航漕运等需求，闸、堰成为运河上不可或缺的重要水利工程，在体现高超科学技艺的同时也有助于现代人对运河的了解和研究，是认识大运河嘉兴段的必要切入点。历史上大运河嘉兴段中建筑的闸、堰有长安闸、杉青闸、石门堰等（图4-4）。宋代《语溪志》载："塘以行水，泾以均水，塍以御水，坞以储水，堰以障水，潦可泄，旱可引，以灌一邑之水利也。塘即运河，其支流为泾，夫塍、坞不胜数。"据各种志书记载，大运河嘉兴段主河道上曾有堰八座。现桐乡市境有五座：包角堰、羔羊堰、石门堰、皂林堰、妙智堰；现秀洲区境内有堰二座：陡门堰、学绣堰；现南湖区境内有一座：杉青堰。旧时大运河两岸的泾上（支流）也筑堰，数量众多，分布于各地。在众多闸堰中，长安闸最为特殊、重要，其三闸两澳的复式结构和闸坝联合运营的模式是江南运河上的唯一实证，是古代水利水运技术曾领先世界的标志性工程，既有闸类的普遍共性，也有其自身的独特性，是水利工程遗产研究的重要代表。

杉青闸

长安闸

图4-4　大运河嘉兴段闸堰（杉青闸含落帆亭、长安闸）

4.1.3 大运河嘉兴段水利工程遗产美学特征与价值分析

大运河嘉兴段中有数量众多的水利工程遗产，一些高超的水工设施能够反映出当时水利工程的一流水准，在江南运河的通航和杭嘉湖平原地区的水利防洪中发挥了极其重要的作用，具有独特的审美特征和深厚的美学价值。

（1）审美特征分析

①自然地理特征

运河水利工程遗产景观的产生受到一定的自然环境影响，尤其是当自然环境影响到人们的生产生活时，便会产生适应于该地域的特色景观。大运河嘉兴段地势低平，全市平原被纵横的河网分割形成"六田一水三分地"的地形结构。嘉兴市属于亚热带季风区，气候温和湿润且雨量充沛。气候特征与地理条件使得嘉兴常常饱受洪涝灾害的威胁，在这样特定的自然地理条件下，为大运河嘉兴段工程技术的创造发明提供了空间。为解决运河跨越地形高差、穿越自然河流、防洪等一系列问题，产生了特色鲜明的、卓越的水系和丰富多样的水利工程，大运河嘉兴段堪称传统水利科技的博物馆。其中，作为运河水工遗存的杰出代表，长安闸最早使用了"拖船坝""复式船闸"技术，列入世界遗产名录，闻名中外。

②形式结构特征

形式结构通过节奏与韵律、尺度与比例等形式美的法则能够给审美主体形成直观的感知体验。大运河嘉兴段上的桥梁与北方的桥梁有所不同，其拱券高大，桥身轻薄，既可以排洪，又便于漕船通过。同时，通过高超的建造技术以减轻桥身的重量，降低工程量。桥边往往设置码头，便于水运和陆运的配合。在形式上深度融合周边环境，讲究使用功能和造景观赏的双重属性，桥梁也成为整体环境中和谐有机的组成部分，具有浓厚的水乡特色。例如嘉兴最大的石拱桥——长虹桥，横跨古运河，是大运河上罕见的三孔实腹石拱大桥，被称为浙江大运河第一桥。因其形似长虹、气势恢宏故而称为“长虹桥”，被历代文人称颂，十分具有地域特色（图4-5）。

长虹桥形式结构

长虹桥周边环境

图4-5　长虹桥的形式结构与周边环境图

（2）美学价值分析

①自然美

大运河嘉兴段的河道由自然河道经由人工开凿发展而来，经过不断的整治和管理，在唐宋以后，江南运河从原先的自然水系中脱离成为独立的水利工程体系。但依旧不失闻明天下的自然美景，以潮、湖、河等驰誉江南。“轻烟拂渚，微风欲来”的嘉兴南湖素以迷人景色著称于世。大运河嘉兴段还孕育了众多城镇乡村，在鱼骨状水系的沟通下，形成了横塘纵浦、圩田棋布的塘浦圩田体系，构成大运河嘉兴段中重要的自然景观环境，形成了具有嘉兴特色的江南水乡景观，体现了自然美。

②科技美

中国大运河是世界上历史最悠久、规模最大、连续运用时间最长的水利工程之一，其自然条件和工程体系较为复杂，难能可贵的是大运河嘉兴段的网状河道体系至今依旧畅通，持续发挥着航运等功能作用。在科学技术较为落后的年代，在大运河嘉兴段通过完善的水利工程体系和管理制度，逐一实现了交通、漕运等功能，体现了中国传统水利科技的丰功伟绩。水源工程、水工建筑、水运设施等共同构成了大运河嘉兴段特有的运河工程体系，有效地支撑了大运河嘉兴段的连续水运，反映出中国古代卓越的传统水利科学技术的巨大成就。部分水利工程至今仍发挥着作用，其设计结构巧妙地体现了古代建造者对工程构造、功能材质、水土条件的认知与理解，能够凸显成熟的科技美和对环境的敬畏与爱护。

③功能美

“左杭右苏”“南北通衢”的嘉兴内河航运发达，为解决由于自然地理环境所形成的水位高差，在唐宋时期修闸筑堰、架设桥梁，从而调节湍急的水流和解决上下河水位的高差，以便确保航行的安全和高效。桥梁作为水陆交通的交会点和重要枢纽，除了跨越河流的功能外，还可作为征收税收、设司管理的关卡，并起到设关防，以稽查地方的作用。

④人文美

大运河嘉兴段在漫长的发展过程中，除了自然景观之外，还有适应自然环境的人文景观，其所形成的文化精神也是运河文化遗产中的重要组成部分。大运河嘉兴段发达的航运系统促进了各地文化的交流与传播，不同地域的文化在嘉兴落地生根，无数描述大运河嘉兴段的诗词歌赋为我们提供了无限的文学情境；运河水系沟通着众多运河聚落，在日常生产生活中产生了应运而生的民俗节庆活动和诗词歌赋，积淀了与运河相关和内涵丰富的非物质文化遗产。形态多样的人文景观为大运河嘉兴段增添了无尽的人文情怀与人文气质；运河影响着人类，造就了独具特色的人文景观，反之，人文景观也促进着大运河文化的发展与传承。

4.1.4 长安闸遗产景观的审美特征分析

长安闸是大运河嘉兴段中最为重要的水利工程遗产，位于嘉兴市海宁市长安镇区，是古代连接长安塘（崇长港）和上塘河一个至关重要的水利中枢，其规模巨大，是宋代江南运河三大堰之一。由于钱塘江的涨沙冲刷，海宁靠钱塘江一侧地势增高，使得地形自西南向东北倾斜，自杭州流出的上塘河，经长安，与东苕溪流域的崇长港相接。上塘河与崇长港分属上河水系和下河水系，水位高差达1.5～2.0米，无法直接通航，于是，在长安镇上筑起长安闸坝。[133]长安闸除了兼具水利工程遗产的普遍特性外，还具有其本身独特的审美属性，是大运河嘉兴段具有代表性和极具研究价值的水利工程遗产。

4.1.4.1 长安闸的材料结构

材料作为产品的物质载体，是实现技术美的前提，从审美的角度来说，正因为物质材料载体的存在，技术产品才成为审美的对象。南宋时期的《咸淳临安志》在关于闸堰的篇中记载："绍圣间鲍提刑累沙罗木为之重置斗门二，后坏于兵火。绍圣8年，吴运使请易以石埭。"根据史料记载可知，长安闸在北宋绍圣年间重修，由东南亚热带高大的沙罗树的木材制成。该树种高大挺拔且不易变形，油脂含量也较为丰富，且木材本身不易变质腐坏，这不仅能够确保闸槽的整体性，还可以达到润滑的效果。而后木质闸门在战乱中被毁坏，便使用石质闸槽取而代之，也就是今天我们可以见到的长安闸（图4-6）。

长安闸下闸结构

长安闸中闸闸门

长安闸上澳澳口

图4-6 长安闸材料结构图（图片来源：《东方博物》（第48辑），浙江大学出版社，2013）

①下闸

经考古发掘，下闸遗址由闸墙、闸门柱以及翼墙组合而成，所用材质初步判断为武康石，较为粗糙。[134]27

②中闸

中闸留存有西侧闸门柱和东闸墙，底部发掘出木门槛，木槛底部及两侧皆有木桩插入河床以起到固定作用。东西闸墙由条石砌筑而成，闸门也为石材。[134]28

③上闸

上闸所在位置被近现代建筑所占据，因此未能发掘，仅做调查。将上闸和中闸遗址与下闸遗址结合起来看，能够大致复原长安三闸的各自位置。

④上澳

上澳位于上闸室的西侧，澳口北侧由条石组合而成，呈直角状，条石底部铺满木桩。[134]29

⑤长安坝

长安坝即老坝，南侧遭到破坏，仅存部分翼墙，翼墙由瓦片和碎石混合灰浆组成，有防水的功能。北侧保存较为完好，留有闸墙、闸门柱、绞盘石、缆石等。闸墙由条石砌筑而成，底部与三闸相同，铺满木桩。闸门柱呈矩形，同缆石材质相同，使用花岗岩石质。[134]30

4.1.4.2 长安闸的功能结构

长安镇位于杭嘉湖平原西南部高地与中部低洼处的结合处，沟通上塘河和崇长塘，两河之间形成2米左右的高差，为防止上塘河河水无控制地泄入下塘河，在上下河之间筑起水坝，即长安坝。长安坝的修筑有效地保持了上塘河的水位，但造成下塘河上行船只的不便，因此增设利用牲畜牵引的升船装置来拉动船只翻越高坝。但此种拉坝方式遇上重载货船时就显得尤为低效，且唐代粮食的供应主要依托于南方，运河的漕运成为唐代发展的重中之重，而南北运河航线上的必经之路长安成为重要节点，是扼守嘉兴段的咽喉，由此推动了长安闸的建设。[132]93–94经由使用过程中不断的完善优化，长安闸由两门单节船闸演变为三门两节船闸，后又在闸旁开浚两澳用于蓄水（图4-7），“水多则蓄于两澳，旱则决以注闸”，以此来满足丰水期和枯水期过闸情况。长安三闸两澳的独创性工程开创了多节船闸的先河，是古代工程建设的最高水平。合目的性、合规律性的功能结构是实现技术美的要旨，一切产品存在的先决条件是实用功能，长安三闸两澳遵循力学上的规律而获得物理的稳定性，能够满足使用者的实际需求，从而实现一定的价值。

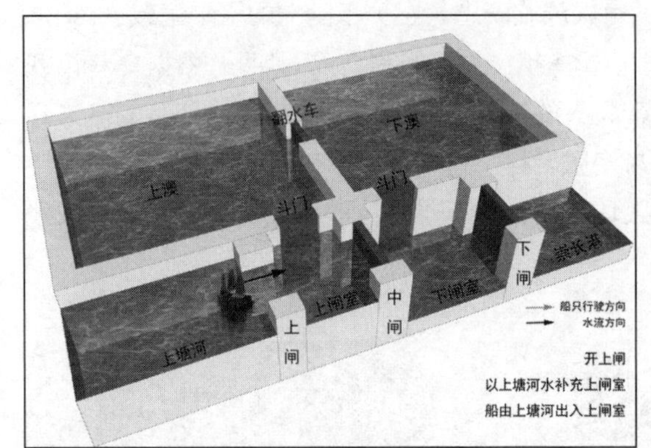

开上闸

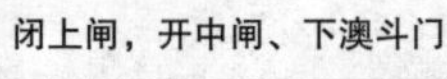

闭上闸，开中闸、下澳斗门

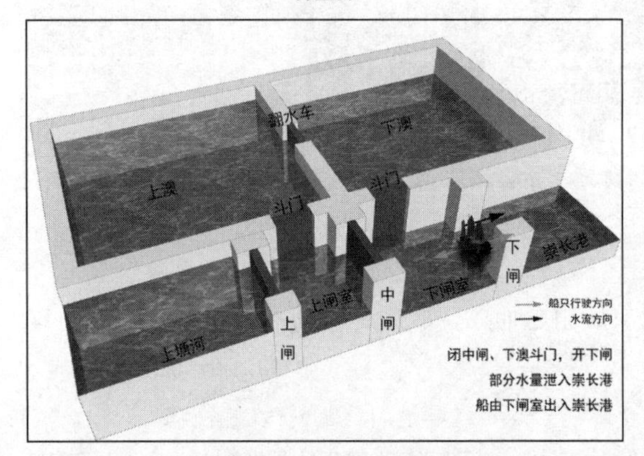

闭中闸、下澳斗门，开下闸

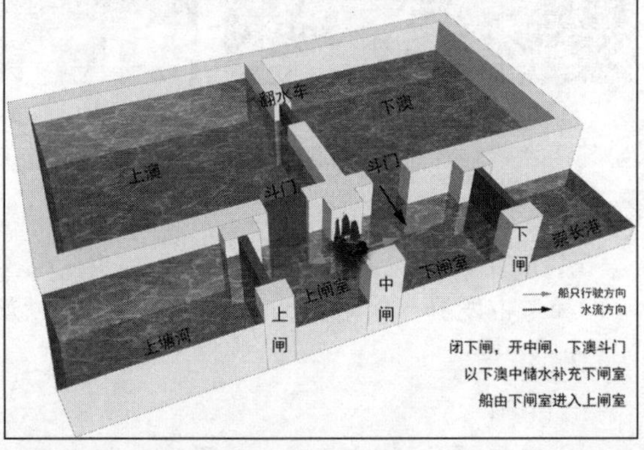

闭下闸，开中闸、下澳斗门

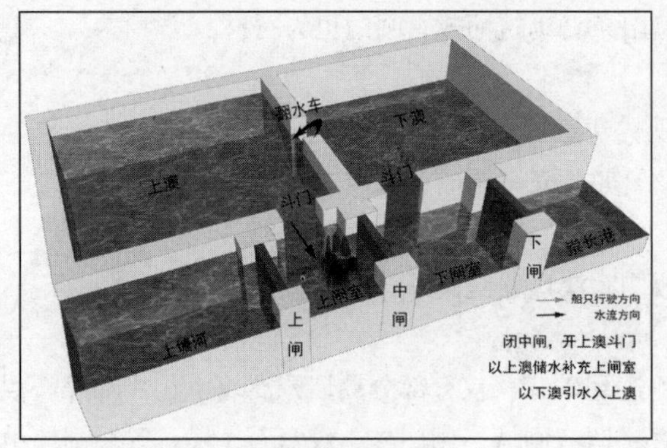

闭中闸，开上澳斗门

图4-7　长安闸工作原理示意图

4.1.4.3 长安闸的有机结构

长安三闸两澳的复式结构是运河史上的首创，是古代江南运河上科技含量最高的船闸。三闸和两澳作为单一的工程部件，在发挥自身功能的同时，与附属部件相互配合、联动作用，构成了功能结构完整、有机和谐的长安闸系统，为古代水上交通的发展做出了重要贡献。由于发达的航运和闸坝启闭的需求，催生出相关业态和职业，城镇、街区、集市等皆因长安闸坝的建设而形成和发展，长安镇也一度成为江南重镇（图4-8）。

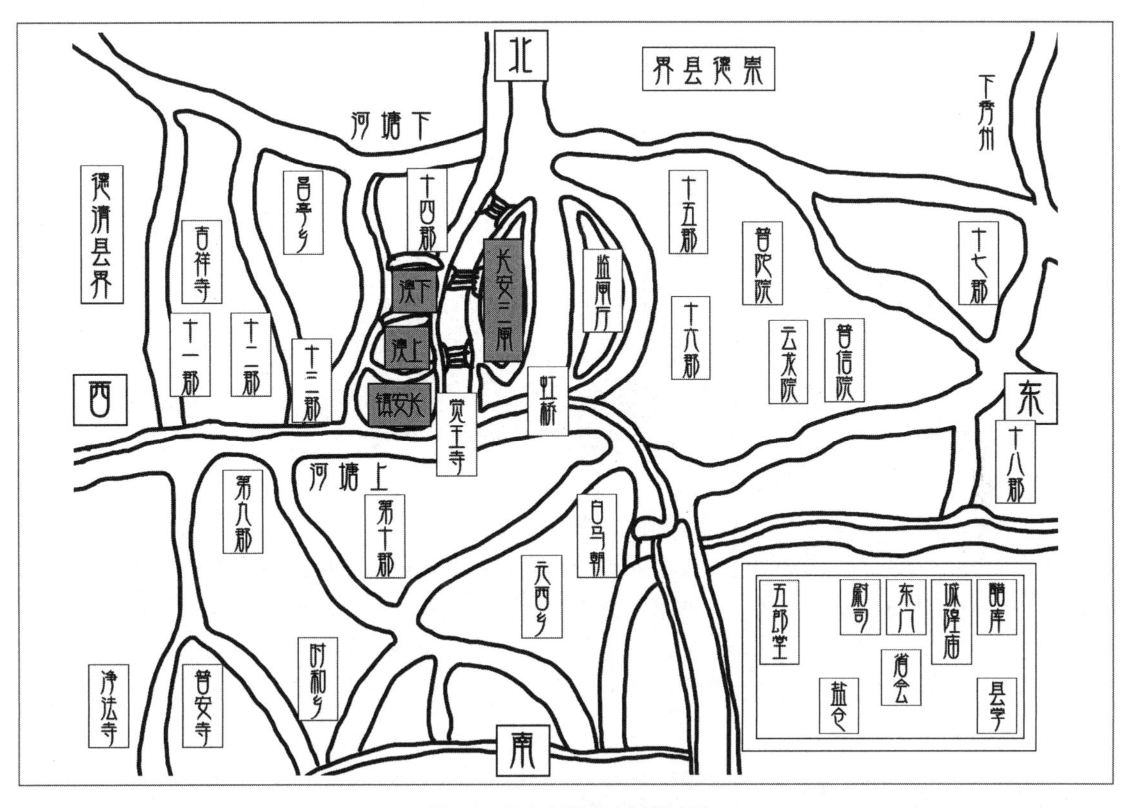

图4-8　长安闸场地空间关系图

4.1.4.4 长安闸的形式结构

由于缺乏遗产保护意识，长安闸坝遭受到了不同程度的破坏，上闸和两澳遗址被民居和建筑侵占，因此无法进行挖掘探究。下闸和中闸也遭受到了损害，仅保留部分闸墙。通过比对三闸的形制结构能够大致还原出闸澳平面（图4-9）。长安三闸的平面呈“八”字形，由闸墙、闸门柱、

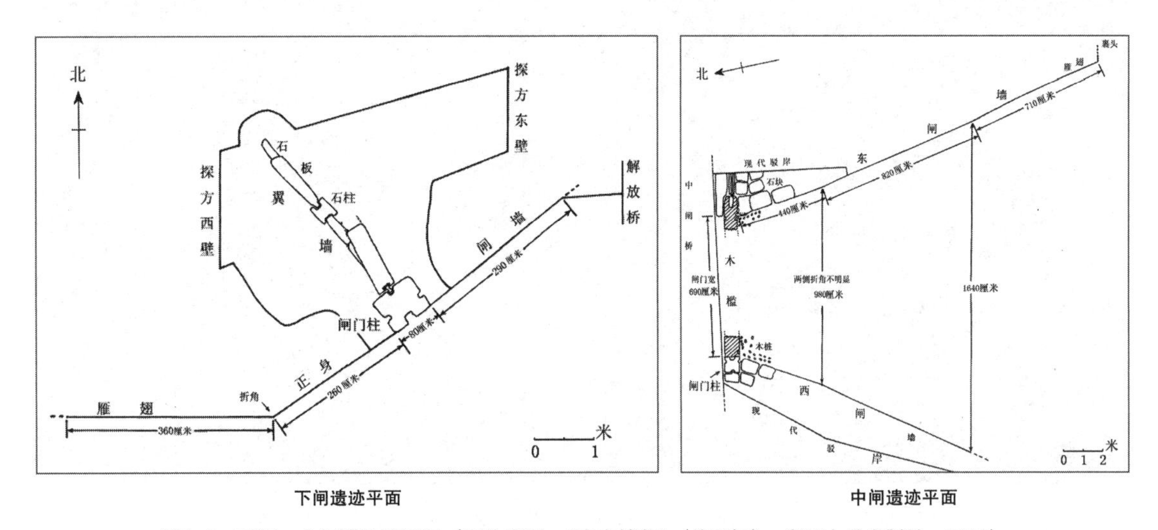

下闸遗迹平面　　中闸遗迹平面

图4-9　下闸、中闸遗址平面图（图片来源：《东方博物》（第48辑），浙江大学出版社，2013）

中闸东闸墙结构

下闸翼墙结构

图4-10 长安闸遗迹照片（图片来源：《东方博物》（第48辑），浙江大学出版社，2013）

雁翅、翼墙组成。[135]闸门正身两端为“八”字形雁翅，闸墙上部多为现代修建的驳岸，下部为条石叠砌。闸门柱截面呈矩形，门柱上部用燕尾榫嵌入槽口，与翼墙顶石相连。底部为木门槛，两侧河床中有木桩插入，起到稳固作用（图4-10）。

长安闸坝坚实厚重，工程本身与河道地质紧固在一起，成为浑然一体的系统性构造。其坚固、静止的闸体本身与柔和、动态的河水之间形成强烈对比。长安闸在形、色、质以及工艺手法上能够体现出一定的形式法则，具有对称与均衡性、尺度与比例性。

4.1.4.5 长安闸的环境结构

长安三闸依水位高低，依次递进；闸位、水澳顺着上下河道相应排开，与河流、村落在一条主轴线上，统一为整体。长安闸的出现大大提升了运河的航运能力，但是原有的长安坝设施并没有废除，而是采用分航道并行的航运技术，形成与运河上闸坝共存的独特风景线。三闸两澳的开浚重塑了周边自然环境与人文环境，其利用各段河道与人工水澳，形成不同的空间环境和独特的景观风貌，赋予主体极强的观赏属性（图4-11）。总的来说，长安闸融入了环境中，与自然和社

图4-11 长安闸与周边环境航拍图

会环境有机结合，巧妙地将技术美、艺术美、自然美汇为一体，构成了和谐统一的审美场域。在后续长安闸遗址公园的建设中需要注意把控好设计对象与场地之间的关系，运用恰当的设计形成新的环境结构。

4.1.5 长安闸遗产景观的美学价值分析

审美价值是在审美主体与审美客体深度交流下产生的。长安闸本身并不是纯粹的艺术作品，其审美价值是由它自身结构形式和实际功能“派生”出来的，当它在合规律、合目的的功能基础上产生具有使人愉悦的感性形式，能表现时代意蕴的内在形式构成时，它才真正成为审美客体，具有审美价值。

4.1.5.1 审美客体分析

长安闸通过特定的艺术表现语言和结构形态塑造出独特的内涵，具有更为深层的审美底蕴和审美价值，具象的形式表现为闸澳的施工、构造、材料、功能、工艺等诸多技术要素和构造材料，充分体现出科技价值和使用价值。抽象的形式表现为衍生业态和职业、相关民俗风情、诗词歌赋等非物质文化遗产，能够体现经济价值、人文价值、历史价值等（图4-12），通过对审美客体的分析可以展现出长安闸在实用、认知和审美上的功能属性。

（1）科技价值

①上下河系统的完整性：长安闸连接着上塘河与崇长港的上、下河系统，随着江南运河航道的疏浚与变迁，上、下河航道系统保存的完整性与遗址的真实性和闸坝空间清晰性是十分罕见的。

②三闸两澳系统的先进性：北宋末年开浚两澳后，长安闸采用“三闸两澳”系统，成为江南运河上最复杂、最具有科学价值的船闸。通过闸澳的联合运用和管理，达到水量循环利用的多重工程目的。

③分航道系统的独创性：过闸与翻坝这两种不同的技术模式同时存在于长安，上行和下行的船只在长安镇内的两条不同航道上并行，以两种不同的航运技术且以“分航道”的形式实现。

④闸坝联合运营模式的唯一性：闸坝的两种不同航运形式在长安一地并存，是江南运河的唯一实例。

（2）使用价值

闸坝的建筑解决了上下河水位高差的问题，极大地促进了江南运河的航运规格，在水运时代北方联结东南最重要商道上的必经节点，成为中国以运河为骨干的水上交通网络的重要组成部分。闸坝的联合运行为当地居民提供就业机会，产生了诸如坝夫、搬运工、船夫等职业。两澳的设立在节水的同时也保障了枯水期沿运河两岸的灌溉。

（3）经济价值

①孕育城镇：周边沿运河的城镇、街区、集市等皆因长安闸坝的建设而形成和发展，长安镇作为历史上北方通往浙江、江西、安徽、福建等地的重要节点，在航运的发展下成为重要的米粮转运中心，名列“江南三大米市”之一，街巷纵横、商铺林立，长安镇一度成为江南重镇。

②催生业态：除了提供就业机会外，还丰富了长安闸坝附近聚落的商业业态，出现了酒楼、茶馆等服务设施，促进丝绸业、餐饮业的发展，产生了诸多方糕、宴球等独具长安特色的美食。在此基础上还形成了“灯火长安镇，河流上下争。市分粟米价，坝转轴轳声”的夜间商贸空间。

（4）人文价值

①诗词歌赋：在长安闸兴盛发展的背景下，众多游客、商人经由此地，留下了无数诗词歌赋，文人雅士汇集于书院，研讨诗文，切磋学问，创办了“一闲诗社”。源于北方的皮影戏随宋室南渡传入海宁，遂落地生根，繁衍至今。

②民俗节庆：源远流长的运河文化与江南水乡的农耕桑蚕文化相互结合，水乳交融，孕育出诸如长安灯会、赛龙舟、皮影戏、水龙会等富有地方特色的社会风情、民俗活动，沿运而生的民

俗节庆，是当地特定文化的一种体现。凡此种种，渗透到了长安人生活的每个细节，见证了长安闸的发展、变化，丰富了居民的精神生活。

（5）历史价值

由于现代运输方式的飞速发展，长安闸的航运功能逐渐退化，在宋末元初三闸两澳被完全废弃。长安闸作为一个古代系统水利工程，是保存较为完好、留存年代较早、最具系统性的闸澳实物，是运河历史文化遗产中的璀璨明珠。长安闸历史上包括长安新老两堰（坝）、澳闸（上中下三闸和两水澳）。现存有长安堰旧址（老坝）、上中下三闸遗址、闸河，另保留有清代的“新老两坝示禁勒索碑”、20世纪70年代的船闸管理用房等设施，除此之外还保留有数量较多的民居建筑，围绕长安闸形成了一个遗存众多、运河历史风貌构成丰富的审美场域，具有极高的历史研究价值。

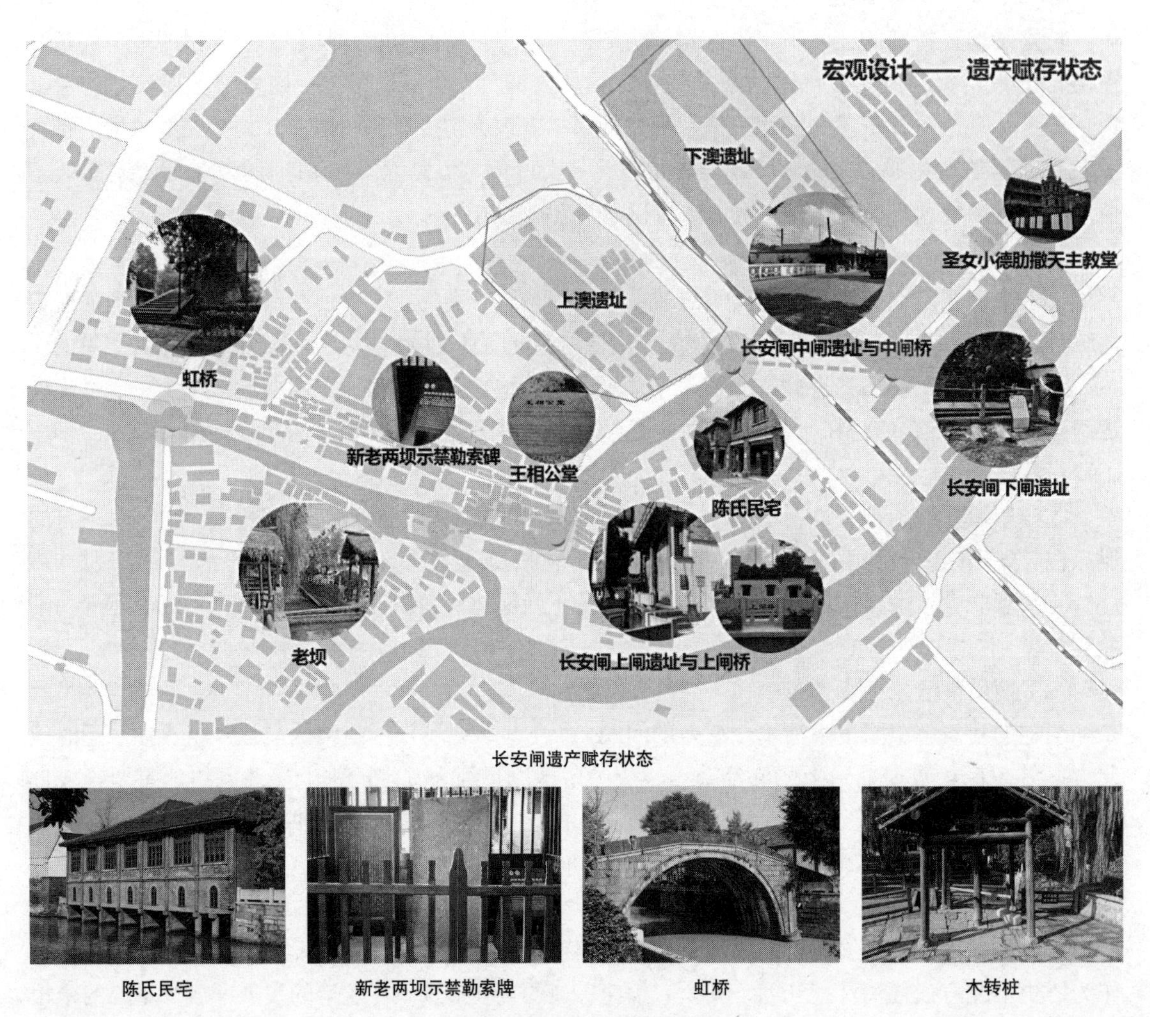

图4-12 长安闸客体审美价值

4.1.5.2 审美主体分析

审美主客体之间是相互作用、相互发展的对象性结构，审美主体能够通过自身的审美经验、审美需求对审美客体展开审美的认识，并在审美实践中形成审美的趣味和理想，能够反作用于美的欣赏和创造，从而促进美的发展。因此，在对审美客体的分析过程中审美主体的视角是不可或缺的，可以更好地帮助厘清长安闸在实用功能、认知功能以及审美功能方面的审美特性。

对审美主体的分析主要基于线上线下问卷调查和实地访谈，最终共计发放230份问卷，回收有效问卷220份，通过对问卷结果和实地访谈结果进行分类统计与交叉分析，得出长安闸及周边区域的审美主体可分为原住民与外来游客，从年龄结构上可分为儿童、中青年和老年人。通过对使用者在感知、体验和情感方面的行为需求进行分析，可得出其基本需求、中层需求和深层需求，分别对应到其所期望长安闸遗址公园具有的实用功能、认知功能和审美功能。

（1）原住民

从调查结果来看，原住民作为城乡社会演进的历史见证者和传承城乡文化的纽带，大多数原住民对运河的文化认知还处于较浅层面，主要关注环境作为“家园感”的来源地，是否满足生活以及物质层面的基本需求，对文化价值的关注较少，但他们对大运河环境的总体评价呈满意的结果。大运河与居民日常生活密不可分，主要是晒太阳、乘凉、沿岸驻足、交谈、遛狗、喝茶等休闲娱乐和休憩交流活动为主，目前运河环境能够满足居民基本的通行、休闲需求，还未能满足中高层的舒适、审美、认知等需求（图4-13）。但居民对于大运河长安闸遗址公园的改造和审美体验活动的参与性表现出了较高的积极性，对所在区域的历史文化有浓厚的兴趣，愿意参与其中并积极支持建设。在大运河长安闸遗址公园建设的偏好选择中，多数居民希望增设公共休憩设施，丰富沿运景观，打造可观可赏的长安闸遗址公园；增设娱乐休闲场地，提高活动的参与性和空间的便利性；提高交通可达性和运河文化的提取，增加地域风貌空间，发展特色商业。以此来提高空间的识别性和舒适性，增强原住民的文化认知与体验的愉悦感，从而获得文化归属感和自豪感，满足审美主体感知、体验和情感融合的行为需求。

买水果

下棋

钓鱼

图4-13　长安闸原住民行为模式

（2）游客

游客作为运河文化审美活动的重要体验者，其使用行为的需求也是多种多样，主要包含以下行为类型：沿运河观光的感知自然行为、与原住民生活的活动体验行为、科研活动和历史感知、遗产价值学习等审美认知行为。通过实地调研可以反映出游客对于长安闸的审美价值略有知晓但认知程度不高，对运河文化和审美体验活动的融入意向较高。游客除去衣食住行等基本需求外，还希望领略运河风光、体验并深入了解长安闸的文化价值，通过科研活动、美食品尝、居住体验等社会交往行为增强对运河文化的认同感。

通过分析原住民与游客的需求问卷，在基本需求、中层需求和深层需求中，原住民更加希望在原有的基础上改善空间的观赏性、活动性，以科普教育、休闲娱乐、历史文化宣传和生态建设等基本需求和中层需求为主，期望能够满足人的物质需求，实现长安闸遗址公园在新时代的实用功能；能够通过环境的改善和活动的增设来带动经济发展、提升文化自信、延续遗产文脉，传达出地方特色和时代精神，使长安闸遗址公园具有认知功能。长安闸以世界级的遗产价值吸引游客前来体验参观，游客除了基础的观赏旅游之外，还有例如互动体验、遗产价值学习、文化感知等更深层的需求（图4-14），期望通过审美观照唤起审美感受，产生情感上的愉悦，使长安闸具有审美功能。因此，在后续对大运河长安闸遗址公园的建设中要充分考虑到不同主体的需求，保留原住民的参与性，提升游客的体验感，通过营造运河文化氛围和设置审美体验活动来凸显长安闸的内涵意蕴。力求使长安闸在实现新时代实用功能的基础上又能作为一种文化符号具有认知上的功能，同时满足审美主体需求，使得长安闸遗址公园的设计实践中能在实用、认知和审美上达到善、真、美的统一。

图4-14　主体需求分析图

4.1.6 长安闸遗产景观的现状问题分析

随着社会的发展，传统的运河航道已无法满足发展的需求，在现代化交通系统的飞速发展中受到巨大的冲击。当年的长安三闸和两澳在宋末元初之时废弃，长安坝一直沿用到中华人民共和国成立前。随着水运被其他运输方式所取代，长安闸坝及其河道的航运实用功能已今非昔比，存在着诸多问题，但其所承载的运河文化内涵是我们最珍贵的文化财富。

4.1.6.1 形态结构关系离散价值埋没

经济的快速发展和交通方式多样化的升级，使得水运在交通方式中的主体地位被逐渐弱化。一方面，水运的退化使长安闸坝逐渐失去航运作用直至废弃，闸坝本身的使用功能消失；另一方面，由于近现代城镇的发展及人民需求的提高，长安闸两澳遗址被厂房占用，原始河道已有局部改变，在遗址上方架设桥梁以便居民通行，三闸也受到了不同程度的破坏。对其不合理的改造和拆建导致了景观结构的混杂，多种元素和形式的结合促使桥梁、闸门、历史建筑等设施与周围环境脱节，呈现出突兀的状态（图4-15）。原先作为长安三闸重要组成部分的节点，在社会发展需

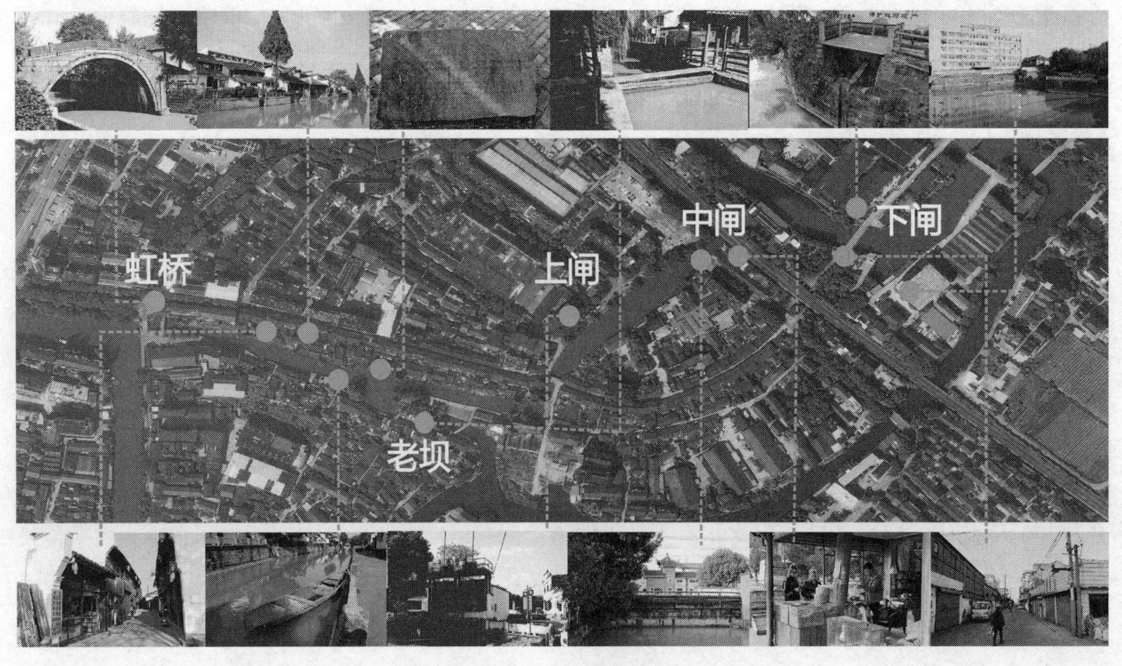

图4-15　长安闸遗址现状图

求的不断提升中逐步失去其系统联动的整体关系，引发长安闸结构的离散发展，长安镇的空间性质发生转变，地域性特色不突出。由于遗产的现实原因，在后续对长安闸坝遗址的勘探中，上闸和两澳都未被发掘，有待后续整体规划，将保护、发掘和再利用有机结合（表4-2）。

长安闸重要节点现状分析表　　表4-2

重要节点	保存状况		保护、展示方式	存在问题
上闸	上闸桥的改建使得遗址整体被占压，无法勘探		仅用导视牌展示，无法见到上闸本体	导视牌展示形式单一、内容较少，缺乏深入介绍；难以辨别遗址具体位置，无法明确遗址情况，不利于长安闸整体保护
中闸	东西两侧闸墙和闸门柱还有残存，北侧闸墙被后建的中闸桥所侵占		河道处于常水位，中闸遗产淹没于河中，不可见，仅用导视牌展示	导视牌形式单一，相关信息量少，无法精确指示遗址的具体方位；后期架设的中闸桥，材质与周围环境不相符，缺乏统一性；中河被填塞以修建铁路，形成东后街
下闸	留有部分闸墙和闸柱，闸墙整体为条石叠砌，分布有数个半圆形小孔		使用玻璃罩遮盖遗产，仅做保护性展示，观感差且无法近距离观察其构造	由于发展需求对河道进行拓宽，致使闸柱、金刚墙破坏，无法对下闸的尺度、构成和功能原理进行全面的了解；导视形式过于单一，无法清晰说明其构造结构与工艺，体验性差
两澳	上澳范围大致可考，下澳存在大片洼地，两澳具体边界已不在		现被民居、工厂等建筑侵占，不可见	无法清晰展示三闸两澳的空间关系
长安坝	实为元至正七年新建的长安新堰，当地称为“老坝”，残存翼墙以及闸墙、闸门柱、绞盘石、缆石		可直观展现老坝遗址的构造；绞盘石、木转柱的位置搭建有木制的开放式亭子，进行展示性保护，可清晰看到其形式、结构与材质	主体可在开放式木亭中近距离接触到石绞盘、木转柱；宣教设施过于单一，不能清晰描述其历史沿革、功能结构、使用运作等，缺乏更为完善的导视系统

目前，关于长安三闸两澳的说明与展示，在虹桥附近设有大运河长安闸遗产展示馆，展馆对长安镇地理位置和长安闸坝的历史沿革、运作方式以及长安文化价值进行了梳理，但内容形式过于单一，仅仅通过对文字、图片的浏览和音频模型的观看，人们不易于理解复杂的闸坝系统，无法发挥客体本身的遗产宣传作用。长安闸遗址的所在位置标识内容过少，标识形式缺乏地域特色，对长安闸的保护与再利用措施浮于表面。展示形式较为粗糙简陋，三闸以及老坝都以原始的方式不加保护地裸露在外，周边景观环境较差，没有良好的审美体验环境。对遗产的文化价值挖掘不够，审美主体无法深入解读其背后的深层审美意蕴。现如今长安闸坝形态结构离散关系日益显著，各自为体、缺乏统一性、时代性和地域特色逐渐缺失，功能空间缺乏意象深度，审美体验的方式仅停留在表层，长安闸背后蕴含的审美价值逐渐被埋没。

4.1.6.2 长安闸衰落废弃城镇失去活力

长安镇因运河而生，因运河而兴，长安闸的实用功能消失后，长安城镇也逐渐走向衰败。城镇化的快速推进所带来的人口流失越发严重，青壮年外出的现象进一步加剧了长安镇衰落的速度，城镇失去活力。城镇环境主要表现为建筑呈现异质化发展、路网体系断层、商业业态及公共设施落后等问题。

（1）建筑呈异质化

随着人们物质生活需求的提高，运河聚落不断扩张发展。在城镇化推进发展前，虹桥至上闸的庆宁街路段以江南水乡建筑为主，多为前店后坊的二层建筑，有浓厚的地域特色。随着需求的提升，居民在原建筑的基础上扩建加高或是搭建临时违章建筑，建筑修缮风格与传统建筑大相径庭，破坏了街区整体历史风貌。上闸至中闸的中街、东街为历史文化街区，在相关部门的介入和保护下，沿运河的民居水阁和水埠驳岸保存较好，还保存着江南水乡的历史风貌和清晰的街道肌理，较为完整地记录了城镇依靠运河发展的脉络，包括滨河街区形态、历史街巷格局、街区运河自然生态环境等。双闸路段建筑以中华人民共和国成立后的建筑为主，包含有陈氏老宅等历史建筑。中闸至下闸段的车站路多为现代化工厂和民居。新旧建筑的异质化现象不断破坏原有独特的建筑风格和街区氛围（图4-16）。

民居水阁

民居与水埠驳岸

新中国成立后建筑

现代工厂

图4-16　长安闸建筑形态现状

（2）路网体系断层

过去城镇内的主要道路服务对象为居民，路径尺度无法满足现代交通的需求。新规划的主路使得长安镇原有的主要路径降为次级道路，路径尺度、材质的变化导致长安镇内路网多变且不具整体性，存在道路等级不明确、内部有较多断头路、路网系统出现断层的问题（图4-17），例如上闸河道的西侧临水步道是居民的私人区域，却多用于行人通行；临水步道与历史街区被中间的居民区分割，部分通行空间被割裂。道路的尺度也影响着城镇中心的发展，长安镇集市区由原先热闹非凡的虹桥头转至以修川路为主，中闸和下闸之间的双闸路、车站路段为辅的商业区。除此之外还存在绿化层级不足、土地裸露严重、水系空间格局破坏等景观环境问题。

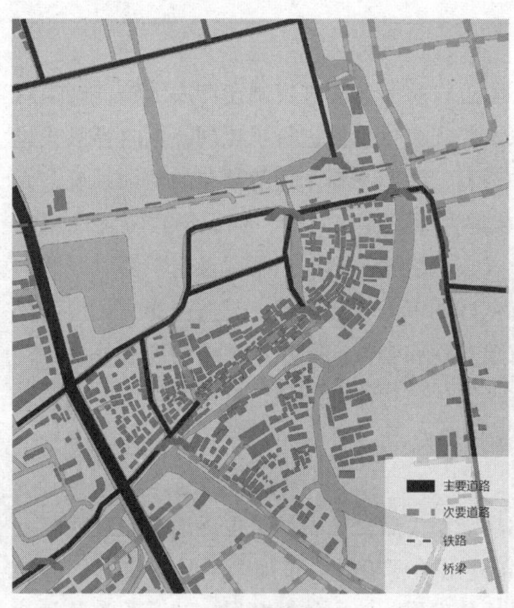

道路现状分析

青石板铺装步行道路

水泥铺装车行道路

青石板铺装历史街区

图4-17　长安闸道路交通现状

（3）业态及公共设施较为落后

在过去以水运为主的交通方式中，长安镇作为南北丝绸、盐、粮等物品运输的必经之路，凭借其得天独厚的区位优势形成“粟转千艘压绿波，万家灯火傍长河”的繁荣景象。而随着长安闸坝的废弃和城市交通的扩展升级，使得长安古镇偏离镇域交通主轴，对外联系削弱，依托于交通条件和区位优势的生产力发展速度日渐减缓，城镇逐渐衰落，原本热闹繁华的景象已消失殆尽。而衰落导致镇域内年轻人外出务工，这更加剧了长安镇的缓慢发展和老龄化程度，形成恶性循环。因而，长安镇整体的商业业态和基础公共设施也较为落后，与周边城市形成了越来越大的发展差距（图4-18）。商业业态种类缺失严重，以针对本地居民的裁缝铺、五金店和杂货铺为主，主要满足周围居民的基本生活所需，生活气息浓厚，缺乏富有经济价值和当地特色的业态来吸引外来游客。基础公共设施不足，覆盖面小，多数为居民自发搭建的用于聊天、打牌的桌椅，不具有休憩功能。活动空间和休憩娱乐设施老旧且无法满足居民休闲、娱乐、文化交流的需求，更难以满足大运河文化公园文旅融合发展的建设需求（图4-19）。

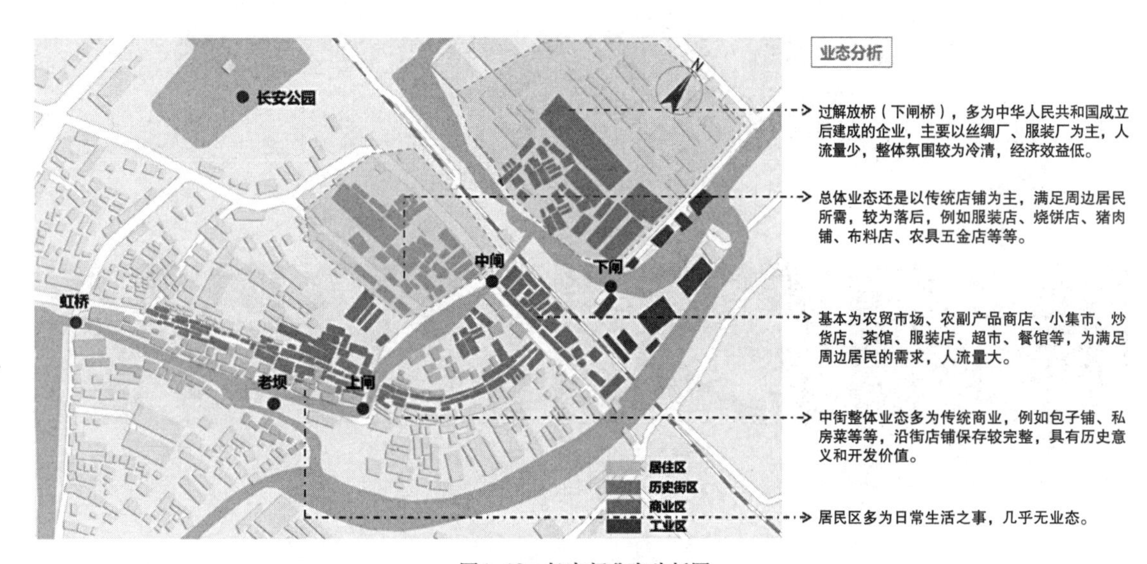

图4-18　长安闸业态分析图

图4-19　长安闸业态及基础公共设施现状

4.1.6.3 主体行为模式单一缺乏互动

通过问卷调查统计，线下被测者中，将运河两岸作为休闲锻炼场地的当地居民居多，占68.42%。线上被测者中将运河作为景点参观的居多，占43.35%。人们在长安闸空间环境中主要以通行、居住、娱乐、休憩等活动为主，行为模式单一（图4-20）。这表明运河不论是作为休闲锻炼场地，还是作为景点融入生活中，其共性都是作为生活休闲娱乐场所，主体与客体间的交流互动性差，主体对长安闸相关有效信息的获取途径少，对其了解较为浅薄（图4-21）。调研分析所得的劣势与问题也反映出目前长安闸地区的现实环境暂未满足大运河国家文化公园建设的要求，从表层空间环境到深层文化内涵价值对审美主体的吸引力都较为薄弱。空间环境未能考虑到不同

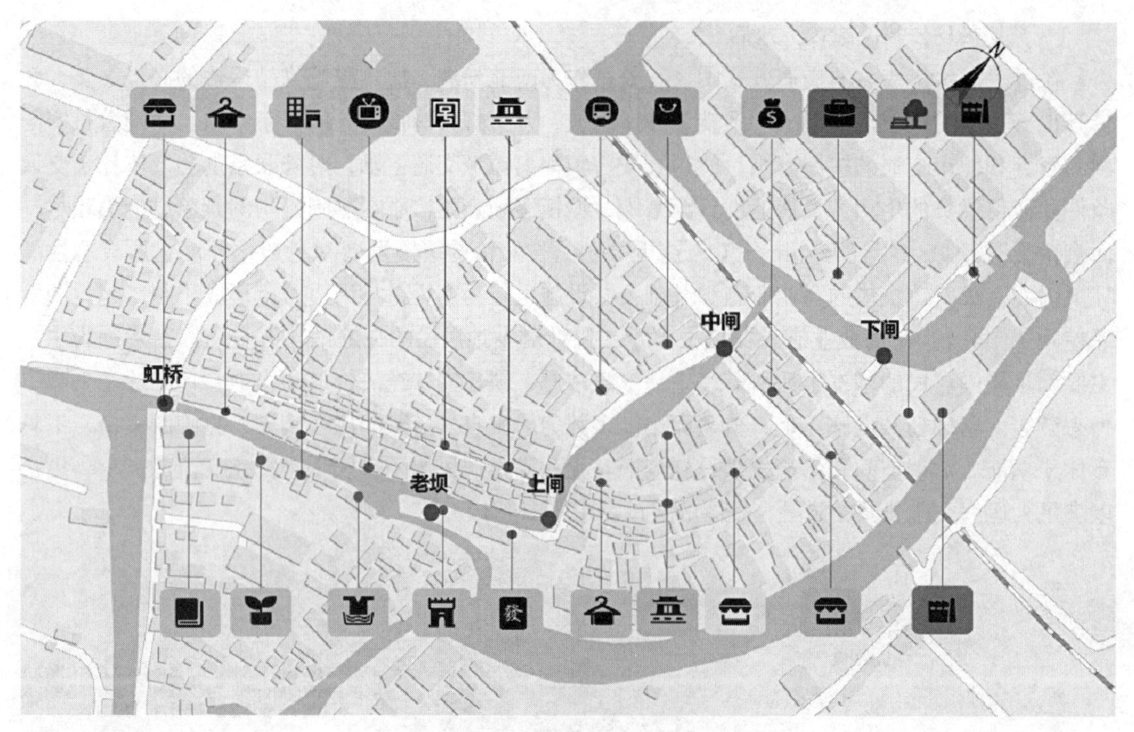

图4-20 长安闸主客体互动方式示意图

图4-21 长安闸主客体互动状况

人群的需求，缺少主客体互动的体验方式。在后期规划设计中应该考虑如何做到可游、可玩、可赏的休闲、怡人的活动空间，以提高原住民的保护和参与意识，增强外来游客的融入和审美认同。

4.2 大运河长安闸遗址公园景观的设计策略与设计实践

4.2.1 长安闸遗址公园景观环境设计策略

大运河嘉兴段中的水利工程遗产在运河体系中发挥着举足轻重的作用，在技术上解决了航运、灌溉等功能；在社会、经济上促进了杭嘉湖平原的发展，造就了独特的江南运河景观。运河遗产体系能够反映当地的历史变迁、社会经济、科学技术等多方面的信息。长安闸作为世界级遗产，其不仅具有水利工程遗产的共性，还具有系统联动的独特性。因此，对长安闸遗产景观空间设计策略和实践路径的提出是非常重要的，能够让人在认识过去的同时审视当下，思考发展未来，促进水利工程遗产的再利用和被重视程度，还能够为同类型遗产保护和利用提供参考，加速大运河嘉兴段国家文化公园的建设。

4.2.1.1 营造氛围：贯通大运河遗产古今

大运河见证着两千多年的历史变迁，发挥着难以估量的积极作用，其形成的运河文化是其他遗产不能比拟的，具有时间长、影响范围广等特点。仅大运河嘉兴段中的水利工程遗产就包含2处世界级遗产、10处国家级文物保护单位、15处省级文物保护单位、9处省级名镇和历史文化街区。运河流经区域产生了庞大的遗产体系和丰富的遗产文化，具有极高的历史价值、文化价值、科技价值、人文价值和美学价值，是人类珍贵的文化遗产。国家关于运河文化公园提出的建设方案也是推进运河遗产传承与发展的重大举措，这有利于促进沿线文化和资源的保护与再利用。因此，在长安闸遗址公园的建设中也应贯彻落实建设方案中提出的建设目标和内容原则，在遗产保护的基础上不可脱离自然情感和文化感性认知的思考，将水利工程遗产转变为适应时代发展的，既有自然也有文化的景观。[136]以现代化的设计手法，将内涵丰富的历史运河文化与现代社会生活贯通。保护遗址空间序列的完整性，保留、还原运河的辉煌历史，通过“浸入历史”的设计手法来唤醒人们对历史的想象。以浸入式的理解，感同身受过去辉煌的时代、繁荣的景象以及运河上水利工程的功能价值，只有浸入历史才能真正感受历史。遗址公园的设计需要在尊重场地自然性的基础上梳理空间序列，充分挖掘遗产价值，将深层的美学价值通过中层的审美意境和表层的审美意象来表现，满足现代实用功能的同时延续历史文化价值。让现代社会对话历史遗迹，融会贯通大运河遗产古今，突出遗产城镇的特色文化，增强区域文化内涵。在整体的运河遗产价值背景与现代化设计手法的结合下建立起遗产在历史、现在和未来三个维度之间的联系，打造更适合现代化社会发展和审美的新时代文化遗产景观，营造良好的运河文化氛围，使得审美主体浸入历史氛围，引发情感共鸣，从而维持和延续运河文脉。

4.2.1.2 感知体验：构建动态性审美体验

伯林特在《艺术与介入》中发展并完善了“审美参与”理论，提出审美参与是一种关于环境经验的欣赏体验模式，必须依托于个体艺术、环境和日常生活，也因此使得自然重新回到美学视野中。审美参与理论主张审美主客体之间的互动体验和影响渗透，认为环境与我们密不可分，提倡审美主体要积极主动地投入到审美活动中进行直接体验，通过各种感知器官的联合体验，使主体与环境交融为一体。伯林特提倡的审美参与理论着重指出了审美体验的重要性，用一种全新且具有普适性的方法对环境进行审美，审美主体在审美体验的活动中获得生理和心理上的双重收获，同时使得审美客体在这一过程中被主体体验、被主体思考。感觉者与被感觉者之间不可分割的关系使得身心与环境合为一体，[137]从而实现具有交融性质的审美状态，形成主客统一的对象性结构，达到最完善的审美体验阶段。

审美参与的特点是知觉融合、参与性和连续性。[138]审美参与除了身体积极参与和联觉融合之外，还基于主体过去的经历记忆和联想，经验和审美是连续性的，二者无法割裂。在参与模式中人们聚焦于与环境之间的互动，凸显出环境特征，在这一过程中环境影响着感知者，也被感知者影响着。从审美参与的特性来看，在运河遗址公园的建设中要充分考虑审美参与过程中主客体的特性，通过形、色、味等知觉感受将审美参与贯穿整个审美体验活动，构建动态性、连续性的审美场域，以此获得不同广度和深度的审美体验。具有参与性的空间环境也更能激发审美主体的兴趣，吸引人们进入并开展审美体验活动，通过全感知性和动态性的审美活动，使审美主体获得多元化的审美体验，构建起积极主动、形式多元、主客统一的运河文化遗产公园景观。

4.2.1.3 场所精神：自由想象的场所意义

空间场所作为一种在复杂自然环境中的整体，“是具有历史意义的空间，是产生重要话语的空间，更是集体记忆的地点”。[139]场所除了基本的实用功能外，还有更高层次的精神意义值得我们去深入探究和创造发展。诺伯舒兹在《场所精神》一书中着重强调了地方的特性和场所的精神，认为场所中不仅包含有物质元素，还有生活、活动、文化等精神元素，且二者合二为一，相互促进。具有定性的颜色、形态等意象与人的活动促使场所成为一个系统性的整体[140]。对于历史遗产的更新和保护更要重视“场所精神”的继承延续和创新发展，让水利工程遗产在新旧时空下产生联系，挖掘和恢复遗产景观环境的审美特征与美学价值。当物质环境与人文环境结合形成环境空间，一方面主体的审美需求和对环境的感受所引起的审美批评能够促进场地的内在发展，具有不同审美经验和社会背景的体验者能够通过他们对美的判断和评价来促进场地的发展。因此，场地在自身内涵的价值作用下和与人的交互作用下获得内在发展的推动力。另一方面场地又能反作用于人，当审美主体置身于环境中，场地的历史、文化等深层内涵能够影响人的活动，主体能够通过审美体验突破场所物质性或感官性的表层固有属性，找到人与场所之间更密切、更深层的联系，激发主体的深层意识。审美主体便能通过情感、联想等到达深层的反思体验阶段，形成对环境更好的感知和认同，能动地对场地进行再创造，此时环境空间才真正成为“场所”[141]。

长安人生活在运河之滨，世代受惠于运河的馈赠，因此在遗址公园的规划设计中，要充分挖掘场所不朽的精神内涵，包括以下两点：第一，地方特色、历史文化、象征意义等由场所的结构集合形成的意义；第二，审美主体确立自己在环境中的方位感并参与到场地中，感受场地所传达出来的价值。进而利用、发扬场地内涵，将场地的内涵精神融入与主体的审美互动，以体验作为媒介创造“场所精神”[142]，让每位参与者的体验活动成为集体构建场所意义的重要组成部分。通过审美批评形成以人为本的场所系统模型，以主体审美需求为出发点，完善客体自身内在发展的同时，让每个场地中的主体展开诗意的视野，激发深层的意识，在自由想象下促进客体的发展。[143]

4.2.2 从水利工程遗产到景观：以审美场域营造景观表层空间氛围

在阿诺德·柏林特的环境美学理论体系中，其审美理论以及美学思想都构建在审美场域这一兼容并包、综合开放的概念之上，只有在审美场域的语境概念中才能进一步定义审美体验、审美对象以及审美价值等美学概念。审美场域被伯林特塑造成知觉联合的场域，并结合感知者、艺术对象、艺术活动、艺术经验等核心内容，以及例如历史经验等影响审美体验的次要因素，成为一种审美情景。这样的情景是审美经验的一种语境，着重突出审美体验，强调审美的完整性和连续性，在各要素相互作用、相互依存中形成完整的审美场域。只有在这种语境中审美对象才能被积极体验和创造。[87]45以审美场域来营造长安闸景观表层空间的氛围，能够实现长安闸从水利工程遗产到景观空间的性质转变，能更好地促进长安闸的可持续发展。

4.2.2.1 梳理场地景观空间的功能序列

长安闸自宋末元初衰落后，三闸两澳的空间格局不复存在，部分遗址被毁坏或占用，但其历史规模与河道格局尚存，其背后蕴含的美学价值也正是审美主体所渴望认知与体验的。因此，需要在尊重长安闸历史文脉的基础上，对其空间格局进行梳理，组织完善景观各要素，把控好场地的空间功能布局。在宏观布局上根据长安闸的区块关系和资源分类以及未来场地的发展需求，将现有的空间格局进行合理分区，将空间划分为生活休闲区、公共活动区、历史保护区、核心娱乐区和生态综合区（图4-22～图4-24）。在路径结构上，将目前长安闸景观空间中存在的道路层级合理化，消除断头路，提升空间的通达性，形成主次、水陆的道路交通体系（图4-25）。充分挖掘长安闸的美学价值，通过一系列场景的营造和空间流线的组织来优化路径结构和景观空间格局，构建遗址体验的空间秩序。串联各区域客体审美特征，将水系景观做成慢行长廊，规划设置节点码头，增强交通的可达性；构建滨河快捷、舒适的慢行系统和动态的景观视线，串联滨水景观节点，突出景随人移、移步异景的游览特点；充分考虑不同类型和年龄层次的人群需求，完善公共服务设施，综合解决停船换乘、旅游咨询、休憩售卖等问题；形成以点串线、以线带面的点线面系统联动的完整审美场域和连贯的景观体验感，建立起表层审美体验环境（图4-26）。

（1）生活休闲区

保留并修复长安闸街区中水乡特色浓厚的建筑，延续当地居民的生活习性，以日常生活中的物品、环境、事件作为审美对象（图4-27），将日常生活的真实美深入到审美主体的内心。充分

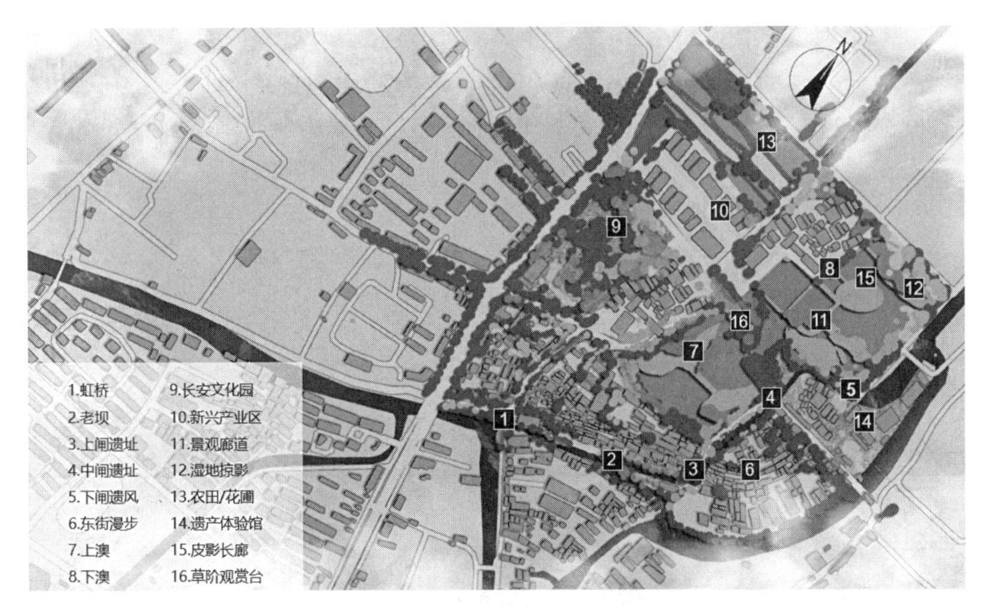

图4-22　长安闸遗址公园平面布局图

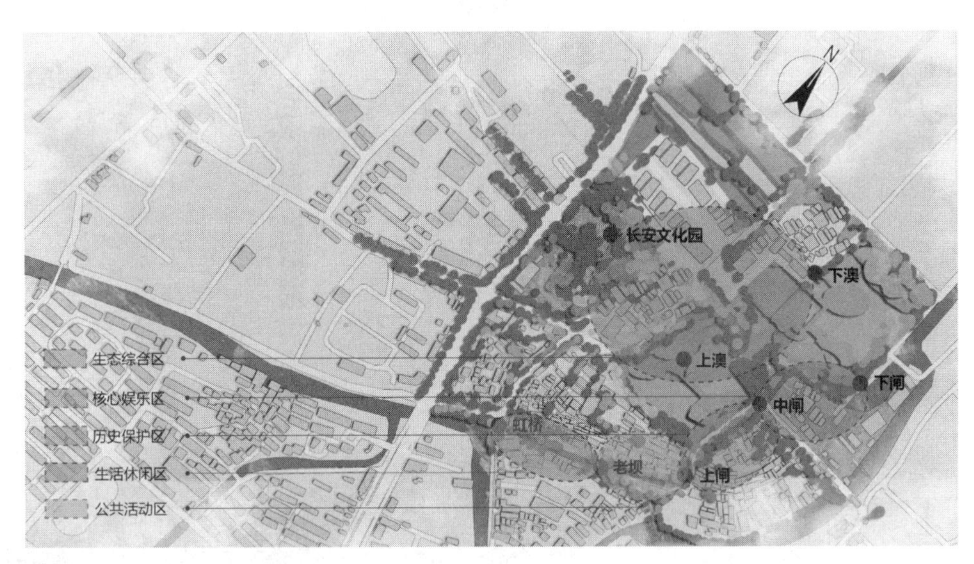

图4-23　长安闸遗址公园规划分区图

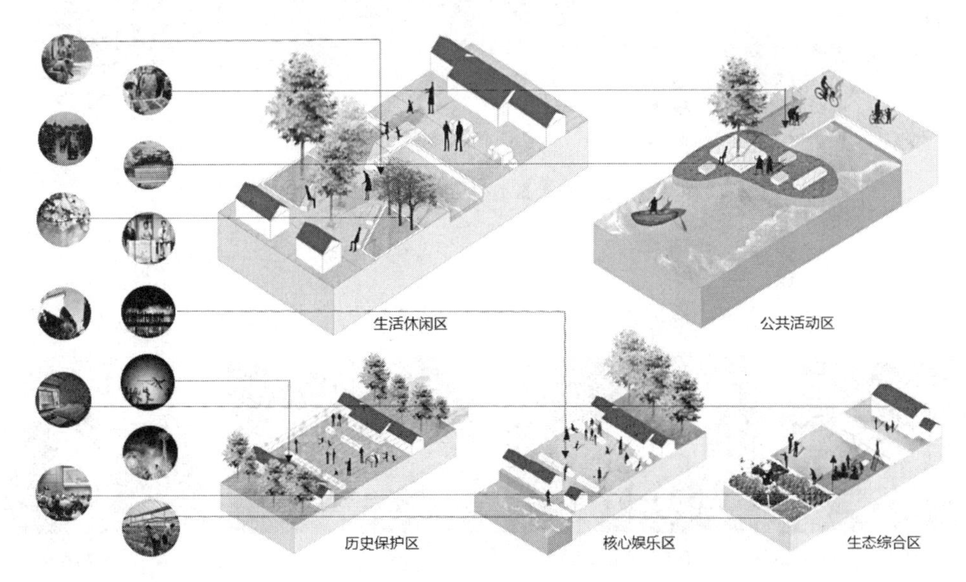

图4-24　长安闸遗址公园各功能分区示意图

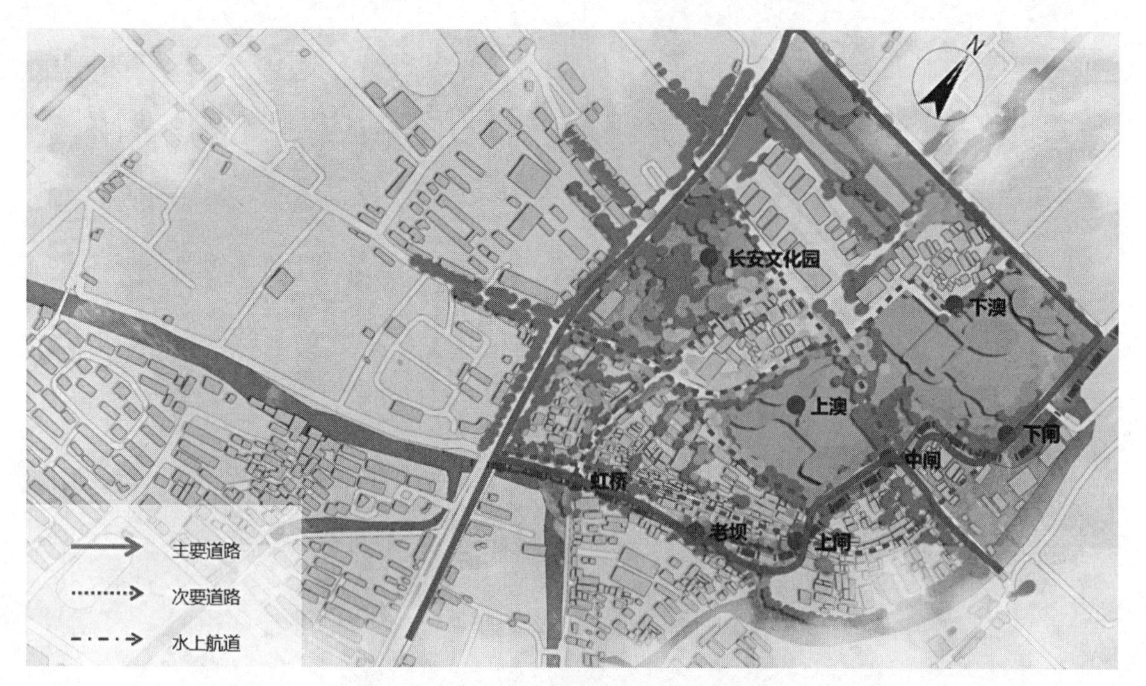

图4-25　长安闸遗址公园道路系统构建示意图

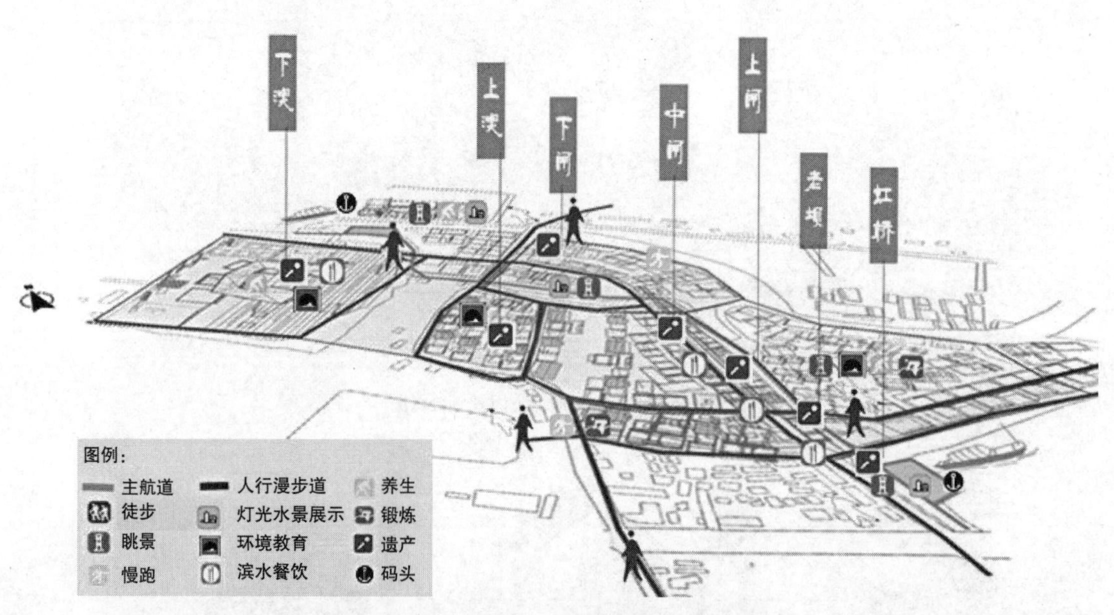

图4-26　长安闸遗址公园场域空间秩序示意图

炒货店

河埠头清洗物品

广告

晾晒衣物

图4-27　长安闸日常生活环境

利用居住区域与河滩的边缘空间，营造江南水乡意境，打造自然曲折的水岸线风景。为居民提供安全、舒适、宜人的居住空间，促使原住民回归到日常生活当中去，形成生活的情境，增加地域风貌、延续烟火生活，从而获得归属感、认同感与愉悦感；为游客构建一个以“赏”为主要审美方式的惬意环境，站在虹桥头眺望运河沿岸的优美景观，感受两岸居民鲜活的本真生活，体验居民的生活氛围，使游客在如画的场景中感受到场地的诗意美。当生机盎然、朝气蓬勃且具有烟火气的本真日常生活融入景观环境的体验空间，审美体验者才能真切感受到所在场地的审美特征与文化价值，美才能得以演进与传续。

（2）公共活动区

公共活动区在纵横的街巷和密集的空间肌理之中，以维护场地原有形态为基础（图4-28），建立不同尺度规模的开发性公共空间，开展不同的活动来激活空间功能，为群众提供更多形式、尺度与功能多样化的公共活动场所，将街道充分利用，增添生活氛围。户外公共设施和活动的加入使得遗产空间成为人们休闲交往的公共活动区域，促进了公共活动的发生，提高该区域及周边地区的使用价值，审美主体可通过交往活动来感受环境美。对于当地居民来说，这是一个公共客厅，可以休闲娱乐、谈地说天；对外来游客而言，它是展示小镇风貌、了解当地状况的街区。

历史街区街道

屋前小巷

通行街道

图4-28　长安闸街巷现状

（3）历史保护区

历史保护区中包含有长安闸本体的重要节点和衍生出的附属文物古迹，具有重要的历史价值和文化价值。在该区域中，通过元素提取和活动植入突出遗产的历史美、空间形态美，提高主体的参与性和想象力。结合唐宋以来街道生活的历史沿革，重现古运河畔历史风采，让遗产成为跨越现代与古代时空的桥梁，不断地输出运河文化，满足游客更深层次的精神需求。

（4）核心娱乐区

核心娱乐区中以展现传统民俗风情、感受体验非遗文化为主要活动，诗社、唱书、庙会等活动和空间的植入以及非遗活动的展示和现代科技的融入，能够增强审美主体的参与性，与空间产生较强的互动体验感。通过融合传统技艺与时代新意，为古老的传统活动和非遗文化注入新活力，促进文化输出，增强文化自信。娱乐的同时为人们提供交往、游憩及休闲场所，可以举办一些中小型活动，提升整体环境舒适度，人们或在长凳上休息，或看公共演出，满足不同人群的需求，为不同人群提供便捷，增加场地的多元活力。

（5）生态综合区

生态综合区通过景观维护的方式，将两澳重建。结合生态驳岸的设计，展现原始的自然景观，模拟长安闸两澳过去的功能属性，同时结合现代化发展的需求，赋予湿地功能价值和意义。除了自然生态的湿地性质之外，还要增强文化的植入，使其具有科普教育意义，可供运河文化学术交流，促进当地产业的衍生，并通过后续不断地发展来完善该区域的景观设计。

4.2.2.2 营造场地古今对话的空间氛围

景观作为环境美学的本体，自然景观和人文景观二者之间能够相互融合，给人以综合的美感享受，而如何实现工程与审美的统一，在当下社会发展的现状下显得尤为重要。陈望衡的环境美学理论提出的生活（居）模式对于如何处理景观与工程的关系具有指导意义。环境美学中景观与工程之间的关系不同于一般工程学上的应用和功能性，强调的是从工程技术指导环境建设转变为让环境中的工程符合审美原则，提倡工程与环境形成和谐的整体[144]。该模式认为具备审美价值的欣赏对象和环境氛围是审美活动发生的前提条件。

（1）统一环境中的形式语言

本研究以“化工程为景观”作为设计路径的核心理念，尊重场地现状，提取场地中诸如桥体、水闸、船只、码头等特色元素，运用到具体的场地设计中，唤醒人们心中关于长安闸的历史记忆，展现其已消逝的辉煌历史，营造场地中古今对话的空间氛围。实际上，这也是一座最好的历史“纪念碑”（图4-29）[145]78。利用场地中的文化遗产资源，结合科技手段进行现代化的演绎，发挥历史延续的功能作用，与历史进行对话。例如提取皮影、瓦片、桥梁等元素，以统一的形式语言来设计形成具有场地特色的导视系统和公共设施，植入到场地各个空间中。利用传统建筑的坡屋顶和木构架等元素对场地中的建筑风貌进行优化，合理利用乡土材料并统一建筑色彩，拆除与运河整体风貌相悖的构筑物，充分利用现有空间，营造出具有主体记忆的场所，再生遗产活力，让遗址公园的环境符合居民生活习惯的同时提升游客的休闲体验感。通过长安闸环境应用系统的建立、公共设施的完善和建筑风貌的优化，实现使用功能的同时初步形成场地的基调氛围（图4-30）。

（2）形成“异质同构”的遗址公园景观

格式塔理论认为整体性大于各部分相加之和，人们在看待物品或者景观时往往会先看到整体，不会首先关注个别组成部分[146]。因此，在长安闸遗产公园的景观构建中，也要做到“重视差异、寻求自由”，以此来实现“异质”的统一。将沿运河各具特色的景观节点视为造型各异的珍珠，以线串联场地成为完整的珍珠项链，在差异中寻求统一。节点空间既是独立的景观，又是整体的组成部分。打造以特色单元为节点、以街道小巷为线、以功能区块为面的完整场域，营造出

图4-29　长安闸遗址公园古今对话的空间氛围

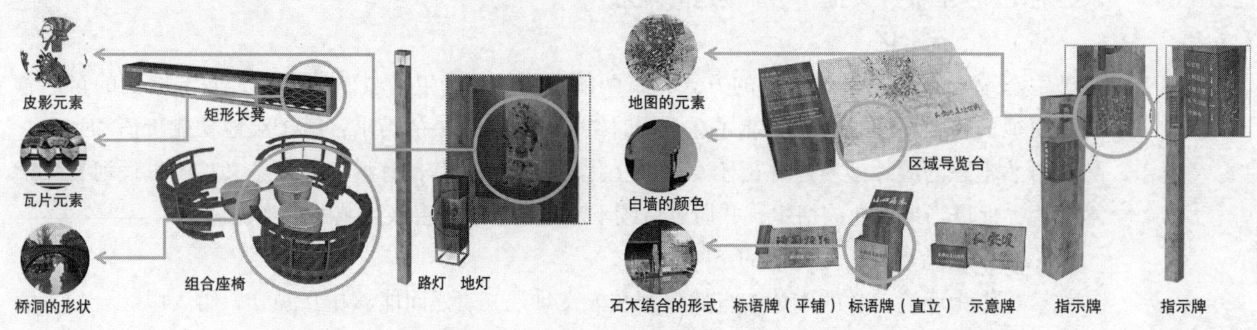

图4-30　长安闸遗址公园环境应用系统

有活力且可持续发展的景观氛围，形成异质统一的遗址公园景观。

总体来说，在表层的景观空间构建上，将物质性“工程客体”长安闸水利遗产转化为既有自然属性，又有文化属性，还有科技属性的长安闸遗址公园“文化景观”。对场地进行空间功能序列的梳理和氛围营造，形成具有连续性和完整性的审美场域，达到客观物质与主观心理融合统一，使其成为真正有内蕴价值的审美客体。在实现基础功能性的同时兼具审美价值，在整体的景观氛围中让人的审美需求得到满足。

4.2.3 从知觉体验到认同体验：以审美参与把控景观中层感知体验

审美客体和审美主体在审美活动中相互作用从而产生了美感，美感是一个多种心理功能共同作用的动态过程。美感不同的阶段和层次都是在主体不同的心理作用下与客体融合交叉而循序渐进产生的。其中，中层的感知体验，本节将其归纳为通过感觉、直觉等感知到客观事物而形成第一印象的知觉体验阶段，进而由审美主体带入自身的审美经验和自由想象，拓展深化进入到认同体验阶段的感知体验过程。在长安闸遗址公园的设计中也要把握好场地中整体的美感和体验，保证主体在场地中获得良好的场地印象进而铸塑成人们对客体的审美认同。

4.2.3.1 构建动态多元的审美体验活动

在前文对长安闸场地的分析中可知长安闸遗址公园建设中面临的问题和挑战，对此本小节提出多样化的针对性设计方案，通过开展丰富多样的活动提高审美主体的参与积极性，增强主客体之间的体验性和互动性。以虹桥、老坝和三闸两澳为重要单元节点，以不同主题的游线串联起整个空间，带动面域的审美体验活动（图4-31）。

图4-31　长安闸遗址公园场地鸟瞰图

（1）虹桥

人们常说：“到了虹桥，长安就到了。”虹桥作为长安镇标志性的节点，在长安闸遗址公园的设计实践中要对其进行重点设计。依据现有河道规模，恢复长安闸古河道，通过景观的设计和整体居民区生活环境氛围的营造，审美主体可在虹桥处眺望河道两岸的风光和居民的日常生活景象，品味运河美景。与过去热闹的虹桥头集市形成对比，由历史上动态的交易活动转变为现代静态的观赏行为，形成古今对话的诗意美（图4-32）。

虹桥头

虹桥周边环境

图4-32 虹桥如画的场地环境

（2）老坝

通过现场调研与分析，老坝现存的遗产虽不能起到实质性的功能作用，但居民对该区域仍旧有体验和互动认知的需求，常常被作为孩童的游戏设施和公共交谈的场所。因此，在老坝处通过科学合理的设计手段复原旧时用滚轴拉动船只翻坝的场景，在保护老坝的基础上，人们可体验古运河坝夫“拖坝”的工作内容，在满足审美主体需求的同时促进主客体之间的互动和了解（图4-33）。

居民与木转桩

居民与老坝

老坝效果图

图4-33 老坝现状与“拖坝”体验效果图

（3）上闸

在上闸处，结合现代化的科技手段，还原上闸三闸开闸过船的真实场景，让审美主体体验闸门打开放水时“斗门贮净练，悬板淙惊雷”如雷般的壮观声势，促使审美主体全身心地投入场地中，形成多感官联合体验的空间场景，希望能够通过多种体验形式真实地感受到三闸两澳的功能美和技术美（图4-34）。

虹桥头

虹桥周边环境

图4-34　船只在上闸过闸场景效果图

（4）中闸

船只在到达中闸河道中等待中闸门开启的过程中，可以看到对岸的陈氏民宅和岸边的日常活动，当地诸如宴球、皮影制作等特色美食和活动的植入能够吸引更多人驻足。通过转换与重构的设计手法抽取历史遗产相关元素，增强闸坝文化的展示性。在河面上，合理运用水埠头，建立亲水平台并设立双闸集市，以及茶馆、戏台、诗社等具有长安特色的商铺，强化景观节点的特色（图4-35），在多样体验方式的感染下引发主体的审美联想。

图4-35　中闸景观效果图

（5）下闸与两澳

下闸与两澳之间由廊道进行连接，两澳不仅能够储水以供实现三闸的体验活动，还能通过植物的搭配来营造良好的湿地景观环境。在该区域同时引入科研活动，运用历史文化元素，重塑多样化寓教于乐的空间环境（图4-36）。

图4-36　长安闸遗址公园两澳区域湿地景观效果图

（6）游线

在遗址公园形成水上、陆上、水陆结合的不同游线，设置“帆指长河风”的水上游线（图4-37）、“邻船鼓乐喧”的声景游线（图4-38）、“临陆寻长安”的陆上游线（图4-39）。主体可以通过丰富的感官来感受长安闸诸如“修川十景”“水上集市”“灯柱秀”“水龙会”“船工号子”等体验活动，使审美主体在体验中对长安闸的审美特征和美学价值形成整体的概念和认知。

审美主体在场地中通过形式多样的活动和交互式的体验，能够快速融入场地。这是一种源于视觉、听觉、触觉等多层次的审美体验。全感知性和动态多元化的审美体验能够促使审美感受完

图4-37　长安闸遗址公园“帆指长河风”的水上游线图

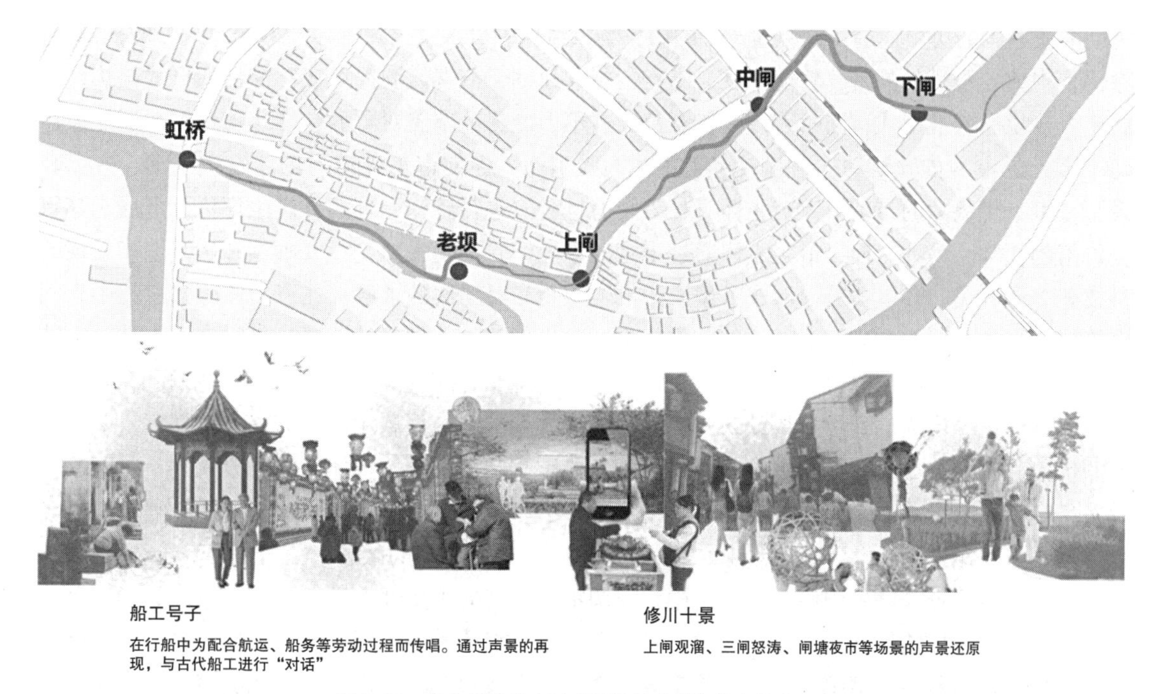

图4-38　长安闸遗址公园“邻船鼓乐喧”的声景游线图

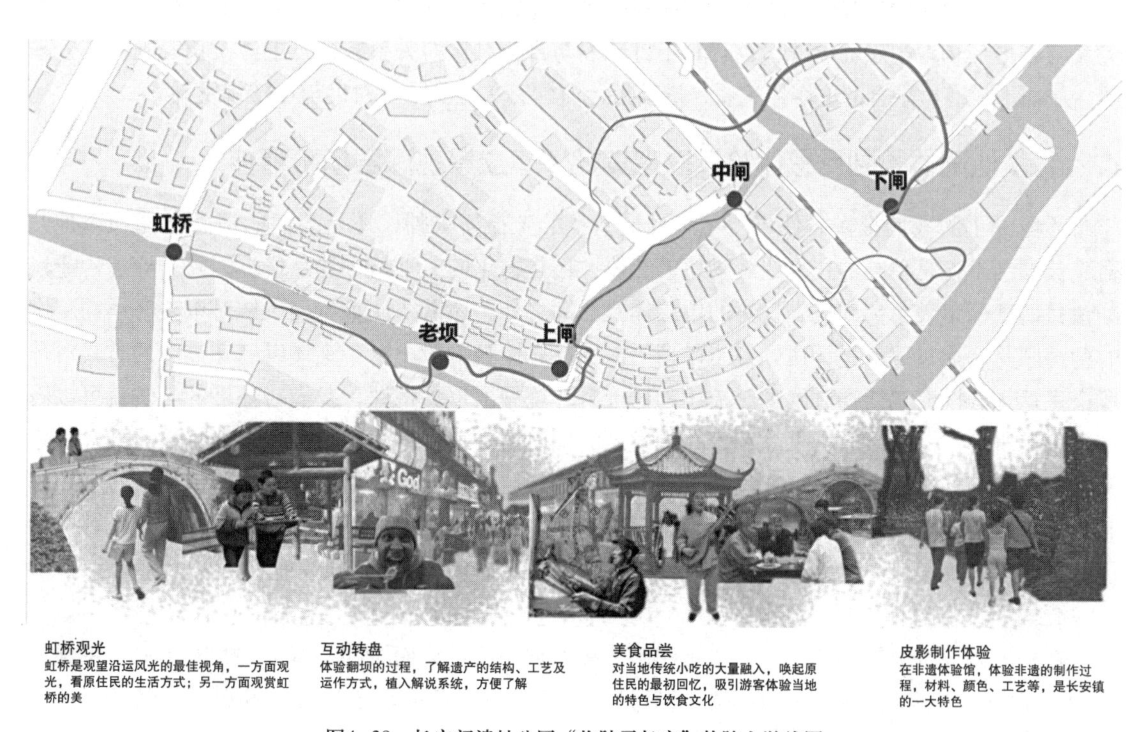

图4-39　长安闸遗址公园“临陆寻长安”的陆上游线图

整性和连续性的生成，通过审美体验和审美认同突出运河闸坝背后的美学价值，构成形式多样的长安闸遗址公园。

4.2.3.2 建立有机融合的主体客体关系

在审美活动中，审美主客体间相互依赖，美感的产生除了作为发生载体的审美客体外，还必须有具备审美经验和能力的审美主体。也就是说，当审美主体和审美客体同时存在且构成相互作用的对象性结构时，审美活动才能进行。审美感受才能发生。

在审美体验中，一方面，长安闸遗址公园作为被感知的对象，其具有能够满足主体审美需求的客观审美性质，经由转译与重塑的设计手段，按照美的规律，赋予其美的性质。通过修复重建三闸两澳周围的历史遗迹，还原遗产中的历史场景风貌，以多重方式展现“原汁原味”的长安闸；除了合规律、合目的的基本功能之外，还有色彩、比例、节奏、韵律等多样统一的形式结构，形成使人愉悦的感性形式，同时表现时代意蕴。这不但能提高审美对象的整体环境水平，还能通过动态多元的审美体验活动，增强对审美主体的吸引力，促使审美主体与场地发生互动、产生联系。在审美想象力的带动下审美主体对长安闸遗址公园进行感知、理解并产生评价，形成对其审美价值的认知。另一方面，审美主体通过丰富的审美体验活动去感受长安闸坝和运河遗产景观的科技美、形式美、环境美等，形成了愉快的审美感受和对场地的了解。在审美体验的过程中人们也能依托自身的经验和理想对场地的美进行丰富和再创造，促进美的发展，进行真正有效的审美活动。例如，在长安闸的两澳区域除了科普、湿地等功能之外，还给人们留有创造的空间，场地还有多样的性质供人们通过产业的入驻、活动的举办、空间的再利用等行为来开发探索，赋予其新的价值和意义。审美主体与审美客体之间相互尊重、亲密融合，主体全身心投入到审美对象中时将自身情感对象化，与此同时也将审美对象主观化和人格化[147]95，在回环往复的过程中，外在审美对象与内在审美心境合拍、一致，达到主客协调、物我同一的状态。

在长安闸遗址公园的中层景观建设中，强调审美参与的重要性。通过构建动态多元的审美体验活动，审美主体能够通过视觉、嗅觉、听觉等对审美客体产生生理上的快适感，到达知觉体验阶段。继而经由想象、情感、经验等使主客体之间产生情感共鸣，审美主体能够将自己带入到场景中，并拓展深化到达身临其境的认同体验阶段，完成由知觉体验到认同体验的转变过程。以审美参与来把控场地中层的设计，也有利于打破人与自然对立的关系，提升主体对长安闸的充分理解，从而形成有机融合的主客体关系，推动大运河国家文化公园的建设与可持续发展。

4.2.4 从认同体验到反思体验：以审美批评建立景观深层场所精神

环境除了为我们提供居住场所，满足最基本的生存需求外，还是我们的情感寄托和精神归宿，长安闸不仅是单纯的技术或者物质的载体，还是物化的一种精神和品格。因此，除了构造悦耳悦目的表层审美意象和悦心悦意的中层体验活动之外，还需要注重审美主体对审美客体深层次的精神感受，通过审美批评达到悦志悦神的深层反思体验阶段。审美主体以感知体验的方式对环境产生认知，同时也能通过阐释、描述和评价对环境做出审美批评，我们对环境的欣赏就可以看作是审美批评的起点。审美批评利于客体发展的同时能增强主体的欣赏意识，能够检验环境是否具有积极价值并推动环境的内在发展、激发主体的深层意识，人们通过对审美价值的认知去积极影响环境。审美批评将人们的目光集中到环境的审美层面，能够更好地认识到环境背后的审美价值，促使审美价值与其他环境价值，例如经济价值、历史价值，处于同等地位。[148]

4.2.4.1 完善客体内在发展

在长安闸遗址公园的建设中，值得明确的是遗址公园最终面对的是鲜活的、有不同个性和需求的审美主体。因此，在设计中应根据不同主体的审美需求来赋予长安闸景观空间新的功能属性，着重于突出长安闸的美学价值，弘扬其精神文明，让人获得精神上的审美感受，将其定位为能够体现审美价值的精神文化景观而非单纯具有技术价值的工程产品。[149]

（1）赋予客体新属性

在长安闸遗址公园的设计实践中，通过对遗产资源的整合与再利用，首先确保审美客体能够完成基础的使用功能，再经过走访调查等方式得出审美主体不同层次的审美需求。以满足审美需求为起点，不断重塑场地，进行诗意的创新，进一步拓展审美的空间。重塑周边的景观风貌和空间格局，尊重自然的同时，创造人文景观，为审美主体提供新的审美感受和体验方式。找出场所的特征，将抽象的意境与设计实践相结合，确立场所的意蕴。将历史上“有用”的技术产品变为“无用”（无实际用途）的审美活动，并重新与世界相融合，与周围环境形成更加紧密的联系，做到自然的融入与环境的塑造。[150]将原本用于灌溉储水的两澳区域转变功能，赋予其湿地的性质，使其拥有新的价值和意义，可细分为生态湿地区块、科普宣教区块、文化体验区块和休闲游憩区块，建立生态花园、草阶观赏台、皮影长廊、长安闸遗产体验馆等景观空间。根据不同的功能区块设计不同的驳岸，配置不同的植物，营造出湿地景观的规模与季相变化，最大限度地发挥两澳区域生态湿地的自然功能。这有利于恢复整体运河景观的同时促进长安镇区域生境功能的提升，使其成为人们怡情养性的胜地。保证环境的多样性和体验的多元性，促使原本废弃的两澳成为具有生态性、文化性的民生项目。同时以运河国家文化公园为契机，引进不同类别的产业和活动，形成例如民宿、鲜切花专业合作社、科研基地等现代生态型产业。做到在改变运河沿岸生态环境的同时，开展湿地科研、长安闸科普教育、运河文化体验等活动来丰富两澳地区的业态，推动文化旅游、现代生态等新兴产业的衍生和发展（图4-40）。在不断的发展中提升该区域空间场地的资源价值和文化意蕴水平，促进长安镇的复兴发展和外溢辐射效应，促使复合型生态城市空间的形成，力求将长安闸地区打造成为全域性的开放博物馆。通过环境批评来提升场地的价值和意义，完善客体的内在发展（图4-41），实现水利工程遗产的功能属性在新时代合理更新与演替，助力沿运河的生产生活、生态文化等多方位发展。[151]

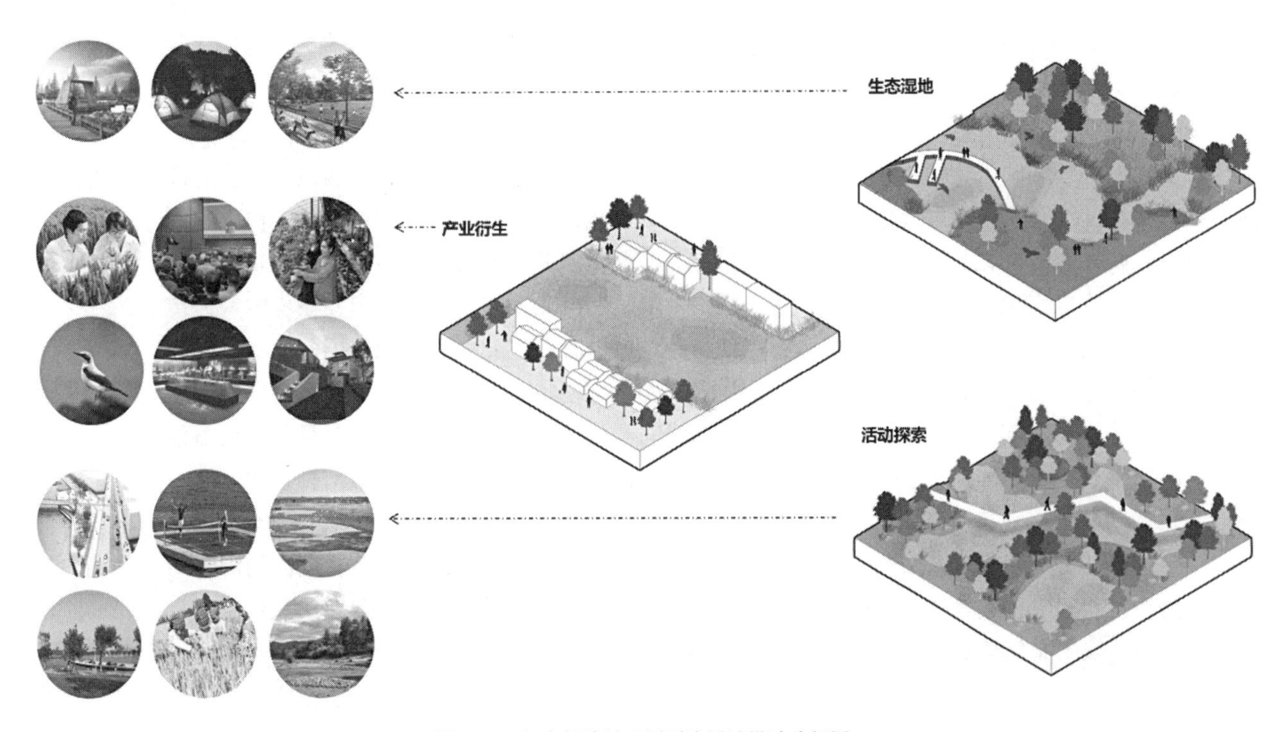

图4-40　长安闸遗址公园两澳区域设计分析图

图4-41　长安闸遗址公园两澳区域整体效果图

（2）弘扬长安闸精神

长安闸精神是长安人民在过往数百年的奋斗发展中孕育出来的宝贵财富，是长安镇发展的重要动力，是充满地域性、文化性与特色性的价值取向。因此，长安闸遗址公园具体的设计实践在延续历史文脉的同时，与时俱进地丰富和发展长安闸精神，注重外化长安闸背后深层的美学价值，不断提升其内在的发展，满足审美主体更深层次的审美需求。

①弘扬勇于创新讲求实效的长安闸精神

长安闸的建设解决了上下河水位高差问题，大大提高南北通航的便利性和实效性。难以想象在当时科学技术发展程度较为低下以及自然环境恶劣的条件下，先民是以怎样的意志力和超越时代发展水平的科学技术，构筑领先于世界同时期水利工程的“一坝两澳三闸”奇迹。也正是在这样的逆境中才形成了独特的精神品格，深刻展现了长安人民开拓创新、求真务实、讲求实效的品质。在现代化长安闸遗址公园的建设中我们更应该挖掘、传承和发扬长安闸的精神。例如，通过将历史元素解构和重塑等设计手段，抽取三闸两澳中坝、桥、闸、翻水车等相关元素，通过艺术再创造形成兼具展示科普、互动体验的创新构筑物；将长安蚕丝文化元素物化利用于景观空间的创新设计；利用青石、木材等设置亲水木栈道，在具有实质性亲水功能的同时通过细节材料元素还原长安闸原始的质感。由此明确构建关系、外化传统文化、优化细部材料，让传统文化遗产在现代的生活方式中复活与再生。促使长安闸遗址公园成为文脉记忆、科普教育、精神展现的重要窗口，起到美学价值外化的作用，唤醒民众内心的长安闸精神，以此弘扬这种创新精神。

②弘扬兼容并蓄和谐共生的长安闸精神

长安镇是在长安闸繁荣的背景下不断发展起来的，不同祖籍的居民、来往的船只和繁盛的商业贸易依托运河为长安镇的发展带来了全国各地不同的文化因子，但同时又保持有长安镇固有的文化特色，在原有的文化基础上不断吸收新的精神，呈现出“兼容并蓄、和谐共生”的特色。例如，国家级非物质文化遗产——海宁皮影戏，就是南宋时期由北方艺人传入海宁并在境内快速传播，既保留了北方皮影戏的精华，又与海宁当地特色进行融合，改北曲为南调。因此，在长安闸遗址公园的设计实践中也要吸收优秀文化，弘扬长安品格。例如以“四时长安”为文化转译主题，形成春夏秋冬四季不同内容的文化活动，在固定的时间和固定的地点将历史传统节日和活动习俗在现代时空中进行重新演绎（表4-3）。将海宁皮影戏、硖石灯彩、蚕桑丝织、祭河神、水龙会、滚灯等长安闸历史活动技艺与现代技术和流行文化相结合，以新式表演、文创产品、创意美食等新旧结合的形式向大众展现。吸引并扩大传统民俗的受众面，促使年轻一代在体验潮流的同时感受历史魅力。将长安闸精神融入环境设计中，在历史传统的基础上融合现代元素形成兼容并蓄、和谐共生的长安闸文化景观，在开放式的环境中形成独具特色的景观空间。

“四时长安”文化活动列表 表4-3

季节	月份	活动内容
春季	三月	寒食节、清明节（祭拜、踏青、插柳、蹴鞠、荡秋千）
	四月	蚕月（采桑、养蚕、织布、祭蚕神）
	五月	端午节赛龙舟（水上竞技、捕捞、渡水）
夏季	六月	祀龟（道德教化、祈盼吉祥）
	七月	七月三十插地香祈福（祈盼五谷丰登）
	八月	潮诞日（潮会、观潮）
秋季	九月	重阳节（感恩敬老、登高赏秋）、九皇会（星斗崇拜、礼斗之俗）
	十月	立冬日贺冬（煮香饭、酿酒）
	十一月	冬至日祭祖祭天（舂糍粑、捣米做汤圆、冬至丸）

续表

季节	月份	活动内容
冬季	十二月	育蚕、除夕（打糯米石臼年糕、守岁、年夜饭）
	正月	春节、元宵节、灯彩会
	二月	二月初一至初七长安觉皇寺庙会、游春

4.2.4.2 激发主体深层意识

审美世界的产生可归结于人类与审美对象之间的交流，是人们对主客体之间和谐状态的玩味和体验。主体以审美体验为途径，通过情感、联想、移情等作用，深刻地感受审美客体的内在意蕴并形成回味，是从物我相忘，到物我同一，再到物我交融的一个过程。在早期的移情说中，对审美形式的情感激发做出了解释，强调了审美知觉反映的主动性和积极性。[147]115审美批评作为感知、评判环境的尺度，在能够引发审美主体深层次思考的同时，激发主体发挥自身的能动性和创造性去融合审美客体，以此推动审美体验的发展。因此，在长安闸遗址公园设计的实践中，应鼓励主体在体验中主动探索，发挥个人的想象和创造力，尽可能地展开诗意的视野，与场地进行对话，对场地进行重塑。[145]79针对原住民更要进一步激发长安人民的能动性与创造性，在遗址公园的建设中促进长安镇走向更加和谐美好的未来。

以长安闸遗址公园的下闸遗址体验场所设计为例，可通过抽象夸张的物质重构手法，以“下闸遗风”作为入口处景观构筑物的主题，对旧船只、老建筑的结构进行造型转译，呈现出“坍塌”“损毁”“废弃”的历史意象（图4-42），展现繁华落尽、平淡归真和历史辉煌过后的萧瑟。游客进入该场所能够直观地感受到下闸遗址真实的形式构造与现状，场地中同时引入文化遗产和文化故事，将“文化”“体验”作为设计核心，通过文化主题和文化元素的运用表达，构建集文化传播与休闲功能为一体的公共场所（图4-43）。[4]46审美过程中游客在感受历史沧桑感的同时，与新时代的空间景观形成新与旧、历史与未来的强烈对比，唤起人们对长安闸由盛转衰的记忆。当人们有了沉思自我、深思自己内心感受的能力，就会进一步发现一个新的情感世界，进一步发现大自然和社会生活中的美[147]115。在对遗产景观空间的感受与反思中，审美主体的文化自豪感和家

图4-42　长安闸遗址公园特色景观小品效果图

图4-43 长安闸遗址公园"下闸遗风"效果图

园归属感将会油然而生，对运河文化和水利工程遗产的敬畏感和认同感也得到了升华。这将有利于激发主体的深层意识，使审美主体从被动的欣赏变为积极主动的审美介入。强调发挥主体在审美活动中的主导地位，充分调动人的能动性与创造性，对客体展现的美进行丰富与再创造，实现审美活动中积极能动的审美作用。

在长安闸遗址公园深层审美体验的景观设计中以审美批评为出发点，根据主体对客体形成的感受与审美需求来衡量遗址场所的价值，展现长安闸辉煌历史同时凸显其文化属性和审美价值，经由审美活动的开展形成场所的空间意境，由此激发主体对客体审美情感上的共鸣，进而产生审美反思。利用自身能动性实现审美感悟，完成从认同体验到反思体验的阶段转变，促使在同一情境下形成不同性质、不同层次、不同强度的审美体验，由此促进和实现长安闸遗址公园在运河文化传承和弘扬中的作用得到充分发挥。

5 沉浸理论视阈下大运河宁波段聚落文化遗产景观环境设计

5.1 基于沉浸理论的大运河宁波段聚落文化遗产景观设计分析

5.1.1 沉浸式运河聚落文化遗产景观设计的主体分析

5.1.1.1 主体共性需求调研分析

本次人群调查以线上问卷方式发放，调研范围包括宁波市内10个辖区，调研对象为辖区内的市民、在宁波有居住史或到访过宁波的人群。最终共发布332份调研文件，共收回有效问卷316份，回收有效率95.2%，置信度达95%。数据分析以问卷星平台后台数据分析为主，进行相关的频数分析以及交叉分析，得出相关分析结果如下：

（1）主体对大运河遗产保护认知现状

①公众了解度片面

虽然大运河在公众中的知晓率很高，但是公众对它的概念定义与官方的不尽相同，人们通常认为大运河等同于京杭大运河。虽然大运河申遗成功已有6年，但公众对大运河的概念认知与政府官方的界定存在着严重断层。在从官方话语向公众传递的过程中，概念的不一致会造成公众的认知矛盾，从而影响大运河内涵的传播，以及大运河国家文化公园的建设推广。

②公众科普度欠缺

在所有的调研样本之中，未成年人对大运河的了解度最高，老年人次之，中青年的了解度普遍偏低，或者模糊。因此，对于宁波大运河的了解与受教育程度高低无正向关系，甚至出现目前受教育程度越高了解程度越低的现象，说明运河文化在先前并没有被教育科普和校内学习所重视。

③公众话语度缺场

调研结果数据显示，公众对大运河国家文化公园建设的认知较随机，并没有跟随被访者的自身特征有规律性变化。反映出目前大运河国家文化公园建设的相关信息传播效果存在不足，传播路径也较单一，无论在传统媒介或新兴媒介的传播度都较低，公众参与度与兴致不够，公众话语度缺场（图5-1）。

（2）主体对大运河遗产保护态度倾向

①公众实用主义价值趋向

被访者普遍认为大运河的价值作用主要体现在“交通运输”（67.41%）、“带动沿线经济发展”（63.39%）。对其“促进南北交流”（44.2%）、“文化载体”（34.82%）的肯定度较低。对于“旅游资源”（30.8%）的肯定度最低，说明大运河还有很大的旅游价值开发空间。可以见得，公众对大运河的价值评价趋向于实用主义，注重其经济价值大于其文化价值。

②公众生态环境整治趋向

多数被访者表示大运河主要现状问题为“自然环境变迁”（56.25%）以及“污染问题”（44.64%）。而“运输功能衰退”（35.27%）、“文化内涵丧失”（26.34%）和“旅游价值薄弱”（14.73%）等位居

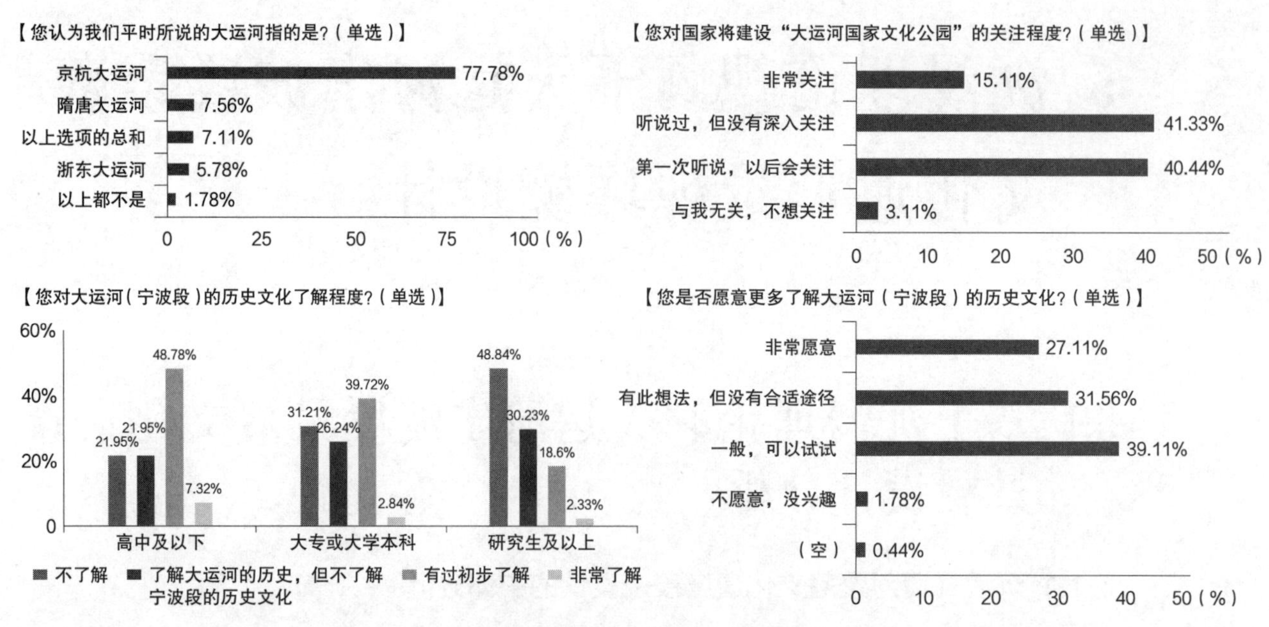

图5-1　主体对大运河遗产保护认知程度调研统计图

其后。这表明了目前社会公众对环境问题的重视程度较高，对其运输、文化和旅游观光等功能并不抱过多期望。正是公众对以上三个价值功能的忽视，说明当下大运河除了需要解决生态问题，也需要重视文化旅游观光功能的建设。

③公众文化生态价值趋向

被访者对大运河国家文化公园建设的重点偏向感知度较为平均，其中对于“生态价值”（75.89%）的肯定度遥遥领先于其余几项。剩下的尤以文物保护为优先，对其旅游开发的肯定度较高。所以就公众意向来看，要以生态价值与传承价值为主，以适度的旅游开发以及经济建设为辅，进行宁波段的大运河国家文化公园的设计。公众的趋向也与《长城、大运河、长征国家文化公园建设方案》中所提到的“坚持保护优先、强化传承、文化引领、彰显特色”的大运河国家文化公园建设手段相符合，公众意向与国家政策指导相趋，对于未来的设计建设十分有利（图5-2）。

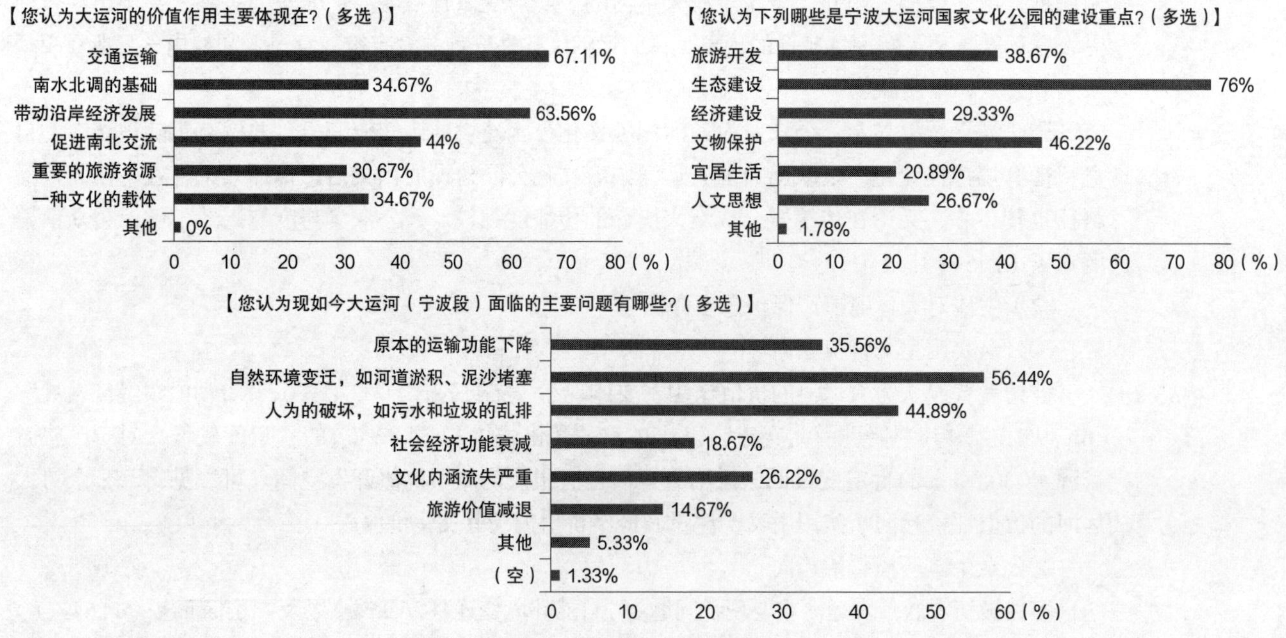

图5-2　主体对大运河遗产保护态度倾向调研统计图

（3）主体对大运河遗产保护行为意向

①公众旅游教育意向

不同区位的公众对于“参观旅游”和“参与科普教育”的意愿更加明显，对于在周边居住、工作的意愿次之。这一结果进一步证实了公众对大运河的旅游价值的认可以及对历史文化科普体验的向往。

②公众文化传承意向

大运河文化的传承、保护和利用不能够只局限于运河本身，还应该从更宽广的角度与其他的运河伴生文化相融合。调研显示，公众最期望大运河与“宁波曲艺”和“宁波的河海文化、渔文化”相结合，对“宁波美食”“宁波民间工艺”也有一定的意愿，而对“宁波方言”与“宁波的港口码头、水利遗产”的意愿低下。充分说明公众普遍认为宁波曲艺的非物质文化遗产与宁波的河海文化与渔文化最能代表宁波当地的文化特色，而对于水利设施遗产的认同度还是不够。所以大运河作为一种文化体验载体，与非遗曲艺、河海元素以及水利元素的结合比较符合公众的期待（图5-3）。

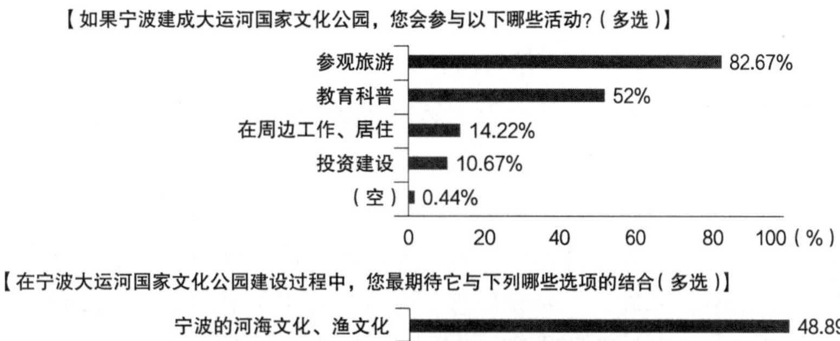

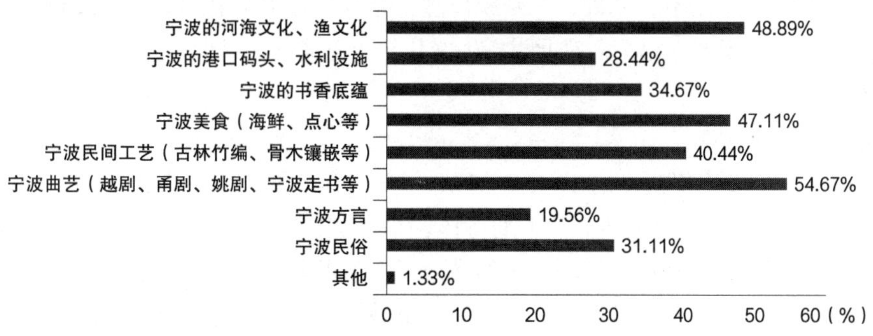

图5-3　主体对大运河遗产保护行为意向调研统计图

（4）问卷调研总结

本次调研结果显示了公众对大运河宁波段以及大运河国家文化公园建设的认知现状，包括了认知水平、态度趋向以及行为意向三个阶段，对应了公众对大运河的认识理解、价值评价与建设期望。通过对研究结果的归纳总结，可以见得公众对大运河的认知和官方对其的定义一致性较低，主要体现在概念定义、文化内涵、价值判定三个层面。基于此，下文为了更好地传播大运河文化，提出如下建议：

①加强大运河国家文化公园官方话语流向公众过程中对于概念的宣传，加强各媒介途径整合的全方位传播，缓解公众认知矛盾，促进大运河概念传播。

②加强体验空间与活动设立，引导公众积极参与，传递运河历史文化，促进公众对大运河文化内涵的再创造，赋予遗产新时代下的新意义和再创造。

③推动公众积极主动参与大运河的保护与共建，重塑其在公众意识中的文化价值，加强公众与运河的关系建立，加深公众对运河文化的认同感，增强文化自信。

5.1.1.2 主体特性需求调研分析

（1）原住民群体需求

①日常生活需求

日常生活中，原住民是与运河聚落联系最密切、出现最频繁的主体体系。在大西坝村、高桥老街等宁波主要的运河聚落中，原住民日常生活需求主要包含生产、居住、饮食、娱乐四方面。生产需求主要包括住民日常经营产业、耕田形成的具有周期性规律的生活；休闲需求包括工作回来或农闲期间原住民的生活，比如聚落内部常见的住民三三两两聚集在聚落内较宽敞处，或聊天或清洗衣物的活动，需要保留此类生活空间。

②社会生活需求

原住民的社会生活需求主要包括社会组织、岁时节庆、人生礼俗三个层面。在传统观念信仰的作用下，原住民对社会生活的需求更加深刻。先辈传承的生活样式影响着原住民的行为方式，特别是在家族观念、传统节日以及生老病死、婚丧嫁娶等社会性活动之中表现更为明显。其具体表现为，原住民对传统节庆等周期性活动的重视，在实践中以各种具有规律性的仪式活动体现。例如，在宁波每月初一与十六的集市活动，以及高桥老街历年以来在三月举办的高桥会等，需对此类社会活动加以归纳并持续呈现。

③信仰生活需求

在传统观念中，原住民崇尚祖先、信仰宗教仍然在信仰生活中占首要位置，并伴随其形成了丰富的信仰活动，如祭祀、礼佛等。对于运河聚落来说，宗族组织与结构的演变对其空间的形成影响深远，比如章氏家族在明代对高桥一带的总体布局与建筑形制产生了深刻的影响，这种基于宗族关系的信仰生活对村落进行了社会性的区域划分，使得该地域空间产生了社会价值。在宁波运河聚落中，以信仰生活情节为基础，在乡族祠堂、寺庙中演替而生的宗法礼仪和宗教活动仍然是原住民生活中的一项重要内容，需对此类衍生文化与历史遗迹加以保护与传承。

（2）游客群体需求

①娱乐游憩需求

旅游群体的活动主诉以娱乐游憩为主。所以，游客在运河聚落中的食宿活动主要以体验为目的，旨在追求真实的原住民的生活样式，期待体验最真实的运河畔或历史聚落中的烟火气。所以，游客在运河聚落里的日常休闲活动更多的是出于“参观者”的角度，是一种短暂跳脱出自己原本的生活世界，对运河聚落中的食宿、娱乐、社交进行经历、参与以及体验的实践活动。游客群体对于运河中的传统节日、民俗、习惯等均有来自陌生世界的新鲜感。正是这种新鲜感使得游客们不断地涌入运河聚落中，并成为运河聚落再生产不可或缺的力量。

②观光休闲需求

现代城市化发展进程迅速，城市间高楼林立，人们已经厌倦了城市的快节奏生活，内心渴望着能在大自然中舒缓身心，可以放慢脚步感受风景，找寻久违的烟火气息。而运河畔具有较好的自然景观，运河聚落也拥有着与都市截然不同的历史风貌，不仅有旖旎的自然风光，也有着独特的人文特色，是众多居民、游客来此观光休闲的重要动机之一。

③教育科普需求

在满足了基本物质生存需求的情况下，人们精神世界的需求欲望得到了释放，已经不满足于简单地观赏美景，而是对山水风景背后的人文世界有了更多的精神向往与体验需求。基于大运河国家文化公园的建设目标以及主体共性需求调研分析中所反映出的公众对运河文化了解度缺乏的现状，游客在运河聚落旅游中的科普教育需求需得到特别重视，在满足游客旅游基本的娱乐游憩、观光休闲需求的基础上，还要在大运河相关历史、地域特色文化、重要遗存沿革等方面满足人们的教育性需求。

5.1.2 沉浸式运河聚落文化遗产景观设计的客体分析

5.1.2.1 大运河宁波段聚落文化遗产景观审美资源与发展定位

聚落文化遗产作为大运河遗产至关重要的组成部分，与运河兴衰息息相关。大运河宁波段的开凿和演变与运河聚落总体格局的演替与发展有着密切的联系。大运河宁波段聚落文化遗产历史悠久，保存类型多样，历史价值较高，具有丰富的审美资源，目前也有相对清晰的发展定位。

（1）自然资源

大运河宁波段的运河聚落与运河相伴而生，运河聚落多数位于宁波段运河的过坝、候潮等节点区位，因运河之兴而繁荣。[152]所以运河水系是大运河宁波段运河聚落审美资源中最重要的一项，以此凸显运河聚落的审美特性。运河的水系景观也赋予了运河聚落独特的魅力，给审美主体带来灵动和浩瀚的审美感受。此外，大运河宁波段周围的姚江、东钱湖、三江口植被资源丰富，生态环境良好，自然风光优美，给人放松、安宁的感受。结合聚落相关历史文脉，打造出具有地域特色的运河休闲景观，通过运河休闲观光、运河文化体验等审美活动的开展，可以极大地吸引游客到访。

宁波的运河聚落旧时人们以农业为主，周边往往存有农田景观，运河之水也具有农业灌溉的功能，与人们的日常生活密切相关。农田景观是伴随着主体的审美实践产生的具有形式美与劳动美的独特审美资源，它既是人们生产生活的场所，也是以生态为基石的自然系统，更是具有地域特征的风景线。大运河宁波段运河聚落的农田景观能给审美主体带来闲适、自然的审美感受，充分利用农田景观与运河发展相结合，开发农业体验活动，还可以兼顾旅游的新兴业态与自然亲和力。

（2）人文资源

大运河宁波段对沿岸运河聚落的居民生活、经济产业、社会文化等各个方面都有着深刻的影响，推动了宁波地区的经济发展与文化传播，也展示了宁波地区运河聚落因为家族迁徙、传统思想、宗教民俗等诸多因素影响而形成的动态演进过程。宁波的运河聚落内保留有古民居、水利工程遗产等大量物质文化遗存，还拥有众多例如骨木嵌镶、泥金彩漆、古林草席等非物质文化遗产以及不同品类的缸鸭狗等老字号品牌（图5-4）。宁波的运河聚落具有悠久的历史文明，从而孕育了深厚的文化底蕴，拥有浙东学派文化、中西融合文化、宁波商帮文化、运河书香文化和近代工业文化这五大运河衍生文化，尽显千年古韵，对于挖掘运河聚落历史人文审美资源、创办多样的精神审美活动具有较大价值。

慈城古镇古民居

西塘河—新桥

水则碑

古林草席

泥金彩漆

金银彩绣

图5-4　宁波代表性人文资源（图文来源：宁波文化遗产保护网）

（3）发展定位

宁波段运河沿线拥有众多聚落文化遗产，包含古城、名镇、村落三种类型，古城类内含多处历史街区及文保单位（表5-1）。现如今，随着国家推进建设大运河国家文化公园，运河聚落在宁波段的规划与建设也愈发被重视。《大运河（宁波段）文化保护传承利用实施规划》于2021年5月正式出台，着重指出大运河宁波段将以展现海丝文化精髓的世界文化遗存展示带、凸显融合发展理念的运河文化旅游品牌带等为主要定位，以文化遗产保护与文化价值传承、运河聚落保护与功能提升，以及文旅融合发展产业活力升级工程等为规划内容。[153]其中，高桥老街与大西坝村作为大运河宁波段西塘河文化带代表性运河聚落，将作为大运河国家文化公园标志性项目加以推进，以文化遗产保护、文化价值传承为切入点打造体现运河聚落和宁波古城传统文化特色的综合性文化和旅游区。因此依据高桥老街与大西坝村自身的历史沿革优势与优越的地理位置优势，顺应政策规划的后期发展前景，利用自身特征与价值发展宁波特色的运河旅游产业，实现文旅融合，联动发展，成为大运河宁波段国家文化公园的重要节点。本课题也将以高桥老街与大西坝村地块作为宁波段代表性的实际场地进行分析、规划与设计研究。

宁波市运河资源列表（内容来源：宁波文化遗产保护网）　　表5-1

类型	名称		简介
运河古城	宁波古城	月湖历史文化街区	宁波城发端于姚江、甬江、奉化江交汇的三江口地区，西塘河、南塘河等人工运河引入，为诸多水系交汇的核心城市，是重要的交通枢纽。唐代成为全国四大港口之一。至今城区内还保存有古海运码头、使馆、会馆等众多体现港口城市特色的文物古迹。运河的沟通带动了包括佛教、伊斯兰教、天主教等众多文化的交流与传播，至今宁波城内保留有诸多宗教性文物古迹与历史建筑
		鼓楼公园路历史文化街区	
		秀水街历史文化街区	
		伏跗室永寿街历史文化街区	
		郡庙天封塔历史文化街区	
		天主教堂外马路历史文化街区	
		德记巷—戴祠巷历史地段	
	余姚古城	府前路传统商业居住街区	余姚位于浙东运河中心位置，是沟通绍兴、宁波的重要节点。余姚的“一水双城”格局在诸多运河城镇中是十分罕见的，独特的城市形态与格局表明了运河对其发展的直接影响
		龙泉山自然历史文化保护区	
	慈城古县城		为目前在江南地区唯一保存完好、具有严格规制的古县城。现城内保留了完整的县治格局
	镇海古县城		镇海老县城是镇海城市发源的起点，保留城址至今。现境内仍留有大量的海防历史遗迹
运河名镇	丈亭镇		位于运河姚江分流之处，形成三江口分流节点，见证了运河的开通与演变。丈亭镇作为水路枢纽地位得以提升，促进了商业的发展
	高桥镇		高桥镇，以桥命名，是因运河兴起的城镇。高桥地处后塘河与大西坝河的交汇处，自古是杭绍水路来甬必经之路
	马渚镇		位于马渚中河两岸，集市形成较早，店铺向河，河上船舶穿梭往来频繁，岸边停靠生意者不计，可见运河所带来的兴旺景象
	骆驼镇		位于中大河沿线，由于地处水陆交通要道，集市贸易逐渐发展，遂成为镇，为慈东之中心集镇

续表

类型	名称	简介
运河村落	半浦村	古村三面环水，位于姚江之滨，据交通要冲，是集居官、商、农三位一体的渡口古村
	斗门村	运河穿村而过，水陆交通便利。在南宋时期就已建设斗门、闸坝等设施
	大西坝村	位于内河与余姚江相接处，因运河而生。作为宁波府城最后一段航程的起点，大西坝古时为本地官府迎送官员的场所
	祝家渡桥	村以渡口而名。祝家渡边的祝江大桥是中国最早引入这类桥型时期的实物例证
	河姆渡村	以此命名的河姆渡文化反映了中国原始社会母系氏族时期的繁荣景象

5.1.2.2 大运河宁波段聚落文化遗产景观审美特征分析

（1）聚落空间格局

①临河长街格局

宁波城市水网密布，“临河长街”是宁波城市沿河地区独特的建筑形式，沿运河边建筑均为牌楼式建筑，其外廊既起到了遮阴避雨的作用，又是沿河商铺以外的半公共商业空间，也可以是船商们休憩或进行交易的主要场所，此类特色格局在高桥老街与大西坝村中均有明显体现（图5–5）。

高桥老街长街

大西坝村长街

图5–5　临河长街风貌图

②鱼骨街巷格局

受不同地理区位与宗教礼仪等因素的影响，大运河宁波段运河聚落形成了以河道为主轴，向两端线性延展的鱼骨式街巷格局。大西坝村具有独特的“大西坝河+临河长街+长弄”的梳子形街巷水系格局，[154]32–41以临河长街为街道空间主框架，垂直伸出五条长弄，并由众多支弄连接，将村子划分成一个一个小单元，起到隔离宅屋的防火作用。高桥老街受章氏一族的家族礼制思想影响，由明代开始在西塘河北岸依照礼仪序列进行规划建设，形成了“一街九巷五门”的特色空间格局，也就是1条东西走向的滨河长街、9条以民居建筑山墙为界限的南北走向巷弄、5处民居院落门头（图5–6、图5–7）。

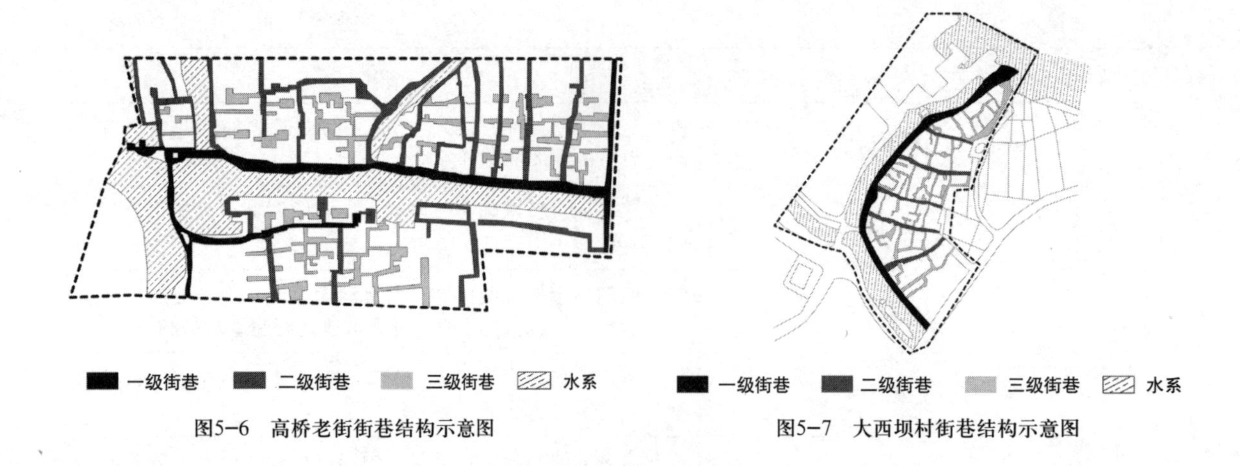

图5-6　高桥老街街巷结构示意图

图5-7　大西坝村街巷结构示意图

（2）聚落运河设施

①联内畅外的运河河道

贯穿大西坝村与高桥老街的运河河道为西塘河，从空间区位来看，西塘河起于集士港镇山下庄村，终于城西望京门，全长12公里。西塘河是浙东运河宁波城西入城河段，连接宁波城和姚江，承担着运河空间区位中通江达海大通道的“重任”（图5-8）。

从空间结构来看，宁波运河的每一条自然江河都配有一条或多条人工塘河，这样不仅能满足防洪治水、农业灌溉、船只运输等需求，而且不会对区域生态环境造成破坏，并且能确保整个区域的生态完整性，是中国大运河中唯一一段双系统同时存在的河段。例如，高桥老街段原有一条平行于西塘河主河道的人工塘河（现已填平），借此来避开天然河道由于曲折多变带来的危险，降低了内河船只航运被外江潮汐影响的风险。另外，高桥老街南岸的堤坝前设有一片水湾，民船在此处可以躲避官船，诉说着高桥老街作为人工运河支线节点的重要历史地位（图5-9）。

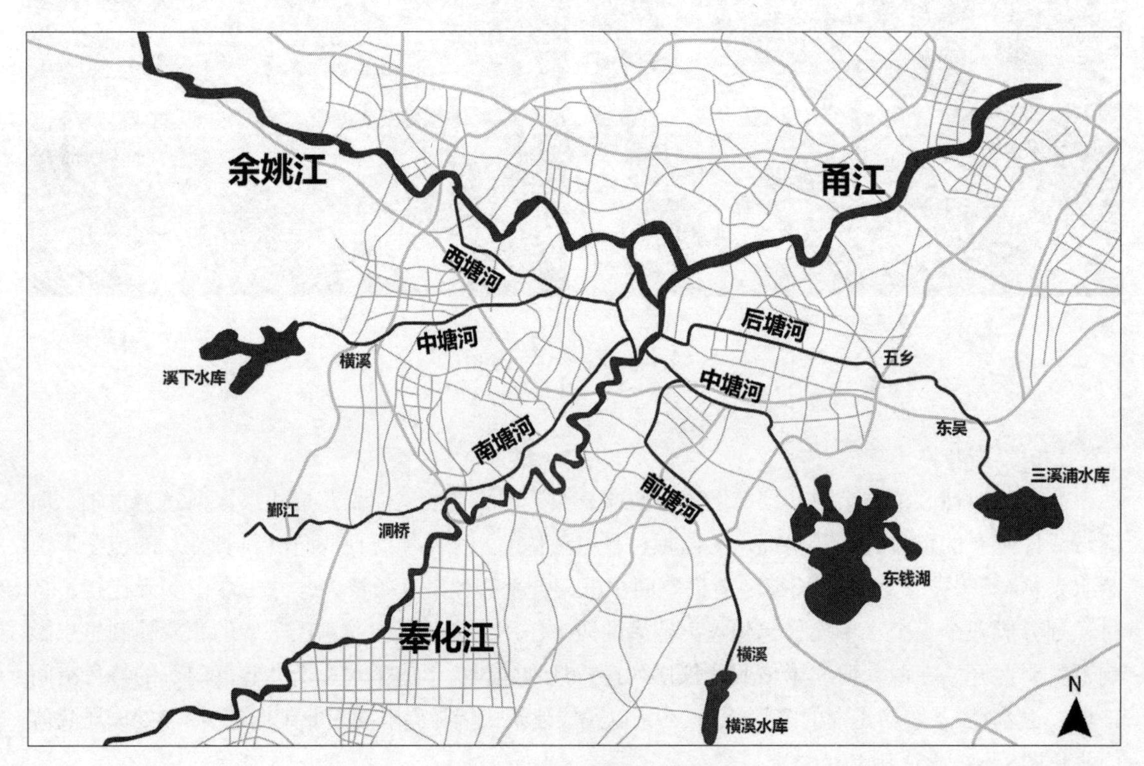

图5-8　西塘河区位示意图

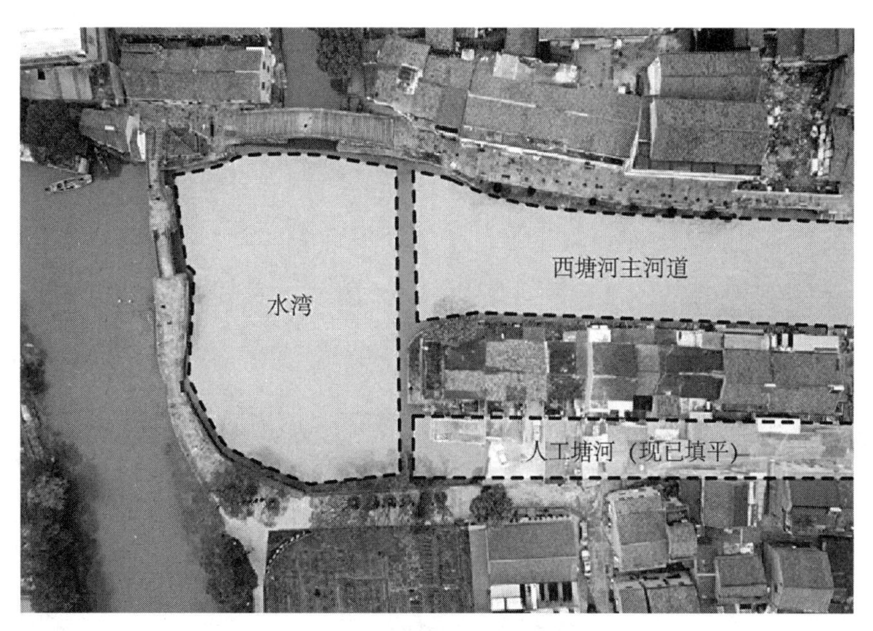

图5-9　高桥老街空间结构图

②形制高大的古桥梁

历史上西塘河段由西至东共有5个运河聚落（现仅存2个），其中除了大西坝村以闸坝为主要遗迹外，其他4处都是因桥而衍生出的聚落。本课题所研究的对象高桥老街与大西坝村所覆盖地区内最具代表性的古桥梁遗产为高桥。从空间区位来看，高桥位于大西坝和西塘河的交汇处，自古以来都是运河重要节点和水路交通要冲，也是如今大运河宁波段国家文化公园的关键节点。从结构形制来看，高桥为一座单孔马蹄形石拱桥，桥顶为方形平台。桥孔内北侧有1米宽的纤道，桥西侧设有镇西横桥。洞高、孔大是它的特点，有“船舶过往而风帆不落”之说（图5-10、图5-11）。从装饰纹样来看，高桥南北两侧拱券顶部镶嵌有阴线双钩楷书的桥额石匾，特殊的是高桥桥额镌刻的并不是桥名，而是吉祥如意类的话语，南侧桥额“指日高升”，北侧桥额“文星高照”，而桥南北两侧拱券旁设对联石，其话语与桥额对应。可见南侧是对古时回甬做官的人说的吉利话，北侧是对进京赶考的读书人说的吉利话，也能看出当时高桥一带人文之兴旺（图5-12）。

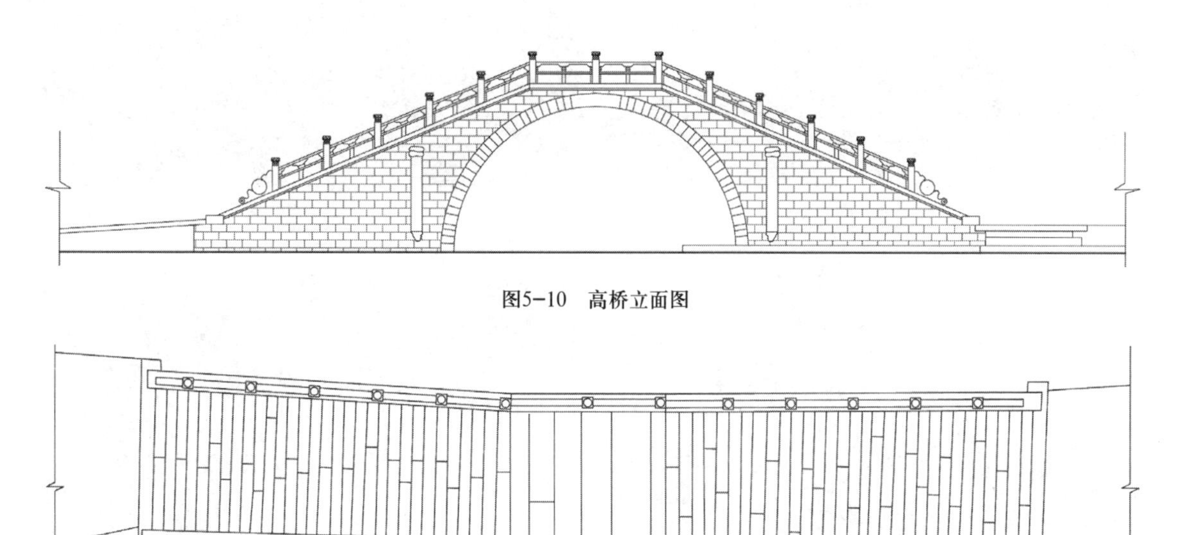

图5-10　高桥立面图

图5-11　高桥平面图

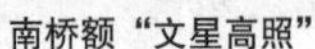

南桥额“文星高照”

北桥额“指日高升”

图5-12 高桥桥额

③运作科学的水利遗产

大西坝村中拥有众多运河相关水利遗产，包括大西坝旧址、大西坝闸、大西坝翻水站以及大西坝渡，它们各自发挥着自己的作用，并与其余遗存环环相扣，相互配合着进行系统性的科学运作，强有力地见证着运河的过往，诉说着运河之上的理性与科学（图5-13）。

其中，为全国文物保护单位的大西坝闸南北横跨于大西坝河之上，为闸坝一体的单孔水泥闸，由碶闸主体、桥及管理办公室三个部分组成，属于闸坝结合的工程形式，是运河对控制工程船只通行、水量交换两种功能要求下的产物。闸口的北侧还存有电动升船机的遗迹，其与北面的大西坝翻水站构成了一套完整的由水闸、船坝、排灌水站等部分构成的水利工程系统。

大西坝闸

大西坝旧址

大西坝翻水站

大西坝渡

图5-13 大西坝村水利遗产

（3）聚落建筑风貌

高桥老街与大西坝村中的运河聚落建筑类型主要分为四种，分别是民居用途的合院型院落、H型院落、商铺型院落以及公共用途的休憩凉亭（图5-14）。在建筑形制上，合院式院落均由正厅、厢房、门厅组成，规模宏大，屋顶形式主要为重檐硬山顶，结构装饰较少，朴素典雅。H型院落整体呈纵向长方形，院内房屋不规整，不统一，但又自成体系。商铺型院落建筑门窗均开向界面，利用建筑外廊起到遮阴避雨的作用，在沿河一侧形成半公共商业空间，院落靠近河畔，多设有洗衣平台与座椅，供生活休憩之用[155]。休憩凉亭现主要存于大西坝村中，高桥老街原河埠头处也曾设有众多休憩凉亭，后因经历战争而损坏，随后被拆除。现存的此类休憩凉亭多为穿廊形式，抬梁式建筑，双坡面屋顶，面宽四柱三间（图5-15）。

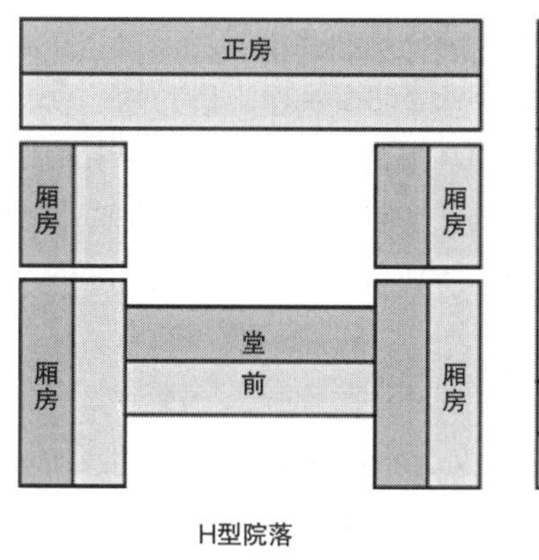

H型院落

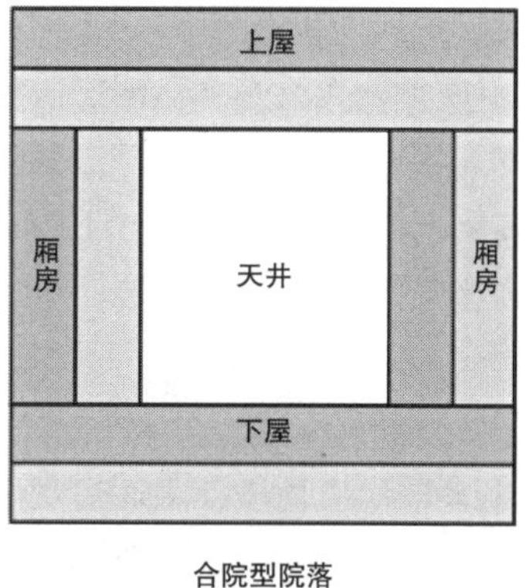

合院型院落

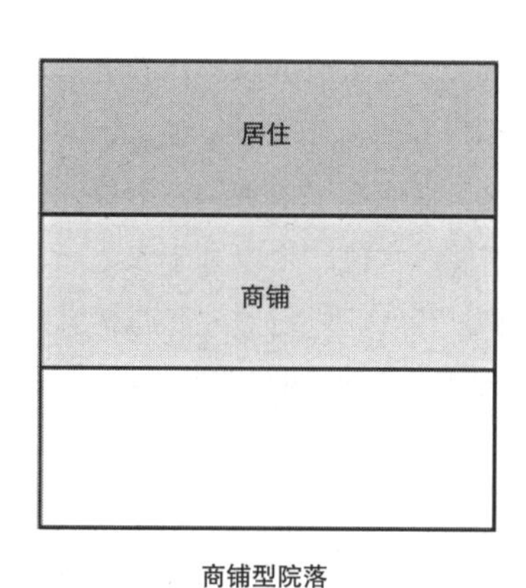

商铺型院落

图5-14　院落类型示意图

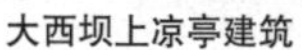

大西坝上凉亭建筑

大西坝上凉亭“水”字纹样

图5-15　大西坝村上凉亭

在建筑材料与装饰上，除合院式院落为木结构建筑外，其余建筑均为清末民初时建造，采用青石砖堆砌而成，表面抹灰，用小青瓦装饰。休憩凉亭屋顶处有“水”字纹样装饰，石柱上阳刻楹联，主要记录与形容当年运河商贸繁荣时船只南来北往到此问津，在这些凉亭下歇息的景象。

5.1.2.3 大运河宁波段聚落文化遗产景观审美价值分析

大运河宁波段的运河聚落涵盖了运河河道、运河设施、古桥梁、闸、坝、运河民居等具有代表性的运河文化遗产，是能够纵览自然美景与风土人情的自然风光长廊，也是一座内容绚丽多彩的历史文化宝库。美的存在形式根据其所在领域的特性，可被分为形态美、技术美、文化美、社会美等，而大运河宁波段的运河聚落几乎囊括了各种形态的美，具有全面的审美价值，深入挖掘其审美价值能够让古老的运河在发挥经济效益的同时，更好地服务于现今的文化建设，让人们直观地体会到中华民族深厚的文化积淀，从而增强民族文化自信与家园自豪感。

（1）形态美

大运河宁波段运河聚落的格局表现出与运河密不可分的形态特征，即以运河为主轴，沿河街道为主干街道，它不仅是水路运输的重要通道，同时也是聚落直接联系的纽带、货物运输的主要通道。沿河街市是人们在日常生活中聚集、交流的主要空间。沿街分布商铺、住所、作坊等具有公共性与生产性的建筑，构成了沿河的特色街市空间，并以此沿主河道向内侧线性延伸。街巷空间整体呈现出鱼骨状的布局，构建出了整个空间体系的主要框架，具有区别于其他类型聚落的，属于运河聚落的独有的形态美。

（2）技术美

大运河宁波段自然江河与人工塘河复线并行、因势取舍，形象地记录和反映了中国古代水利、潮汐、航运技术在不同历史阶段的重要变革，对运河科学史的研究有着重大的意义，[154]32-41充分体现了技术美的内涵。尽管大运河改变了中国大部分河流由东向西流的基本格式，但仍然要顺应水往低处流的自然定律。在这样的规律驱使下，无论是大运河宁波段的河道，还是河上的桥梁、闸、坝，都形成了丰富的精妙设计，例如大西坝村中大西坝闸与大西坝翻水站相互配合，既用于控制大西坝河水位，也以利于农业灌溉。高桥老街的镇西横桥及其引桥的设置能够使古时庞大的官船在此及时转弯，以避免船只行错方向。在这些精妙设计中，可以说处处都体现了技术美，使我们不得不佩服古人的聪明才智。

（3）文化美

在大运河宁波段运河聚落中由众多的历史环境要素而衍生出的文化特色形成了独特的历史文化美。凉亭、题刻、埠头、古桥等环境要素中不难看到许多文人墨客的痕迹，例如高桥的桥联“巨浪长风想见群公得意，方壶圆桥都从此处问津”、大西坝村上凉亭的“雨夕风晨也堪托足，南来北往到此问津”[156]，既承载着普通住民的集体记忆，也让人透过文字直观地感受到“千帆来往”“运河商贸”等旧时景观。它们反映着各时代的思想文化成果和科技文化成果，历史人物和事件赋予其特殊的文化内涵，由此衍生出宁波特有的运河文化和诗词文化等，将宁波地区的社会历史发展与运河聚落的互动关系生动记录与呈现，是宁波近代社会的“活化石”。

（4）社会美

社会美体现在各种坚忍不拔的人们征服和改造大自然的活动中，也表现在其他的社会生活进程里。大运河宁波段修建的过程中，曾经的纤夫为了把漕粮安全、准时地送到目的地，需要团结一致，排除万难，日复一日在高桥的石墩上留下了纤绳的痕迹。在漫长的运送漕粮的拉纤路途中，他们结成了手足情谊，这样的团结互助，就是一种社会美。

5.1.3 沉浸式运河聚落文化遗产景观空间的设计原则

5.1.3.1 运河历史遗产保护原则

伴随着大运河宁波段总体运输功能的衰退，沿线运河聚落的水利设施等也随之衰败。作为运河聚落变革的重要历史见证的众多运河文化遗产设施在高桥老街与大西坝村中普遍存在着保护现状欠佳的情况。对于区级及以上的文物保护单位，遗产保护方式普遍简单化，仅为加以简易修缮后添加说明牌，或将文化遗产外围设栏杆，简单粗暴地阻止人们进入。对于未被列为文物保护单位但也与运河发展有着直接联系的遗址和遗存环境，没有进行有效保护，场地内村民对其保护意识低，例如具有工业特色的大西坝翻水站在废弃后成了村民们堆砌生活垃圾的地点。对此，在沉浸式运河聚落文化遗产景观空间的设计中需要首先遵守遗产保护原则，特别要保护好闸、桥和纤道等相关水利设施以及沿岸街巷格局和传统建筑物等物质文化遗产，以及这些运河遗产依托的周边环境。严格根据文化遗产保护的要求，对于运河密切相关的历史遗迹加以留存与保护。

5.1.3.2 运河环境风貌整治原则

大运河宁波段运河聚落历史演化过程复杂。伴随着陆路交通的兴起和发展，运河逐渐退出运输舞台，城乡经济出现转型，人们的生产生活方式也发生了天翻地覆的变化。与此同时，运河聚落的规模、格局、景观风貌等方面都有了很大的演替，运河聚落中与运河有密切关联的功能逐渐消匿。高桥老街由于前期规划前瞻性欠缺，在经过了几个时代的更迭后，目前的街巷现状呈现出了错综复杂的面貌，形成了明清浙东传统民居与20世纪70年代的现代化房屋共存的风貌。另外，明代章氏家族全盛时期所修建的四处三进院落构成了高桥老街后期的空间脉络逻辑，后来因为章氏家族的没落而丧失了对整体空间建设的把控，传统的内在逻辑构成遭到破坏，街巷肌理破碎。同样的问题也在大西坝村存在，重要历史民居外墙随意涂刷颜色，为改善生活质量拓展居住面积，乱搭乱建破坏了原有街巷格局的情况屡见不鲜，严重影响整个运河聚落的视觉体验与景观风貌。

对这类运河聚落现状问题，应将其看作是运河的基础环境问题进行整治，坚持风貌整治原则。对整治区域进行分级，在靠近运河河道两侧的一定范围内，对与整体风貌景观不和谐的建筑进行拆除或改建，并对其形式、体量、材质、色彩等要素进行系统性的调控和引导，使其与运河聚落的历史环境保持整体和谐。此外，还应保护运河聚落的原始格局，保护聚落伴随运河发展的历史脉络痕迹。对构成运河城镇、街区的历史街巷骨架、肌理环境进行保护，避免因建设、拆除而造成的街巷肌理格局的破坏。

同时，由于历史原因，高桥老街与大西坝村地块内都是老旧建筑，电力线路、消防系统、供水系统等市政设施老化严重，存在诸多隐患。需要改善运河聚落内的基础设施风貌，完善其周边配套服务设施，同时改善运河聚落内的居民生活环境（图5-16）。

高桥老街老旧建筑

高桥老街基础设施风貌

图5-16　高桥老街现状图

5.1.3.3 运河传统文化传承原则

大运河宁波段内的每一个运河聚落都存有其独特的运河历史与人文气质。例如，运河推动了高桥老街与大西坝村的商贸文化与家族文化的产生，成为这两个运河聚落发展的灵魂，然而伴随着运河的衰败，地域精神也随之渐渐消逝了。场地区域内因为运河航运功能的消失，河道功能变得单一，各遗产功能性消退，彼此之间失去了关联与互动，使得整体运河文化遗产景观丧失了活力，无法充分展示运河的历史文化氛围。所以，在沉浸式运河聚落文化遗产景观设计中，需要活化运河文化遗产，以文化传承的原则为中心轴，打造具有特色的古运河文化氛围体验空间。

（1）历史文化特色提取

运河相关的古民居、古桥梁、风俗活动、文学艺术中都蕴含着众多的设计元素与灵感，可以从中提炼出能够传承运河文化概念的符号融入景观设计。同时，传承运河文化既要提取历史文化符号，也需要顺应和结合时代发展的要求，运用新技术、新工艺等，让运河文化在现代生活中传承发展，满足现代人对新时代运河文化的精神追求。

（2）民俗文化特色展现

表现民俗风情与人文特性，应该挖掘当地非物质文化遗产、名人轶事与居民风俗习惯，与建筑、文物等物质文化遗产相比，是活态的文化遗产。将其与场地规划设计相结合，策划植入现代技术与地域特色相结合的体验活动，是充分展示当地文化特色的重要载体。

（3）自然文化特色延续

沉浸式运河聚落文化遗产景观设计中需要充分尊重自然规律，提高运河景观的生态效益。挖掘地域气候、植被等特征，增强运河生态性的同时，能够通过对水文或本土植物等自然景观的运用，再现运河聚落的生态性和传统文化特色。

（4）运河文化科普教育

引导运河文化走入市民生活，在运河畔设立运河科普教育课堂，增设面向不同年龄段、不同人群的运河文化体验活动，设立大运河宁波段博物馆等科普空间，拓宽运河文化受众面，加强运河文化传播力度。

5.1.3.4 运河文化旅游融合原则

在遵循了以上的沉浸式运河聚落文化遗产景观设计原则后，还必须积极推进个体的运河文化身份与群体的运河文化共同体之间的同构，提出运河文化可持续传播的运营手段。随着全国各地对于特色传统文化景区的开发，文旅融合的热潮来临，物质商品所附带的文化符号逐步与地域文脉特色以及城市文化特征联系在一起。这一现象的出现，一方面，会促进各地地域文化特色的提取，通过强化地域民族文化特质构建地域文化认同与文化自信，进而通过文旅产业配套开发，在提高经济效益的同时增强其地域文化吸引力与影响力；另一方面，也会导致部分景区因为过度追求商业效益而忽视了对运河聚落的保护宗旨，导致了部分文化遗产或传统建筑的保护性破坏。

因此，为了防止大运河宁波段运河聚落被过度开发，必须保留运河原住民的生活情境、日常情境，保护运河聚落的原生态特征，在强调和凸显运河聚落的真实生活、文脉延续的同时，采用保护性介入手段，采取新技术开发，引导多产业联合发展。尽可能增强政府的干预力度，防止过度化的商业开发，依照运河聚落的文化遗产类型以及历史文化特性，采取针对性措施，加强文化产业与旅游产业的共生共荣。也需要在满足近期规划的文旅融合条件下，考虑国家规划指导要求以及宁波城市未来数十年的规划统筹安排与城市发展需求，保障落实运河聚落规划设计各个阶段的效果需求，实现大运河文化的可持续发展。

5.2 沉浸式运河聚落文化遗产景观空间的设计营造

5.2.1 沉浸式运河聚落文化遗产景观空间的设计方法

沉浸理论为我们阐释了体验主体在体验过程中进入沉浸状态的原理，将一种具有短暂性、主观性的内在体验过程，归纳成一套系统的方法论。这套方法论对于运河文化遗产景观的沉浸体验实现具有较强的应用价值。那么，在沉浸式运河聚落文化遗产景观空间设计之中，我们可以将其通过感知觉触发、情感统觉激发以及伦理意识延伸三个循序渐进的阶段过程落实于实践，促进体验主体“了解—感受—触动—审视—认同—延伸”的文化体验节奏建立（表5-2）。

沉浸式运河聚落文化遗产景观空间的设计方法　　表5-2

设计阶段	设计内容	体验节奏	设计目的
触发感知参与	①满足体验主体共性体验需求	了解—感受	意象感悟
	②架构相应时间空间体验序列		
	③营造相关运河生活情境氛围		
	④把控景观环境物质风貌要素		
激发情感统觉	①满足体验主体个性体验需求	触动—审视	心流体验
	②完善客体空间文化意象建构		
	③加强主客交互交融动态引入		
延伸伦理意识	①构建运河专属文化交互媒介	认同—延伸	文化弘扬
	②拓展运河文化传播资源途径		

5.2.1.1 触发感知参与

为了实现对体验主体的感知觉触发，必须引导和促进体验主体抱有明晰的体验目标后再投入到相应的体验活动之中。而此时的体验客体需要即时地针对主体的体验目标做出反馈，从而能让主体确认自己没有偏离基本的体验方向，以保证接下来的体验连续性。同时，客体还需要在体验过程中针对主体的实践水平不断调试自身的体验难度，力求主体在体验时所面临的挑战与其所具备的技能达到平衡，使主体在体验过程中能够保持放松与专注之间的有效调节。

因此，在进行沉浸式运河聚落文化遗产景观空间设计时，为了促使体验主体沉浸状态的产生，首先需要结合针对不同的运河文化体验人群特性及其体验目的的调研结果，明确各人群的体验需求与体验结果导向，再以此为依据倒推式展开相应的体验过程设计。其次，需要从各感官层面出发，把控运河文化遗产景观环境物质要素风貌、营造相关运河生活情境氛围、架构相应时间空间体验序列，由此向体验主体传递相应的环境信息以及引导其体验行为发生，降低体验主体对于运河文化遗产景观环境的体验陌生感与无措感，使之明晰接下来在此空间中将要进行的体验活动阶段。力求在体验主体进入运河文化遗产景观空间之初就通过各感官的相互配合激发其对空间氛围的综合感知与了解，从而获得对于运河文化环境切实与直接的表层体验，为接下来体验主体形成沉浸状态奠定良好的基础。

5.2.1.2 激发情感统觉

为了实现对体验主体的情感统觉激发，更好地引导体验主体进入沉浸状态，对于运河聚落文化遗产景观空间的体验不应只局限于对象化感知层面，也需要促进主体对客体的参与，使主客体交互交融。因此在这一阶段的运河聚落文化遗产景观空间设计既要满足体验主体的共性功能活动需求，也要结合不同人群的个性精神需求，充分针对不同的主体特性调动体验客体的各项感官功能，完善客体空间的意象建构，提供促进沉浸状态产生的物质场所，通过空间中的运河文化符号元素分布将无形的文化场域化作可视可参与的体验场景，对体验主体的感官进行吸引与延伸，吸引主体对客体产生高度集中的注意力，从而实现人们的自我意识与运河文化遗产景观空间相融合。

此外，为了使个体文化体验者能够更深入地与运河文化遗产景观以及他人进行交互交融，可以通过数字交互媒介的应用，高效新颖地引导体验活动在动态过程中发生，将人、文化遗产、运河景观空间更紧密地连接，建立起人与人、人与物、人与空间的互动，组成多方位全面渗透的完整运河文化沉浸体验链条，从而超越沉浸体验在条件阶段的对象化感知，达到知觉融合的身体化感知层面，引发接下来人们对于运河聚落文化遗产景观以及运河文化的关爱。

5.2.1.3 延伸伦理意识

经过了前两个阶段的感知觉以及行为情感体验之后，上升到了精神层面，经由“触动—审视—认同”的体验节奏，达到主客合一的深度融合、体验主体伦理意识激发的效果阶段。在这一阶段，因为体验主体长时间保持着高度的注意力，导致进入沉浸状态之后屏蔽或者削弱了不相关的感官，由此逐渐减弱了自我意识，放大了从空间意境中感受到客体对其的情感触动，从而产生时间感的改变与时空错觉，形成了由心而发的深度参与感，[157]到达了米哈里所说的心流状态。在这一状态所带来的情感触动下，人们对于运河聚落文化遗产景观空间场景所承载的文化记忆与情感的共鸣被放大，产生场所认同感与归属感，获得对运河空间意象的感悟，引发人们对于运河遗产景观的审视与思考。

以上所描述的复杂的心理过程，不仅是人们对于运河文化遗产景观的深化了解与认知的过程，也是个体意识与运河文化体系的共振过程。这一过程不仅激发了主体对文化共同体认同性情感的发生，也使人们在理解运河文化遗产景观的过程中加强了自我理解，构成了自我文化身份的建构。基于此体验效果，需要积极应用数字媒体技术，构建文化交互媒介，由此促进人们在当前以人为中心的、以泛在网络为基础的、以沉浸传播为特征的第三媒介时代下，[158]自发开拓在数字网络或现实生活中的运河文化传播。使运河文化传播在沉浸体验之下不仅仅是以大运河国家文化公园的设计者为中心的，只在限定体验时间或限定环境空间之下的文化单向度传播，更是无时无刻、无所不在、去中心化的，由每个文化体验者共创共建的文化泛众传播状态。

5.2.2 空间造境：营造氛围的表层体验建构

当沉浸体验建立在大运河文化遗产景观空间之中时，空间造境是促进人们到达沉浸状态的首要步骤。空间造境可分别以序列化空间营造、对象化空间营造与场景化空间营造三种形式展开。通过不同的营造手段，组织空间物质要素构建明晰的文化遗产景观空间，以特色的空间意象传递空间故事，打造使人更容易达到沉浸状态的空间，为主体体会空间意境奠定基础。

5.2.2.1 规划空间序列化形态

在大运河文化遗产景观空间中营造特定氛围，空间序列的打造是非常关键的，它不仅关系到整个空间情绪氛围的传达，也关系到空间故事的叙事和体验。[159]宁波西塘河曾是宁波古城最后繁忙的水路。旧时宁波人出城北上，或者外面的人到宁波来都要经过西塘河，尤其是各地的商贾，可以说是日过千帆。西塘河流经之处共有望春桥、新桥、上升永济桥与高桥四座古桥，像这样多个同性质的历史遗迹设施依照既定序列规律地排布于运河上的风貌是很少见到的，其建造与周边聚落发展过程息息相关，见证了运河的开凿与演变，为宁波运河文化的重要载体。

基于此遗产历史与文化特征，在大运河文化遗产景观整体的空间序列规划上可以以西塘河为轴线，挖掘两岸各运河聚落的历史文化和都市休闲价值，通过对象化节点的组合与罗列，利用线性序列连接贯通，形成体现西塘运河带特色的公共活动廊道，在此基础上构建一条既包含系统逻辑又有不同层次分工的运河文化空间体验链条，营造具有整体性又有独特性的明晰的空间序列。

为了充分发挥运河文化在城市保护中的核心地位，在具体设计中，规划大西坝村、高桥老街与永济桥、望春桥多点联结，形成具有代表性与辨识性的历史空间坐标（图5-17）。自东向西依次形成四个运河聚落文化体验节点，分别为望春桥运河文化荟萃展示主题区域、永济桥运河文化故事诉说主题区域、高桥运河文化沉浸体验主题区域、大西坝运河文化记忆奏鸣主题区域。其中重点以高桥老街为核心打造运河创意文化街区，改造大西坝村形成古运河风貌文化体验村。在不同的运河聚落文化体验节点连接组织上，开通城市运河水上交通，打造舟行视角的城市文化观光游览通道，针对居民的需求增设西塘河健身线路，在日常中将运河文化植入城市文化之中，以此来可持续提升居民的文化认同感，而不是仅仅以历史景区的惯用设计方法来迎合游客的短期需

图5-17　西塘河节点主题规划示意图

求。以期将运河聚落纳入宁波城市的有机休闲系统中，弥补在宁波城市发展过程中因运河文化脉络缺失而留下的空白。

在具体文化体验主题区域空间功能规划上，依据文旅融合建设策略的指导，在场地内划定外围服务配套区、核心保护区、文化演绎区以及环境协调区四块功能区域范围。将每块功能区依据运河聚落特性进行功能细化植入，在大西坝村形成“老厂房文创区域”“大运河文化展示区域”“村民配套生活区域”“运河古村文化生活区域”“旅游服务区域”以及“滨江绿道区域”等功能区。在高桥老街中规划形成“市井文化体验区域”“官制文化体验区域”“运河文化体验区域”“民宿体验区域”等功能区（图5-18、图5-19）。

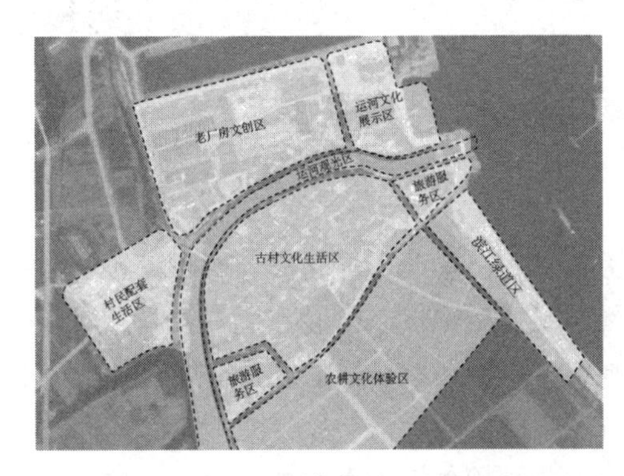

图5-18　大西坝村节点功能分区示意图

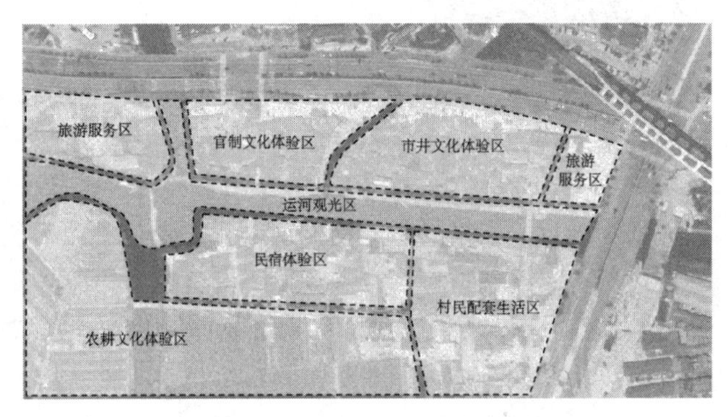

图5-19　高桥老街节点功能分区示意图

5.2.2.2 组织环境对象化要素

“对象化”是指将物质对象与周围环境割裂开来，只感知这个对象自身纯粹的形式特征。为了实现运河文化遗产景观空间的对象化，需要把握景观环境的整体风貌。因此，需要强调进行运河遗产保护，针对运河文化遗产展开保护与整治，提升其本身的观赏性。针对高桥老街与大西坝村中原有的文物保护单位以及文物保护点的保护与整治，例如高桥、大西坝旧址等遗产，不可任意更改其原有环境和历史面貌。必须在相关专家的指导下，按照历史遗迹的原样进行必要的修缮，做到“修旧如旧”“新旧有别”。针对保存尚好的运河沿岸建筑，通过对现有遗存建筑的构造、形式、色彩等元素进行提取，结合现代技术进行修缮，对于损坏严重的历史遗存建筑采用改造介入的方式，使新旧建筑处于同一空间（图5-20）。

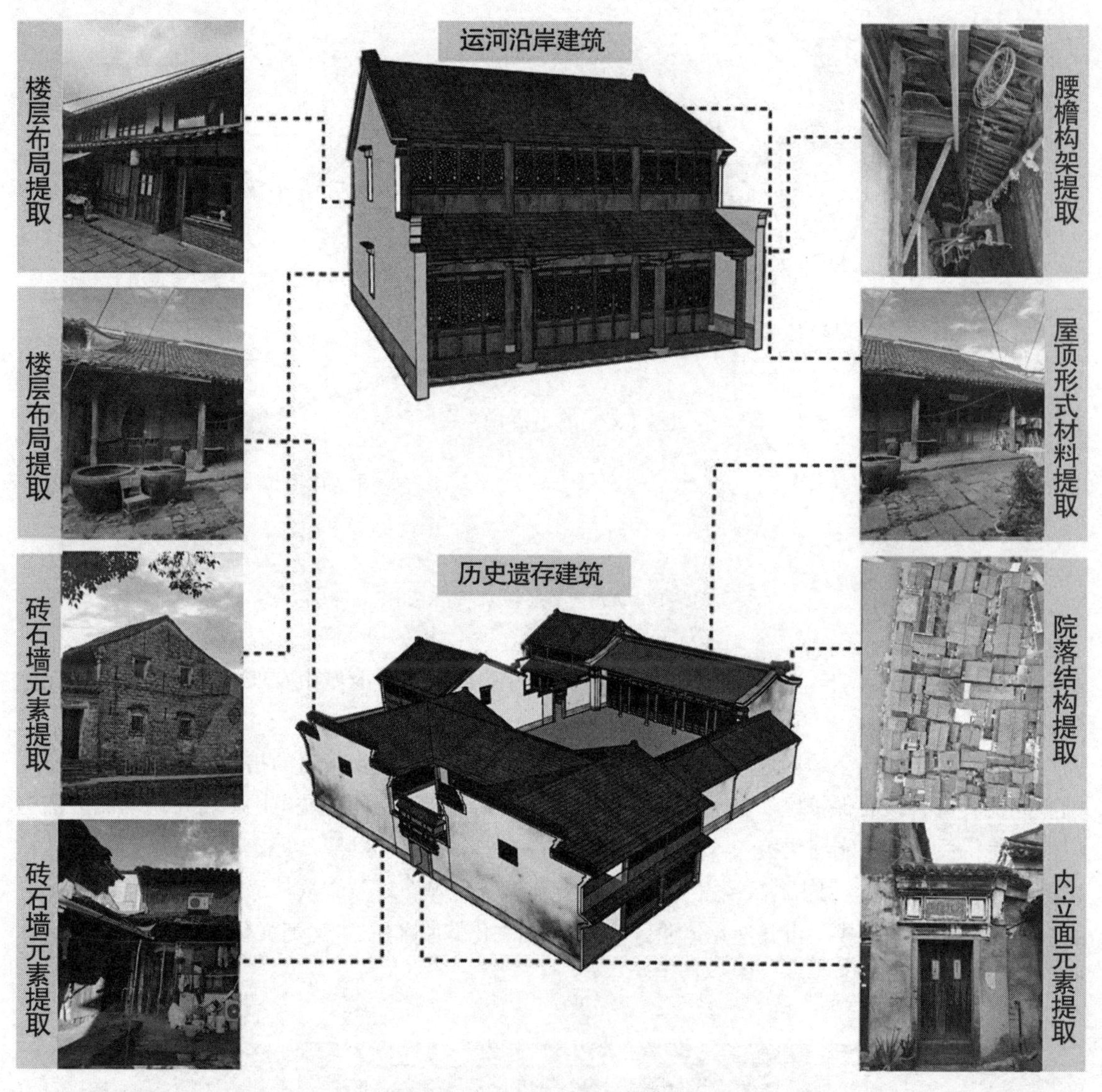

图5-20　运河历史遗存建筑修缮示意图

强调进行历史格局修复，再生运河文化遗产景观的历史空间格局，梳理高桥老街与大西坝村地段的历史结构建造逻辑，恢复传统街道的公共性，复刻居民场所记忆。通过维护与强调沿河街巷的领域性、保存历史街巷的整体走向与尺度规模、控制街巷界面风貌、标识历史街巷名称等手段，解决次巷加建挤占、断头道路众多、交通联通性欠佳等问题。拆除与整体氛围不符的临河建筑，展示运河河岸景观，以及拆除后期改建的院墙，疏通街巷结构，重现高桥老街的“一街九巷五门”历史格局，以及大西坝村的原始“船型”聚落格局以及临水传统街巷格局。在重新赋予街巷形式逻辑与空间规律的同时，也能够增强空间可达性，同时也确保了居民的居住便利，并为游客与周边市民创造了一个整洁的运河观光游览环境（图5-21、图5-22）。

强调进行运河风貌整治，高桥老街与大西坝村附近由于城市建设范围的扩张、发展重心的转移，历年来提倡减少对这两个地块的干预，但在实际实施中周边地块与相关基础设施的改动难以推进，导致地块内建筑风貌混乱不统一，周边环境破旧。对此需要使原有运河聚落的风貌得以恢复，拆除不符合运河整体风貌的构筑物，通过地缘性材料、传统结构、特色文化元素形态的提取，恢复原始的建筑两侧立面形式，保护现存的传统铺装，恢复已消失的传统铺砌方法，在环境系统中置入地域性符号，营造观察性风景画式的环境空间，保存与再现传统生活空间的形态美与人文历史生活样貌，使人们在景观环境中能感受到运河街景与市井街巷的氛围之美（图5-23）。

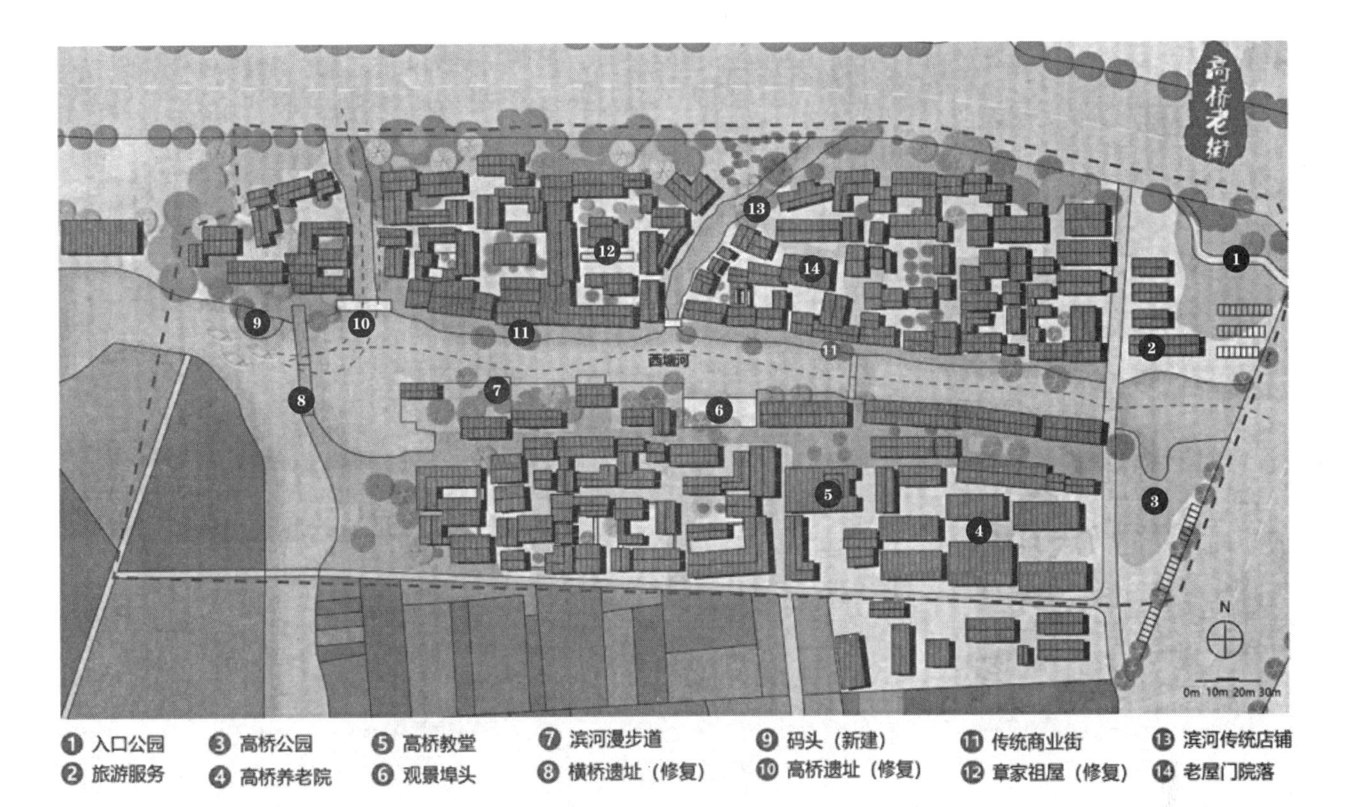

图5-21　高桥老街平面图

图5-22　大西坝村平面图

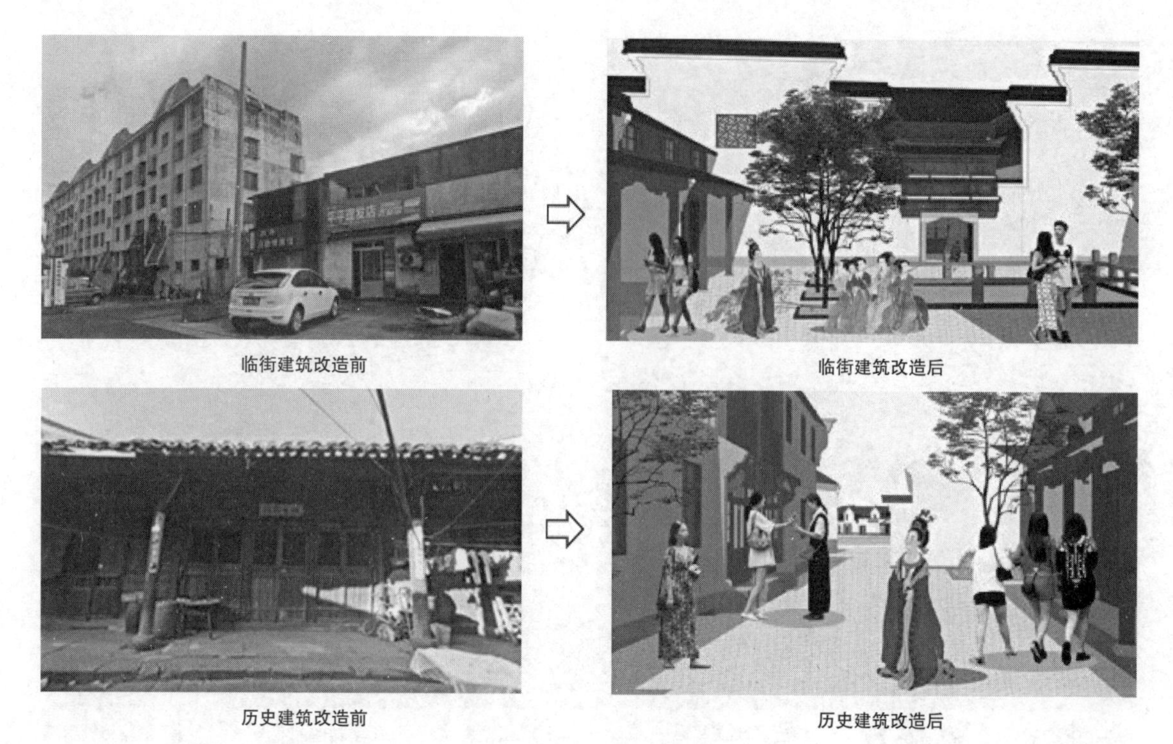

图5-23　建筑节点改造示意图

5.2.2.3 营造特定场景化氛围

“场景”涵盖了人、时间、空间的联结。在大运河文化遗产景观空间营造特定的场景氛围，需要增强场地内的标识性，保证游憩路线的通达，强调流线引导和标识设置，开发多元路线，增强人们在景观场景中的流动性和感官的连续性。还需在运河沿岸修建连续性的步道，以方便市民和游客在此进行观光、运动等日常活动。在大西坝村滨河带设置自行车观光骑行道，在西塘河上设置游船观光线，以此来建立多元立体的通河游憩路线，体现运河观光路线的连续性、丰富性以及历史性（图5-24）。

图5-24　游憩路线改造示意图

要对点状遗存进行功能性再利用，在充分尊重原有场地特征的基础上，恢复空间功能或注入新功能的使用，采用柔性介入提升的方式，保存与再现传统运河空间形态与人文历史生活样貌，复刻场所记忆。例如，运河遗产里最常见的船坞，虽已闲置数年，但曾经与之相配的驳岸现在看来则是别有一番风味的观景平台。以此类推，通过此类场景化空间的营造，在高桥老街中将历史遗存的亲水码头扩大面积，设置路亭供来访者休憩，也可以将沿河建筑前的空间改造成为观景平台，使原有的运河生活气息与现在的游憩氛围相融合，从而延续年代的声音，缝合时代的记忆（图5-25）。

高桥老街亲水码头改造前　高桥老街亲水码头改造后

高桥老街观景平台改造前　高桥老街观景平台改造后

图5-25　点状遗存节点改造示意图

依据区域内各个文化遗产与河道的距离赋予其不同的公共空间新功能。临河建筑需按照传统民居的形制进行必要的修缮，同时注重其与水体的互动关系，结合空间的实际现状将庭院空间进行改造，设置公共休闲、小型展厅或者恢复高桥老街与大西坝村原有的滨河集市活动来增添场地活力。对于巷弄之中的建筑需要进行分类改造与再利用，传统的院落根据原有的布局还原旧时的情境氛围，而新建建筑则是需要结合传统民居的元素对其院落进行结构模块化的建造，并按传统序列排布，注入新的场景功能。使场地内情境氛围呈现多样性，让新旧相生、动静并存。

要设置一定规模的商业服务空间，为现代休闲场景的打造提供机会。高桥老街与大西坝村的商业功能业态植入要兼顾旅游区服务和原住民日常生活所需的商业服务相结合，建设中要避免对传统空间造成建设性的破坏。随着城市空间的发展，人们对城市休闲系统的需求逐渐向高品质、高水平转变，所以大运河文化遗产景观空间的业态功能植入应与传统的以旅游为主的历史街区相区别，需以满足基本的生活服务需求为前提。例如：改造原有工业厂房建筑为大西坝运河公园博物馆并附有商业性的空间；恢复高桥老街沿河商业街民俗文化风貌与功能，引导宁波地方性特色品牌入驻经营；预留场地区域内的传统庭院、临河埠头、建筑二层等空间，引导居民自主根据空间特性创造灵活可变的商业场景空间等多种业态和形式的建设项目（图5-26～图5-32）。

图5-26 公共空间节点改造示意图

图5-27 高桥老街运河商业街效果图

图5-28　高桥老街商业内街效果图

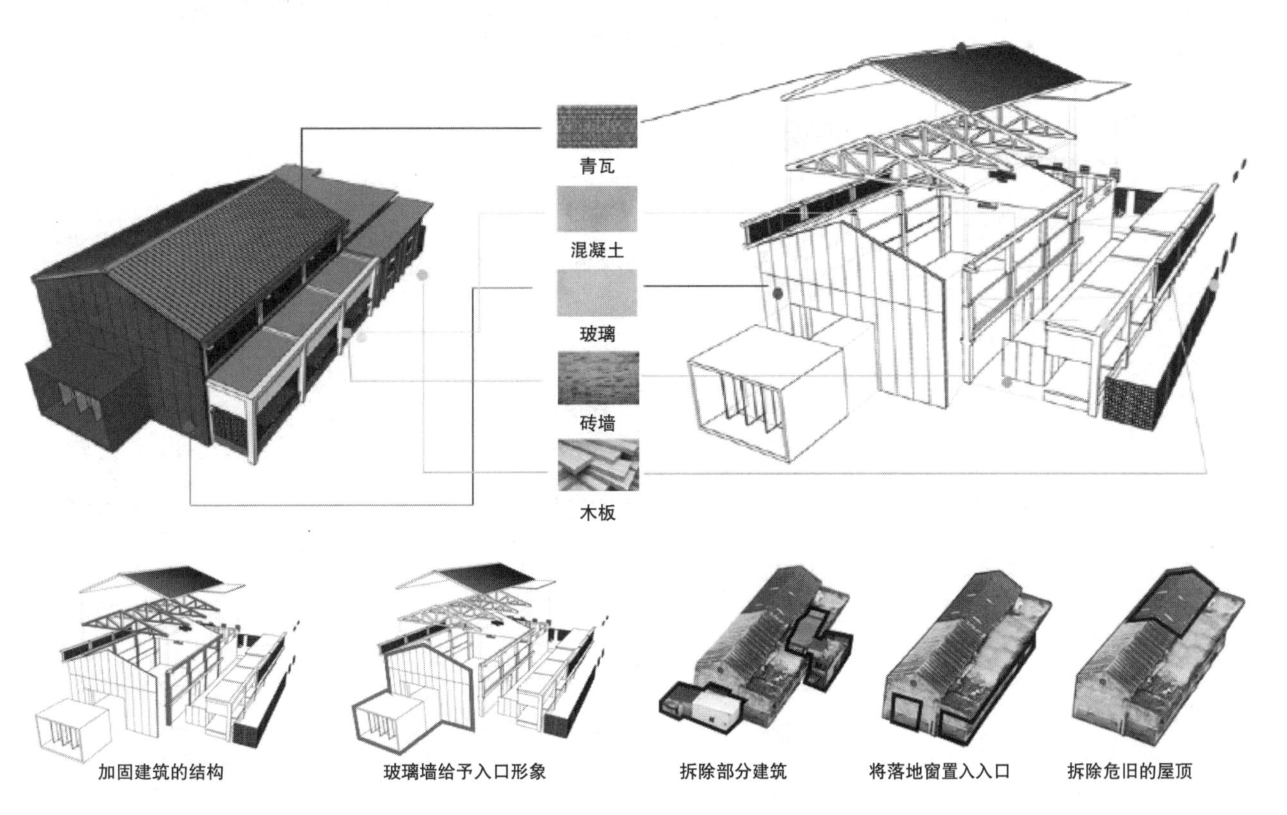

图5-29　大西坝运河博物馆改造示意图

图5-30 大西坝运河博物馆立面图

图5-31 大西坝运河文创中心效果图

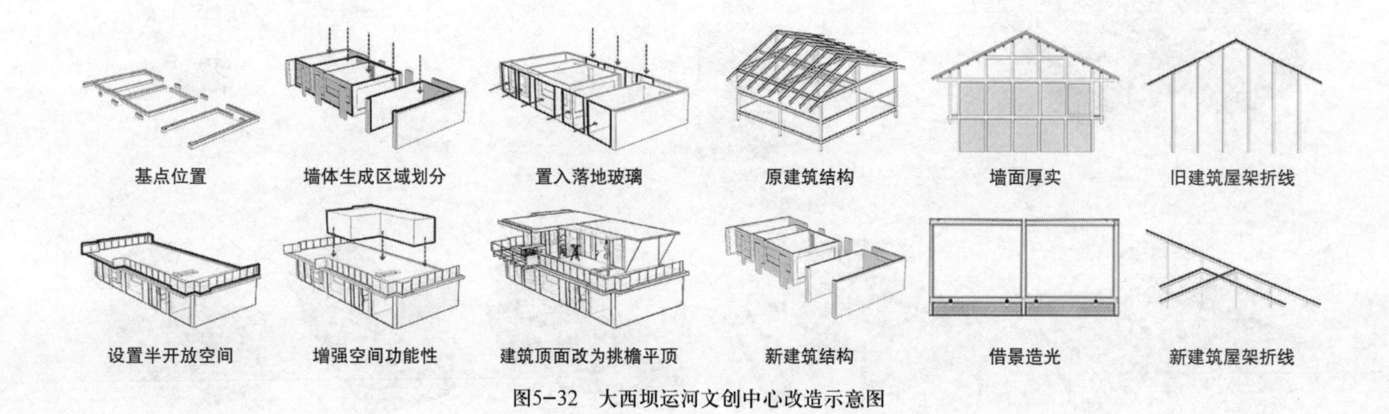

图5-32 大西坝运河文创中心改造示意图

5.2.3 叙事互动：制造参与的中层体验建构

空间的叙事性是表达空间内涵与意境的重要表示方式之一，也是人们捕捉空间意境体会空间意蕴的重要途径。“叙事”的过程包含了两层含义，既指讲述某一个故事或传达指定的信息，也指如何去讲述故事的方法。在大运河文化遗产景观空间中，叙事性可以通过文化以点、线、面的空间介入方式创造沉浸故事情节与建立个人联系，从而达到传递文化内容的目的。

5.2.3.1 文化空间点状介入——多感官空间体验

参与是主体与运河文化遗产景观空间产生互动的前提，是空间活力所在。主体以自身的行为为媒介参与活动，与活动中的人、环境产生直接或间接的联系，形成感知与行为体验以及实现自我。因此，以制造参与为原则构建叙事性的交互，能够满足运河文化遗产景观中主体的复杂行为需求、多样的空间需求以及行为参与。文化的空间点状介入制造参与性的手段主要以非遗体验空间为点，将手工艺人工作室或者传统店铺，以保护性介入的方式点状植入已修缮的历史建筑或者传统沿河店铺空间之中，创造本土化的参与体验情节，形成小型博物馆、陈列馆、传统手工作坊、传统商铺等形式，在满足了人们的体验需求的同时，也能更好地活化历史建筑、历史街巷的文化价值。此外，这些传统体验活动的设置也需要具有操作的普适性和控制性，且能在较短时间内完成，给体验者即时的文化体验反馈，通过互动体验将实现体验者听觉、嗅觉、视觉、味觉、触觉与通感的多感官知觉激发。

在大运河宁波段以点状介入空间之中的传统体验活动十分丰富，可以是宁波较为传统的泥金彩漆、金银彩绣、朱金漆木雕、古蔺草席制作、搡年糕等等。以其中的古蔺草席体验为例，高桥老街与大西坝村所在的高桥地段素有“中国蔺草之乡”之称，草席的手工制作过程较为烦琐，一道道工序紧密相连，这种传统手工技艺被当地的农民代代相传。古蔺草席手工作坊的设置可以使人们在此亲身体验到“收割草料—打席筋—编织草席—修边去毛屑”一系列制作工艺，使蔺草的质感、蔺草的香气、劳作时机器与人力的声音一起使体验者的行为与多感官有机融合，由此感受到属于特定空间的环境记忆，获得了难忘的文化体验，达到在运河文化遗产景观空间中沉浸体验的效果。

5.2.3.2 文化时间线状介入——交互式行为体验

文化时间线状的介入目的是增加交互式行为的发生，交互指的是先有“交”后有“互”。交互颠覆了主体在审美活动中只能是观众的状态，不再仅仅局限于视觉、听觉上的感官体验，也加入了其通过行为动作体验的互动体验模式，体验内容不再只包括客体自身内容，主体的互动行为成了其中的一部分。受主体自身的认知经验差别的影响，面对运河文化遗产景观中不同的体验内容会产生多角度的行为方式和多层次的情感解读，最终形成丰富多样的体验效果。

（1）虚拟交互式空间体验

文化的时间线状介入可以通过虚拟的交互式空间设立，实现主客体的审美体验活动。虚拟交互式空间是利用VR、AR技术创造主题意象空间或还原历史场景，把现实中不复存在和看不见的审美对象可视化，在虚拟现实中感知到体验的对象与内容，让人得到一种真实般的存在感。这种虚拟现实的交互体验是借助计算机图形、人机交互、仿真、传感、人工智能等技术生成逼真的信息模拟环境系统。虚拟现实具有通过人类所拥有的感知功能，比如听觉、视觉、触觉、味觉、嗅觉等，打造具有超强仿真效果的虚拟环境场所，实现人机交互，是人们运用数字技术对复杂数据进行可视化操作与交互的一种全新方式。通过虚拟空间的营造手法，可以再现高桥老街的商贸繁忙与大西坝村的航运繁荣的时间线景象；运用电脑、显示屏或手机交互界面完成对运河遗产文化的科普展现；通过特定程序设计整合线上导览功能进行线性导视的体验指引，以及特色活动预览等（图5-33）。虚拟交互强调依靠科学技术手段模拟出非物质性的虚拟客体环境，带给人一种沉浸感的独特感受，以此实现主客体全新的交互式空间体验。

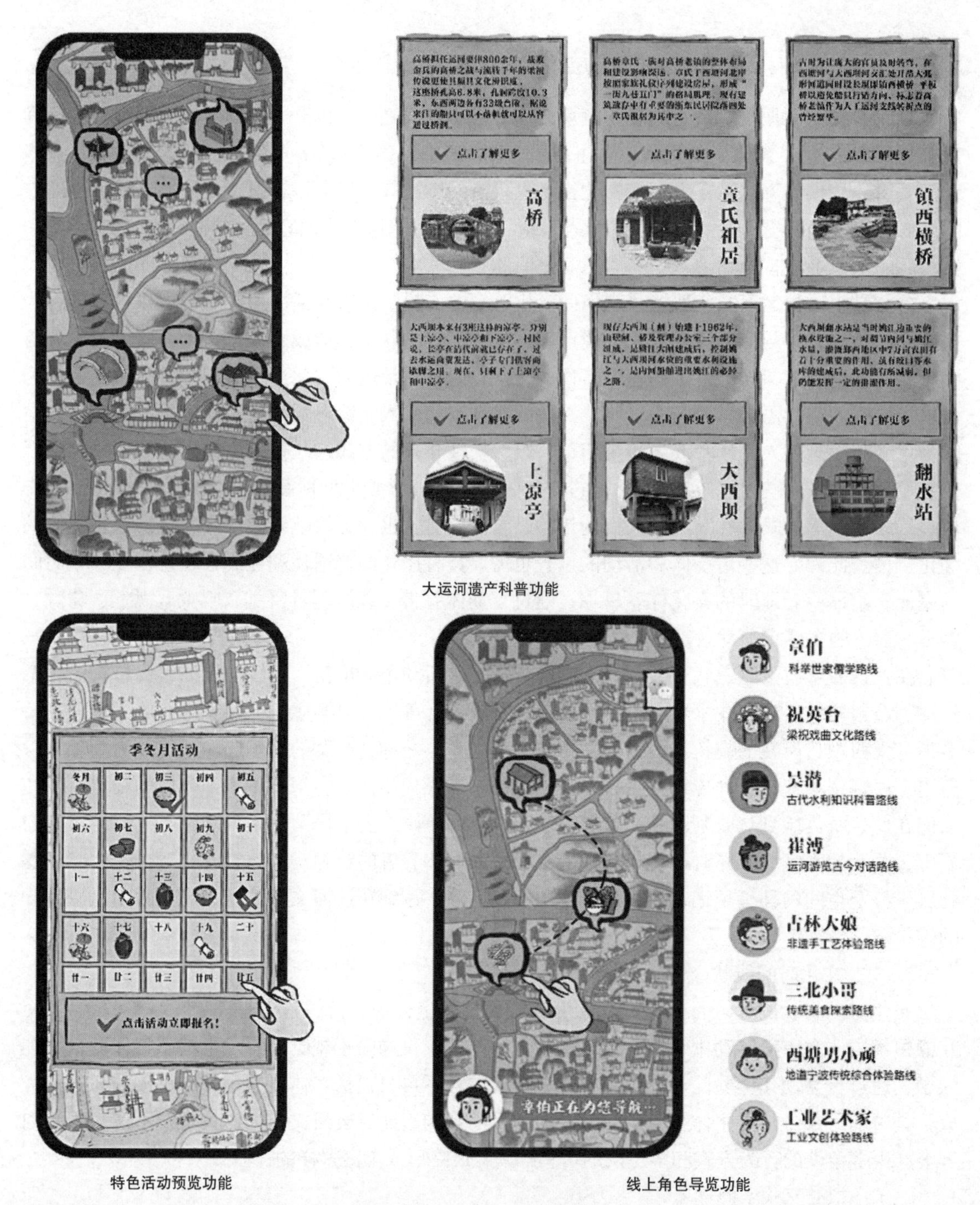

图5-33 虚拟交互示意图

（2）现实交互式空间体验

对于运河文化遗产景观这种文化型体验空间来说，持续的活化利用能够使文化传播的目的得到实现，在现实交互式空间中实现其互动性体验尤为重要。通过沉浸式方法打造现实交互空间的体验是一种全新的形式，沉浸感的产生除了空间营造氛围这一客观因素之外，还存在着一个主观因素，即主体对自身的认知和自我目标的设置。此时需要建立虚拟与现实连接的主题性交互空间，通过信息交互媒介的建立实现文化的时间线状介入。打造大运河交互体验活动品牌，将传统活动精确到年月日排布，成为规律性举办的固定活动，长此以往能在人们心里形成深刻印象；通过每个月都设置固定的文化活动，把宁波传统中每月初一与十六的集市活动等作为常规性的活动举办；在宁波高桥举办自南宋以来每年三月举行的高桥会，以及在十二月的搡年糕、酿酒节、除夕夜灯会活动等（表5-3）；还可利用传统角色进行特色游线导航，形成角色带入形式的引导，以此产生环境邀请，激发人们的主动参与与想象力，加深对于文化的理解。例如以古代明州著名的水利专家吴潜为导航角色，可以对大运河宁波段古代水利文化进行生动的展现，实现对大运河历史文化的传承与弘扬（表5-4）。

西塘河运河体验活动排布表　　表5-3

活动分类	活动名称	活动时间	活动内容
日常活动	高桥戏曲	14:00-17:00 19:00-21:00	根据越剧、甬剧、姚剧等，设置演出曲目，游客可根据时间自行购票
	运河游船	每隔半小时发船	船按照高桥—大西坝—芦港—望春桥的路线巡游一圈，游客可自行选择下船地点
	运河上的唐诗之路	18:00-21:00	每晚在运河沿岸挂上灯笼，设置灯谜。游客参加赏灯猜谜活动，获得积分，兑换奖品
	运河实景剧本杀	随时加入	运河沿岸剧本杀以民国时期为背景，报名可免费更换服装，沿河寻找线索，领取写真照
限定活动	高桥会	农历三月初七、初八、初九、初十日四天	新会线路按四天会期分四路进行迎赛。第一天（初七）从高桥去望春桥；第二天（初八）去横街头；第三天（初九）集仕港；第四天（初十）高桥。活动按出殿、踏阵、进殿、会队、会器、爵献、演安神戏流程。高桥会期间开展报名活动，游客可选择自己感兴趣环节参加
	高桥集会	每月初一、十六	高桥集会期间沿河路亭设置摊位，原住民和游客都可申请摊位摆摊设点
	梁山伯庙庙会	农历八月初八日	庙神出殿巡游，从邵家渡出发，经高桥、新桥、家畈漕、下桥高会林、下庄施家、前钟等地。夜驻甲畈漕、下林、下庄施家等地三夜，白天参会，夜供献、看戏、抬阁、女跑马、高跷等等。梁山伯庙庙会期间组织开展报名活动，游客可选择自己感兴趣环节参加

运河角色引导路线表　　表5-4

角色	路线主题	路线简介	路线节点
章伯	科举世家儒学路线	章伯为高桥老街最元老级别的原住民，正是因为章氏家族为了科举而在此定居才带来高桥老街的出现。跟随章伯可以充分了解古代街巷建造按照时代法制与利益形成的内在逻辑，听"章御史让娘娘"等传说故事，也可体验古人北上赶考的路线	新屋门院落—章家祖屋院落—老屋门院落—高桥—大西坝—下凉亭—上凉亭—大西坝—大西坝渡
祝英台	梁祝戏曲文化路线	高桥地区作为梁祝传说的起源地，可以利用梁祝文化内涵，为文旅融合服务。同时在调研过程中了解到，宁波公众对于戏曲与国家文化公园的结合期望最高。打造一条沿祝英台故事路线开展的沉浸式体验活动，加深对梁祝文化的理解以及对戏曲的审美体验	高桥老街街巷—高桥临河商业街—高桥—镇西横桥—观景台—高桥凉亭—船坞

续表

角色	路线主题	路线简介	路线节点
吴潜	古代水利知识科普路线	吴潜，古代明州著名的水利专家。修“吴公塘”、高桥大西坝、北郭碶、澄浪堰等水利工程。这些13世纪的水利工程，历经800年风雨，有的至今还在发挥作用，惠泽万民，造福后人。跟随吴潜的脚步可以学习到最全面的古代水利知识，充分了解水利工程的运作形式	镇西横桥—高桥—上凉亭—下凉亭—大西坝闸—大西坝旧址—大西坝运河博物馆—老厂房公园
崔溥	运河游览古今对话路线	崔溥，第一个走完京杭大运河的朝鲜人。曾在游居宁波时写下“至西镇桥，桥高大。所过又有二大桥，至西坝厅。坝之两岸筑堤，以石断流为堰，使与外江不得相通，两旁设机械，以竹绹为缆，挽舟而过”等记录，跟随此路线可体验古今对话情境下的水上路线，再现古时人们游居在此的体验	高桥—上凉亭—下凉亭—大西坝旧址—新建大西坝—大西坝闸—大西坝运河博物馆—老厂房公园
古林大娘	非遗手工艺体验路线	古林大娘为古林草席的传承人，跟随这条路线可以有针对性地走向散布在场地内的非遗与手工艺体验馆，体验宁波的非物质文化遗产的魅力	大西坝长弄屋（骨木嵌镶）—长弄堂民居（泥金彩漆）—楼家七房民居（竹编工艺）—周家里五房民居（四门香干）—篱笆里民居（古林草席）—周氏仁房民居（捣年糕）
三北小哥	传统美食探索路线	三北小哥带领的路线是传统美食探索路线，可带领游客进入街巷寻找宁波地道的传统美食	新屋门院落（宁波汤圆）—章家祖屋院落（羊尾笋干）—老屋门院落（三北豆酥糖）—临水长巷（慈城年糕）等

5.2.3.3 文化时空面状介入——叙事性情感体验

沉浸状态的一大特点就是时空的错位感受，运河文化遗产景观中需要在同一空间内引发的时间长轴上不同时间节点的时空对话。在这一方面，沉浸式戏剧具有很强的代表性，其能够使街巷空间动态化，通过空间叙事的方式，为戏剧量身定制演绎空间，同时通过数字媒体技术的应用，可以大大增强人们的临场感。以高桥老街场地为例，将宁波传统戏曲《梁山伯与祝英台》（下文简称《梁祝》）植入其运河文化遗产景观空间中，在文化的时空介入下，戏曲表演的空间是多样的，演员可以在同一时间在不同的古遗产环境中进行演出，戏曲中的每一个桥段的表演地点都不尽相同；人们参与角度也是多方面的，可以选择在船上、桥下、对岸等不同视角加入戏曲演出；活动路线也是多元的，观看演出没有限定的角度与规定的线路，人们可以跟随自己的意向任意切换观看的角度。由此在创造沉浸式情节、传递文化内容的同时，建立起环境空间与个人的联系，体验个体能够构造自己的故事，故事可以转换为体验，体验也会变成属于体验个体的故事。通过这种方式，使已了解相应文化背景的人可以达到记忆唤醒的目的，对于尚不熟悉的人来说可以帮助其记忆编码，唤醒人们对于文化的思考与认同（图5-34～图5-36）。

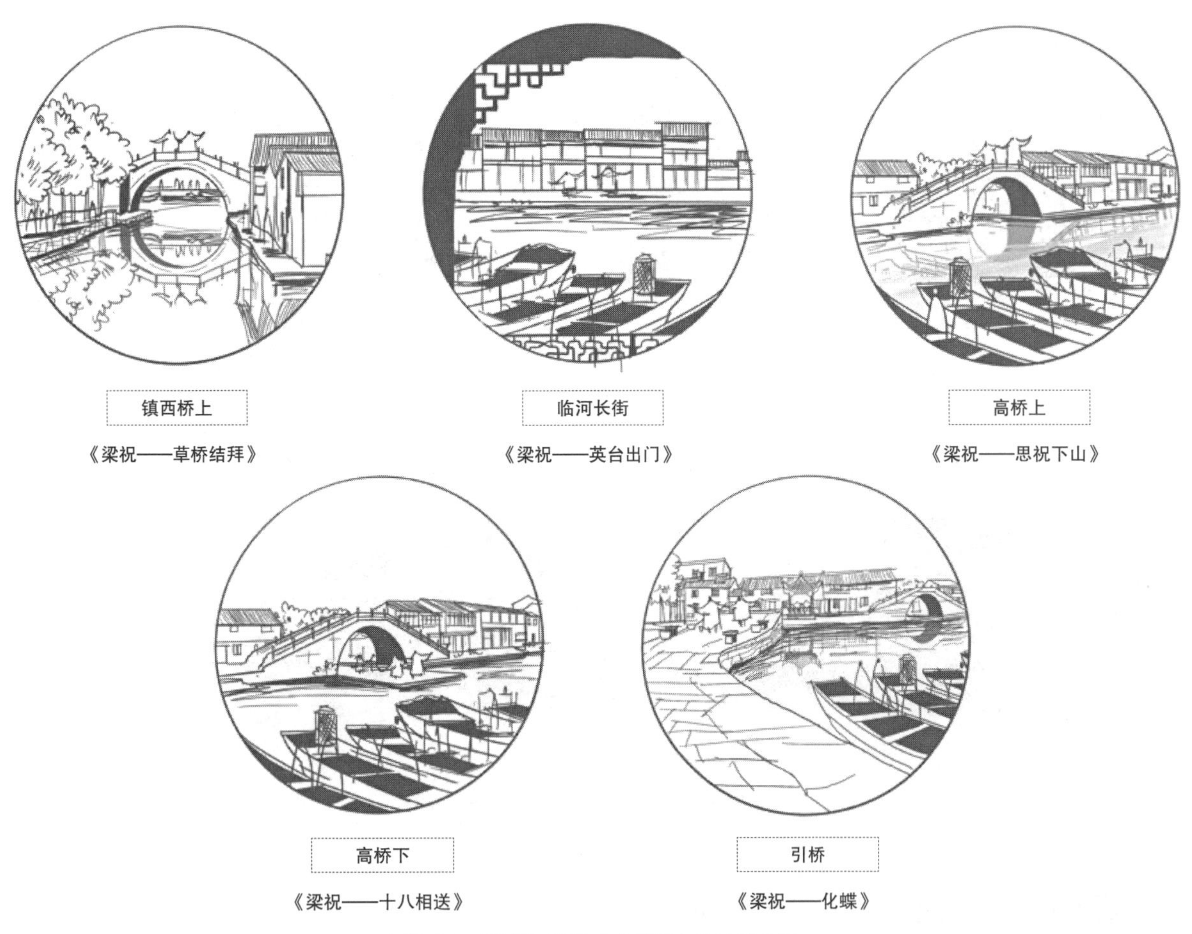

图5-34 《梁祝》沉浸式戏剧植入场景节点图

图5-35 《梁祝》沉浸式戏剧植入场景效果图

图5-36 《梁祝》沉浸式戏剧植入场景节点图

5.2.4 沉浸传播：延伸认同的深层体验建构

运河文化的传承与弘扬是大运河国家文化公园建设的核心目标，而文化的概念也已经从“人的生活方式”变为“从文化超市中获得信息和认同”[160]，所以当人们在空间的沉浸式体验中历经了感知觉、情感统觉与伦理意识等阶段后，如何促进其将自身对运河文化的审视与认同进一步进行主动交流与传播，对于运河文化长久弘扬具有深远意义。而当今互联时代的到来使传播的特征变得更加互动与自由，沉浸传播研究学者李沁认为“沉浸”本身就成了一种新的信息传播模式。因此利用好交互媒介以及数字媒体技术这个新工具，有利于开拓未来的传统文化传播方式，营造未来气质的文化旅游空间，改善和加强文化传播的效率，延长人们在体验之后对文化遗产的记忆时间，从大运河文化IP建立与媒介整合传播两方面入手，展开相应的运河文化传播战略的制定。

5.2.4.1 建立大运河文化IP

在《2018年中国文化IP产业发展报告》中“文化IP”的概念被首次定义，指的是一种连接融合文化与产品，有着高辨识度、自带流量、长变现周期的文化符号。[161]伴随着我国文化政策、文化产业以及新媒体的兴起，文化IP的打造成为兼顾营造文化氛围与活跃文化消费的重要手段。为了更好地建立大运河文化IP，必须要深度挖掘区域运河文化，坚持以塑造具有运河文化内涵底蕴，并且在对外传播方面具有可持续性发展力的大运河IP为目的。首先，可以将运河形象拟人化，整合与凝练运河文化核心内容，提升运河品牌讲故事的能力，将运河之上的个人事迹转变为运河文化故事系列，例如在上文所提到的运用传统人物进行游线导航，即为利用拟人手段使相关运河文化更加鲜活和立体，这样能最大程度地减轻不同群体的认知和审美障碍。[162]

其次，打造多元衍生的运河系列化IP，建立多元化的产品系统。通过对运河IP受众的准确定位与对其消费需求进行深度挖掘，力求使运河IP覆盖不同年龄层级的文化体验个体，在立足于本土文化的同时，研究开发体现趣味性与时尚性的IP系列化产品，提取文化内涵与遗产形式特色，以差异化为基础，防止运河沿线各主要城市之间形成同质化竞争，强化地域性特点和代表性标志，规范统一的设计风格与设计样式，打造集游玩、体验、文创产品、文旅宣传为一体，符合宁波气质、呈现大运河文化精神的文化IP形象。既要弘扬大运河文化基因、继承历史精神积淀，也要将“宁波故事”和“运河故事”有机融合起来，使运河文化IP成为大运河宁波段文化的独特载体，以此提升文化竞争力。

此外，也需要联动跨界IP，推动文化共振。大运河文化IP发展的中心任务之一是进行与不同领域品牌的跨界联动，展开融合叙事。跨界IP的联动可以让品牌之间的优势互补，扩展消费市场，整合与拓宽文化传播路径，使得合作品牌双方都有机会进行效益提升。基于此，可以将大运河文化IP与其他宁波本土品牌联动开展文化消费品开发。例如缸鸭狗点心、赵大有糕团、黄古林草席等，通过这些与大运河一样经历了时光沉淀，流淌着相同的文化基因的宁波传统食品、手工艺等从各途径进行优势整合，将运河文化消费者转化为运河文化的粉丝，彰显运河文化传播的可持续性。除了将大运河文化IP与当地的老字号产品融合以外，还可以与新兴的国潮品牌进行合作，以此扩大运河文化的受众面，使运河文化产品满足更广大的消费市场要求。

5.2.4.2 媒介资源整合传播

媒介整合下的人与文化的互动传播也是推动大运河文化传播的重要组成部分。在线下环节，文化传播媒介必须贴近大众，例如电梯、公交车、地铁等场合也是文化传播渠道的重要部分，运河文化历史久远，对于大众来说会有神秘感与疏离感，而通过线下大众触达性较高的场景建设，大众对于文化的陌生感会减弱，从而增强其对于文化深入了解的主动性。

随着科技的发展，线上的两微多端、电子商务、网络直播、AR、VR多种新兴浸媒体的整合能够促进线上线下形成完整产业链闭环，实现运河文化在互动之下的深度传播。[163]可以利用浸媒体建立运河文化遗产知识科普平台，传递运河最新相关信息，以及活动举办、场地云导览、运河知识分享、数字展览等功能的开发运用，以浸媒体的即时互动性和传播广泛性加强运河文化受众的互动与交流，利用技术科技打造“没有边际的运河”，实现科技与文化的融合，为人们提供更多维度的交互体验。打造西塘河文化带旅游APP ——“明州锁钥”，建立大运河宁波段专属的线上互动程序。公众可通过此程序即时了解运河遗产知识；进入场地后可以选择特定主题角色为自己进行导航；也可以提前掌握当月特色活动举办的动向，为运河文化的体验者提供全方位的信息服务。由此运河文化传播将是一个去中心化，成为一个以个体受众为中心的，人人都可以参与共创共建的立体化多层次化的媒介整合传播载体，进而形成无所不在的、网状沉浸的泛众运河文化传播状态。建立以沉浸状态营造为载体的传统文化传播新路径，可以加强运河文旅经济效益，体现地域与国家文化的建构价值，实现大运河传统文化可持续传承与弘扬。

参考文献

[1] 秦宗财. 大运河国家文化公园系统性建设的五个维度[J]. 南京社会科学，2022，(03)：163，166.

[2] 王克岭. 国家文化公园的理论探索与实践思考[J]. 企业经济，2021，40(04)：6-7.

[3] 吴必虎，余青. 中国民族文化旅游开发研究综述[J]. 民族研究，2000，(04)：85-94，110.

[4] 王健，王明德，孙煜. 大运河国家文化公园建设的理论与实践[J]. 江南大学学报（人文社会科学版），2019，(05)：42，46.

[5] 姜师立. 中国大运河百问[M]. 北京：电子工业出版社，2018：230，231.

[6] 杨平. 环境美学的谱系[M]. 南京：南京出版社，2007：69.

[7] 薛富兴. 环境美学的基本理念[J]. 美育学刊，2014，5(04)：5.

[8] 程相占，阿诺德·伯林特. 从环境美学到城市美学[J]. 学术研究，2009(05)：138-144.

[9] 王一川. 审美体验论[M]. 天津：百花文艺出版社，1992：5，108.

[10] 马斯洛. 自我实现的人[M]. 北京：生活·读书·新知三联书店，1987：263.

[11] 陈望衡. 环境美学[M]. 武汉：武汉大学出版社，2007：11，13-16，99.

[12] 约·瑟帕玛. 环境之美[M]. 武小西，张宜，译. 长沙：湖南科学技术出版社，2005：23.

[13] 阿诺德·伯林特. 环境美学[M]. 张敏，周雨，译. 长沙：湖南科学技术出版社，2006：11，20.

[14] 阿诺德·伯林特. 生活在景观中——走向一种环境美学[M]. 陈盼，译. 长沙：湖南科学技术出版社，2006：8，9.

[15] 陈峰. 历史文化遗产周边环境保护范围的界定方法初探[D]. 西安：西安建筑科技大学，2009.

[16] Ronald Hepburn. Contemporary Aesthetics and the Neglect of Natural Beauty[J]. in British Analytical Philosophy, B. Williams and A. Montefiore(ed.), London: Routledge and Kegan Paul, 1966.

[17] Ronald Hepburn. Contemporary Aesthetics and the Neglect of Natural Beauty[J]. in Allen Carlson & Arnold Berleant, eds., The Aesthetics of Natural Environments, Canada: Broadview Press, 2004: 48.

[18] 陈国雄. 环境体验的审美描述——环境美学视野中的审美经验剖析[J]. 郑州大学学报（哲学社会科学版），2014，47(06)：99-102.

[19] Harsha Munasinghe. Aesthetics of Urban Space through Collaborative Urban Planning：Integrating Environmental Aesthetics with Communicative Theory of Planning[J]. Built-Environment Sri Lanka, 2001: 38.

[20] 陈国雄. 环境美学的理论建构与实践价值研究[M]. 北京：科学出版社，2017：52.

[21] Arnold Berleant. The Aesthetics of Environment[M]. Philadelphia: Temple University Press, 1992: 17, 119.

[22] 冯佳音. 论西方环境美学中"连续性"问题的三个层次[J]. 西南民族大学学报（人文社科版）2020，41(04)：180.

[23] Arnold Berleant. Art and Engagement[M]. Philadelphia: Temple University Press, 1991: 90.

[24] 朱立元. 美学大辞典[M]. 上海：上海辞书出版社，2010：100，99.

[25] 刘勰. 文心雕龙注[M]. 范文澜，注. 北京：人民文学出版社，1962.

[26] 叶朗. 现代美学体系[M]. 北京：北京大学出版社，1999：132.

[27] 郭勇健，现象学美学史[M]. 北京：社会科学文献出版社，2018：3.

[28] 何茜. 美学取向课程探究[D]. 重庆：西南大学，2014.

[29] 程相占，现象学与伯林特环境美学的理论建构[J]. 南京社会科学，2020，(07)：114，123.

[30] Arnold Berleant, The Aesthetics of Environment, Philadelphia: Temple University Press, 1992: 156, 129.

[31] 邵君秋. 现象学美学的创构[D]. 苏州大学，2005.

[32] 莫里茨·盖格尔. 艺术的意味[M]. 艾彦，译. 南京：译林出版社，2014：80，16，32，162，228，5，158，162，10，146，234.

[33] 杜夫海纳. 审美经验现象学[M]. 韩树站，译. 北京：文化艺术出版社，1992：371，439.

[34] 刘旭光. "感官审美"论——感官的鉴赏何以可能[J]. 浙江社会科学，2017（01）：119-126+159.

[35] 莫里斯·梅洛-庞蒂. 知觉现象学[M]. 姜志辉，译. 北京：商务印书馆，2001：94，87，5.

[36] 陈龙. 知觉现象学研究[D]. 贵阳：贵州大学，2007：95.

[37] 李军. 什么是文化遗产?——对一个当代观念的知识考古[J]. 文艺研究，2005（04）：123-131+160.

[38] 田阡，杨红巧. 文化多样性与文化遗产保护的历史演化及其反思[J]. 民族艺术，2011（01）：40-45+93.

[39] Harvey D. Landscape and heritage: trajectories and consequences[J]. Landscape Research, 2015, 40(8): 911-924.

[40] 俞孔坚. 景观的含义[J]. 时代建筑，2002（01）：14-17.

[41] 张一，张春彦. 京津冀线性文化遗产景观体系构建——以太行东麓遗产带为例[J]. 中国园林，2018，34（10）：71-76.

[42] Stephenson J, Auchop H, Petchey P. Bannockburn heritage landscape study[J]. Science for Conservation, 2004(2):68-79.

[43] 谢青桐. 作为线性文化遗产的中国大运河及其比较研究[J]. 文教资料，2008，18：59-62.

[44] 龚良. 中国大运河博物馆的建设定位和发展要求[J]. 东南文化，2021（03）：119-124+190+192.

[45] 叶朗. 美学原理[M]. 北京：北京大学出版社，2009：1-13.

[46] 刘晓光. 景观美学[M]. 北京：中国林业出版社，2012：94-95.

[47] 李泽厚. 李泽厚十年集[M]. 合肥：安徽文艺出版社，1994：576，503.

[48] 林兴宅. 象征论文艺学导论[M]. 北京：人民文学出版社，1993：79，80.

[49] 亚里士多德. 物理学[M]. 张竹明，译. 北京：商务印书馆，1982：132.

[50] 刘晓光. 景观象征理论研究[D]. 哈尔滨：哈尔滨工业大学，2006：130.

[51] 胡滨. 场所与事件[J]. 建筑学报，2007（3）：20-21.

[52] 侯幼彬. 中国建筑美学[M]. 哈尔滨：黑龙江科学技术出版社，1997：246-247.

[53] 王苏君. 审美体验研究[M]. 北京：中国社会科学出版社，2013：23-30.

[54] 单霁翔. 文化景观遗产的提出与国际共识（二）[J]. 建筑创作，2009（07）：184-191.

[55]《大运河遗产保护管理办法》正式颁布[J]. 城市规划通讯，2012（18）：13.

[56] 万安伦，刘浩冰. 国家视野中大运河的历史形象变迁与出版文献探析[J]. 扬州大学学报（人文社会科学版），2019，23（05）：73-80.

[57] 单霁翔. 从"文化景观"到"文化景观遗产"（上）[J]. 东南文化，2010（02）：7-18.

[58] Berleant A, Bourassa S C. The Aesthetics of Landscape[M]. Belhaven Press, 1991.

[59] 朱增华，陈文化. 技术美学概论[M]. 长沙：中南工业大学出版社，1994：10-13.

[60] 涂途. 现代科学之花[M]. 沈阳：辽宁人民出版社，1986：23.

[61] 徐恒醇. 技术美学[M]. 上海：上海人民出版社，1989：7.

[62] 马觉民. 典型化过程：一个物质世界向精神世界转化的模型[M]. 北京：中国科学技术出版社，2003.

[63] 谭徐明，张仁铎. 应重视并研究古代水利的科学内涵[J]. 科技导报，2006（10）：85-86.

[64] 李沁. 媒介化生存：沉浸传播的理论与实践[M]. 北京：中国人民大学出版社，2019：1-13+63-91+162-187.

[65] 李沁. 沉浸媒介：重新定义媒介概念的内涵和外延[J]. 国际新闻界，2017，39（08）：120-122.

[66] 李沁．沉浸传播的形态特征研究[J]．现代传播（中国传媒大学学报），2013，35（02）：116.
[67] 李永乐，孙婷，华桂宏．大运河聚落文化遗产生成与分布规律研究[J]．江苏社会科学，2021（02）：182-193+244.
[68] 童明康．世界遗产发展趋势与挑战应对[J]．中国名城，2009，10：4-10.
[69] 谭徐明，王英华，李云鹏，等．中国大运河遗产构成及价值评估[M]．北京：中国水利水电出版社，2012：2，173，263.
[70] 安宇，沈山．运河文化景观与经济带建设[M]．北京：中国社会科学出版社，2014：80.
[71] 李旭旦．中国大百科全书・地理学・人文地理学[M]．北京：中国大百科全书出版社，1984：1.
[72] 陈国雄．环境美学的理论建构与实践价值研究[M]．北京：科学出版社，2017：179.
[73] 宗白华．从国史所得的民族宝训[M]．合肥：安徽教育出版社，1994：362.
[74] 张文勋．儒道佛美学思想探索[M]．北京：中国社会科学出版社，1988：169.
[75] 姜师立．中国大运河文化[M]．北京：中国建材工业出版社，2019：13.
[76] 谭徐明等．中国大运河文化遗产保护技术基础[M]．北京：科学出版社，2013：48-49.
[77] 章佳祺，吕勤智．环境美学视角下的大运河文化景观遗产审美体验设计策略研究[J]．建筑与文化，2021，9：74，75.
[78] 张亚楠．中国当代文化遗产传播中的问题与对策研究[D]．山东：烟台大学，2019：17.
[79] 中国文化遗产研究院．中国文化遗产研究院优秀文物保护项目成果集2011-2013[M]．北京：文物出版社，2015.
[80] 姜师立．中国大运河遗产[M]．北京：中国建材工业出版社，2019：50-51.
[81] 梁声海．基于景观学途径的杭州中河、东河综合整治及开发保护研究与实践[J]．中外建筑，2015（05）：80-82.
[82] 司马迁．史记[M]．北京：中华书局．1982：46.
[83] 叶全新，陈钦周．中东河新传[M]．杭州：杭州出版社，2014：8.
[84] 宋艳霞．论环境审美体验与场所感的关系[J]．甘肃社会科学，2012（06）：44-46.
[85] 康德．判断力批判（上卷）[M]．宗白华，译．北京：商务印书馆，1996：82.
[86] 胡倩．论审美主客体的同构关系[J]．大众文艺，2016（04）：253.
[87] 宋艳霞．阿诺德・伯林特审美理论研究[D]．山东：山东大学，2014：41-43，45.
[88] 徐吉军．杭州运河史话[M]．杭州：杭州出版社，2013：23-24.
[89] 杭州市萧山区人民政府地方志办公室．明清萧山县志[M]．上海：上海远东出版社，2013.
[90] 阙维民．杭州城池暨西湖历史图说[M]．杭州：浙江人民出版社，2000：30.
[91] 张航玥．公众活动视野下的南宋杭州城开放空间研究[D]．南京：南京农业大学，2009：17，104.
[92] 鲍沁星．南宋园林史[M]．上海：上海古籍出版社，2016：25.
[93] 刘培．梅花象喻与南宋审美文化[J]．华中师范大学学报（人文社会科学版），2020，59（05）：116.
[94] 裘乐春．西兴史迹寻踪[M]．杭州：西泠印社出版社，2017：83.
[95] 李泽厚．美学四讲[M]．北京：生活・读书・新知三联书店，1989：145.
[96] 潜说友．咸淳临安志[M]．杭州：浙江古籍出版社，2014：8.
[97] 周淙．乾道临安志[M]．北京：商务印书馆，1937：32-38.
[98] 姜青青．咸淳临安志宋版“京城四图”复原研究[M]．上海：上海古籍出版社，2015：199，201.
[99] 吴自牧．梦粱录[M]．傅林祥，注．济南：山东友谊出版社，2001：129，176，184.
[100] 方李莉．费孝通晚年思想录——文化的传统与创造[M]．长沙：岳麓出版社，2005：49.
[101] 宁欣．唐宋城市经济社会变迁[J]．河南师范大学学报（哲学社会科学版），2009（02）：2.
[102] 孟元老．西湖老人繁胜录[M]．北京：中国文史出版社，1982：19.
[103] 胡铁球．明清税关中间代理制度研究[J]．社会科学，2014（09）：149.

[104] 傅峥嵘．京杭大运河（嘉兴段）遗产构成与价值研究[D]．杭州：浙江大学，2009.
[105] 张前方．湖州运河文化[M]．南昌：二十一世纪出版社集团，2015：19.
[106] 勒・柯布西耶．走向新建筑[M]．陈志华，译．北京：商务印书馆，2016：1.
[107] 王珂．《吴兴园林记》研究[D]．苏州：苏州大学，2018.
[108] 姚致祥，戴洋，张岚．运河古镇环境综合整治规划的探索——以湖州市双林镇为例[J]．小城镇建设，2020，38（03）：55，60.
[109] 浙江省湖州市南浔区双林镇志编纂委员会．双林镇志[M]．北京：方志出版社，2018：15-16，11，519-520，565-566.
[110] 邓媛．江南水乡古镇风貌特色保护利用及对策探究[D]．西安：长安大学，2013.
[111] 沈杨欢．提升南浔乡村旅游发展品质的对策研究[D]．杭州：浙江大学，2014.
[112] 乐锐锋．桑史——经济、生态与文化（1368-1911）[D]．武汉：华中师范大学，2015.
[113] 王家范．明清江南史丛稿[M]．北京：三联书店，2018：16.
[114] 唐乃强．丝织工艺之花：双林绫绢[J]．浙江档案，2013（04）：44-45.
[115] 蒋兆成．论明清杭嘉湖地区蚕桑丝织业的重要地位[J]．杭州大学学报（哲学社会科学版），1988（04）：11-25.
[116] 陈京京，刘晓明．论运河与阿姆斯特丹古城的演变与保护[J]．现代城市研究，2015（05）：93-98.
[117] 田林．大运河国家文化公园景观的建构方法[J]．雕塑，2021（02）：48-49.
[118] 刘志华．莫里茨・盖格尔的美学思想[J]．武汉理工大学学报（社会科学版），2011，24（02）：251，255.
[119] 王晓．杭州市大运河国家文化公园建设研究[J]．中国名城，2020（11）：89-94.
[120] 张云鹏．审美价值与存在的自我——莫里茨・盖格尔美学思想研究[J]．南开学报，2002（02）：48-56.
[121] Nasar, J. L. The Evaluative Image of the City[M]. Landon：Sage, 1998: 84.
[122] 徐建新，周波．老家双林[M]．杭州：浙江摄影出版社，2018：56.
[123] 李昀，谭少华．传统古镇的景观设计探讨[J]．山西建筑，2007（34）：28-29.
[124] 姜师立．文旅融合背景下大运河旅游发展高质量对策研究[J]．中国名城，2019（06）：88-95.
[125] 邱明正．审美心理学[M]．上海：复旦大学出版社，1993：146-159.
[126] 巫汉祥．文艺符号新论[M]．厦门：厦门大学出版社，2002：89.
[127] 吴必虎．王梦婷．遗产活化、原址价值与呈现方式[J]．旅游学刊，2018，33（09）：3-5.
[128] 卡尔・A．魏特夫．东方专制主义：对于极权力量的比较研究[M]．北京：中国社会科学出版社，1989.
[129] 邓俊．水利遗产研究[D]．北京：中国水利水电科学研究院，2017：3-5.
[130] 郭涛．从都江堰看中国的水利文明——为都江堰创建2250周年而作[J]．中国水利，1994（02）：50.
[131] 霍艳虹．基于“文化基因”视角的京杭大运河水文化遗产保护研究[D]．天津：天津大学，2017：48-49.
[132] 嘉兴市政协学习和文史资料委员会．嘉禾文史撷英[M]．北京：中国文史出版社，2014：93-94，177.
[133] 海宁市水利志编纂委员会．海宁市水利志[M]．北京：方志出版社，1998.
[134] 郑嘉励，楼泽鸣，张宏元，沈卓丹，周建初．江南运河长安闸遗址的调查与发掘[J]．东方博物，2013（03）：27-31.
[135] 官士刚．宋代运河水闸的考古学观察[J]．运河学研究，2019（01）：117.
[136] 韩坤．技术条件下的现代景观设计美学特征研究[J]．艺术百家，2016，32（05）：244.
[137] 郭勇健．论审美经验中的身体参与[J]．郑州大学学报（哲学社会科学版），2021，54（01）：78.
[138] 阿诺德・伯林特．艺术与介入[M]．李媛媛，译．北京：商务印刷馆，2013：65.
[139] 戴维・哈维．正义、自然和差异地理学[M]．胡大平，译．上海：上海人民出版社，2011：351.
[140] Christian Norberg-Schulz．场所精神：迈向建筑现象学[M]．施植明，译．武汉：华中科技大学出版社，2010：7.

[141] 殷子. 当代城市公共艺术的场所精神研究[D]. 武汉：武汉理工大学，2020：55-56.

[142] 蔡玉峰. 德国工业遗存更新策略中“场所精神”建构的方法研究[D]. 杭州：浙江大学，2016：23.

[143] 柯南. 穿越岩石景观[M]. 长沙：湖南科学技术出版社，2006：26.

[144] 晏杰雄. 生活（居）：一种理想的环境审美模式——陈望衡环境审美思想简论[J]. 郑州大学学报（哲学社会科学版），2014，47（01）：107-108.

[145] 陈望衡. 将工程做成景观——米歇尔 · 柯南和贝尔纳 · 拉絮斯的当代景观美学思想[J]. 艺术百家，2012，28（02）：78，79.

[146] Metwally Essam. Achieving the Visual Perception and Gestalt Psychology in Sultan Hassan Mosque Building[J]. Open Journal of Applied Sciences, 2021,11(01): 23-24.

[147] 徐恒醇. 科技美学[M]. 西安：陕西人民教育出版社，1997：95，115.

[148] 张敏. 阿诺德 · 伯林特的环境美学建构[J]. 文艺研究，2004（04）：94.

[149] 楚小庆. 技术进步对艺术创作与审美欣赏多元互动的影响[J]. 东南大学学报（哲学社会科学版），2021，23（01）：127.

[150] 陈望衡. 环境美学前沿[M]. 武汉：武汉大学出版社，2009：401-406.

[151] 孙威，宋世胜. 北京保护和发展运河文化带的思考[J]. 宏观经济管理，2017（10）：90.

[152] 张延，周海军. 大运河宁波段聚落文化遗产保护措施研究[J]. 中国文物科学研究，2014（03）：30-32.

[153] 宁波市人民政府. “四问”《大运河（宁波段）文化保护传承利用实施规划》[EB/OL].（2021-05-31）. [2021-12-13]. http：//www. ningbo. gov. cn/art/2021/5/31/art_1229099768_59029240. html.

[154] 杨晓维. 大运河（宁波段）文化遗存保护利用和价值传承研究[J]. 中国港口，2018（S1）：32-41.

[155] 许广通，何依，殷楠，孙亮. 发生学视角下运河古村的空间解析及保护策略——以浙东运河段半浦古村为例[J]. 现代城市研究，2018（07）：77-85.

[156] 虞善来，徐秉令. 古今高桥[M]. 哈尔滨：哈尔滨出版社，2002：95.

[157] 赵珊. 心流理论视阈下沉浸式设计路径探析[J]. 四川戏剧，2021（02）：77-79.

[158] 李沁. 沉浸传播：第三媒介时代的传播范式[M]. 北京：清华大学出版社，2013：145.

[159] 高婧. 叙事与体验：城市公共空间的沉浸式设计与表达[J]. 美术教育研究，2020（13）：92-93.

[160] 傅才武. 论文化和旅游融合的内在逻辑[J]. 武汉大学学报（哲学社会科学版），2020，73（02）：89-100.

[161] 人民网. 2018中国文化IP产业发展报告[EB/OL].（2021-12-28）. [2022-01-18]. http://m.people.cn/%2Fn4%2F2018%2F0929%2Fc646-11682902.html.

[162] 刘曦. 杭州运河文化品牌IP化内容策略研究[J]. 声屏世界，2020（19）：91-92.

[163] 张融. 传统文化IP的传播策略研究[D]. 上海：华东师范大学，2019.

后记

“大运河国家文化公园”是我国新时期重要的文化建设工程，国家要求各地区各部门结合实际认真贯彻落实。大运河浙江段作为中国大运河文化遗产的重要组成部分，具有极其丰富和极具代表性的遗产资源，是大运河国家文化公园的核心河段。本团队基于在浙江大地城乡环境设计研究领域理论和实践方面的积累和基础，针对大运河国家文化公园建设目标与任务的提出，确定了“大运河国家文化公园”浙江段文化遗产景观环境美学研究的选题，并着手课题团队组织和研究计划的制定，进行具有针对性的前期基础研究的相关工作。研究团队2020年申请和获批浙江省哲学社会科学规划课题“大运河国家文化公园”浙江段文化遗产景观的环境美学研究课题（编号：21NDJC046YB）。

本课题研究的意义在于针对大运河国家文化公园建设，强调理论对实践的指导作用，深入开展运河美学理论研究，提炼运河文化遗产审美特征，进行以环境美学理论为支撑的运河文化遗产景观的审美体验研究，提出以审美体验开展运河文化遗产资源再利用与文化传播的新途径，以实证研究切入运河文化遗产资源的美学特征挖掘与审美体验的体系建立，以此实现遗产保护、资源利用和文化传承的有机统一，推动运河传统文化创造性转化、创新性发展，为全面推进大运河国家文化公园浙江段建设创造良好条件，奠定发展建设的理论基础。

《大运河文化遗产景观审美体验设计》一书，为浙江省哲学社会科学规划课题“大运河国家文化公园”浙江段文化遗产景观的环境美学研究课题的部分成果内容。希望该成果能够为浙江省大运河国家文化公园建设主管部门提供关于规划设计与建设的理论指导和依据；为大运河国家文化公园的设计者、管理者与建设者提供方向引导和理论支撑。

《大运河文化遗产景观审美体验设计》是在课题负责人策划、组织和统筹下，课题组团队共同努力完成的成果，它是集体智慧的结晶。该书的出版得到中国建筑工业出版社的大力支持，特别感谢责任编辑杨晓女士的精心编辑与指导。同时，该书也得到了浙江省哲学社会科学规划课题（21NDJC046YB）、浙江工业大学人文社会科学后期资助项目、浙江工业大学一流学科攀登工程（设计学）学科建设项目的资助。

“大运河国家文化公园”浙江段文化遗产景观的环境美学研究课题

课题负责人：吕勤智

课题组成员：宋扬、金阳、王一涵、黄焱、冯阿巧、章佳祺

子课题研究团队成员：章珏、李荫楠、倪圆桦、诸葛诗棋、陈格

子课题课程研究生团队成员：吴歆悦、莫倩、杨茜淳、邱琼瑶、彭静瑶、范嘉琪、沈皓珺、叶颖、公倩文、沈熠铭、花旭、潘雅欣、毛静怡、卢思嘉、李鑫逸、杨珍妮、周晓露、卢国庆、刘胜昆、耿鹤遥、盛思蕾、宋欣雨、纵星星、曹天龙、胡英、姚维伟、银颖、纪桂林、朱艺凡、熊凯文、辛倩倩、王旭真、万妍艳、刘雪琴、刘嘉崟、夏沁安、洪桢、彭予、方卉、魏陈泽、陈亚文、姜宁寒、许晴、杨力、施梦婷等。

衷心感谢大家为课题研究和《大运河文化遗产景观审美体验设计》等成果完成共同做出的努力与贡献。